装备科技译著出版基金

# 地球重力场参数现代测量方法与设备

Современные Методы и Средства Измерения
Параметров Гравитационного Поля Земли

［俄］ 皮舍霍诺夫 В.Г.（Пешехонов В.Г.）　等著
　　　 斯捷巴诺夫 О.А.（Степанов О.А.）

贾福利　梁　庆　李　冰　李海霞
郑志鹏　王　凯　张广拓　胡晓翘　　译
杨　晔　王兴岭　陈　刚　　　　　　审校

国防工业出版社
·北京·

著作权合同登记　　图字:军-2020-001 号

图书在版编目(CIP)数据

地球重力场参数现代测量方法与设备/(俄罗斯)皮舍霍诺夫 B.Г. 等著;贾福利等译. —北京:国防工业出版社,2022.10

ISBN 978-7-118-12516-0

Ⅰ.①地… Ⅱ.①皮… ②贾… Ⅲ.①地球重力场-参数测量 Ⅳ.①P312.1

中国版本图书馆 CIP 数据核字(2022)第 130560 号

Translation from the Russian:
Современные Методы и Сердства Измерения Параметров Гравитационного Поля Земли edited by Пешехонов В.Г., Степанов О.А.
Copyright © Concern CSRI Elecktropribor, JSC.
本书简体中文版由 Concern CSRI Elecktropribor,JSC. 出版社授权国防工业出版社独家出版发行,版权所有,侵权必究。

※

国防工业出版社出版发行
(北京市海淀区紫竹院南路 23 号　邮政编码 100048)
三河市腾飞印务有限公司印刷
新华书店经售
＊
开本 710×1000　1/16　插页 8　印张 24½　字数 438 千字
2022 年 10 月第 1 版第 1 次印刷　印数 1—1000 册　定价 188.00 元
(本书如有印装错误,我社负责调换)

国防书店:(010)88540777　　书店传真:(010)88540776
发行业务:(010)88540717　　发行传真:(010)88540762

# 译者序

地球重力场数据是国家重要战略资源,在国防军事、空间技术、资源勘探、地球物理研究以及大地测量等领域具有十分重要的作用。由于重力场的变化微小,且受到多种因素影响,因此对重力测量设备的要求越来越高。此外,重力测量技术与惯性导航技术的发展密不可分,特别是在重力辅助导航系统方面应用前景广阔。国内惯性技术界已将重力测量设备研制及方法研究作为一项长期而重要课题,并在研制过程中应充分发掘现有技术潜力、加快研制进度、注重产品实用化设计。在推进重力测量技术和测量设备一体化产品研制过程中,加快低成本和新型重力辅助导航系统研制,不断提高技术水平,拓展应用领域,将极大地推进惯性技术的可持续发展。

21世纪初期,俄罗斯在重力测量领域取得了重大进展,并成功研制多型高精度重力测量设备。原著作者团队共32人,包括研究地球重力场测量问题机构负责人在内的众多俄罗斯著名学者,分别来自俄罗斯中央科学电气研究所、施密特地球物理研究所、莫斯科重力测量技术公司、莫斯科罗曼诺索夫国立大学等11家从事重力测量技术研究的机构和高校,也包括在国际重力测量设备市场中广泛应用的GT系列、Chekan系列重力仪的主要设计师及首席研究人员,其中,由莫斯科罗曼诺索夫国立大学和莫斯科重力测量技术公司联合研制的GT系列海空重力仪,迄今为止已批量生产和商业化应用。由中央科学电气研究所成功研制的Chekan系列移动式海空重力仪,精度与美国TAGS型海空重力仪相当。作者团队中多人因参与研制海空两用重力仪而获得俄罗斯联邦科技领域政府奖金。原著在内容设置上对现代重力仪的设备组成、结构设计、工作原理以及信息处理方法等方面的叙述非常接近工程实际,并重点介绍了在测量设备研制和方法研究过程中遇到的问题及解决方法,这些宝贵经验将为国内重力测量设备研发人员提供重要参考,会有效地推动国内重力测量设备及方法的进一步发展与完善。

本书研究了测量地球重力场参数的主要设备及现代方法,是俄罗斯出版发行关于地球重力场参数测量的最新专著。书中叙述了重力测量的专用设备,其中包括陆用、海用、航空、航天设备,重点介绍了俄罗斯研制的Chekan系列重力仪、GT系列重力仪。本书详细叙述了在动基座条件下进行重力异常测量时信息处理方法;提出了最优滤波问题、平滑问题及其解决方法。给出能够获得实现最优算法所必需的被估计重力异常模型、所用测量仪表误差模型的结构、参数辨识问题及解决方法。给出一种以非线性滤波为基础解决参数辨识问题的算法,可使估计过程和算法自身均具有自适应特性。重点研究了垂线偏差的各种确定及计算方法,叙述了这些方法的特点,并定性给出对比分析。叙述了地球上难以达到区域的重力场研究特点,研究了用于全纬度应用的软件及硬件改进方法,并给出在难以达到区域重力场测量的研究结果。介绍并分析了研究地球重力场比较有发展前景的方法,其中包括同时确定重力异常和当地垂线偏差的方法。讨论了利用卫星研究重力场的方法;分析了研究重力场比较有前景的方法发展现状,如重力梯度测量、冷原子重力仪等。对比分析了几种地球物理场现代模型,并讨论这些模型在各种实际问题中的应用,其中包括地球物理场导航问题。本书适合研究地球重力场参数测量问题的工程师和科研人员阅读,同样也适合相关专业的研究生学习,还可供导航系统研制及应用领域的专家参考,其中包括研制重力测量仪表的专业技术人员和实际导航应用领域的专家。

  本书获得装备科技译著出版基金的资助,在翻译过程中天津航海仪器研究所汪顺亭院士和海军海洋测绘研究所黄谟涛高级工程师提出了宝贵的建议,在此表示衷心感谢!天津航海仪器研究所杨晔研究员作为国内惯性技术与重力测量领域知名专家,在本书各章节翻译全过程中给予了悉心指导及帮助,在此特别感谢!感谢哈尔滨工业大学光电工程学院段小明教授、西南物理研究所王莉高级工程师在翻译过程中提供的帮助。在本书翻译、出版过程中得到国防工业出版社编辑肖姝的帮助和鼓励,在此一并表示感谢。

  本书主要由贾福利、梁庆翻译,参与翻译工作的还有李冰、李海霞、郑志鹏、王凯、张广拓、胡翘楚,全书由贾福利完成统稿,杨晔、王兴岭、陈刚审校。

  由于译者水平有限,书中不妥之处,敬请各位读者批评指正。

译者<br>
2022 年 1 月

# 前 言

认知地球重力场(ГПЗ)必须解决一系列科研及应用问题。俄罗斯国内和外国的多家地球物理公司为了在大陆架上勘探碳氢化合物矿床需要定期进行海洋重力测量。惯性-卫星技术的快速发展使得既可以进行海上(从海上舰船进行)重力测量,也可以进行航空(从飞机上进行)重力测量。目前,航空重力测量数据精度已达到 0.5~1mGal,其空间分辨率小于 5~10km 甚至更高。与此同时,在解决与研究地球形状、高精度导航及大地测量等相关的一系列问题时,对重力测量的精度和空间分辨率的要求更高。这就要求在大小超过有用信号几十万倍的垂向扰动加速度背景下必须提高运动条件下地球重力场参数的测量精度。

近些年,对俄罗斯而言最迫切解决的问题是,确定俄罗斯联邦大陆架外边界框架内在西伯利亚难达到区域和极区进行海洋重力测量和航空重力测量。在建立北极地区合理地质模型,并向联合国委员会提交后续报告时,高纬度地区局部重力测量图是重要的依据。另外,极区数据不足同样也限制了对地球形状模型的进一步完善。

为了解决高精度导航和大地测量问题,必须知道载体所在位置重力加速度的绝对值(即自由落体加速度)。因此,现代重力测量的关键问题之一是利用动态载体进行重力加速度全量值的高精度测量。

20 世纪 80 年代末,在俄罗斯(包括苏联)已经公开发表多篇用于解决地球重力场测量问题的学术论文及专著。然而,随后的一段时期内,在重力测量领域取得重大进展,但这些情况并没有及时在相关文献中有所体现。因此,出版一部能够反映地球重力场参数现代测量设备与方法的著作十分迫切。这里着重强调一点,本书作者团队包括研究地球重力场测量问题机构负责人在内的众多俄罗斯著名学者,也包括在实践中获得广泛应用的多型重力仪的主要设计师及首席研究人员等。因此,在内容设置上对现代重力仪的设备组成、结构设计、工作原理以及所用信息处理方法等方面叙述得比较接近实际。应该注意,作者们的目的不是编写教学或理论参考书,因此在内容选材上并不追求全面性,而是直接叙述作者们在地球重力场参数测量设备和方法的研究设计过程中积累的经验。

本书包括 6 章、附录及参考文献。

第 1 章叙述现代重力测量设备,给出绝对重力仪概述,分析了俄罗斯研制的两款相对重力仪的设计特点,即在动基座测量中广泛应用的移动式重力仪"Chekan-AM"和 GT-2 系列海空重力仪。

第 2 章,一方面详细分析了利用上述提到的两款俄制相对重力仪进行动基座重力异常测量时的数据处理方法特点;另一方面讨论了提高动基座下重力场参数测量精度的部分方法。特别研究了最优滤波、自适应滤波及平滑方法的应用经验,同样也讨论了在综合处理航空重力测量数据和全球重力场模型时利用球面小波分解的可能性。

第 3 章研究垂线偏差(УОЛ)的确定及解算问题。叙述了垂线偏差的确定方法,包括基于重力异常测量值的重力测量法、基于对比天文坐标和大地坐标的天文大地测量法以及利用高精度惯性系统实现的惯性大地测量法(可视为天文大地测量法的改进)。既讨论了能够有效实现上述方法的技术设备,特别是不久前研制成功的天顶望远镜,也讨论了提高上述确定当地垂线偏差主要方法精度的信息处理完善算法。

第 4 章分析了地球上难以达到区域重力场的研究特点。例如,讨论了研究北极重力场的相关问题,分析了利用 Chekan-AM 重力仪在难以达到区域进行重力测量的经验,讨论了能保证全纬度应用的 GT-2 系列重力仪的改型设备。

第 5 章叙述几种研究重力场比较有前景的方法。分析了研究重力场的卫星法发展现状及前景,叙述了基于捷联式惯性导航系统实现的矢量航空重力测量的本质,讨论了可用于确定重力异常的可能方法。此外,还分析了在动基座条件下测量重力位二阶导数设备和方法的现状及发展前景,同样也分析了冷原子重力仪的研制现状及前景。

第 6 章分析地球重力场模型的建立、精度估计及其在执行某些实际任务中的应用问题。重点研究了现代重力场模型的精度估计问题,因为在解决相对测量值品质实时监测、地球物理场导航及导航信息估计等问题时利用地球重力场模型信息尤为重要。

附录中给出了与地球物理场参数测量问题有关的专有名词的基本概念以及所用缩略语。

# 目录

## 第1章 重力测量专用设备 ········· 001
### 1.1 绝对重力仪、测量设备和计量问题 ········· 002
- 1.1.1 弹道式绝对重力仪分类及其结构 ········· 002
- 1.1.2 绝对重力仪测量误差源及改正 ········· 007
- 1.1.3 绝对重力仪的计量方法 ········· 007
- 1.1.4 全球绝对重力仪关键比对 ········· 009
- 1.1.5 绝对重力仪的比对结果 ········· 010
- 1.1.6 自由落体加速度绝对测量的实际应用 ········· 012
- 1.1.7 小结 ········· 013

### 1.2 Chekan 系列相对重力仪的设计特点 ········· 014
- 1.2.1 重力仪的组成及结构 ········· 017
- 1.2.2 重力测量敏感元件 ········· 018
- 1.2.3 双轴陀螺稳定平台 ········· 022
- 1.2.4 重力测量敏感元件数学模型 ········· 024
- 1.2.5 陀螺稳定平台修正算法 ········· 026
- 1.2.6 Chekan-AM 重力仪标定和检验特点 ········· 028
- 1.2.7 小结 ········· 031

### 1.3 GT-2 系列相对重力仪的设计特点 ········· 031
- 1.3.1 重力仪组成及结构 ········· 032
- 1.3.2 重力测量敏感元件 ········· 034
- 1.3.3 陀螺稳定平台角位置修正方案 ········· 035
- 1.3.4 惯性敏感元件数学模型 ········· 040
- 1.3.5 重力仪基本误差分析 ········· 044
- 1.3.6 在中央处理设备中解决的主要问题 ········· 049
- 1.3.7 小结 ········· 051

## 第2章 动基座条件下测量重力异常时数据处理方法 ········· 052
### 2.1 Chekan 系列重力仪数据采集及处理软件 ········· 053

2.1.1 重力仪设备标定和诊断 …………………………… 053
   2.1.2 实时软件与算法 …………………………………… 056
   2.1.3 海洋重力测量信息处理特点 ……………………… 058
   2.1.4 航空重力测量信息处理特点 ……………………… 064
   2.1.5 重力测量结果室内后处理 ………………………… 067
   2.1.6 小结 ………………………………………………… 069
2.2 GT-2系列航空重力仪测量信息处理方法 ……………… 069
   2.2.1 航空重力测量的软件问题 ………………………… 071
   2.2.2 卫星导航解算软件 ………………………………… 072
   2.2.3 惯性/卫星导航系统信息融合软件 ………………… 076
   2.2.4 求解重力测量基本方程的数学软件 ……………… 079
   2.2.5 小结 ………………………………………………… 081
2.3 动基座条件下测量重力异常时最优、自适应滤波
    及平滑方法 ………………………………………………… 082
   2.3.1 最优滤波和平滑问题的提出及解决方法 ………… 082
   2.3.2 动基座条件下测量重力异常时最优滤波及平滑算法 … 084
   2.3.3 平稳估计算法及其有效性分析 …………………… 087
   2.3.4 动基座条件下测量重力异常时结构和参数辨识问题提出及
        解决方法 …………………………………………… 092
   2.3.5 在飞行器上进行重力测量时自适应滤波及
        平滑算法的应用结果 ……………………………… 096
   2.3.6 小结 ………………………………………………… 101
2.4 利用GT-2M重力仪进行海上重力测量时次优
    平滑算法 …………………………………………………… 101
   2.4.1 用于实时系统的固定滞后最优和次优平滑算法 … 102
   2.4.2 次优重力测量滤波器 ……………………………… 104
   2.4.3 次优重力测量滤波器的频率特性 ………………… 109
   2.4.4 试验数据处理结果 ………………………………… 111
   2.4.5 小结 ………………………………………………… 112
2.5 球面小波分解在航空重力测量与全球重力场模型
    数据组合处理中的应用 …………………………………… 112
   2.5.1 异常重力场的球面小波分解和多尺度表达 ……… 113
   2.5.2 利用多尺度表达法根据航空重力测量信息和全球重力场
        模型确定局部重力异常的方法 …………………… 116
   2.5.3 根据航空重力测量数据和全球重力场模型进行重力异常多
        尺度表达的组合 …………………………………… 121

  2.5.4 实时测量数据处理结果 ·········· 122
  2.5.5 小结 ·········· 124

## 第3章 垂线偏差的确定和解算方法 ·········· 125

3.1 动基座条件下垂线偏差确定方法 ·········· 125
  3.1.1 确定垂线偏差的主要方法 ·········· 126
  3.1.2 动基座条件下垂线偏差的确定特点 ·········· 131
  3.1.3 垂线偏差确定方法的分类特征 ·········· 133
  3.1.4 各类方法的定性比较分析 ·········· 136
  3.1.5 小结 ·········· 137

3.2 利用自动天顶望远镜确定当地垂线偏差 ·········· 138
  3.2.1 大地测量天文学中天文坐标的通用确定原理 ·········· 138
  3.2.2 自动天顶望远镜工作原理及说明 ·········· 141
  3.2.3 利用自动天顶望远镜确定垂线偏差分量的算法及其误差 ·········· 144
  3.2.4 天顶望远镜试验样机室外研究结果 ·········· 150
  3.2.5 小结 ·········· 151

3.3 确定垂线偏差的惯性大地测量方法 ·········· 151
  3.3.1 利用位置和速度测量值的惯性大地测量方法 ·········· 151
  3.3.2 利用零速校正算法的惯性大地测量方法 ·········· 154
  3.3.3 高纬度地区垂线偏差确定方法 ·········· 157
  3.3.4 仿真结果 ·········· 158
  3.3.5 小结 ·········· 161

## 第4章 地球上难到达区域重力场研究特点 ·········· 162

4.1 北极地区重力场研究情况 ·········· 162
  4.1.1 俄罗斯在北极地区重力测量的研究历史 ·········· 162
  4.1.2 俄罗斯在北极地区的航空重力测量研究现状 ·········· 165
  4.1.3 其他国家在北极地区的航空重力测量研究现状 ·········· 167
  4.1.4 小结 ·········· 171

4.2 利用Chekan系列重力仪对地球难到达区域
  重力测量研究结果 ·········· 171
  4.2.1 地球极区内海洋重力测量 ·········· 171
  4.2.2 区域性航空重力测量 ·········· 175
  4.2.3 各类运载体在重力测量中的应用 ·········· 181
  4.2.4 小结 ·········· 183

4.3 满足全纬度应用的GT-2A重力仪改型产品 ·········· 184

4.3.1　多天线卫星导航系统的应用 ………………………………… 184
　　4.3.2　伪地理坐标系 ………………………………………………… 185
　　4.3.3　GT-2A重力仪的全纬度改型产品 …………………………… 186
　　4.3.4　框架角度传感器误差的标定方法 …………………………… 188
　　4.3.5　试验及应用结果 ……………………………………………… 189
　　4.3.6　GT-2A重力仪极区改进型产品推广应用 …………………… 191
　　4.3.7　小结 …………………………………………………………… 191

# 第5章　研究重力场比较有前景的方法 …………………………………… 192

## 5.1　研究重力场的卫星方法现状及发展前景 ……………………………… 193
　　5.1.1　"高-低"跟踪方案及CHAMP卫星使命 …………………… 196
　　5.1.2　"低-低"跟踪方案及GRACE卫星使命 …………………… 199
　　5.1.3　卫星重力梯度测量及GOCE卫星使命 ……………………… 201
　　5.1.4　研究重力场的卫星方法发展前景 …………………………… 203
　　5.1.5　小结 …………………………………………………………… 205

## 5.2　基于捷联式惯性导航系统的航空重力矢量测量方法 ………………… 205
　　5.2.1　航空重力矢量测量方程 ……………………………………… 207
　　5.2.2　航空重力矢量测量误差方程 ………………………………… 211
　　5.2.3　修正测量模型 ………………………………………………… 211
　　5.2.4　求解航空重力矢量测量方程的部分方法 …………………… 212
　　5.2.5　航空重力矢量测量精度的频谱分析 ………………………… 214
　　5.2.6　基于局部谐波模型的重力扰动矢量估计算法 ……………… 225
　　5.2.7　小结 …………………………………………………………… 227

## 5.3　重力位二阶导数动态测量设备发展现状及前景 ……………………… 228
　　5.3.1　重力位二阶导数的测量原理及主要问题 …………………… 230
　　5.3.2　用于高精度自主导航的重力梯度仪 ………………………… 232
　　5.3.3　用于勘探矿藏的重力梯度仪 ………………………………… 235
　　5.3.4　用于航天任务的重力梯度仪 ………………………………… 239
　　5.3.5　比较有发展前景的重力梯度仪样机 ………………………… 241
　　5.3.6　重力梯度仪应用领域的扩展 ………………………………… 245
　　5.3.7　小结 …………………………………………………………… 246

## 5.4　冷原子重力仪研制现状及发展前景 …………………………………… 247
　　5.4.1　冷原子重力仪基本原理 ……………………………………… 248
　　5.4.2　冷原子重力仪精度及灵敏度 ………………………………… 251
　　5.4.3　原子的激光冷却方法 ………………………………………… 253
　　5.4.4　原子干涉重力仪物理实现 …………………………………… 255

  5.4.5 原子干涉仪现代方案 ·········································· 256
  5.4.6 基于光学偶极阱捕获冷原子设计的重力仪 ··············· 257
  5.4.7 冷原子重力仪发展前景 ···································· 258
  5.4.8 小结 ····························································· 259

## 第6章 地球重力场模型及其应用 ······································· 260

6.1 地球重力场现代模型的精度估计 ······································ 261
  6.1.1 模型精度先验估计 ··········································· 262
  6.1.2 模型精度后验估计 ··········································· 266
  6.1.3 大地水准面高度模型精度估计 ···························· 269
  6.1.4 北极地区全球重力场模型精度估计 ····················· 274
  6.1.5 小结 ····························································· 285
6.2 地球重力场模型在海上重力测量中的应用 ······················· 286
  6.2.1 卫星数据与重力异常测量值的对比 ····················· 286
  6.2.2 测量值向重力场模型值的数学绑定方法 ··············· 293
  6.2.3 小结 ····························································· 298
6.3 利用地球物理场精确修正运动载体导航参数 ··················· 298
  6.3.1 基于非线性滤波理论提出的问题及解决方法 ········ 299
  6.3.2 利用高斯逼近实现的算法 ································· 306
  6.3.3 利用半高斯逼近实现的算法 ······························ 309
  6.3.4 点群方法 ······················································· 310
  6.3.5 序贯蒙特卡罗法 ·············································· 312
  6.3.6 滤波算法精度分析 ··········································· 315
  6.3.7 滤波算法比较 ················································· 317
  6.3.8 小结 ····························································· 319
6.4 地球异常重力场导航信息估计方法 ·································· 319
  6.4.1 地球异常重力场模型的选择 ······························ 320
  6.4.2 导航信息量的估计方法 ···································· 320
  6.4.3 试验研究结果 ················································· 323
  6.4.4 小结 ····························································· 327

**附录** ································································································ 328

**作者简介** ······················································································· 340

**参考文献** ······················································································· 345

# 第1章
# 重力测量专用设备

本章主要叙述重力测量专用设备,包括3节。

1.1节叙述了几款用于陆上测量自由落体加速度(УСП)绝对值的现代弹道式(或上抛式)绝对重力仪(АБГ)的运行原理、组成及结构特点。特别关注近年来得到广泛应用的激光干涉型弹道式绝对重力仪,其中,自由落体加速度的解算是以利用激光干涉仪测量宏观试验体在重力场内自由落体运动时运动时间和路程间隔为基础。可以用弹道式绝对重力仪分析自由落体加速度的测量误差源。分析了绝对重力仪的现代计量保障系统。应注意,为了确定国家计量研究院所属的绝对式重力仪的计量特性,在国际测量与计量委员会的领导下定期组织国际比对,在区域计量机构的组织下定期进行区域国际比对。简要叙述了这些国际比对的结果,以及由德国大地测量与地图绘制联邦委员会大地测量研究院(BKG)开发的自由落体加速度绝对测量值国际数据库的相关信息。叙述了利用弹道式绝对重力仪进行的陆上绝对重力测量,用于实现现代重力测量中的国际项目,即国际大地测量协会大地测量全球观测系统。给出在动基座上利用绝对弹道式重力仪测量自由落体加速度绝对值的未来研究方向。

1.2节、1.3节分别叙述了俄罗斯研制的Chekan系列移动式重力仪(见1.2节)、GT-2系列移动式重力仪(见1.3节)的研制及应用特点。这两类重力仪均属于相对重力仪,也就是说,用于测量重力增量值。这两类重力仪在利用海上和航空载体进行地球物理场高精度测量中得到了广泛应用,其中包括在北极和南极等难达到区域。在相应章节中分别简述了重力仪的研制历史,叙述了重力仪敏感元件的结构特点及方案,详细分析了在该型重力仪进一步改进研制过程中的主要技术问题。给出了重力测量传感器和所用惯性敏感元件的数学模型。分析了重力仪用陀螺稳定平台的稳定和修正回路的设计特点及主要误差。

## 1.1 绝对重力仪、测量设备和计量问题

自由落体重力加速度的绝对值是确定地球重力场（ГПЗ）的基础。在进行绝对重力测量时，绝对重力仪测量结果是自由落体重力加速度的绝对值，而与之有区别的相对重力仪的测量结果则是各测点上自由落体重力加速度值之差。

在地球重力场测量设备发展的最初阶段，自由落体加速度绝对测量值数量很少，测量误差也比较大。在重力测量网内的大量测量值均是利用相对重力仪测得。

1909—1971 年的所有重力场测量过程均是在波茨坦重力测量系统中进行的，即采用波茨坦国际重力基准，在参考重力测量点上绝对值均是利用循环摆确定的，测量误差约为 3mGal（1Gal=1cm/s$^2$）[331]。

1971 年，在莫斯科召开的第 15 届国际大地测量学和地球物理学联合会大会（第 16 号决议）决定，采用 ISGN-71 国际重力基准网作为世界各地重力场测量值联合重力测量系统，代替原来的波茨坦国际重力基准。ISGN-71 国际重力基准网最初是以 8 个重力测量点上的 10 个绝对重力值为基础，各测量点上的自由落体加速度确定误差为 1mGal。在 20 世纪 70 年代，ISGN-71 国际重力基准网扩大至 471 个测量点上利用相对重力仪测得的约 24000 个相对测量值和利用摆式重力仪确定的约 1200 个绝对测量值。自由落体加速度确定误差为 0.1mGal。

1986 年，贝德克（Г. Бедекер）和弗里茨（Т. Фритцер）建议采用新的国际参考系 IAGBN，在该框架内应该对重力场的变化进行监测，但是预定的测点数未能实现。

可运输的弹道式绝对重力仪的出现，使得最终明显提高了自由落体加速度的测量精度，增加了测点数量，为建立一套各测点处自由落体加速度绝对值确定误差不超过 10 μGal 新的全球绝对重力参考系提供可能。

应该注意，在由德国联邦制图和大地测量局和法国国际重力测量局（BGI）联合开发和支持的现代国际绝对测量数据库 AGrav 中，已经提交了由 50 台绝对重力仪从 1100 多个重力测量点上测得的超过 3300 组绝对重力测量值。

### 1.1.1 弹道式绝对重力仪分类及其结构

目前，为了测量自由落体加速度绝对值广泛应用弹道式绝对重力仪，国际上绝对重力仪的研制主要分为两类：一类是带有激光干涉仪的经典绝对重力仪，其中利用激光干涉仪（如迈克尔逊干涉仪、氦氖激光器等）测量安装有反射镜的宏观试验落体的下落距离；另一类是带有原子干涉仪的原子干涉绝对重力仪，其中试验落体为一团冷原子云。引用"弹道"这个术语是与重力仪中试验体自由运

动的轨迹种类有关。在这种弹道式绝对重力仪中,落体在重力场中自由运动,根据测得的落体多点位的时间和距离,由试验落体的弹道运动方程解算出自由落体加速度[331]。

在弹道式绝对重力仪设计中试验落体可采用对称轨迹和不对称轨迹两种运动轨迹。将试验体向上抛出,然后向下降落,使试验体具有"上升-下落"弹道轨迹,称为对称轨迹,此时,试验落体所做的自由运动称为上抛运动。让试验体自由向下降落,即进行自由落体运动,使其保持自由下落轨迹,称为不对称轨迹,此时,试验落体所做的自由运动称为自由下落运动。

意大利国家计量研究院(INRIM)研制的绝对重力仪是采用对称轨迹("上抛法")设计的[361],这种方法可以抵消部分外界因素产生的误差,但设备结构复杂。目前,大多数弹道式绝对重力仪均采用非对称轨迹(自由下落法)设计[53,291,453,512]。

图 1.1.1 给出了在具有宏观试验体(ΠT)的经典绝对重力仪中利用不同结构方案设计的一种激光干涉型弹道式绝对重力仪的结构示意图,其中,利用激光干涉仪测量落体运动的位移。

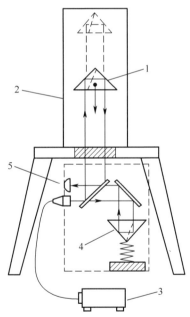

图 1.1.1　具有宏观试验体的激光干涉型弹道式绝对重力仪示意图
1—置于干涉仪测量臂内具有嵌入式光学反射镜的试验体;2—真空腔室;3—激光器;
4—置于干涉仪支承臂内的反射镜,其安装在有源或无源的隔振系统上;5—光学干涉信号的光接收器。

目前,利用弹道式绝对重力仪测得的自由落体加速度绝对测量值的相对误差(或称为相对不确定度)达到 $10^{-9}$(绝对单位是几 μGal)。但是应该注意,这种测量误差不能通过单次上抛测得,而是需要在比较长的时间内多次抛射测量过程中得到。

具有宏观试验体的弹道式绝对重力仪的组成如下。

(1) 具有弹道模块、试验体及真空处理系统的真空腔室。

(2) 测量试验体自由落体运动过程中运动位移的激光干涉仪,用于相对测量试验体位移的基准反射镜无源或有源防震系统。

(3) 激光干涉仪的稳频激光器。

(4) 落体位移和时间间隔录取系统,以及基准铷频率发生器。

(5) 安装测量数据处理软件的计算机,并通过引入必要的仪表和地球物理修正量来解算自由落体加速度的测量值。

(6) 保证弹道式绝对重力仪正常工作的其他辅助设备。

在真空腔室内完成落体的抛射是为了消除或减小残余气体阻力对落体运动的影响。在具有宏观试验体的弹道式绝对重力仪(经典绝对重力仪)中,利用激光干涉仪测量试验落体的位移,利用短时间隔测量系统测量时间间隔。在已知的弹道式绝对重力仪中,落体的轨迹长度为 2~50cm,落体降落时间为 0.02~0.32s。

弹道模块安装在真空腔室内,实现落体的整个运动循环,其中包括落体沿对称或非对称轨迹的自由运动,并在轨迹末端接住试验体。

在可对称抛射的弹道式绝对重力仪中,利用专门的弹射器实现试验体的抛射[361]。实际上,在任何绝对重力仪结构中不可避免地出现"机械继电器"效应,这是测量试验落体位移间隔的激光干涉仪基准反射镜的寄生机械振荡源。

在采用非对称轨迹设计的弹道式绝对重力仪的某些结构中,在其弹道模块中"抛射"或"投掷"前固定试验落体的托架(为了单独给落体加速)与落体同时运动,如美国 Micro-g LaCoste 公司研制生产的所有重力仪中均采用这种结构。在落体下落期间,该托架一直在试验落体前面运动[452]。托架的这种运动称为寄生机械激励运动。

在苏联科学院自动化与电气计量研究所(CO AH CCCP)研制的 ГАБЛ 重力仪中,通过电磁体将试验落体原封不动地保持在最顶部的原点处,关闭电磁铁供电后落体即进入自由下落状态[13]。这样落体在下落过程中没有机械激励扰动,但是在自由下落初始阶段仍然会有残余磁场作用影响。

在全俄门捷列夫计量科学研究院(ВНИИМ им. Д. И. Менделеева)研制的 АБГ-ВНИИМ-1[51]绝对重力仪的结构中,通过专用压电陶瓷夹将试验落体保持在最顶部的原点处,这样在落体自由下落过程中没有机械激励扰动和残余磁场的影响。在具有宏观试验体的弹道式绝对重力仪的某些结构中,相邻两次单独抛射之间的时间可以很小(相当小),在偏心式重力仪中[512]该时间不超过 0.3s。

利用位移激光干涉仪测量落体运动时通过的距离,而相应的时间则利用专门的短时间测量系统进行测量。在不考虑重力场垂直梯度影响的情况下,落体运动方程为

$$L = L_0 + v_0 T + \frac{gT^2}{2} \tag{1.1.1}$$

式中：$g$ 为自由落体加速度；$L$ 为落体在自由下落时间 $T$ 内通过的路程；$L_0$、$v_0$ 分别为在初始时刻 $T=0$ 时落体的初始位置和初始速度。

当 $L_0 = 0$、$v_0 = 0$ 时，由式(1.1.1)可得

$$g = \frac{2L}{T^2} \tag{1.1.2}$$

在解算自由落体加速度绝对值 $g$ 时，式(1.1.2)给出为了使相对测量误差优于 $1 \times 10^{-9}$ 而必须满足的距离 $L$ 和时间 $T$ 的测量误差简单估计。由式(1.1.2)可知，为满足相对测量误差优于 $1 \times 10^{-9}$，落体下落距离的相对测量误差不应超过 $1 \times 10^{-9}$，而落体下落时间的相对测量误差不应超过 $5 \times 10^{-10}$。上述测量误差同样也由激光器光源波长(频率)误差和干涉仪中干涉条纹的测量误差决定。

地球重力场的不均匀性(存在重力场垂向梯度 $W_{zz}$，即地球重力位沿垂向轴 $Oz$ 的二阶导数)使得落体在具有垂向梯度的重力场中自由下落运动方程变得复杂，即

$$\ddot{z} = g_{\text{top}} + W_{zz} z \tag{1.1.3}$$

式中：$g_{\text{top}}$ 为当 $z=0$ 时的自由落体加速度；$W_{zz}$ 为重力位 $W$ 垂向梯度，且满足 $W_{zz} = \frac{(\partial^2 W)}{\partial z^2}$。

当 $W_{zz} \ll 1$ 时，式(1.1.3)的近似解为

$$z(t) = z_0\left(1 + \frac{t^2}{2}\right) + v_0\left(t + \frac{W_{zz} t^3}{6}\right) + \frac{g_{\text{top}}}{2}\left(t^2 + \frac{W_{zz} t^4}{12}\right) \tag{1.1.4}$$

式中：$z_0$ 和 $v_0$ 分别为 $t=0$ 时落体的垂向位置坐标和速度。

实际上，在由最小二乘法根据落体自由下落过程中测量的多点位运动时间和距离间隔解算自由落体加速度绝对值时，可以根据式(1.1.4)和式(1.1.3)的解来计算出方程式(1.1.1)的解中垂向重力梯度的改正项。

通常可以利用安装在重力测量站台上方不同高度的相对重力仪测量垂向重力梯度。将自由落体加速度的测量值 $g_{\text{top}}$ 归算至测量站台上方给定高度对应的数值时，要利用垂向重力梯度的改正项。为了比较精确地解算垂向重力梯度改正项，同样也要利用借助相对重力仪测得的、可近似为二阶多项式的自由落体加速度的垂直分布。

在对比绝对重力仪过程中，尤其是比较其测量结果时，必须将具有不同高度结构的各重力仪的测量结果 $g_{\text{top}}$ 归算至相同高度。

应该注意，当利用干涉仪测量试验落体自由下落位移时，在下落的 0.1s 内干涉条纹的计算频率会从零快速变化至几兆赫，这就必须以实际线性频率调制方式快速记录这些信号。

在弹道式绝对重力仪的激光干涉仪中,主要应用波长为633nm(可见光红区)的频率稳定的氦氖激光器,并在近几年开始应用波长为532nm的固体激光器[459]。

固体激光器的优点有以下几个。

(1) 光波波长短。这可以提高测量分辨率,因为波长决定位移测量刻度步长,步长越小,分辨率越高。

(2) 光源功率大。在测量位移过程中,由于光源功率大,提高了干涉信号的信噪比,同样也可以提高分辨率。

(3) 频率测量噪声低。也就是在短时间间隔内频率比较稳定,这对于测量频率变化较快的干涉信号很重要。

例如,在测量试验体自由下落长度为10cm的位移时(见文献[53]所述重力仪),为了保证自由落体加速度的相对测量误差优于$1×10^{-9}$,运动位移的测量误差不应超过10nm。

在具有宏观试验体的弹道式绝对重力仪中,经常利用各种改进的双光束激光干涉仪[52],同样也有应用多光束激光干涉仪的情况[318]。在双光束激光干涉仪中,当固定在下落试验体上的基准反射镜运动时,一路光束的波长固定(称为基准光束),另一路测量光束的波长变化。对于试验体位移的测量,可根据相对光学回路中可作为准惯性坐标系起点的任何部件位移关系式进行[52]。这种基准反射镜通常利用被动无源或有源的减震系统支承固定[452-453],以减小由微振引起的寄生振动。

在落体比较短的下落时间内(如0.1s),激光干涉仪干涉条纹测量系统会记录几十万个干涉条纹。例如,在АБГ-ВНИИМ-1重力仪中,0.1s内记录约35万个干涉条纹,每个条纹均对应落体位移长度等于激光器($Nd:YVO_4/KTP/I_2$)发射的激光波长($\lambda=532nm$)的1/2。

干涉条纹是成组测量的(如每组1024条),每组记录落体指示的位移间隔和对应时间间隔,并利用最小二乘法(МНК)计算所测的自由落体加速度值。因此,在利用最小二乘法计算自由落体加速度时会用到几百对位移及相应时间间隔数据。

在5.4节将详细研究的冷原子弹道式绝对重力仪[309,363,439,468],与具有内置光学反射镜的宏观试验落体的激光干涉型弹道式绝对重力仪同期出现,这种原子重力仪利用了物质干涉测量技术(德·布罗意波干涉法)。"冷"的意思是利用激光脉冲束将铯或铷原子运动速度变慢,控制激光脉冲吸收或辐射光子进行分裂或合并,形成类似于经典激光干涉仪分光板的部件,以实现原子波束的分离或复合。原子波在置于引力场中的原子干涉仪双臂中传播时,会在一个臂中产生与自由落体加速度和传播时间的平方成正比例的附加相移。这种原子干涉仪的干涉条纹可以利用激光感应荧光技术测得两路复合原子束状态的相对密度测量值进行记录。

## 1.1.2 绝对重力仪测量误差源及改正

在具有宏观试验体的弹道式绝对重力仪中,根据测得的试验落体多点位时间和位移间隔计算自由落体加速度时,应该对测量结果引入仪表误差及地球物理参数改正,这种改正实际上对弹道式绝对重力仪的所有结构均适用。

目前,属于所有弹道式绝对重力仪明确固有的仪表改正项主要由下列因素引起。

(1) 真空腔室内残余气体对试验落体的阻力。

(2) 试验落体与弹道式绝对重力仪的自身重力场的相互作用。

(3) 试验落体与地磁场(如果结构上利用离子泵时还应包括离子泵自身磁场)梯度的相互作用。

(4) 与最终光速有关的效应。

(5) 在干涉仪中激光束传播过程中的衍射效应。

地球物理改正项主要由地球引力潮汐、海洋载荷、地极运动等因素引起,在计算弹道式绝对重力仪仪表误差总和时需要考虑下列分量。

(1) 激光波长(频率)测量误差。

(2) 用于多点位移和时间测量系统的基准铷振荡器频率测量误差。

(3) 利用最小二乘法计算自由落体加速度时,由于选择所有测量值中的最初和最后一组测得的位移间隔而引入的误差。

(4) 电子线路中相位延迟引起的误差。

(5) 与自由落体加速度测量值对应的高度测量误差。

(6) 干涉仪测量臂内激光束垂直度误差。

(7) 在确定测定重力点气压偏差改正项时大气压偏差的测量误差。

(8) 上述仪表改正项的计算误差。

在落体具有对称轨迹的弹道式绝对重力仪中,那些如残余气体阻力的误差源影响会明显变弱,这种情况在重力仪研制初期普遍应用,因为那时还未能达到足够高的真空度。在重力仪的进一步研制过程中利用对称轨迹结构,可以避免在利用专用弹射器抛射落体时的反冲效应。

应该注意到,АБГ-ВНИИМ-1 弹道式绝对重力仪扩展后(也就是保证弹着点在给定范围内概率为 95%)的总仪表误差不超过 2μGal,而 Micro-g LaCoste 公司的 FG5 重力仪在网站上发布的测量误差也不超过 2μGal。测量结果的试验均方差(СКО)取决于重力测定点处的微观环境。

## 1.1.3 绝对重力仪的计量方法

弹道式绝对重力仪用于测量自由落体加速度。加速度是微分的物理量,原则上,应该将相应测量范围内的单位长度和单位时间传输给绝对重力仪,这可以根据激光器的频率和位移对重力仪的干涉仪和基准频率发生器进行标校来实现。

实际上,内置于弹道式绝对重力仪内部的激光位移干涉仪不能像普通工业级激光位移干涉仪那样根据位移进行标校。这种带有在真空中进行测量的激光干涉仪的重力仪结构,不适合对这种激光干涉仪进行直接标校。通常情况下,干涉仪的激光器根据频率(或波长)进行标校。但是,长度单位正是由激光干涉仪实现的,而不是激光器。对于干涉仪来说,激光器只是光源,并产生无限的电磁波。此处,不过度地考虑细节,在没有附加部件(如平面镜、光电接收器等)时这种电磁波不能按照其定义实现长度单位,也就是说,在空间中指定两个物理质点,两点之间正好是一个单位长度或其部分长度,或者质点移动过程中两个连续位置间长度。例如,在测量下落反射镜的运动位移时,在重力仪的干涉中就会发生这种情况。

至于时间间隔测量系统的标校,实际上只需根据频率对其中的基准频率振荡器(即铷频率振荡器)进行标定。这种标校方法证实了铷振荡器频率相对误差等级最低为 $5 \times 10^{-10}$ 水平,但并不是在我们感兴趣的所有频率范围内。这种标校通常在几十分钟内完成,但还有一个关于微小毫米级位移测量系统及通过上述位移对应的微秒级时间间隔测量系统的计量特性问题。

对激光器频率(波长)和铷振荡器频率的标校是必要的,但这不足以确定弹道式绝对式重力仪的计量特性。因此,为了确定弹道式绝对重力仪的计量特性,在测量自由落体加速度时必须像利用其他测量设备的情况一样,用重力测量的标准值标校或检定弹道式绝对重力仪。

绝对重力仪、重力测量站和重力测量网均可作为重力测量的参考。此时,重力测量站和重力测量网中的自由落体加速度参考值均应进行预测。在某些情况下,在重力场经受非急剧变化的情况下,重力测量站上和重力测量网内的自由落体加速度值均随时间变化。

毫无疑问,弹道式绝对重力仪具有最高计量特性,实际上,绝对重力仪是重力测量中加速度单位的标准。应该注意到,在英文专业词汇中将重力测量站称为"重力标准"(gravity standard),而将弹道式绝对重力仪称为"重力测量标准"(measurement standard in gravimetry)[513]。

俄罗斯国家计量研究所(НМИ)拥有的经过研究计量标校后的一套弹道式绝对重力仪是俄罗斯官方正式承认的首批国家标准。正是这套标准参与了由国际度量委员会(MKMB)或区域计量组织(PMO)组织的弹道式绝对重力仪国际关键比对。在俄罗斯联邦建立了国家首批重力测量加速度单位的专用标准ГЭТ190-2011,并在全俄门捷列夫计量科学研究院得到推广应用[53]。

### 1.1.4 全球绝对重力仪关键比对

首次全球绝对重力仪关键比对 ICAG 是根据 1979 年 12 月在澳大利亚堪培拉市举行的第 17 届国际大地测量和地球物理联合会通过的决议开展的。由法国国际计量局(BIPM)以及中国、日本、苏联、美国等国研制的共 6 台弹道式绝对重力仪参与比对,整个比对过程由法国国际计量局和国际大地测量协会(IAG)特设研究小组主席——苏联科学院院士 Ю. Д. Буланже 组织,并于 1980—1981 年在法国塞维尔市举行。此后,这种全球绝对重力仪关键比对每隔 4 年在法国国际计量局举办一次。在 2009 年举行的第八届全球绝对重力仪关键比对中利用了 22 台绝对重力仪。

在进行绝对重力仪关键比对过程中,逐渐完善了比对活动的组织机构,制定并完善了描述其组织程序的技术规程、参与比对的仪表标准、测量和结果处理方法以及比对结果公布规则。从 2001 年开始,绝对重力仪关键比对一直按照《校准证书和测量结果的国际互认协定》所建议的比对组织规则进行,迄今已有 101 个各国计量研究所和负责处理任何测量数据的计量软件的组织机构签署上述协定。

在 2009 年以前,几乎所有拥有弹道式绝对重力仪的组织或研究机构均被允许参加全球绝对重力仪关键比对,并且利用所有重力仪的测量结果计算比对结果,包括利用测量站点上进行测量的所有重力仪数据计算得到的自由落体加速度平均值和误差以及由单个重力仪测量均值与所有重力仪测得平均值之差描述的重力仪国际等效性。

世界上超过 90% 的弹道式绝对重力仪是商用的,并且均由一家美国公司生产。但这些重力仪没有标校证书,因此拥有这些绝对重力仪的组织或机构希望参加全球绝对重力仪关键比对,并参加了在卢森堡瓦尔费尔丹格市地下实验室组织的比对活动,以便确定各自仪表的计量特性[394]。

由于全球绝对重力仪数量逐渐增加,今后几乎不可能在一个实验室同时对它们进行比对,因此,必须转换为计量学中的常规做法,即设立弹道式绝对重力仪的检验和标校的国际组织和标准。应该注意,在绝对重力测量领域,直到 2009 年还没有建成这样的体系。从 2009 年开始,绝对重力仪国际比对已经开始按照 СВП 规则(见《国家计量基标准和国家计量院颁发的校准和测量证书互认协议》(CIPM-MRA)测量比对的相关文件"CIPM MRA-D-05")作为关键比对,根据该规则,只有属于各国国家计量研究所(НМИ)的绝对重力仪才能参与比对。作为一项额外措施,这类关键比对进行的同时,在法国巴黎国际计量局(BIPM)还组织了来自其他组织机构的绝对重力仪进行比对预先试点研究。此时,在计算官方比对结果时只利用来自各国国家计量研究所的 11 台重力仪的测量结果。这些完整测量结果将会在国际计量局网站上的关键比对官方数据库中公布。试点研究结果可以在科学期刊上发表,但这些结果不能作为颁发校准证书的依据。绝对重力仪关键比对ICAG-2009 的所有结果均刊登公布在文献[394]中。

由于国际大地测量协会(IAG)提高了对地球重力场绝对重力测量值的准确性要求,因而制定并通过了《国际质量及相关量咨询委员会和国际大地测量协会在绝对重力测量计量中发展战略》(已刊登在《国际大地测量协会 2011—2015 年工作汇编》)。该文件的目的是提请大地测量学界和地球物理学界注意,有必要发展一个按等级划分、涉及绝对重力仪标准、标校及检验的计量体系。研究了弹道式绝对重力仪多种不同的标校方案:将弹道式绝对重力仪与原标准直接比对,或者利用被标校重力仪在重力测量点处测量自由落体加速度,并将被标校重力仪的测量值与前期由标准重力仪的测量结果进行比较。利用附加的重力场测量设备——低温相对重力仪(或冷原子重力仪)实现对自由落体加速度相对时间变化的不断监测,可以保证这种根据前期测量自由落体加速度值进行计量的方法最大精确性(文献[354]中给出的在绝对重力仪比对期间利用低温重力仪的实例)。低温相对重力仪能以 $0.01\mu Gal$ 分辨率连续几个月或几年持续测量重力场参数的变化。低温重力仪正是用于测量自由落体加速度随时间变化的有效设备。

当然,也可以将以研究为目的绝对重力仪进行比对,并估计其计量特性,但是这些比对结果不能作为颁发正式校准证书或检验证书的依据。绝对重力仪的研究比对结果将更新至自由落体加速度绝对测量值数据库 AGrav。

### 1.1.5 绝对重力仪的比对结果

现代弹道式绝对重力仪的实际计量特性由国际计量委员会(CIPM)组织的国际关键比对结果和由区域计量组织(RMO)(欧洲区域计量组织(EURAMET)、北美区域计量组织(NORAMET)、亚洲和太平洋地区计量规划组织(APMP)等)组织的区域关键比对结果给出。本节将给出 2009 年在巴黎国际计量局进行的全球绝对重力仪关键比对结果、2013 年在卢森堡瓦尔费尔丹格市进行的全球绝对重力仪关键比对结果以及 2011 年进行的欧洲区域绝对重力仪关键比对结果。

应当指出,在 2009 年全球绝对重力仪关键比对 ICAG-2009 完成之后,国际计量局 BIPM 决定停止在该局内部组织绝对重力仪的比较,这是因为进行绝对重力仪比对的程序已相当完善,其他米制公约国主管部门(各国计量研究所)现在可以组织进行比对。2013 年,国际计量委员会在法国巴黎国际计量局组织全球绝对重力仪关键比对的同时,在卢森堡瓦尔费尔丹格市的地下实验室组织进行了绝对重力仪的预先试点研究。2017 年全球绝对重力仪关键比对(ICAG-2017)在中国计量科学研究院(NIM,简称"中国计量院")昌平院区的实验室内进行,中国计量院为主导实验室。

这是该重要国际关键比对自开始组织30多年以来首次移出欧洲举办。

2009年,由国际计量局在法国塞维尔市组织的全球绝对重力仪关键比对ICAG-2009结果(CCM.G-K1)如图1.1.2所示[289,394],图中,纵坐标表示参与比对的各台重力仪测量结果相对关键比对参考值(即所有绝对重力仪测量结果均值)的偏差(单位为μGal),横坐标表示每台重力仪的类型、编号及所属机构。需要注意,本次关键比对所有报告都可以在国际计量委员会网站上的关键比对数据库中公开查阅。

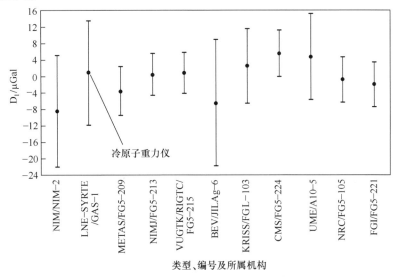

图1.1.2　2009年全球绝对重力仪关键比对结果(CCM.G-K1自由落体加速度)

2013年,在卢森堡瓦尔费尔丹格市举行的全球绝对重力仪关键比对ICAG-2013结果(CCM.G-K2)如图1.1.3所示[355]。图中,纵坐标表示参与比对的各台重力仪测量结果相对关键比对参考值的偏差(单位为μGal),横坐标表示每台重力仪的类型、编号及所属机构。

由欧洲区域计量组织(EURAMET)主办的欧洲区域绝对重力仪2011年关键比对ECAG-2011结果如图1.1.4所示[353]。图中,纵坐标表示参与比对的各台重力仪的类型和编号,横坐标表示各重力仪测量结果相对关键比对参考值的偏差。在黑框架内给出了本次区域关键比对的各国计量研究所的绝对重力仪名称,而其他的重力仪则是公司框架内用于预先试点研究。

在图1.1.2至图1.1.4中,误差是每次测量结果累计的总误差。由此可见,由Micro-g LaCoste公司生产的FG5重力仪和A10重力仪基本上参与了所有的比对,非Micro-g LaCoste公司的设备如意大利的IMGG重力仪、法国CAG-1冷原子重力仪、中国清华大学的T1重力仪、中国计量科学研究院的NIM-2A和NIM-3A重力仪。应该注意到,目前利用冷原子重力仪测量得到的自由落体加速度误差比具有

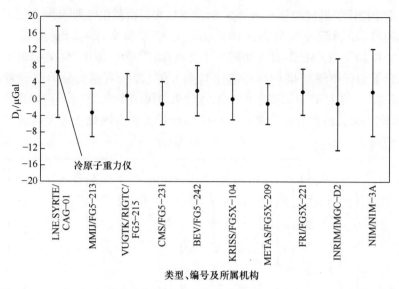

图1.1.3 2013年全球绝对重力仪关键比对结果(CCM.G-K2自由落体加速度)

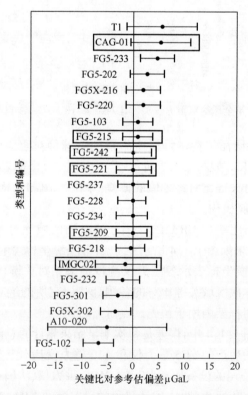

图1.1.4 2011年欧洲区域绝对重力仪关键比对结果

宏观试验体的精度最高的激光干涉仪大很多。A10重力仪主要用于航空测量,误差比FG5重力仪大。

### 1.1.6 自由落体加速度绝对测量的实际应用

目前,世界上可运输使用的弹道式绝对重力仪不少于200台,其中大部分均由Micro-g LaCoste公司生产。绝对重力仪可以测量没有汇编入重力测量网点的任意点处的自由落体加速度。当然,测量精度取决于测量点处决定随机测量误差分量的微震等级。大量可运输的绝对重力仪的出现改变了重力测量网的测量和应用战略[303]。

可运输的绝对重力仪不仅能够在建立重力测量网的过程中在独立的重力测量点测量自由落体加速度,也可以进行重复测量以便监测重力场随时间变化情况。弹道式绝对重力仪和低温冷原子绝对重力仪的组合应用,实际上可以连续监测重力场随时间的变化。在国际大地测量协会的全球地球动力学计划(Global Geodynamic Project,GGP)国际合作框架内,全球有近30个重力测量站点,如日本昭和站(SYOWA)。从1997年开始,在南极洲利用绝对重力仪和低温冷原子重力仪监测重力场变化。目前,该项目已转变为国际大地测量协会的一项长期服务计划(IGETS),并将继续扩大。

可运输的绝对重力仪也应用在水文地质学中进行水资源勘察和监测,并在工程地质学中也有应用。目前,正研究在航空和海洋动基座重力测量中利用激光干涉型弹道式绝对重力仪和冷原子绝对重力仪的可行性[295,465]。

早在2000年初就提出了在海洋重力测量中将绝对重力仪和相对重力仪安装在陀螺稳定平台上共同使用的观点。此时,不需要利用绝对重力仪对自由落体加速度进行连续测量,而是在舰船系泊或在平静海面上停泊期间,利用绝对重力仪对相对重力仪进行周期性校准。应该指出,在航空和海洋重力测量中可以成功应用偏心型重力仪,这种重力仪的落体自由降落路径短,约为2cm,每分钟可投掷落体200次[512]。

### 1.1.7 小结

陆用绝对重力测量越发广泛地用于现代大地测量中,以实现国家和国际重大项目,如国际大地测量协会的全球大地测量观测系统(GGOS)。在全球绝对重力仪关键比对中已成功实现进行比对的重力测量站点处自由落体加速度绝对值测量误差优于$1\mu Gal$,以及大量的测量值序列。例如,在2009年国际计量局BIPM组织的关键比对中,在5个重力测量观测站的测点上得到60多组12h连续测量序列[394]。在多次关键比对过程中,得到的自由落体加速度值及其测量误差是最可信的。基于这种情况,随着绝对重力仪数量日益增加、其计量保障系统的快速发展、比对范围向北美洲、亚洲等大陆的扩展等,促使业内提出建立一个新的全球绝对重力测量参考系统的想法[332]。

在 2013 年以前,全球绝对重力仪关键比对均在欧洲举行,而在北美和中国分别举办过绝对重力仪区域关键比对。进行过比对的重力测量站点将作为新建全球重力测量参考系统的基础。国际大地测量协会(IAG)于 2015 年在捷克首都布拉格举行的第 26 届国际大地测量和地球物理联合会(IUGG)学术大会上通过了《关于建立全球绝对重力参考系》的第 2 号决议,提出在该参考系的重力测量各基准点上自由落体加速度的测量误差要优于 $10\mu Gal$(或 $\pm 5\mu Gal$),是国际重力标准网 IGSN-71 测量误差的 1/10。

俄罗斯在发展绝对重力测量方面需要继续开发新型绝对重力仪,其中包括野外应用重力仪和适用于动基座测量的绝对重力仪。毫无疑问,具有宏观试验体的激光干涉型重力仪和冷原子重力仪等两型绝对重力仪将会找到各自的应用领域。此外,这两型绝对重力仪将会在减小外形尺寸、提高可靠性、减小测量误差等方面得到持续完善。

## 1.2 Chekan 系列相对重力仪的设计特点

俄罗斯中央科学电气研究所(ЦНИИ《Электроприбор》)研制用于运动载体测量重力加速度的重力测量设备已有超过 45 年的历史,研制工作开始于 1967 年,在 Е. И. Попов 的领导下,当时施密特地球物理研究所(О. Ю. Шмидт)成功研制出具有照相功能的重力仪 ГАЛ-М,而俄罗斯中央科学电气研究所负责研制该型重力仪用的陀螺稳定平台 Чета,用于在水面舰船上将重力仪稳定在当地水平上[215]。按照俄罗斯国防部导航与海洋总局(ГУНиО МО РФ)的订货,俄罗斯中央科学电气研究所在前期研制经验的基础上研制了用于装备俄罗斯海军(ВМФ)的重力仪 МГФ,这是 20 世纪 70—80 年代苏联第一代专门用于实现开阔海域海洋重力测量的国产设备。

第二代海洋重力测量设备 Чета-АГГ(主任设计师 Береза Анна Денисовна)利用了专用数字计算机,这是苏联首套自动重力测量设备。按照当时海军订购合同,重力测量设备 Чета-АГГ 于 1982 年研制成功,并开始批产装备[104]。该型设备安装在超过几十艘科考船上。在很长一段时期,第二代海洋重力测量设备 Чета-АГГ 是完成测线测量和平面测量的主要装备,在进入 21 世纪之前既应用于俄罗斯(包括苏联)海军舰艇上,也用于民用科考船上。根据世界重力测量计划,利用海洋重力测量设备 Чета-АГГ 在大西洋、印度洋、太平洋、黑海、巴伦支海完成了大量重力测量工作[98]。

第三代重力测量设备 Скалочник（主任设计师为 Несенюк Леонид Петрович[201]）主要方向是通过应用当时最先进的计算机技术提高其应用特性。在该设备中利用了便携式计算机，既用于采集数据，又进行海上测量信息的后处理。俄罗斯研究人员在 1994 年利用其第三代国产重力测量设备进行了全境范围内的重力测量试验，并将其转入应用。很可惜，在 20 世纪末萧条的经济形势下，俄罗斯没能对第三代重力测量设备《Скалочник》进行批量生产。该型设备仅生产了试验样机，并于 2001 年进行了现代化改进，直到 2006 年开始装备俄罗斯海军进行水文地理测量工作[31,192]。图 1.2.1 给出了第二代重力测量设备 Чета-АГГ 和第三代重力测量设备 Скалочник 的外形图。

第四代重力测量设备研制工作始于 20 世纪末，1998 年研制出重力仪原理样机 Chekan-A，1999 年进行了海试，同时由挪威 NOPEC 公司进行了海洋重力信息商业测量[233]。上述工作的成功开展使得俄罗斯中央科学电气研究所缩短了移动式重力仪（主任设计师 Элинсон Леон Соломонович）的研制周期，结果于 2001 年成功研制第四代重力测量设备 Chekan-AM①[228]。

（a）第二代设备 Чета-АГГ　　　　　（b）第三代设备 Скадочник

图 1.2.1　重力测量设备的外形

目前，Chekan-AM 移动式重力仪是可以利用海上载体和航空载体测量地球重力场参数的主要设备之一（既可实现航空重力测量，也可进行海洋重力测量）[128,292,294,351,430]。俄罗斯中央科学电气研究所为俄罗斯国内外多家组织机构生产交付了 50 多套该型移动式重力仪。表 1.2.1 给出了从国外海洋重力测量到俄罗斯航空重力测量等世界各国地球物理信息测量设备研制阶段年代表。

---

① 译者注：俄文代号为 Чекан-AM，下面均用英文代号。

表1.2.1 地球物理信息测量设备研制年代表

| 序号 | 研制国家 | 应用时间 |
|---|---|---|
| 海洋重力测量 | | |
| 1 | 挪威 | 1999年至今 |
| 2 | 英国 | 2003—2012年 |
| 3 | 俄罗斯 | 2005年至今 |
| 4 | 中国 | 2007年至今 |
| 5 | 美国 | 2008年至今 |
| 6 | 哈萨克斯坦 | 2010—2011年 |
| 航空重力测量 | | |
| 7 | 德国 | 2007年至今 |
| 8 | 挪威 | 2007—2011年 |
| 9 | 俄罗斯 | 2007年至今 |

Chekan-AM移动式重力仪的应用地域分布如图1.2.2所示,包括了全球各大洋的专业海区和大陆架区域,利用该移动式重力仪开展的地球物理研究工作遍及地球南极区域到北极点[145]。

图1.2.2 (见彩图)利用Chekan-AM移动式重力仪进行测量的区域分布
(红圈表示海洋重力测量;黄圈表示航空重力测量)

2013年,在"实验室设计计划"框架内,以Chekan-AM移动式重力仪为基础成功研制新一代重力测量设备Shalif-E[146](注:俄文代号为Шельф-Э,下面均用英文代号),该型测量设备在测量精度及应用特性方面得到改进(主任设计师Соколов Александр Вячеславович)。Shalif-E重力仪从2015年开始批量生产,近几年将逐渐替代Chekan-AM移动式重力仪。本节主要叙述Chekan-AM和Shalif-

E重力仪的工作原理、设计特点和技术特性。

### 1.2.1 重力仪的组成及结构

Chekan-AM移动式重力仪与前几代重力测量设备的主要区别是,在有效降低质量及外形尺寸的情况下,提高了其精度和应用特性[26]。电子器件的快速发展促使重力仪的敏感部件(ЧЭГ)、双轴陀螺稳定平台(ГП)和基于微控制器实现的控制仪表集成于一块核心仪表内。

Chekan-AM移动式重力仪的设备配套组成如图1.2.3所示。设备主体是基于双石英弹性扭力系统(УСГ)设计的重力测量传感器(ГД),该传感器安装在专门用于在运动载体上保持重力测量传感器的敏感轴定向在当地垂线的双轴陀螺稳定平台上。

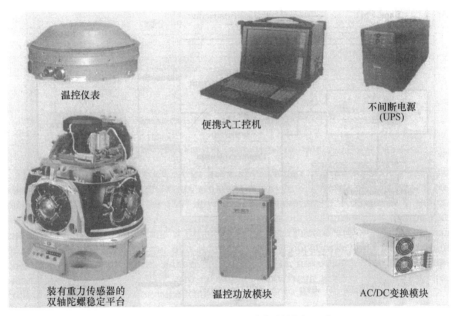

图1.2.3 Chekan-AM重力仪的设备组成

为了保持陀螺稳定平台壳体内部温度恒定,在其顶部安装有温控仪表,该仪表由与其成比例关系的外部温控功放模块(УМТ)进行控制。

在Chekan-AM重力仪的配套组成中还应包括安装有数据采集及实时预处理软件的专用便携式工控机,同时还要安装全套设备的故障诊断软件。全套设备工作电压为直流27V,由舰载220V/50Hz交流电源经不间断供电电源(SMART-UPS)后由PSP电压变换器产生。

在图1.2.4中给出可用于海洋重力测量设备和航空重力测量设备的移动式重

力仪的结构示意图,两种测量设备的主要区别是其实时处理软件不同,因为在飞机上进行测量时需要连续修正双轴陀螺稳定平台,必须利用载体的位置和速度等外部信息,因此,在进行航空重力测量时要能够接收重力测量设备配套组成以外的卫星导航系统(CHC)的信息。

航空重力测量的另一个特点是在飞机上没有220V/50Hz的标准交流电网。因此,在进行航空重力测量时必须配备Chekan-AM重力仪配套组成中没有的附加逆变器。

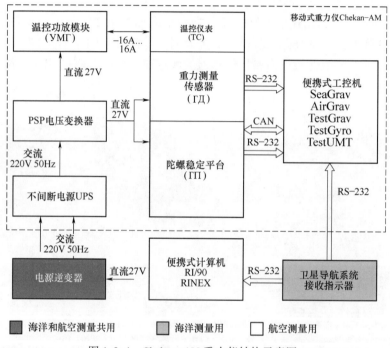

图 1.2.4　Chekan-AM 重力仪结构示意图

为了对海洋和航空重力测量数据进行专业后处理,需要利用卫星导航系统(CHC)接收设备提供的导航信息,此时需要将导航信息和重力测量信息根据时标进行同步。

将重力仪 Shalif-E 的结构进行了相对简化,其内部没有二次电源模块和陀螺稳定平台的温度控制回路,这样在重力仪的组成上仅剩装有重力测量传感器的陀螺稳定平台和数据录取用笔记本电脑。整个测量设备由一根电缆供电,而数据传输可以利用无线 WiFi 技术实现[214]。

## 1.2.2　重力测量敏感元件

在俄罗斯中央科学电气研究所(ЦНИИ《Электроприбор》)研制的重力测量设

备(如 Chekan 系列重力仪、Shalif-E 重力仪等)利用的重力测量敏感器是基于双石英重力测量弹性系统设计的,这种双石英弹簧系统的设计原理由俄罗斯科学院地球物理研究院(ИФЗРАН)设计研制了初样结构[105],然后由上述两家企业共同对重力测量弹性系统制造工艺和结构进行优化,并同时开展新一代重力测量设备的研制。

在图1.2.5中给出了第三代和第四代重力测量设备中利用的重力测量弹性系统。其中,УСГ-3 用于 Скалочник 重力仪、УСМГ-5 用于 Chekan-AM 重力仪、УСМГ-6 用于 Shalif-E 重力仪。

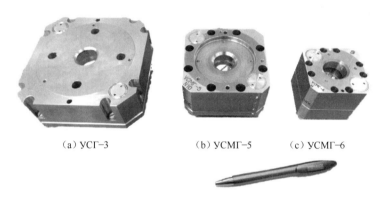

(a) УСГ-3　　　　(b) УСМГ-5　　　　(c) УСМГ-6

图1.2.5　重力测量弹性系统外形

在结构上,重力测量弹性系统由两个安装在同一壳体上利用纯石英玻璃制成的弹性扭转系统构成,两个弹性系统在水平面上相隔180°对称安装。重力测量弹性系统的壳体充满聚甲烷硅酸盐液体,可以保证系统阻尼、温度补偿及气压隔离。作为材料的石英玻璃具有一系列优点,如石英玻璃加工制造过程中工艺性好,在发生变形直至损坏过程,石英玻璃均满足库克定律(Гук),具有正热弹性系数,这使得可以利用最简单的结构设计方法实现温度补偿。

Chekan-AM 重力仪和 Shalif-E 重力仪所用重力测量弹性系统是全焊接的,没有活动部件。因此,明显提高了可靠性。此外,改进制造工艺后可以保证两套弹性系统在灵敏度和阻尼方面高度一致,一致度超过99.8%,这可以保证完全消除因轨道效应引起的误差。这种误差会使垂向加速度和水平加速度相互影响,对于两套完全相同的弹性系统而言,当摇摆加速度达到 $1m/s^2$ 时,垂向加速度和水平加速度的相互影响低于0.2mGal。与其他类型的重力测量敏感元件(ЧЭГ)相比,消除轨道效应是重力测量弹性系统的重要优势[202]。

近几年已成功研制出完全密封的重力测量弹性系统,其外形尺寸减小几倍,简化了制造工艺,并从2016年开始在俄罗斯中央科学电气研究所批量生产。这种重力测量敏感元件的设计方案如图1.2.6所示,弹性系统的输出信号是摆臂的转角 $\phi$,当重力加速度增量为 $\delta g$ 时,摆臂转角的变化 $\Delta \phi$ 满足下列表达式,即

$$\Delta\phi = k_1 \cdot \delta g \tag{1.2.1}$$

式中：$k_1$ 为决定弹性系统灵敏度的系数。

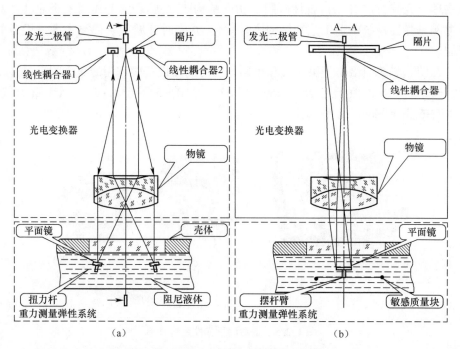

图 1.2.6　重力测量敏感元件作用原理

为了测量焊有平面镜的摆的转角，将镜面平行于摆轴，并向相向方向打开某个小角度。在壳体上层部分安装了防护玻璃，在防护玻璃上安装两对光楔。在重力测量弹性系统的壳体上方安装有光电变换器，包括光源、安装在镜头焦点平面上的光电自准直仪以及两个起线性电耦合器作用的光接收器[43]。

在结构上，两个电耦合器分散安装在与摆上两个平面镜转角相对应的某个距离上，且与扫描方向垂直。利用波长为 $\lambda = 625\mu m$、具有最大光谱亮度的脉冲发光二极管作为光源，安装在两个电耦合器线尺间的物镜光轴上。

直接利用光电变换器将摆的转角变换为光标沿电耦合器线尺感光区域的线位移。电耦合器的接收板指向自准直缝隙图像的位移方向，而其壳体则相互成180°展开。自准直成像的位置变化 $\Delta L$ 与扭转角的 $\Delta\phi$ 变化成比例，即

$$\Delta L = 2nf\Delta\phi \tag{1.2.2}$$

式中：$n$ 为阻尼液体的折射系数；$f$ 为物镜焦距。

两个电耦合线尺输出的信号利用直接安装有电耦合器光接收器的视频信号转换板卡（ΠBCK 板）进行处理。两个电耦合器的控制输入端接至同一个通过光耦与外部同步脉冲相连接的控制信号发生器。控制信号发生器同时也与接至典型频率振荡器的控制信号频率合成器相连。

视频信号转换板卡包括两个将视频信号变换为数字代码的模数变换器。自准直成像的当前位置是利用可编程的逻辑集成电路(CPLD)根据能量中心点计算出来的。将示数 $m_1$、$m_2$ 作为重力测量敏感元件中摆的转角数字等效值,通过串口以 10Hz 的频率传输至便携式工控机[229]。

为了维持温度恒定,必须将重力测量弹性系统放置在恒温箱中。通过控制安装在恒温箱壳体侧壁由具有高热导率的铝合金制成的4对热电变换器实现恒温箱内部温度恒定。在加热时,热电变换器基于珀耳帖效应(类似半导体制冷)工作,稳态温度可以控制在30~35℃。恒温箱控制线路的输出功耗为20W,能够在周围环境温度相对温控点有±15℃变化时以0.01℃的稳态误差保持重力测量弹性系统的温度恒定。尽管温控精度较高,但Chekan-AM重力仪所用重力测量敏感元件的温控系统具有两个不足:一是静态温度点较高;二是环境温度变化时过渡过程比较明显。

在 Shalif-E 重力仪中对重力测量敏感元件现代化改进的主要工作是进一步降低其仪表误差[90,230]。这就要求研制新型重力测量弹性系统,并对重力测量传感器的整个结构进行明显改进,如图1.2.7所示。与Chekan-AM重力仪所用部件相比,Shalif-E重力仪中的新型重力测量弹性系统的外形减小2/3,其中,石英弹性系统中的石英框架、扭力杆、摆件以及其他部件的尺寸也会明显减小。为了放宽扰动加速度范围,在新型重力测量弹性系统中选择了黏度为65000cp·s(厘帕·秒)的聚甲烷硅酸盐液体用于阻尼摆的振荡。聚甲烷硅酸盐液体黏度比Chekan-AM重力仪的重力测量敏感元件中所用液体的黏度大3倍。

(a)Chekan-AM用敏感元件　　　　(b)Shalif-E用敏感元件

图1.2.7　重力测量敏感元件外形

重力测量弹性系统中摆的角位置信息测量同样也需利用光电变换器,但是在新型光电变换器中利用专用的5M像素黑白互补金属氧化物半导体(КМОП)矩阵作为光接收器。为了减小重力测量传感器的外形尺寸,新型光电变换器镜头的焦距是 Chekan-AM 重力仪中重力传感器镜头的焦距的 1/2,但是这并未降低自准直仪的精度,因此,所用金属氧化物半导体矩阵扫描元件的尺寸是之前利用的电耦合器线尺中扫描元件的 1/3[28]。

新型重力测量传感器与其前期所有类似产品相比,其原理上一个重要结构特点是将重力测量弹性系统和光电变换器设计在一个恒温箱中,如图 1.2.7 所示。这样可以最大限度地降低周围环境温度的变化对重力仪输出的影响。新型恒温箱结构的第二个重要优点是敏感元件的稳态温度点可以由 35℃ 明显降低至 15℃,这使得 Shalif-E 重力仪的零点漂移比 Chekan-AM 重力仪降低。此外,在设计新型重力测量弹性系统和光电变换器过程中首次有预见性地不利用任何附加的活动部件,而将二者直接刚性固连,由此明显简化了重力测量传感器的装配调整过程,同样也提高了重力仪敏感元件敏感轴角位置的长期稳定性。

### 1.2.3 双轴陀螺稳定平台

按照作用原理,陀螺稳定平台是一套利用加速度计修正陀螺转子角位置的双轴陀螺稳定器[269]。在图 1.2.8 中给出了由外框架和内框架组成的双轴框架陀螺平台的功能示意图。其中,$u_{\theta k}$、$u_{\psi}$ 为水平陀螺仪输出信息;$\Omega_z$ 为方位陀螺仪输出信息;$\theta_k$、$\psi$ 为框架角度传感器输出信息;$W_{\theta k}$、$W_{\psi}$ 为加速度计输出信息。设备安装在载体上时,框架各轴的姿态按照以下方式设置:绕外框轴的转角为横摇角 $\theta_k$,绕内框轴转角为纵摇角 $\psi$。重力测量传感器安装在陀螺稳定平台的内框架上,在该框架上同样也安装稳定系统的敏感元件,包括两个 ДПГ-06 型水平陀螺仪、两个 AK10/4 型加速度计以及用作方位陀螺的光纤陀螺仪(ВОГ)。

通过无减速器随动系统和陀螺仪的加速度计修正回路保证重力测量传感器的敏感轴始终保持在当地垂线方向。框架各轴无减速器随动系统基于单通道微型控制器(МК-БСС)设计,通过调整浮子陀螺仪(ДПГ)进动角度传感器与其壳体之间的失调实现外框轴和内框轴角位置控制。

加速度计修正回路在微型控制器 МК-ДПГ 中实现,主要用于引导陀螺仪进动,以保证平台系跟踪当地水平系,并将重力传感器敏感轴稳定在当地垂线上。加速度计修正回路的传感器选择两个 AK-10/4 型加速度计,它们的敏感轴正交,分别平行于外框轴和内框轴。这种配置可以保证每个加速度计沿相应稳定轴方向修正陀螺仪角位置。在进行航空重力测量过程中,需要在加速度计修正回路中额外引入卫星导航系统信息,可以明显减小载体机动过程中的稳定误差[150]。

为了保证在运动基座上陀螺稳定平台的启动和工作,在系统中预先设置了 3 种不同控制状态,即电锁状态、粗稳定状态、精稳定状态。在电锁状态,框架各轴位置与设备壳体各轴位置一致。在该状态下,无减速随动系统根据安装在框架轴上

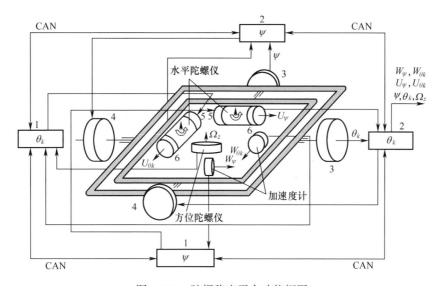

图 1.2.8　陀螺稳定平台功能框图
1—陀螺修正回路微控制器;2—无减速随动系统微控制器;3—框架角度传感器;
4—力矩电机;5—陀螺力矩传感器;6—陀螺角度传感器。

的角度传感器 УС-21 信息($\theta_k$,4)作为反馈信息实现电锁控制。在粗稳定状态,陀螺稳定平台直接根据加速度信息($W_{\theta k}$,$W_\psi$)作为反馈信息,通过框架各轴稳定在当地水平面上。粗稳定状态是启动浮子陀螺仪时必需的状态。当陀螺启动后,系统转为精稳定状态,此时,陀螺进动角度传感器作为随动系统的反馈元件,并通过加速度计修正回路实现陀螺转子角位置的精确控制。

通过可插拔的机械锁销将陀螺稳定平台的框架环(横摇环、纵摇环)进行机械锁定,而陀螺平台的启动和停止可由安装在平台外壳上的两个按钮来控制,在平台外壳上同样也设置了能反映陀螺平台当前工作状态的发光二极管指示灯。安装有重力测量传感器和温控仪表的陀螺平台总重量不超过 67kg,而外形尺寸为 $\phi$430mm×638mm。陀螺稳定平台的工作原理及结构上的特点使得在转入运行状态过程中,不需要进行附加的调整环节,这样一个试验人员即可独立完成重力仪在载体上的安装工作。

在 Shalif-E 重力仪设计过程中,陀螺稳定平台的结构发生明显变化,其所有敏感元件以及控制陀螺进动的微控制器均合成在同一个框架上,如图 1.2.9 所示。这样既保证结构简单,也使陀螺组件在稳定平台内框环上拆装方便。

控制无减速器随动系统的 МК-БСС 微控制器移动至基座上,这使得内框环的转动范围增加到 1.5 倍,降低了在飞机起飞过程中对俯仰角的限制。重力测量传感器结构上的完善使得可以去掉陀螺稳定平台的温控回路,这可将 Shalif-E 重力仪整套设备的功耗降低至 Chekan-AM 重力仪的 1/3。

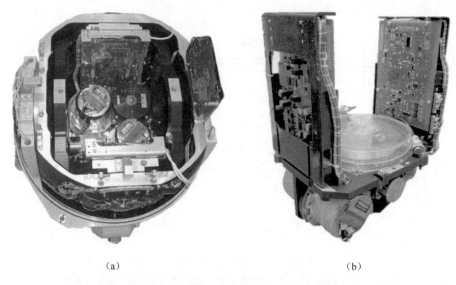

(a) (b)

图 1.2.9　陀螺平台和陀螺仪组件的外形

在 Shalif-E 重力仪内,陀螺平台的基座上安装有微控制器 MK-БПР,可将重力测量传感器、陀螺稳定平台和温控系统的信息集中采集至一个数据包中,既可通过 RS-232 串口,也可通过 WiFi 由微控制器发送至录取计算机。

### 1.2.4　重力测量敏感元件数学模型

重力测量弹性系统的作用原理示意如图 1.2.10 所示。弹簧系统的细丝(线)被预先扭转,使得摆组件处于近似水平面上。当重力变化时,在惯性加速度的作用下,摆相对当地水平面倾斜角度 $\Delta\phi$。

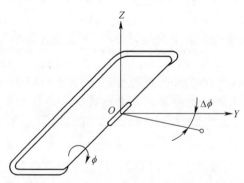

图 1.2.10　扭转型弹性系统原理示意图

上述系统的敏感轴是一条穿过敏感部件质心垂直于摆轴的直线。这样,当重力变化或在惯性加速度作用下,即使在设备壳体位置不变的情况下敏感部件的敏感轴也会改变自己的指向。这是弹性系统与线性系统之间的一个原理性区别。此时,如式(1.2.1)所示,扭转角增量 $\Delta\phi$ 与重力加速度增量 $\delta g$ 成比例。综上所述,扭转型重力测量弹性系统的运动微分方程为[105]

$$k(T\Delta\phi' + \Delta\phi) = \Delta g - Z'' - (g - Z'')\frac{(\alpha^2 + \beta^2 + \Delta\phi^2 + 2\beta\Delta\phi)}{2} \\ + X''\alpha + Y''(\beta + \Delta\phi) \quad (1.2.3)$$

式中:$X''$、$Y''$、$Z''$ 为作用在重力仪上的惯性加速度;$\alpha$、$\beta$ 为重力测量敏感元件的稳定误差。

在设备处于当地水平,且没有惯性加速度的静态条件下,式(1.2.3)变为

$$\delta g = \Delta\phi\left(k + g \cdot \frac{\Delta\phi}{2}\right) \quad (1.2.4)$$

式中:$g$ 为重力加速度。

由式(1.2.4)可知,为了将摆转角变换为显示值,必须利用本身是关于示数的函数的分度特性,而不是常值系数。根据式(1.2.4)可知,在测量设备输出的示数中有相对于摆处于水平面时那个测点的重力增量值。对于扭转型弹性系统而言,在摇摆状态下设备输出示数中除了上述因基座倾斜引起的误差外,还包含有下列附加的测量误差分量 $\varepsilon_{\delta g}$,即

$$\varepsilon_{\delta g} = g\beta\Delta\widetilde{\phi} + Y''\Delta\widetilde{\phi} \quad (1.2.5)$$

式中:$\beta$、$\Delta\widetilde{\phi}$ 分别为关于水平加速度和垂向加速度的变化函数,当二者相位关系固定时,在重力仪示数中就会存在固定的误差分量。该误差由轨道运动效应引起,可达到十几 mGal。为了减小该误差,利用了由两个相互呈 180°安装在当地水平面上的完全相同的弹性系统组成双弹性系统结构。

此时,扰动加速度作用在双弹性系统的叠加效应满足

$$\varepsilon_{\delta g} = g\beta(\Delta\widetilde{\phi}_1 - \Delta\widetilde{\phi}_2) + Y''(\Delta\widetilde{\phi}_1 - \Delta\widetilde{\phi}_2) \quad (1.2.6)$$

式中:$\Delta\widetilde{\phi}_1$、$\Delta\widetilde{\phi}_2$ 分别为重力测量弹性系统第一个摆、第二个摆扭转角变化值的可变分量。

由式(1.2.6)可知,双弹性系统误差因差分效应而减小,误差大小仅由两个弹性系统的一致性决定。目前,在已研制出的双弹性系统中两个弹性系统的灵敏度差异不超过 0.1%,而时间常数差异不超过 1.5%,这就可以完全消除轨道运动效应对双石英弹性系统的影响。

因此,重力测量敏感元件的输出信号是由两个电荷耦合器-光接收器按照式(1.2.2)构成的示数,其确定的标度特性是重力加速度增量 $\delta g$ 随光电变换器

(ОЭП)示数 $m$ 变化的二次曲线,即

$$\delta g = b(m - m_0) + a(m - m_0)^2 \quad (1.2.7)$$

式中:$b$、$a$ 分别为重力仪标度特性的一次项系数和二次项系数;$m_0$ 为确定系数 $b$、$a$ 时的电荷耦合器-光电变换器示数 $m$ 的对应值。

因此,重力测量弹性系统是一个强阻尼系统,重力测量敏感元件模型中包含具有平滑特性的一阶非周期环节。为了消除被测信号的幅值和相位失真,利用的重构滤波器[32]结构为

$$W(p) = T_g p + 1 \quad (1.2.8)$$

式中:$T_g$ 为重力仪的时间常数;$p$ 为拉普拉斯算子。

由于石英玻璃制成的弹性元件存在蠕变,这会使重力仪示数随时间发生变化。因此,在重力测量敏感元件的模型中同样也引入了描述重力测量石英弹性系统零点漂移的线性环节,表达式为

$$\Delta g_C = C(t - T_0) \quad (1.2.9)$$

式中:$C$ 为重力仪的零点漂移值;$t$ 为当前时刻;$T_0$ 为基准点测量的时刻。

零点漂移值根据基准测量结果确定,并且可以在完成测量进行后处理过程中进一步精确。

### 1.2.5 陀螺稳定平台修正算法

图 1.2.11 中给出了陀螺稳定平台上两个相同的加速度计修正回路之一的结构示意图[144]。根据加速度计信息构成的信号控制能实现短周期垂直陀螺仪功能的积分修正电路。此时,为了抑制由载体机动引起的稳定误差,需要额外引入卫星导航系统接收机的信息。

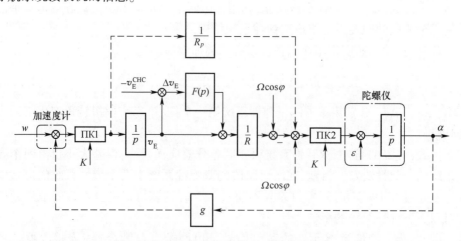

图 1.2.11 东向通道结构示意图

在图 1.2.11 中引入下列符号：

ПК1、ПК2——坐标变换器 1、坐标变换器 2；

$K$——载体航向；

$R$——地球平均半径；

$\Omega\cos\varphi$——地球旋转角速度的水平分量；

$g$——当地重力加速度；

$w$——东向水平加速度；

$v_E$——由惯性方法解算得到的东向速度分量；

$v_E^{CHC}$——由卫星导航系统接收机提供的东向速度分量；

$\Delta v_E$——东向速度误差；

$\varepsilon$——陀螺漂移角速度；

$\alpha$——稳定误差。

图 1.2.11 中的虚线指出了确定陀螺稳定平台敏感元件测量信号的物理关系。图中，滤波器 $F(p)$ 的传递函数为

$$\begin{cases} F(p) = \dfrac{n^2}{2} \cdot \dfrac{2.6T_p + 1}{0.5T_p + 1} \\ n = \dfrac{T_{Ш}}{T} \end{cases} \quad (1.2.10)$$

式中：$T_Ш$ 为舒拉摆时间常数；$T$ 为陀螺垂直仪时间常数。

在图 1.2.11 中，通过从输入至滤波器 $F(p)$ 的信号中减去来自卫星导航系统的速度信息，抑制了载体机动时的动态稳定误差。此外，施加到陀螺仪力矩传感器上的控制信号等于地球旋转角速度在其敏感轴上的投影。此时，由卫星导航系统提供的速度与系统利用惯性方法解算的速度之差在地理坐标系各轴上构成（由坐标变换器 1 将加速度变换至地理坐标系），而施加到陀螺仪力矩传感器上的控制信号则在平台坐标系内构成（由坐标变换器 2 将控制信号从地理坐标系变换至平台坐标系）。因此，在垂向陀螺仪通道就会基于当前航向值进行两次坐标变换。载体航向信息可以由外部信息源提供，或者根据安装在陀螺平台上的光纤陀螺 ВГ910Ф 的信息和北向通道的速度误差自主解算。

以引入方位陀螺仪信息的罗经法为基础对载体航向进行解析法解算[144]，航向解算通道结构示意图如图 1.2.12 所示。

图 1.2.12 中引入下列符号：

$T_k$——航向通道时间常数；

$\xi$——阻尼系数；

$\Delta v_N$——北向速度误差；

$\omega_Z$——根据方位陀螺（光纤陀螺仪（ВОГ））信息得到的载体垂向角速度；

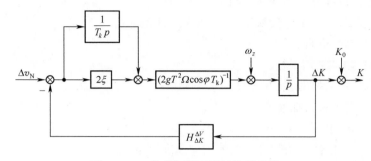

图 1.2.12　航向解算通道结构示意图

$H_{\Delta K}^{\Delta v}$——反馈通道垂直陀螺仪传递函数,反映航向误差与速度误差之间关系;
$\Delta K$——坐标变换器中当前航向的修正值。

载体运动前需要计算航向初值 $K_0$,并精确用作方位陀螺仪的光纤陀螺零偏值。静基座条件下根据下式确定载体航向,即

$$K = \arctan \frac{\omega_y}{\omega_x} \tag{1.2.11}$$

式中:$\omega_y$、$\omega_x$ 为施加到浮子陀螺仪力矩器上的信号,由下式确定,即

$$\begin{cases} \omega_y = \Omega\cos\varphi\sin K \\ \omega_x = \Omega\cos\varphi\cos K \end{cases} \tag{1.2.12}$$

根据陀螺罗经的工作原理,该方案包括垂直陀螺仪的北向通道。航向修正值 $\Delta K$ 根据北向速度误差和方位陀螺仪测得的垂向角速度信息求得。为了使垂直陀螺仪误差不引入到航向修正值 $\Delta K$ 中,航向通道时间常数 $T_k$ 的选择至少比垂直陀螺仪的时间常数 $T$ 大一个数量级。

## 1.2.6　Chekan-AM 重力仪标定和检验特点

Chekan-AM 移动式重力仪的标定在其生产制造过程中一次完成,标定内容主要包括确定重力测量敏感元件的标度特性、时间常数及零点漂移值。在标定过程中同样也确定陀螺稳定平台的下列参数:陀螺仪的标定因数及零位、加速度计的标度因数及零位以及两个浮子陀螺仪(ДПГ)敏感轴的非正交性。

由于 Chekan-AM 移动式重力仪是经过国际认证的测量设备,需要进行初次和周期性检定,以便在检定过程中确定由惯性加速度和温度影响引起的误差分量。

在图 1.2.13 中给出了 Chekan-AM 移动式重力仪的标度特性曲线,正如式(1.2.7)所表明的,该标度特性曲线是一个二次曲线,其系数值可以利用倾斜试验法确定[232]。这种倾斜法的原理特点是通过将重力敏感元件仅向重力加速度减小方向倾斜即可确定未知系数。当重力测量敏感元件以 2″的定位误差倾斜 5°时,

可以在 4Gal 的范围内以要求的精度对重力仪进行标定。由图 1.2.13 可见,由重力仪标度特性非线性引起的测量误差不超过 0.2mGal。

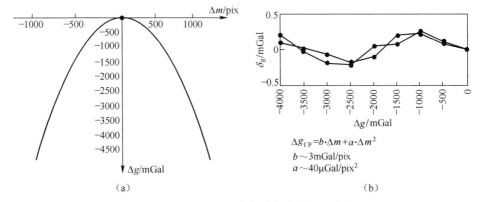

图 1.2.13　Chekan-AM 重力仪的标度特性及确定误差

在重力测量敏感元件标定过程中确定的另一个主要参数是零点漂移值。应该注意到,在刚刚加工制造完成的重力测量弹性系统的零点漂移可达到 3mGal/24h(对 Chekan-AM 重力仪而言)或 1mGal/24h(对 Shalif-E 重力仪而言)。零点漂移的标定过程需要持续进行不少于 1 个月,可以结合所有其他试验同步开展。在图 1.2.14 中给出了重力测量弹性系统加工制造完成两年后 Shalif-E 重力仪的零点漂移曲线。由图可见,零点漂移曲线高度线性化,其斜率约为 0.25mGal/24h,几乎减小至初值的 1/5,与 GT-2 系列重力仪和 L&R 系列重力仪的零点漂移值接近。

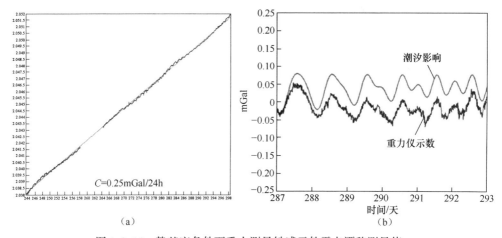

图 1.2.14　静基座条件下重力测量敏感元件零点漂移测量值

从重力仪示数中除去线性漂移,即可定性估计其在静基座条件下的仪表误差。在图 1.2.14(b)给出一个直观的实例,其中,可观测到日月潮汐的影响,其对重力变化的影响小于 0.1mGal。

图 1.2.15 中给出了在周期 14~100s 的垂向加速度作用下 Chekan-AM 重力仪和 Shalif-E 重力仪在试验台上的试验结果。给出的重力仪示数残余误差曲线是在垂向加速度作用下引入根据垂向位移试验台示数计算求得的改正值，并且利用剪切频率为 0.006Hz 的低频滤波器对数据处理后得到的。在曲线上方给出了所有不同摇摆状态下给定的垂向加速度的幅值和周期。由试验数据可知，在垂向加速度较宽的频率范围内，重力仪测量误差随机分量的均方差不超过 0.2mGal。

但是，在高频段观测到 Chekan-AM 重力仪的系统误差达到 1.5mGal，而 Shalif-E 重力仪在该频段的系统误差则减小至其 1/3。降低垂向扰动加速度高频段测量的系统误差需要对重力仪敏感元件实施比较高阶的阻尼，此时，通过应用输入信号数字重构滤波器可保证敏感元件阻尼阶次的提高不影响测量结果的最终分辨率。

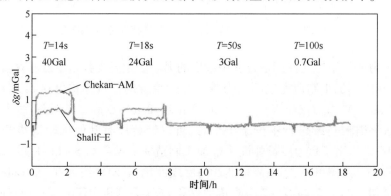

图 1.2.15　在垂向扰动加速度作用下的重力测量值

在图 1.2.16 中给出了环境温度变化对 Shalif-E 重力仪示数的影响曲线。由图可见，在 5~35℃ 的工作温度范围内，温度变化 5℃ 就会引起幅值约为 1mGal、持续时间约为 4h 的过渡过程。此外，在稳定状态下 Shalif-E 重力仪的系统误差分量明显比 Chekan-AM 重力仪的小，这在昼夜温差可达几十摄氏度的航空重力测量过程中非常重要。

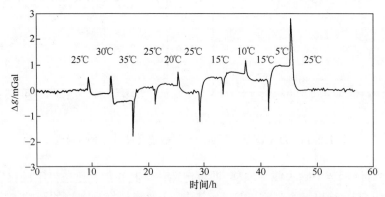

图 1.2.16　在环境温度变化时 Shalif-E 重力仪的测量误差

### 1.2.7 小结

本节叙述了俄罗斯在研制第四代重力测量设备(移动式重力仪 Chekan-AM)过程中利用的技术解决方案。分析了整套测量设备的仪表组成及结构方案,讨论了海上测量功能和航空测量功能的区别。详细叙述了重力仪的敏感元件和陀螺稳定平台,其中包括工作原理、结构特点、数学模型及工作算法。

讨论了 Chekan-AM 移动式重力仪的标定特点,给出了试验台上的主要试验结果。同已批量生产的 Chekan-AM 重力仪对比分析了新型 Shalif-E 重力仪的优点。最后给出了重力测量信息的处理方法以及 Chekan-AM 重力仪在地球上难达到区域的应用实例。

## 1.3 GT-2 系列相对重力仪的设计特点

目前,俄罗斯莫斯科重力测量技术公司(ЗАО НТП《Гравимерические технологии》)生产的 GT-2 系列重力仪(航空测量型号为 GT-2A、海洋测量型号为 GT-2M)在进行海洋和航空重力测量过程中得到广泛应用。俄罗斯和国外公司利用共超过 40 套该系列重力仪在全球(各大陆)进行重力测量工作,其中包括北极地区和南极大陆[85,125-128,178,223,302,476]。地球物理科研生产企业俄罗斯航空地球物理公司(Аэрогеофизика)[141,142,175,176,179] 和俄罗斯科学院地球物理研究院(ИФЗ РФН)[85,137] 是俄罗斯国内主要的航空重力仪客户,他们在俄罗斯境内进行着大量的航空重力测量工作。

GT-2 系列重力仪是由莫斯科重力测量技术公司的学者和工程师们研制设计的,其主要研发人员均有在"海豚"科学研究院从事 30 年以上科研工作的经验,专门研制用于海军的惯性-重力测量设备和陀螺系统。在 GT-2 系列重力仪中应用的 5 项技术方案被公认为是新发明,已经被授予俄罗斯联邦专利[29,30,111]。用于处理 GT-2 系列重力仪航空重力测量数据的软件由莫斯科(罗曼诺索夫 Ломоносов)国立技术大学导航与控制实验室设计[35]。GT-2 系列重力仪第一台样机于 2001 年制造完成,并以安-30 飞机为载体在 Кубинок(库宾诺克)和 Череповец 航空港区域进行了检验。在 2002 年生产了第一台商用重力仪样机,并在加拿大微重力测量公司(Canadian Micro Gravity)财政支持下在澳大利亚(Австралия)以飞机、汽车和直升机为载体进行了充分试验,试验结果受到广泛认可。莫斯科重力测量技术公司于 2003 年 2 月与加拿大微重力测量公司签订一项商业化推广 GT-2 系列重力仪的长期合同,合同规定该系列重力仪的生产由皮尔姆仪表设计厂协作开展,该工厂在 GT-2 系列重力仪的试制阶段进行了大量的生产工艺摸索和图纸资料修订工作,为重力仪核心部件的量产奠定了基础。

GT 系列重力仪也是在不断地完善。第一批重力仪的动态测量范围为±0.5g，设备型号为 GT-1A。在 2007 年研制出动态测量范围扩大为±1g 的改进型产品，型号为 GT-2A(航空型)和 GT-2M(海用型)，分别可以在强湍流和高海况等严酷条件下进行测量，明显提高了测量效率。目前，早期生产的重力仪均已升级至该状态。

标准配置的重力仪工作纬度范围为±75°，在 2012 年莫斯科重力测量技术公司又研制出应用多天线卫星导航系统接收机、测量纬度范围扩大至±89°的改进型产品。该型产品的型号为 GT-2AP，可以在高纬度进行重力测量工作[85,223]。在 2015 年，又研制出另一型改进产品 GT-2AQ 重力仪，该型产品利用了伪坐标系，工作纬度不受限制，甚至可以直接在地理极点工作[224]。目前，有 3 家俄罗斯境外的机构(美国德克萨斯大学、德国瓦格纳研究所、中国极地科学研究所极地研究中心)利用 GT-2A 重力仪的极地改型产品 GT-2AQ 重力仪在南极地区进行重力测量研究工作。

GT-2A 系列重力仪的特点是测量精度高。对于航空测量方案而言，在 100s 平均时的测量误差为 0.5~0.7mGal，当飞机飞行速度为 200~400km/h 时，该误差正好与长度为异常距离的 1/2，即 2.5~5km 的空间分辨率。对于海洋测量方案而言，在 600s 平均时的测量误差为 0.3mGal，而当舰船航行速度为 5kn(1kn = 1nmile/h = 1.852km/h)时，该误差正好与长度为异常距离的 1/2(0.75km)的空间分辨率相符。

海洋测量方案中的平均时间比航空测量方案中平均时间长的原因是，在海上测量时由海浪引起的测量误差明显大于在航空测量中由卫星导航系统误差引起的测量误差(见 2.4 节)。尽管如此，由于舰船的速度相对较慢，在海洋测量方案中的分辨率要高于航空测量方案的分辨率。

### 1.3.1 重力仪组成及结构

GT-2 系列重力仪的配套组成如图 1.3.1 所示。重力仪需要实时利用工作在代码状态的卫星导航系统(CHC)接收机的信息。

图 1.3.1　GT-2 系列重力仪配套组成
1—电子模块；2—核心陀螺部件；3—转台；4—减振器；5—电源装置；
6—控制及显示装置；7—卫星导航系统接收机。

GT-2 系列重力仪的结构示意图如图 1.3.2 所示。

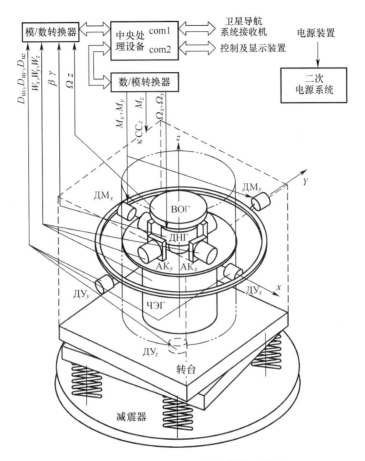

图 1.3.2　GT-2 系列重力仪结构示意图
ВОГ—光纤陀螺仪；ДНГ—动力调谐陀螺仪；ЧЭГ—重力测量敏感元件；
ДУ—角度传感器；ДМ—力矩电机；АК—加速度计。

GT-2 系列重力仪包括一个具有外方位轴的三轴陀螺稳定平台(图 1.3.2 中方位轴电机未画出)。在稳定平台上安装有下列部件。

(1) 一个动量矩垂直定向的 ГВК-18 型动力调谐陀螺仪[169]，其漂移稳定性为 0.01(°)/h～0.02(°)/h，由拉明斯克仪表设计局研制。

(2) 两个敏感轴水平定向的 А15 型石英摆式加速度计 $AK_x$、$AK_y$[140]，其零偏稳定性为 $5×10^{-4} m/s^2$，由拉明斯克仪表设计局研制。

(3) 一个重力测量敏感元件。

(4) 一个敏感轴垂直定向的 ВГ910 型中精度光纤陀螺仪[161]，其漂移稳定性在整个试验过程中无温控情况下为 3(°)/h。在重力仪中该陀螺仪短期(5～10天)漂移稳定性为 0.6(°)/h，由《Физоптика》公司研制。

加速度计输出信号 $W_x$、$W_y$、重力测量敏感元件输出信号 $W_z$、动力调谐陀螺仪角度传感器输出信号 $\beta$、$\gamma$、光纤陀螺仪输出信号 $\Omega_z$ 经过模/数转换器后传输至 Micro-PC5066 型中央处理设备。由陀螺稳定平台位置修正系统的中央处理设备解算的动力调谐陀螺仪的控制信号 $p_x$、$q_y$ 经过数/模转换器后施加到动调陀螺的力矩传感器。由中央处理设备解算的随动系统控制信号 $M_x$、$M_y$ 经数/模转换器后施加到随动系统的力矩电机 ДМ$_x$、ДМ$_y$ 上。

由中央处理设备根据稳定平台航向信息解算的方位稳定电机控制信号,施加到方位稳定电机上(图 1.3.2 中未画出),可以保证将陀螺平台稳定在地理坐标系上。

由模/数转换器输出范围为 $\pm 1g$ 的重力测量敏感元件的输出信息。

为了测量载体的横滚角、俯仰角和航向角,在转台的横滚轴、俯仰轴和方位轴上均安装有角度传感器 ДУ$_x$、ДУ$_y$、ДУ$_z$。

在环境温度波动的情况下,为了保证敏感元件和控制动力调谐陀螺仪力矩传感器的电流-代码变换器(ПКТ)的温度恒定,引入的温控系统(CTC)包括以下几种。

(1) 电流-代码变换器的单级温度控制系统。
(2) 安装有动力调谐陀螺仪、光纤陀螺仪和加速度计的单级温度控制系统。
(3) 重力测量敏感元件的二级温度控制系统。

中央处理设备根据经过模/数转换器输入至数/模转换器的热电桥信息控制温度控制系统的执行元件工作。

## 1.3.2 重力测量敏感元件

GT-2 系列重力仪的敏感部件是一个带有电磁反馈通道的轴式敏感部件,其结构示意图如图 1.3.3 所示。质量约为 37g 的敏感质量块由厚度约为 50μm 的扁平金属弹簧支撑。在质量块上缠绕着置于恒定磁场中的测量线圈。重力测量敏感元件中包含一个由光电二极管组成的光学位置传感器。光学位置传感器测量敏感质量块相对壳体的位移,也就是敏感质量块在恒定磁场中的位移。由光电二极管测得的信号经过传递函数 $F(s)$、能保证稳定反馈的校正放大器,以改变测量线圈中的电流。

与测量线圈串联接入一个精密标准电阻器 R。在测量线圈中的电流,也就是电阻 R 两端的电压是重力测量传感器 ЧЭГ 敏感轴上表观加速度 $W_z$ 的信息度量。与标准电阻 R 两端电压成比例的信号,以及位置传感器(ДП)的输出信号,经过模/数转换器输入至中央处理设备。

用于稳定敏感质量块相对壳体角位置的反馈通道按照模拟方案设计实现。当没有振动时,敏感质量块相对重力测量敏感元件是静止的,相应地,相对磁铁建立

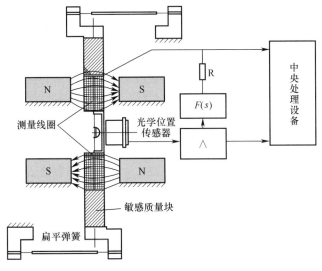

图1.3.3 重力仪敏感元件结构示意图

的磁场也是静止的。在振动作用下,敏感质量块相对磁场产生位移。此时,由于主要由永磁体的几何误差和敏感质量块相对永磁体初始位置的偏移而引起的磁场非线性,在重力敏感元件的平均示数中产生了与敏感质量块偏离零位偏差平方成比例的误差,而比例系数 $K_{\partial n}$ 在制造厂利用振动试验台对重力仪进行标定时确定,并且在重力仪软件中用于补偿敏感质量块零位偏差对重力测量敏感元件输出示数的影响。

图1.3.3中研究的轴式重力测量敏感元件原理方案比摆式敏感元件更具优势:没有由于滑雪板效应产生的误差[71]。但是,由于弹簧轴向刚度有限,在重力测量敏感元件的平均示数中会产生与水平加速度平方成比例的误差。比例系数 $KW_x(y)$ 在制造厂利用水平加速度试验台对重力仪进行标定时确定,并且在重力仪软件中用于补偿与水平加速度平方成比例的重力测量敏感部件误差分量。

该型重力测量敏感元件的通频带为 0~100Hz,测量范围为 ±1g,零位漂移为 ±3mGal/月,在试验台条件下的噪声分量均方差 60s 平均下为 ±0.1~±0.2mGal。

### 1.3.3 陀螺稳定平台角位置修正方案

在重力仪中实现了陀螺平台角位置舒拉修正方案。在图1.3.4中给出了修正方案单通道结构示意图。导航解算方程在自由方位坐标系中积分求解,如图1.3.5所示。自由方位坐标系由地理跟踪坐标系 $OENZ$ 绕垂向轴 $OZ$ 转动后得到的坐标系 $OX_aY_aZ_a$ 来确定,该坐标系绕垂向轴 $OZ_a$ 的绝对角速度分量为零。

在图1.3.4中所用符号如下:

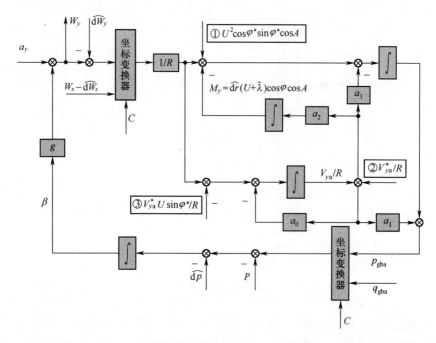

图1.3.4　陀螺平台角位置积分修正回路单通道示意图

$a_y$——载体(如飞机)运动水平加速度在仪表轴 $OY$ 上的投影,如图1.3.5所示;

$W_x$、$W_y$——分别为加速度计 $X$ 和 $Y$ 的示数;

$\widehat{dW_x}$、$\widehat{dW_y}$——带有变换器的加速度计零偏估计,如图1.3.7所示,其标度系数误差暂忽略不计;

$C$——平台坐标系与自由方位坐标系之间的夹角,如图1.3.5所示;

$g$——飞行轨迹上的重力加速度值;

$\widehat{dr}$——光纤陀螺仪漂移角速度估计值;

$R$——地球平均半径;

$\varphi$——当地地理纬度;

$\hat{\lambda}$——经度变化速度;

$U$——地球旋转角速度;

$\beta$——陀螺稳定平台绕 $OX$ 轴的角度误差;

$A$——自由方位坐标系的航向角,如图1.3.5所示;

$p_{gba}$、$q_{gba}$——施加至动力调谐陀螺力矩器上的信号在自由方位坐标系 $OX_a$、$OY_a$ 各轴上的投影,如图1.3.5所示;

$P$——陀螺平台绝对角速度在地理跟踪坐标系 $OX_p$ 轴上的投影,其方位姿态

由陀螺平台的航向角确定,如图 1.3.5 所示;

$\hat{dp}$ ——带有变换器的动力调谐陀螺漂移角速度估计值,如图 1.3.9 所示,其标度系数误差不考虑(暂忽略不计);

$V_{xa}$、$V_{ya}$ ——载体的相对运动角速度在自由方位坐标系 $OX_a$、$OY_a$ 轴上投影,如图 1.3.5 所示;

$a_0$、$a_1$、$a_2$、$a_3$ ——陀螺稳定平台振荡阻尼算法系数,其中,有

$$\begin{cases} a_0 = \dfrac{2.613}{T_{gg}} \\ a_1 = 1 - \dfrac{3.414}{v^2} \\ a_2 = \dfrac{-1}{v^2 T_{gg}^4} \\ a_3 = a_0 \left( 1 - \dfrac{1}{v^2 T_{gg}^2} \right) \end{cases} \quad (1.3.1)$$

式中:$v$ 为舒拉频率;$T_{gg}$ 为类似于陀螺平台位置修正系统时间常数的参数。

陀螺稳定平台角位置舒拉型积分修正回路根据定态卡尔曼滤波方程综合设计而成,不受载体运动扰动的影响[220]。在设计相应算法方案时,假设使用的是惯性解算误差方程的局部模型,并忽略各通道间交叉耦合的影响。从可选择的惯性传感器仪表误差中仅研究了光纤陀螺仪漂移,并且漂移统计近似值由对白噪声的积分求得,而由卫星导航系统提供的速度信息的误差近似值则利用白噪声代替[225]。这会简化单参数算法结构的运行和配置,这种方案的参数 $a_0$、$a_1$、$a_2$、$a_3$ 是式(1.3.1)中的阻尼系数,也是参数 $T_{gg}$ 的函数。

利用卫星导航系统的速度信息对陀螺稳定平台角振荡进行阻尼的算法可以保证载体飞行过程中仪表垂线建立的角度误差为 $1' \sim 2'$。利用软件 GTNAV(见 2.2 节)对航空重力测量信息进行组合处理阶段估计仪表垂线的建立误差。在 GTNAV 软件中,为了估计上述垂线建立误差,应用了基于相当完整的惯性解算误差方程模型和惯性传感器仪表误差模型设计的平滑卡尔曼滤波器。为了获得测量值,采用卫星导航系统相位差分方案,这可保证垂线建立误差的估计误差在 $10'' \sim 15''$ 以内,这一点可由试验数据的处理结果证实。

在图 1.3.4 中,关系式①表示利用外部信息,为了更直观,将其置于方框中。星号"*"表示由卫星导航系统提供的轨迹参数。上面的关系式是补偿由地球旋转产生的向心加速度引起的陀螺稳定平台的角度误差,关系式③用于补偿科里奥利加速度在垂向轴上投影,关系式②是用于阻尼陀螺稳定平台所用的外速度信息。卫星导航系统接收机可以提供载体(如飞机)速度向量在东北天定向的地理坐标系 $OENZ$ 各轴上投影的分量值。为了实现阻尼算法,需要利用载体在自由方位地理坐标系各轴上的外速度信息。为了解耦设计必须知道载体的航

向 $A$。在重新投影时,由于航向误差的存在,可以允许外部信息存在较大误差。

在重力仪软件中利用的主要坐标系如图 1.3.5 所示。为简化叙述,假设载体的横滚角和俯仰角均为零,并且陀螺稳定平台无扰动。在图 1.3.5 中仅给出了 4 个坐标系的水平轴,而 4 个坐标系的垂向轴垂直于纸面向外指向观测者。

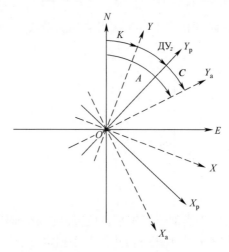

图 1.3.5 坐标系分布

在图 1.3.5 中利用符号如下:

$E$、$N$——地理坐标系的水平轴(东向轴、北向轴);

$X$、$Y$——载体的两个轴;

$X_p$、$Y_p$——陀螺平台的两个水平轴;

$X_a$、$Y_a$——自由方位坐标系的两个水平轴;

$K$——载体的航向;

$A$——自由方位坐标系的方位角;

ДУ$_z$——外框轴角度传感器示数;

$C$——平台坐标系和自由方位坐标系之间的姿态变换矩阵(失调角矩阵),可按照下式通过对光纤陀螺仪示数进行积分求得,即

$$C = \int r \mathrm{d}t \tag{1.3.2}$$

为了实现对陀螺稳定平台的阻尼,在 GT-2 系列重力仪的标准配套组成上利用了单天线卫星导航系统接收机。

卫星导航系统接收机(既可以是单天线,也可以是多天线)的作用是先确定载体在地球格林尼治坐标系中的位置坐标和相对速度向量投影,再将这些信息换算至地理坐标系 $OENZ$ 中(见 4.3 节)。

卫星导航系统单天线接收机向用户提供载体地理坐标(经度和纬度)、载体相对速度向量在当地水平面上投影的合速度 $v^*$ 以及航迹向 $\text{ПУ}^*$,即上述速度向量在水平面上投影与真北之间的夹角。

在标准配套组成中,自由方位坐标系的方位角 $A$,以及用于阻尼陀螺稳定平台振荡的速度向量 $v_{xa}^*$、$v_{ya}^*$(图1.3.4中用斜线标识的关系式)均是在 GT-2 系列重力仪的软件中按下式解算,即

$$\begin{cases} U_{xa} = p_{\text{gba}} - \dfrac{V_{ya}^*}{R} \\ U_{ya} = q_{\text{gba}} - \dfrac{V_{xa}^*}{R} \end{cases} \quad (1.3.3)$$

式中:$U_{xa}$、$U_{ya}$ 为地球旋转角速度在自由方位坐标系相应轴上投影的解算值。

$$A = \arctan\left(\dfrac{U_{xa}}{U_{ya}}\right) \quad (1.3.4)$$

$$v_N^* = v^* \cos\text{ПУ}^* + v^* \sin\text{ПУ}^* \quad (1.3.5)$$

$$v_{ya}^* = v_N^* \cos A + v_E^* \sin A \quad (1.3.6)$$

$$v_{xa}^* = v_E^* \cos A - v_N^* \sin A \quad (1.3.7)$$

按照式(1.3.3)、式(1.3.4)解算的航向 $A$ 称为罗经航向。众所周知,罗经航向的解算误差可由下式确定[226],即

$$\text{d}A = \dfrac{\text{d}p_E + \beta_E}{(U + \dot{\lambda})\cos\varphi} \quad (1.3.8)$$

式中:$\text{d}p_E$ 为动力调谐陀螺的东向漂移;$\beta_E$ 为水平面绕东向轴动态误差变化速度;$\dot{\lambda}$ 为当地经度变化速度。

通过对式(1.3.8)的分析,可得以下结论。

(1) 当地理纬度 $\varphi$ 增加时,在标准单天线配置的重力仪中罗经航向 $A$ 的解算误差,以及在式(1.3.6)、式(1.3.7)中给出的用于进行阻尼的相对速度分量 $v_{xa}^*$、$v_{ya}^*$ 的解算误差均会相应地增大,并且在接近极点时 $\text{d}A$ 值趋于无穷大。这使得不能在超过±75°的高纬度地区应用 GT-2A 重力仪。

(2) 从航向误差解算角度而言,当载体向东向飞行时 $\dot{\lambda}$ 值为正,而当载体向西飞行时 $\dot{\lambda}$ 值为负。这种效应在 $\dot{\lambda}$ 值接近于地球旋转角速度 $U$ 的高纬度地区特别明显。

(3) 当重力仪为卫星导航接收机标准单天线配置时,罗经航向的计算误差 $\text{d}A$ 取决于会直接导致陀螺稳定平台角位置误差的重力仪惯性敏感元件误差的不稳定性,同时也与东向陀螺仪的常值分量有关。罗经航向误差与方位光纤陀螺的常值漂移分量无关。

在 GT-2A 重力仪中可以利用按照下式解算的惯性航向 $A_u$ 代替罗经航向 $A$,即

$$A_{u} = \int \left( r - \left( U + \frac{v_{E}^{*}}{R\cos\varphi^{*}} \right) \right) dt + A_{u}(0) \tag{1.3.9}$$

在式(1.3.9)中,假设光纤陀螺漂移 dr 是常数,并且忽略卫星导航系统误差,则

$$dA = dr \cdot t \tag{1.3.10}$$

对比罗经航向误差(见式(1.3.8))和惯性航向误差(见式(1.3.10)),可得结论如下:惯性航向没有高纬度的特性,但是由于光纤陀螺仪的精度不高(中等精度),在 GT-2 重力仪中不用惯性航向。正如 1.3.1 节所述,其短期不稳定性为 0.6%,在飞行 5~10h 后惯性航向解算误差达到不能允许的水平(3°~6°),同时,GT-2 系列重力仪罗经航向的解算误差不超过 0.5°~1°。

为了消除罗经航向的这种特性,建议利用多天线卫星导航系统,这种应用方式的主要思想是,多天线卫星导航系除了输出导航信息(其中包括相对速度、当地位置向量)外,还解算载体的航向信息。按照这种方式得到的航向信息没有了在 GT-2A 重力仪标准单天线配置中解算的罗经航向固有的那些缺点。

这样,通过利用重力仪各框架角度传感器信息可以确定用于阻尼陀螺稳定平台必需的载体相对速度向量在陀螺稳定平台各轴上的投影。利用这种方案,以及在重力仪软件中利用卫星导航系统的伪坐标,可以设计全纬度应用的 GT-2AQ 改进型重力仪。全纬度重力测量设备的研制问题将在 4.3 节讨论。

### 1.3.4 惯性敏感元件数学模型

将在重力测量敏感元件、光纤陀螺仪、水平加速度计、动力调谐陀螺仪等概念下理解具有集成式模/数转换器的上述惯性敏感元件的数学模型,以及为了补偿系统仪表误差,并根据相应维数对输出信号进行数字化而在中央处理设备中的解算顺序。下面给出各通道基本概念。

1. 重力测量敏感元件通道

重力测量敏感元件通道数学模型如图 1.3.6 所示。

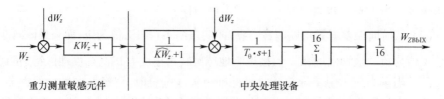

图 1.3.6 重力测量敏感元件通道数学模型

在图 1.3.6 中,左侧部分给出了具有模/数转换器的重力测量敏感元件的数学模型,右侧部分给出了在中央处理设备中实现的数学解算方案。图 1.3.6 中符号

含义如下：

$W_z$——载体表观加速度的垂向分量,为了简化,重力仪敏感元件的敏感轴指向理想;

$KW_z$——具有模/数转换器的重力敏感元件标度系数误差;

$dW_z$——具有模/数转换器的重力敏感元件的零偏;

$K\widehat{W}_z$——具有模/数转换器的重力敏感元件标度系数误差估计;

$d\widehat{W}_z$——具有模/数转换器的重力敏感元件的零偏估计;

$T_e$——反弹滤波器时间常数;

$W_{zbblx}$——重力测量敏感元件通道输出信号。

利用重力测量敏感元件实现 300Hz 的集成式模/数转换器的信号测量,在模/数转换器输出端可以得到 1/300s 平均的加速度值。在补偿敏感元件标度系数误差 $K\widehat{W}_z$、加速度计零偏 $d\widehat{W}_z$ 后得到的信息经过反弹滤波器(时间常数为 $T_e=2s$ 的非周期环节),其输出数据在 16 个循环中进行平均。

将频率约为 18Hz(准确为 300/16Hz)的 $W_{zвых}$ 值记录存储到测量文件 G 中,并且在 GT-2M 重力仪中输入至解算重力异常值(ACT)的垂向通道中。在 GT-2A 重力仪中,当飞机停在停机坪上进行故障诊断时需要利用垂向通道的输出信息。

不难证明,与文件 G 中记录的 $W_{zвых}$ 值频率(约 18Hz)接近的振动扰动作用在重力仪上时会引起掩频效应。相应地,这会在重力测量敏感元件通道输出信息中产生寄生低频信息,该信息将被错误地当成异常。工作于 300Hz 的反弹滤波器的作用是抑制频率接近 18Hz 信号的幅值。利用时间常数为 $T_e=2s$ 的非周期环节作为反弹滤波器会将频率接近 18Hz 的谐波幅值减小至 1/200,这实际上是完全消除了掩频效应。上述研究的反弹滤波器会对输出信号产生 2s 固定的延迟,这将在后处理过程中予以考虑。

带有模/数转换器的重力测量敏感元件的标度系数误差值只能在生产厂内重力仪制造过程中在相对误差优于 $10^{-4}$ 的精密倾斜台上利用倾斜方法确定。几十年来,重力仪应用实践证明,重力敏感元件标度系数误差 $KW_z$ 在重力仪全周期的应用过程中都是相对稳定的。

2. 水平加速度计通道

加速度计通道数学模型如图 1.3.7 所示。

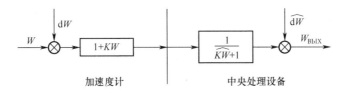

图 1.3.7 加速度计通道数学模型

在图1.3.7中的符号含义如下：

$W$——载体表观加速度的水平分量，为了简化，加速度计的敏感轴指向理想；

$KW$——具有模/数转换器的加速度计标度系数误差；

$dW$——具有模/数转换器的加速度计零偏；

$\hat{K}W$——具有模/数转换器的加速度计标度系数误差估计；

$\hat{d}W$——具有模/数转换器的加速度计零偏估计；

$W_{вых}$——加速度计通道输出信号。

在图1.3.7中，左侧部分表示所用的具有模/数转换器的加速度计数学模型，右侧部分给出用于补偿在生产厂中确定参数 $KW$、$dW$ 值时必须使用的数学运算表达式。显然，在理想情况下，即 $\hat{K}W = KW$、$\hat{d}W = dW$ 时，则加速度计通道输出信号 $W_{вых}$ 等于输入加速度 $W$。加速度计输出的频率为300Hz的信号通过集成式模/数转换器变换成数字信号，这样即可将与300Hz的表观加速度（速度增量）平均值成比例的数字信号输入至中央处理设备。

实践表明，相对精度足够高（优于 $10^{-3}$）的 $KW$ 值，在重力仪使用过程中是不变的。$\hat{K}W$ 和 $\hat{d}W$ 值在生产厂重力仪生产过程中通过"标定"环节确定（见1.3.6节）。$\hat{d}W_x$ 和 $\hat{d}W_y$ 值同样也是在生产厂重力仪生产过程中按照1.3.5节叙述的方法确定。前面分析的 $\hat{K}W_{x(y)}$ 和 $\hat{d}W_{x(y)}$ 值将存入重力仪数据库，并在整个应用周期内保持不变。

3. 光纤陀螺仪通道

光纤陀螺仪通道数学模型如图1.3.8所示。

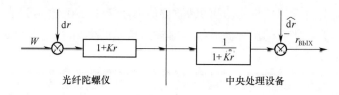

图1.3.8　光纤陀螺仪通道数学模型

在图1.3.8中的符号含义如下：

$r$——陀螺稳定平台垂向角速度；

$Kr$——具有模/数转换器的光纤陀螺仪标度系数误差；

$dr$——具有模/数转换器的光纤陀螺仪零偏；

$\hat{K}r$——具有模/数转换器的光纤陀螺仪标度系数误差估计；

$\hat{d}r$——具有模/数转换器的光纤陀螺仪零偏估计；

$r_{вых}$——光纤陀螺仪通道输出信号。

图1.3.8表示所用的具有模/数转换器的光纤陀螺仪数学模型，右侧部分给出用于补偿在生产厂中确定参数 $Kr$、$dr$ 值时必须使用的数学运算表达式。

显然,在理想情况下,即 $\hat{K}r = Kr$、$\hat{d}r = dr$,则光纤陀螺仪通道输出信号 $r_{вых}$ 等于输入角速度 $r$。光纤陀螺仪输出的频率为 300Hz 的信号通过集成式模/数转换器转换成数字信号,这样即可将与 300Hz 的陀螺稳定平台垂向角速度平均值成比例的数字信号输入至中央处理设备。

实践表明,相对精度足够高(优于 $10^{-3}$)的 $Kr$ 值在使用过程中是不变的。因此,可以通过利用转台使重力仪平台旋转固定角度,并与角速度 $r_{вых}$ 积分值相比较的方法来确定 $Kr$ 值。而 $dr$ 值需要在使用过程中每 10~15 天定期(重力仪冷态开机,即冷启动每 10~15 天一次)利用内嵌于重力仪软件中的"自动标定"软件模块来确定(见 1.3.6 节)。

4. 动力调谐陀螺通道

动力调谐陀螺仪是双自由度陀螺仪,包括两个能保证陀螺稳定平台绕水平轴进动的力矩传感器 $X$ 和 $Y$。由代码-电流变换器产生的电流信号是陀螺仪输入信号,施加到陀螺力矩传感器线圈中,而陀螺输出信号是陀螺转子的进动角速度,即陀螺稳定平台绕相应水平轴的转动角速度。

针对动力调谐陀螺仪通道,要明确具有代码-电流变换器的动力调谐陀螺仪数学模型,以及为了补偿系统仪表误差而在中央处理设备中的解算顺序。动力调谐陀螺通道及数学模型如图 1.3.9 所示。

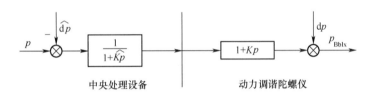

图 1.3.9 动力调谐陀螺通道及数学模型

在图 1.3.9 中的符号含义如下:

$p_{вых}$——陀螺平台绕 $X$ 轴的实际角速度,为简化,仅研究动力调谐陀螺两个相同通道之一的 $X$ 通道;

$p$——由修正系统解算的陀螺平台绕 $X$ 轴的角速度,该角速度施加至代码-电流变换器 ПКТ 的输入端;

$Kp$——带有模/数转换器的动力调谐陀螺仪标度系数误差;

$dp$——陀螺漂移角速度绕 $X$ 轴的分量;

$\hat{K}p$——带有模/数转换器的动力调谐陀螺仪标度系数误差估计;

$\hat{d}p$——带有模/数转换器的动力调谐陀螺绕 $X$ 轴的漂移角速度估计。

图 1.3.9 中,右侧部分表示动力调谐陀螺仪和代码-电流变换器的数学模型,左侧部分给出用于补偿在标定过程中确定参数 $\hat{K}p$、$\hat{d}p$ 必须使用的数学运算表达式。在理想情况下,即 $\hat{K}p = Kp$、$\hat{d}p = dp$ 时,平台的实际角速度 $p_{вых}$ 等于其解算速

度 $p$。实践表明,相对精度足够高(优于 $10^{-3}$)的 $Kp$ 值在重力仪使用过程中是不变的。在生产厂重力仪生产过程中,可以通过利用转台使重力仪平台相对当地子午面旋转 4 倍方位角的方法确定 $\hat{K}p$ 和 $\hat{d}p$ 值。而 $dp$ 值需要在使用过程中每间隔 10~15 天定期(重力仪冷态开机,即冷启动每 10~15 天一次)利用内嵌于重力仪软件中的"自动标定"软件模块来确定。

### 1.3.5 重力仪基本误差分析

下面推导重力测量基本方程,其本质是考虑陀螺平台稳定误差、几何误差、仪表误差以及 GT-2 系列重力仪设计特点的情况下重力测量敏感元件的输出表达式,即

$$\begin{cases} W_z = (\Delta g + g_0 + \Delta g_E + \ddot{Z})\cos(\beta_Z + \alpha_1)\cos(\gamma_Z + \alpha_2) - W_y(\beta_Z + \alpha_1) \\ \quad + W_x(\gamma_Z + \alpha_2) + K_{ДП} \cdot ДП^2 + Kw_x \times W_x^2 + Kw_y \times W_y^2 + v \\ g_0 = g_e - W_{zz} \cdot h \end{cases}$$

(1.3.11)

式中:$W_z$ 为重力测量敏感元件测得的垂向表观加速度;$\Delta g$ 为重力异常值;$g_0$ 为在飞行轨迹上的标准重力加速度值;$g_e$ 为在地球旋转椭球体表面上的标准重力加速度值;$\Delta g_E$ 为厄缶改正(也称艾特维斯改正);$\ddot{Z}$ 为飞行高度的二阶导数;$\beta_Z$ 为重力测量敏感元件的敏感轴与陀螺稳定平台平面不正交度绕其 $X$ 轴的转角;$\gamma_Z$ 为重力测量敏感元件的敏感轴与陀螺稳定平台平面不正交度绕其 $Y$ 轴的转角;$\alpha_1$ 为由扰动状态引起的稳定平台不水平倾角绕其 $X$ 轴的转角;$\alpha_2$ 为由扰动状态引起的稳定平台不水平倾角绕其 $Y$ 轴的转角;$W_x$、$W_y$ 分别为载体运动表观加速度在 $X$ 轴和 $Y$ 轴上的投影,分别由水平加速度 $X$ 和 $Y$ 测量;$K_{ДП}$ 为由振动引起的敏感质量块相对其壳体的位移对重力测量敏感元件误差的影响系数;$ДП$ 为重力测量敏感元件的敏感质量块位置传感器示数;$Kw_x$、$Kw_y$ 分别为载体运动水平加速度在陀螺平台的 $X$ 轴、$Y$ 轴上的投影对重力测量敏感元件的影响系数;$v$ 为随机噪声;$W_{zz}$ 为垂向重力梯度;$h$ 为飞行高度。

假设存在一个陀螺平台虚构的平面,它由加速度计的信号确定。假设当加速度计输出信号为零时,陀螺平台平面与当地水平面一致。因此,当水平加速度计的零偏值改变时,$\beta_Z$、$\gamma_Z$ 值均将发生变化。

正如 1.3.2 节所述,在振动作用下产生的敏感质量块相对重力测量敏感元件的位移影响系数 $K_{ДП}$ 和水平加速度的影响系数 $Kw_x$、$Kw_y$ 是在生产工厂确定的。这些参数将存入数据库,并在根据式(1.3.11)等号右侧的第四、第五、第六项确定修正量的实时状态下予以考虑。这在实践中可以消除载体的振动和水平加速度对重力仪测量误差的影响曲线。

在振动台上确定的影响系数 $K_{ДП}$ 曲线如图 1.3.10 所示。

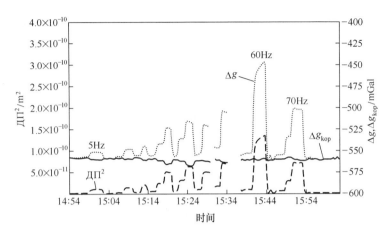

图 1.3.10　在振动台上确定影响系数 $K_{ДП}$ 曲线

图 1.3.10 给出了在振动台上确定影响系数 $K_{ДП}$ 的实例。为了确定重力测量敏感元件敏感质量块位移的影响效果，在重力仪标定过程中需要设定的振动参数：频率为 5~70Hz、幅值为 $0.2g$~$0.3g$。这明显超过了载体飞行状态下作用在重力仪上的振动幅值。

敏感质量块偏移的平方 $ДП^2(m^2)$ 如图 1.3.10 中虚线所示，重力测量敏感元件的示数见图 1.3.10 中点画线所示，引入补偿后的结果见实线所示。由上述曲线（虚线、点画线、实线）可知，在引入补偿后，振动的影响减小至原来的 1/20。

1. 对飞行高度确定精度的要求

为简化分析，举例如下。

假设飞机运动使重力测量敏感元件的敏感质量块在垂直平面内进行幅值为 $A=1m$、周期为 $T=100s$（在 GT-2A 重力仪的测量结果后处理中利用的典型平均时间）的谐波运动，角频率为 $\omega \approx 0.06 1/s$。为了让卫星导航系统的输出信息不敏感该变化，根据式（1.3.11）等号右侧的第一项可知，会出现幅值为 $d\Delta g$（$\Delta g = \ddot{Z}_{max} = A\omega^2 = 0.4 mGal$）的重力异常解算误差。由此可见，重力测量敏感元件安装位置高度的测量精度应该在 1mm（100s 平均）水平上。GT-2A 重力仪的应用实践表明，由于应用了工作在相位差分模式的双频相位卫星导航系统接收机，并且利用重力仪框架角度传感器信息将卫星导航系统天线安装位置坐标变换到重力测量敏感元件安装位置，则上述 1mm 的精度要求可以满足。

飞机在垂直平面上的运动曲线如图 1.3.11 所示，引起的误差为 0.4mGal。

2. 对同步精度的要求

在重力测量过程中，重力测量敏感元件测得的信息会存储到重力仪的测量文件中。为了从上述信息中消除惯性扰动，要利用在飞行后根据基站信息进行微分

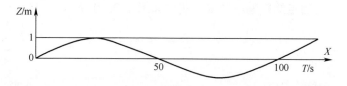

图 1.3.11 飞机在垂直平面上的运动曲线

修正解算后得到的卫星导航系统数据文件。关于时间同步问题就是指对上述数据文件进行同步。下面列举一个简单实例来估计对同步精度的要求。

让飞机在垂直平面上进行幅值为 $A = 1\mathrm{m}$、周期为 $T = 100\mathrm{s}$(角频率 $\omega \approx 0.06\mathrm{s}^{-1}$)的谐波振荡,如图 1.3.12(a)中实线所示的重力测量敏感元件随载体的运动曲线。假设重力测量敏感元件的测量值是理想的,如图 1.3.12(b)中的重力测量敏感元件数据曲线。而利用卫星导航系统信息确定的垂向加速度也是理想的,如图 1.3.12(b)标出的卫星导航系统数据曲线(实线),两条曲线之间相差 0.01s。由图不难发现,此时,重力异常的测量误差幅值为 $\mathrm{d}\Delta g = A\omega^3 \mathrm{d}t \approx 0.2\mathrm{mGal}$。由此可见,数据文件的同步精度应该在 $0.01\sim0.02\mathrm{s}$(即 $10\sim20\mathrm{ms}$)的水平上。

在 GT-2 系列重力仪中同步精度依靠下列措施得以保证。

(1) 应用通频带为 100Hz 的无惯性重力测量敏感元件,其时间常数约等于 1ms。这就不需要特别关注实际使用过程重力测量敏感元件的时间常数及其稳定性。

(2) 利用了与重力测量时刻开始有关的卫星导航系统的秒脉冲信号(PPS 脉冲信号),这就使得每个重力测量时刻与 PPS 脉冲之间相差约为 0.00003s(0.03ms)。为此,每个重力测量敏感元件的每个测量时刻相对 PPS 脉冲的延迟时间均会存储至重力仪的测量文件中。

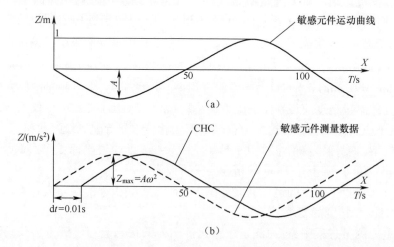

图 1.3.12 卫星导航系统与重力仪敏感元件信息数据不同步引起的误差为 0.2mGal

3. 对重力敏感元件敏感轴沿垂线的保持精度要求

重力测量敏感元件的敏感轴沿当地垂线方向的保持误差(即重力测量敏感元件敏感轴与当地垂线之间夹角确定误差)引起的重力异常(ACT)的解算误差主要包括两个分量:

第一个分量由式(1.3.11)的第一项确定。该误差具有余弦特性(稳定误差为小角度值时是平方特性),并且对重力测量敏感元件的敏感轴沿当地垂线的保持精度没有严格要求。不难证明,在上述情况下,重力测量敏感元件的敏感轴定向误差为4.5′,引起的重力异常解算误差为1mGal。

事实上,由式(1.3.11)中第二项、第三项确定的水平加速度在重力测量敏感元件敏感轴上的投影效应对重力测量敏感元件敏感轴沿当地垂线方向的保持精度提出了比较严格的要求。下面估计这些误差分量对重力仪测量误差的影响。假设载体运动能够保证重力测量敏感元件的敏感质量块安装点在水平面上精确进行幅值为25m、周期为100s的谐波运动。假设重力测量敏感元件敏感轴沿当地垂线方向的倾角保持误差为10″,那么不难证明,由水平加速度在重力测量敏感元件敏感轴上投影引起的重力异常解算误差约为0.5mGal。因此,在航空重力测量中,重力测量敏感元件敏感轴沿当地垂线的保持精度应优于10″~15″。

类似的结果,同样也可以利用在不同飞行条件下的10次单程测量中水平加速度的实时测量数据分析得到。为此,水平加速度要经过缩放,并通过平均时间为100s的滤波器。根据解算结果可得结论如下:对于航空重力测量中要求的0.5mGal的测量精度而言,重力测量敏感元件敏感轴相对当地垂线的倾角保持精度应从飞行条件良好时的10″到飞行条件不好时的6′之间波动。

重力测量敏感元件的敏感轴沿当地垂线的保持误差主要取决于两个分量:第一个分量是由水平加速度计零偏不稳定而引起的重力测量敏感元件敏感轴和稳定平台平面法线之间夹角$\beta_Z$、$\gamma_Z$的不稳定性,详见式(1.3.11)。第二个分量是飞行过程中陀螺平台的$\alpha_1$、$\alpha_2$的估计误差。

为了减小第一个误差分量($\beta_Z$、$\gamma_Z$估计误差)的影响,在GT-2A重力仪软件中嵌入了"自动标定"模块,在重力仪使用过程中利用该模块定期(重力仪冷启动后每10~15天一次)确定估计值$\hat{\beta}_Z$、$\hat{\gamma}_Z$,并将其存入重力仪数据库中。在实时测量状态下,根据式(1.3.11)的第二项、第三项确定修正值时需要利用该修正值进行计算。第二个误差分量($\alpha_1$、$\alpha_2$估计误差)在利用GTNAV软件进行后处理的过程中确定,见2.2节。在利用GTNAV软件进行后处理阶段同时利用相关法补充估计误差和$\beta_Z + \alpha_1$、$\gamma_Z + \alpha_2$的确定误差。上述措施可以保证重力测量敏感元件敏感轴沿当地垂线的保持精度满足要求。

4. 对动力调谐陀螺动量矩轴与陀螺平台平面不垂直度要求

下面举例说明当载体旋回时绕方位轴转动过程中安装在双轴框架上的平台扰动问题。如图1.3.13所示,图中给出了双轴陀螺稳定平台的一个轴。如上所述,按照概念理解为稳定平台平面由水平加速度计信号确定。图 1.3.13(a) 给出了台面处于水平状态时陀螺平台的位置示意图,其中,如图中画成弹簧上圆点的加速度计输出信号为零。

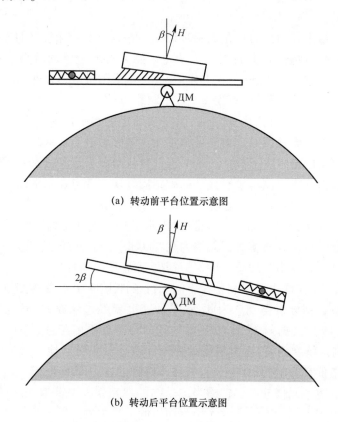

(a) 转动前平台位置示意图

(b) 转动后平台位置示意图

图 1.3.13　动力调谐陀螺动量矩与平台台面之间的不垂直误差

如果将重力仪绕垂直轴快速转动 $180°$,则在最初状态陀螺仪动量矩在惯性空间的位置将保持不变(可以假设在修正系统作用下陀螺仪的进动可以忽略),结果使得陀螺平台在最初时刻相对水平面倾斜角度 $2\beta$,该角度将被加速度计敏感,其中,$\beta$ 为陀螺动量矩相对平台平面的不垂直角。在生产厂中确定动力调谐陀螺仪的动量矩和陀螺平台台面之间的不垂直度的方法就是以这种效应为基础进行的。在确定不垂直角 $\beta$(绕 $X$ 轴转角)和 $\gamma$(绕 $Y$ 轴转角)后,可以通过分别将分量 $\mathrm{d}\widehat{W}_x = g\beta$、$\mathrm{d}\widehat{W}_y = -g\gamma$ 补偿至 $X$ 加速度计输出信息和 $Y$ 加速度计输出信息的方式实现将陀螺动量矩轴对准当地垂线。

在使用过程中,由于加速度计零位漂移引起动力调谐陀螺的动量矩相对陀螺平台平面法线之间存在倾斜。当载体机动时,为了使该倾角误差不引起陀螺平台相对当地水平面的倾斜,要利用能将重力仪平台稳定在地理坐标系上的第 3 个轴

(外方位轴)。这样,利用第 3 个方位轴完全可以消除由动力调谐陀螺动量矩与陀螺平台台面之间不垂直引起的重力仪测量误差。不难证明,利用能将陀螺平台稳定在地理坐标系上的第 3 个轴同样也可以消除动调陀螺通道标度系数估计误差和漂移对陀螺平台角度误差的影响。

### 1.3.6 在中央处理设备中解决的主要问题

重力仪的核心仪表主要用于对重力测量信息进行预处理,其中,中央处理设备按照内嵌的完整软件功能模块解决下列问题。

1. 重力仪启动

重力仪上电后,在自动状态下根据时序图将控制指令发送至各个子系统。

2. 输入信息的采集

该过程主要是以 300Hz 频率采集动力调谐陀螺仪角度传感器信息、重力测量敏感元件信息、水平加速度计 $AK_x$ 和 $AK_y$ 信息、光纤陀螺仪信息以及重力测量敏感元件的位置信息。在所有上述信息中,均会根据其标度系数不等式以及零偏值在标准值中引入修正量。在重力测量敏感元件的示数中还会分别根据加里森效应(根据动力调谐陀螺角度传感器信息计算)、重力测量敏感元件敏感轴与陀螺平台平面之间不垂直度(根据水平加速度计值计算)、水平加速度平方影响等引入修正值。

3. 稳定平台随动系统的控制

该过程主要是建立施加到稳定平台框架水平轴上力矩电机 $ДМ_x$、$ДМ_y$ 和方位稳定电机上的控制信号。水平随动稳定系统的校正环节以频率为 300Hz 的离散卡尔曼滤波器的形式实现。该过程的输入信息包括在重力仪启动过程中的水平加速度计 $AK_x$、$AK_y$ 的测量信息或在重力仪正常运行时的动力调谐陀螺仪的角度传感器信息。陀螺稳定平台罗经航向的解算值是解决方位随动系统控制问题的输入信息。

4. 陀螺平台位置修正系统

该过程主要是保证完成在重力仪启动状态的比例修正和在工作状态的舒勒型积分修正。水平加速度计 $AK_x$ 和 $AK_y$ 的信息、光纤陀螺仪信息、来自卫星导航系统接收机的载体速度及当地纬度信息是该过程的输入信息。

5. 解算陀螺平台罗经航向

该过程是解算作为重力仪方位随动系统控制通道输入信息的陀螺平台的地理航向。在上一个问题中得到陀螺平台绝对角速度值和来自卫星导航系统接收机的载体速度信息是该过程的输出信息。

6. 解算载体姿态角

该过程主要是根据上述解算陀螺平台罗经航局中得到的信息(陀螺平台的地

理航向)以及稳定平台的框架角信息解算载体的航向角、横滚角和俯仰角。在后处理中要利用载体的横滚角和俯仰角将卫星导航系统接收机天线的位置坐标变换到重力测量敏感元件安装处,以实现杆臂补偿。

7. 解算重力测量信息

该过程将利用不同的平均时间实时解算重力异常的 3 个次优估计值,见 2.4 节。此外,在海洋重力仪方案中,该过程还解算每秒内垂向表观加速度的平均值,发送到用户的信息采集系统。在航空重力仪方案中,解算的重力异常值还用于监控静基座下重力测量敏感元件的状态,估计重力仪输出信息中的噪声等级等。

8. 温度控制

该过程在温度控制系统(CTC)的执行元件(加热器和风扇)通电后保证给出相应控制信号。温度传感器的测量信息是该过程的输入信息。

9. 指令接收与数据传输

指令接收与数据传输可以保证中央处理设备的计算装置和控制与显示装置计算机之间相互协同作用。在航空重力仪方案的重力测量过程中,该过程要保证建立两个名为 S 和 G 的数据文件。其中,S 文件中包含重力仪水平动态信息,该信息以 3Hz 的频率存储在控制与显示装置的硬盘中,用作在后处理过程中估计重力仪水平状态的 GTNAV 过程最优平滑滤波器的输入信息。G 文件中包含频率为 18Hz 的垂向、水平表观加速度的测量值,这些测量值也存储在控制与显示装置的硬盘中,在 GTGRAV 过程的后处理过程中用于解算载体飞行轨迹上的重力异常值(见 2.2 节)。

10. 自动标定

该过程在重力仪使用过程中定期进行。自动标定过程通过平台绕 $X$ 轴和 $Y$ 轴顺序倾斜由加速度计测量的已知固定角度的方法来确定重力测量敏感元件的敏感轴相对陀螺平台台面法线的倾角,同时,通过平台方位上顺序转动 $0°$ 和 $270°$ 的方法确定光纤陀螺仪零偏估计值 $\hat{d}r$ 和动力调谐陀螺漂移分量 $\hat{d}p$、$\hat{d}q$。在完成自动标定后得到的参数值存储至重力仪数据库中,以便在实时状态下进行修正。自动标定过程持续时间为 5.5h。

11. 标定

标定在重力仪生产工厂中完成。该过程与自动标定过程类似,通过平台绕 $X$ 轴和 $Y$ 轴顺序倾斜由加速度计测量的已知固定角度的方法来确定重力测量敏感元件的敏感轴相对陀螺平台台面法线的倾角初值。同时,计算在重力测量敏感元件下方增加的调整垫片的厚度,以消除上述倾斜的影响。该标定过程持续时间为 3h。

12. 重力仪工作状态监控

状态监控子系统能够及时发现重力仪使用过程中出现的故障,并做出有效的故障诊断。该系统建立两个主要的广义状态标志。

(1) 重力仪工作正常(是/否)——硬件完好性。

② g 值可信(是/否)——测量值可靠性。

重力仪的硬件完好性标志是以敏感元件和系统的共 20 个故障标志的逻辑及形式给出,这些故障标志在控制与显示装置 ПУИ 的专门监控页面显示。从首次发现故障到处理器给出"接受故障"指令前,各故障标志均会反映在控制与显示装置显示器屏幕上。如果故障标志没有被记录,就意味着在给出指令时该故障不存在。这样,任何一个短期故障均会被处理器发现并记录。

重力仪的测量值可靠性标志是以高湍流状态、卫星导航信息中断超过 10min 和切断陀螺平台振荡阻尼以及其他类似情况等共 6 个标志的逻辑及形式给出的。在控制与显示装置中,处理器会时刻关注重力仪的广义状态标志,并且仅在发现重力仪故障或测量信息不可靠时切换至监控页来排查原因。根据监控结果形成状态字,并存储在输出的 G 和 S 文件中。

为了方便进行故障诊断,在中央处理设备工作过程中实时发出诊断数据,而控制与显示装置会将这些信息作为诊断文件存储至硬盘中,以便进行远程故障诊断。

13. 噪声估计

噪声估计可评价静基座下重力仪的工作品质。重力测量信息解算过程的输出是该过程的输入。噪声等级估计过程模拟飞行时长为 3h 的测量过程中长度为 15min 的初始基准测量和最终基准测量信息。根据基准测量结果,对模拟飞行测量进行平差,并计算测量误差的均方差。处理结果显示在控制与显示装置的显示器屏幕上。

## 1.3.7 小结

本节从结构设计及软件方面分析了 GT-2 系列重力仪的设计特点。叙述了对航空重力仪各独立系统的严格要求,并叙述了可满足上述要求的设备及装置。给出了已达到的精度水平以及应用特性,其中包括利用了载体机动时无扰的陀螺平台、重力测量敏感元件的测量范围大($\pm 1g$)、漂移小(3mGal/月)。这使得俄罗斯国内及其他外国众多地球物理公司对 GT-2 系列重力仪产生了浓厚兴趣。

# 第2章
# 动基座条件下测量重力异常时数据处理方法

本章主要研究在动基座条件下测量重力异常(ACT)时数据处理方法,共分5节。

2.1节和2.2节主要叙述俄罗斯研制的Chekan系列移动式相对重力测量仪(见2.1节)和GT-2系列移动式相对重力测量仪(见2.2节)的信息处理与软件设计的特点。这两个系列重力仪在航海与航空载体上获得广泛应用,多次完成地球重力场精密测量任务,其中包括在难以到达的南极和北极区域。在每节中均叙述了海洋和航空重力测量数据的采集、外场监控、室内处理技术以及地球物理标注,同时给出了利用相应系列重力仪测得的地球重力数据的采集和室内后处理的算法和软件。

2.3节主要研究在重力测量过程中用于估计重力异常的最优、次优滤波和平滑算法,以及建立这些算法所必需的模型辨识方法。研究了在贝叶斯方法框架下最优滤波和平滑问题的一般形式,并且给出应用于重力异常估计问题的最优算法实例。同时发现,贝叶斯方法的最大优点是,在给定异常值模型和所用仪器误差模型情况下,可以计算出潜在估计精度,这将给客观评估各类次优算法带来方便。因此,本节也研究了在实际过程中使用的基于巴特沃斯滤波器(Butterworth filter)的平稳算法和两步估计法,并分析了他们的效率。其中,解决能提供实现最优滤波算法必要信息的模型结构和参数的辨识问题尤为重要。书中叙述了提出的基于非线性滤波方法解决辨识问题的算法,这使得异常估计过程及算法本身具有自适应特性。最后,给出了利用上述所提出算法对实际数据进行处理的结果。

2.4节研究了针对海上重力异常测量的具有固定滞后的次优平滑算法的建立方法。首先对提出的方法进行了理论阐述,并与最优滤波平滑算法进行了实例对比分析;然后叙述了基于所研究的方法设计的用于海洋重力测量的平滑算法,并在GT-2M重力仪中实际应用;最后给出了利用这种次优平滑算法对实际测量数据进行处理的结果。

2.5节讨论了航空重力测量数据与地球全球重力场模型数据的组合问题。研究了通过球面小波分解对航空重力测量地区异常重力场进行多比例尺表示的方法来解决该问题。叙述了利用这种方法得到数据组合算法,并给出了应用结果。

## 2.1 Chekan 系列重力仪数据采集及处理软件

目前,在运动载体上进行高精度重力测量是最广泛、最前沿的研究地球重力场的方法。随着重力仪设备的科技含量日益提高,所配套的软件(ΠМО)系统的功能性和有效性成为决定最终地球物理测绘数据质量的重要因素。

进行海洋和航空重力测量任务的技术特点是分阶段处理数据,包括数据采集、外场监控、室内处理以及测量结果的地理标注。其中,任何一步软件处理的有效性不足都将导致测绘质量的显著下降,进而导致最终测绘结果不合格,这对于在地球上难以到达区域的测绘尤为关键。在对重力测量数据进行后处理过程中,使用具体的数学模型相当重要,这些模型需要综合考虑所用重力仪结构设计特点、标定参数的特殊性、引入各种修正量的可能性、数字滤波器结构和参数变化等。

Chekan 系列重力仪在 1.2 节中已详细介绍过,本节将给出对利用该系列重力仪获得的重力测量数据进行采集和室内后处理过程中使用的软件和算法。详细叙述所有处理阶段,包括使用前设备标定和诊断、数据实时采集、海洋和航空重力测量剖面处理过程以及最终室内处理等[150]。用于不同重力测量工作及各阶段的功能软件结构如表 2.1.1 所列。

表 2.1.1 Chekan 系列重力仪功能软件结构

| 序号 | 测量类型 | 海洋重力测量 | 航空重力测量 | 备注 |
|---|---|---|---|---|
| 1 | 准备工作 | 重力测量传感器配置:TestGrav<br>陀螺稳定平台配置:TestGyro<br>温度控制系统配置:TestUMT<br>重力测量传感器标定:Calibr | | |
| 2 | 进行测量 | 数据采集:SeaGrav | 数据采集:AirGrav | |
| | | 数据操作监控:Chekan_PP | 数据操作监控:Grav_PP_A | |
| | | 重力测量传感器诊断:TestGrav<br>陀螺稳定平台诊断:TestGyro<br>温度控制系统诊断:TestUMT | | |
| 3 | 室内处理 | 测量剖面处理:Chekan_PP | 测量剖面处理:Grav_PP_A | |
| | | 测量数据处理、测量精度标定:Chekan_PP | | |

### 2.1.1 重力仪设备标定和诊断

对于任意一种重力仪而言,对敏感器件进行周期性标定是必要的过程之一。

此外,在进行海洋和航空重力测绘时,同样必须对陀螺稳定系统的敏感器件标定。为了实现在制造工厂中对重力测量传感器、陀螺稳定平台和温度控制系统配置过程和外场诊断过程自动化,设计了由 TestGrav、TestGyro 和 TestUMT 软件程序构成专门技术软件。

(1) 软件程序 TestGrav 用于调整配置重力测量传感器,主要进行以下操作。

① 调整光电转换器,包括通电对准、强度设置和自准直图像成像,图 2.1.1 给出了强度设置和自准直图像成像时软件程序 TestGrav 界面。

② 调整重力测量传感器的温度稳定数字系统。

③ 确定重力测量弹性系统的时间常数。

④ 对重力测量传感器的所有部件进行深入诊断。

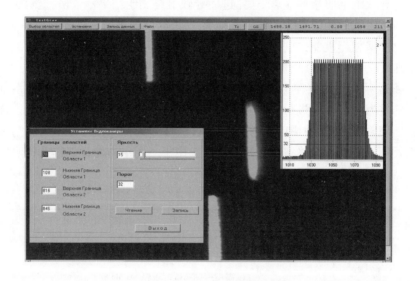

图 2.1.1　TestGrav 程序界面

(2) 软件程序 TestGyro 主要解决类似陀螺稳定平台的设置问题,主要实现以下功能。

① 在陀螺稳定平台的整个工作状态过程中,自动调节无减速器随动系统。

② 标定双自由度液浮陀螺仪的零偏和标度因数,如图 2.1.2 所示。

③ 标定水平加速度计零偏和标度因数。

④ 标定方位光纤陀螺零偏和标度因数。

⑤ 深入诊断陀螺平台所有硬件设备。

陀螺平台的首次设置结果存储在微处理器的固存中,必要时可以在运行中予以精确。重力测量传感器的标定通常利用倾斜法确定,其中,已知的重力增量由重力测量传感器测量轴相对于当地垂线的位置变化给定[107]。此时,倾角的给定及

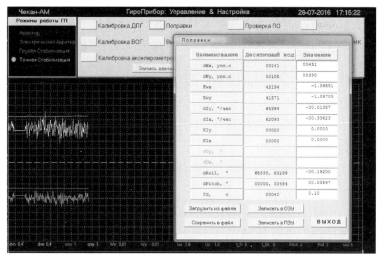

图 2.1.2 陀螺标定时 TestGyro 程序界面

确定应该在高精度倾斜旋转台上完成。在 Chekan-AM 和 Shalif-E 重力仪中应用了基于利用陀螺平台设置,并确定重力仪倾角设计的标定重力测量传感器的专业技术。该技术可以避免使用高精度和高费用的转台设备,并且可以在外场进行重力传感器的标定[232]。

为利用陀螺平台标定重力传感器,在重力仪软件中设计了专门的程序 Calibr,既以可保证每隔固定时间自动将重力测量传感器倾斜至给定角度,也可以处理测量结果[88]。在整个标定测量周期内,软件将自动写入当下重力仪读数和陀螺平台倾角,如图 2.1.3 所示。在平台每个倾角测量的时长为 30min,整个标定耗时不超过 9h。

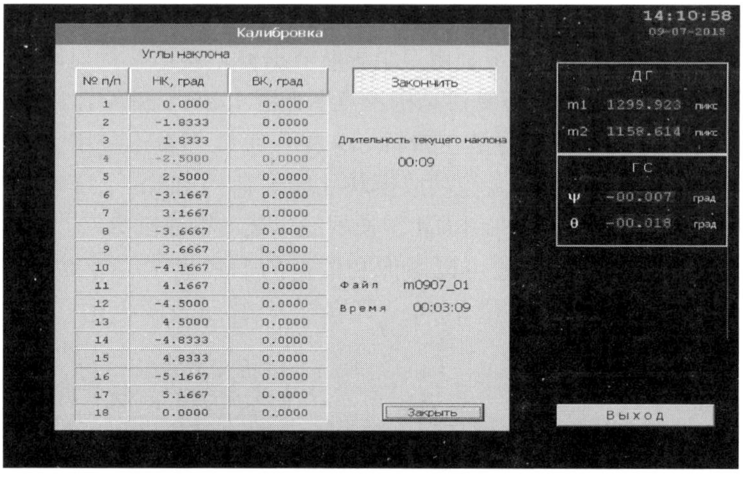

图 2.1.3 测量状态时 Calibr 软件程序运行界面

055

处理完测量数据后,软件将自动形成程序检测报告,包含以下参数值。

(1) 重力仪每个石英弹性系统标度特性的二次项系数 $a$ 和线性参数 $b_1$、$b_2$。

(2) 在陀螺平台每个倾角位置下给定的重力加速度增量 $\Delta a_{эmi}$ 和测量结果 $\Delta g_i$。

(3) 测量结果 $\Delta g_i$ 相对给定值 $\Delta a_{эmi}$ 的偏差值 $\delta g_i$。

(4) 重力仪标度特性换算误差,以此可得到 $\delta g_i$ 值与重力仪测量范围上限的最大比值。

(5) 重力仪测量范围裕度。

自动生成的程序检测报告是用于出具检验 Chekan-AM 和 Shalif-E 重力仪等测量设备合格证所必需的文件。

### 2.1.2 实时软件与算法

实时重力仪软件的主要任务是在测量剖面上进行重力测量时,以 10Hz 的频率实时同步记录原始重力测量数据和导航数据。考虑到航空重力测量和海洋重力测量任务功能上的区别,实时数据采集软件也分别由 AirGrav 和 SeaGrav 程序完成,二者均完成以下操作[72,87]。

(1) 接收重力测量传感器、陀螺稳定平台和温控功放模块的数据。

(2) 接收卫星导航系统设备的导航信息和重力仪数据同步信号。

(3) 以 10Hz 频率将原始数据记录存储到硬盘上。

(4) 按照式(1.2.7)将重力测量传感器标度线性化。

(5) 按照式(1.2.9)输入重力仪零点(Нуль-Пункта)漂移速度改正项。

(6) 解算并滤波相对重力测量基准点的重力增量值(这些数据既可在屏幕输出显示时使用,也可以用于外场监控)。

(7) 将采集的参数信息图像化显示,并以 1Hz 频率将输出数据记录到硬盘上。

在 AirGrav 程序中也考虑了利用卫星导航数据修正载体运动对陀螺平台的影响,并解算载体实时航向角,该算法结构示意图如图 1.2.11 和图 1.2.12 所示。

SeaGrav 和 AirGrav 程序均是在 Windows 操作系统环境中应用。主机与重力测量传感器、陀螺稳定平台和温控功放模块之间通信均由 RS-232 串口实现。因此,可以使用任何一台带有 USB/COM 转换器的笔记本操作重力仪。

从重力仪设备得到的信号可以图像和数据的形式显示在计算机屏幕上,如图 2.1.4 所示。程序 SeaGrav 和 AirGrav 具有放大、缩小及彩色化显示功能,程序支持俄语和英语两种语言。

实时数据采集软件特点是其内嵌了重力仪主要系统的诊断软件,其中也设置了重力仪功能和输出信息可信度的综合性标志。这将明显简化操作人员的工作,特别是在进行航空测量中。

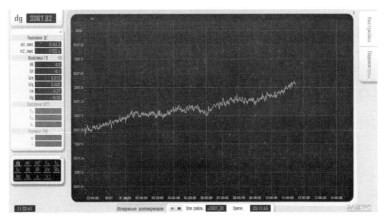

图 2.1.4 基准观测状态实时数据采集软件程序界面

重力测量数据实时采集软件的输出信息是部分文本文件和程序工作报告,其中,文本文件包含的基本内容见表 2.1.2。

表 2.1.2 文本文件包含内容

| 序号 | 文件类型 | SeaGrav | SeaGrav |
|---|---|---|---|
| 1 | G *.RAW | $t$、$m_1$、$m_2$、$W_\psi$、$W_\theta$、$U_\psi$、$U_\theta$、$\psi$、$\theta$、$T$ | $t$、$m_1$、$m_2$ |
| 2 | G *.NAV | $t$、$\varphi$、$\lambda$ | $t$、$\varphi$、$\lambda$、$H$ |
| 3 | G *.DAT<br>R *.DAT | $t$、$\Delta g$ | |
| 4 | T *.DAT | | $t$、$W_\psi$、$W_\theta$、$U_\psi$、$U_\theta$、$\omega_\psi$、$\omega_\theta$、$K$、TOG、$v_N$、$v_E$、$\Delta v_N$、$\Delta v_E$、$\psi$、$\theta$、$W_{\text{cor}\psi}$、$W_{\text{cor}\theta}$、$\Omega\cos\varphi$、$T$ |

表中,星号"*"表示任意自动生成的唯一文件名。数据采集程序输出的主要文件是 G *.RAW,其中,以 10Hz 的频率记录重力测量传感器示数 $m_1$、$m_2$ 和时间 $t$。在由海洋测量软件程序 SeaGrav 生成的 G *.RAW 文件中,还记录用于计算动态修正量的信息,包括陀螺平台水平加速度计示数 $W_\psi$、$W_\theta$,液浮陀螺角度传感器示数 $U_\psi$、$U_\theta$,俯仰角 $\psi$ 和横滚角 $\theta$,以及温度信息 $T$,在 Shalif-E 重力仪中是重力测量传感器温度或者是 Chekan-AM 重力仪中陀螺平台内温度。

类似地,航空测量软件程序 AirGrav 会生成一个单独的输出文件 T *.DAT,其中,除了上述所列的信号外,还包括光纤陀螺示数 $\Omega_z$,陀螺力矩传感器控制信号 $\omega_\psi$、$\omega_\theta$,以及某些来自卫星导航系统的计算修正值和信号差分值,包括航向角 $K$、航迹角 TOG、北向速度 $v_N$ 和东向速度 $v_E$、北向速度误差 $\Delta v_N$ 和东向速度误差 $\Delta v_E$、科氏加速度水平分量修正值 $W_{\text{cor}\psi}$、$W_{\text{cor}\theta}$ 和地球自转角速度水平分

量 $\Omega\cos\varphi$ 。

在航空测量软件程序 AirGrav 和海洋重力测量软件程序 SeaGrav 中均会记录导航数据 G∗.NAV,包含来自卫星导航系统的经度 $\lambda$ 和纬度 $\varphi$。在程序 AirGrav 中还记录有高度信息 $H$。必须注意的是,在程序 AirGrav 中生成的文件 G∗.NAV 仅在测绘资料的监控中应用,而对于重力测量数据的后续处理,使用的是室内模式下确认过的卫星信息。

程序 SeaGrav 和 AirGrav 均工作在两种模式,即基准观测模式和重力测量模式。对于在重力测量基准点计算重力仪示数 $g_{r0}$、基准观测时间 $T_0$ 和重力仪零点漂移速度 $C$ 时,基准观测模式是必需的。这些关键参数将根据实时测量值,按照由最小二乘法得到的下述公式计算求得,即

$$g_{r0} = \frac{\sum_{i=1}^{n} g_{ri}}{n} \tag{2.1.1}$$

$$T_0 = \frac{\sum_{i=1}^{n} t_i}{n} \tag{2.1.2}$$

$$C = \frac{\sum_{i=1}^{n} g_{ri} \cdot \sum_{i=1}^{n} t_i - n \cdot \sum_{i=1}^{n} g_{ri} \cdot t_i}{\left(\sum_{i=1}^{n} t_i\right)^2 - n \cdot \sum_{i=1}^{n} t_i^2} \tag{2.1.3}$$

式中:$g_{ri}$ 为根据式(1.2.7)解算的重力仪当前测量值;$t$ 为测量时间;$n$ 为测量点数。

在重力测量模式下,综合考虑零点漂移速度的情况下,根据下式计算相对重力测量基准点处示数的重力当前增量值,即

$$\delta g = g_r - g_{r0} - C \cdot (t - T_0) \tag{2.1.4}$$

通过后续介绍的低频滤波器进行平滑处理后的重力增量数据按照工作状态区别保存在文件 G∗.DAT 或 R∗.DAT 中。在进行海洋重力测量时,文件 G∗.DAT 还可以被用作重力数据的外场监控。依据文件 R∗.DAT 数据可计算在重力测量基准点处的重力仪示数,并精确重力仪零点(Нуль-Пункта)漂移速度。

### 2.1.3 海洋重力测量信息处理特点

图 2.1.5 给出了海洋重力测量剖面数据处理结构框图。正如 2.1.2 节所述,用于进行室内后处理模块的数据由两个文件组成,即重力测量信息文件 G∗.RAW 和导航信息文件 G∗.NAV。

测量剖面数据处理开始于利用重力仪标度特性参数、根据式(1.2.7)将重力

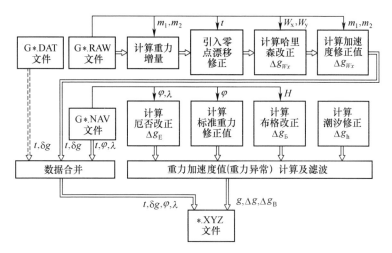

图 2.1.5 海洋重力测量剖面数据处理结构框图

测量传感器示数统一变换到加速度单位。然后根据式(2.1.4)计算当前重力增量值和相对重力仪零点漂移(Нуль-Пункта)修正值。

为计算重力值及其在测量剖面上的异常值,必须将重力测量数据和导航数据合并,并计算厄缶改正(Eotvos 改正,也称艾维改正)和标准重力修正值。排除科氏加速度和向心加速度的影响,海洋重力测量中的厄缶改正可按照下式计算,即

$$\Delta g_E = 7.502\cos^2\varphi \cdot \frac{d\lambda}{dt} + 0.0041 \cdot v^2 \quad (2.1.5)$$

式中:$v$ 为舰船运动速度(kn);$d\lambda/dt$ 为经度变化速率((′)/h);$\varphi$ 为纬度(rad)。

在图 2.1.6 中给出了考虑厄缶改正的实例,生动地展示了引入系统分量的效果,并考虑了测线上载体速度和航向较小变化的影响。通常情况下,标准重力修正值 $\gamma$ 可以利用赫尔默特(Helmert)公式计算(见附录)。

在海上各测点处的重力值可由下式计算,即

$$g = g_0 + \delta g + \Delta g_E \quad (2.1.6)$$

式中:$g_0$ 为重力测量基准点处重力值,后续测量均是相对该点进行。

综上所述,海洋重力测量中自由空气重力异常值 $\Delta g$ 由在海洋上测点处重力 $g$ 与该点重力标准值 $\gamma$ 之差确定:

$$\Delta g = g - \gamma \quad (2.1.7)$$

当有深度信息时,重力异常值的计算将引入考虑航海测点层到海平面距离的布格(Bouguer)改正,按照下述公式计算[260],即

$$\Delta g_Б = g - \gamma + g_Б \quad (2.1.8)$$

式中:$g_Б$ 为布格改正 $g_Б = 0.0419 \cdot H \cdot (\sigma_1 - \sigma_2)$;$H$ 为海平面至测点处深度(m);$\sigma_1$ 为海底岩石密度;$\sigma_2$ 为海水密度,$\sigma_2 = 1.03 \times 10^3 \text{kg/m}^3$。

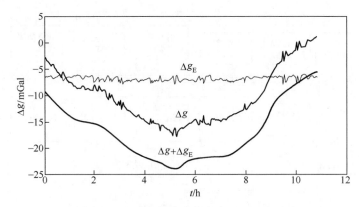

图 2.1.6 在重力仪输出信息中引入厄缶改正

通过低频滤波器可以消除测量结果中垂向加速度的影响,其中,滤波器的输入信号就是考虑所有改正或修正值后的重力增量值。在海洋重力测量中使用低频滤波器是完全正确的,因为有用信号和干扰加速度的频谱在频率内是分开的。在处理 Chekan 系列重力仪数据过程中使用了由时间常数为 $T_a$ 的一阶非周期滤波器和时间常数为 $T_b$ 的 4 阶巴特沃斯滤波器构成的组合式数字滤波器。

利用组合式数字滤波器的处理数据过程分为两步:第一步将重力仪示数以正向时间通过滤波器,然后时间反转;第二步将重力仪示数以反向时间通过同样的滤波器。在 2.3 节中将介绍,正向和反向时间的处理技术对应于平滑问题的解,这使得处理后的结果能够消除由滤波程序引入的信号相位畸变。

图 2.1.7 中给出了对应于不同时间常数 $T_a$ 和 $T_b$ 的低频滤波器幅频特性曲线。根据任务剖面处理测量数据的最大优点是可以通过调整这些滤波器参数,使得在不同海况下都能达到最大空间分辨率。表 2.1.3 中给出了在航速为 5kn 时不同海况下,推荐使用的时间常数 $T_a$、$T_b$、低频滤波器截止频率 $f_c$ 和对应的空间分辨率 $L/2$,这些值均是在使得垂向加速度的残余误差均方差(又称标准差)小于 0.1mGal 的情况下得到的。

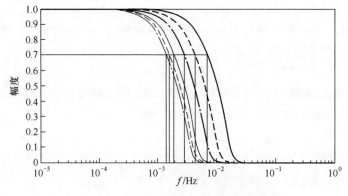

图 2.1.7 (见彩图)滤波器幅频特性曲线

表 2.1.3 不同海况下推荐使用参数

| 序号 | 海况 | | 滤波器参数 | | | 空间分辨率 $L/2$ /m |
|---|---|---|---|---|---|---|
| | 浪高/m | 浪级/级 | $T_a$/s | $T_b$/s | $f_c$/Hz | |
| 1 | 0~0.25 | 0~1 | 15 | 10 | 0.0069 | 190 |
| 2 | 0.25~0.75 | 2 | 24 | 16 | 0.0043 | 300 |
| 3 | 0.75~1.25 | 3 | 36 | 24 | 0.0029 | 440 |
| 4 | 1.25~2.0 | 4 | 54 | 36 | 0.0019 | 680 |
| 5 | 2.0~3.5 | 5 | 64 | 42 | 0.0016 | 800 |
| 6 | 3.5~6.0 | 6 | 72 | 48 | 0.0015 | 860 |

为了提高利用 Chekan 系列重力仪进行海洋重力测量的最终精度,在重力仪示数中可以引入额外的加速度修正 $\Delta g_{W_z}$ 和哈里森改正 $\Delta g_{W_x}$。如图 2.1.5 所示。这在特别复杂的海况或者极端风暴天气下进行海洋重力测量显得尤为关键[103]。正如第 1 章所述,当垂向加速度超过 50Gal 时,在 Chekan-AM 重力仪输出信息中可能出现系统误差 $\delta W_z$,这主要是由重力仪弹性系统摆的液体阻尼过程的非层流特性造成的。$\delta W_z$ 误差具有二次方特性,它主要取决于重力仪弹性系统的阻尼程度。该误差在 Shalif-E 型重力仪中已经明显减小。尽管如此,仍可在重力示数中引入加速度修正 $\Delta g_{W_z}$,具体算法如图 2.1.8 所示。

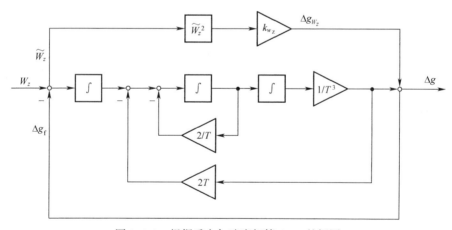

图 2.1.8 根据垂向加速度解算 $\Delta g_{W_z}$ 的框图

作用在重力仪弹性系统摆上的表观加速度值 $W_z$ 由式(2.1.4)确定,它是计算 $\Delta g_{W_z}$ 修正项的输入信息。为了消除表观加速度中的重力分量,在框图中引入了当前重力增量 $\delta g$ 的负反馈,该增量值由时间常数 $T=60\text{s}$ 的 3 阶滤波器解算求得。加速度修正 $\Delta g_{W_z}$ 直接按下式计算,即

$$\Delta g_{W_z} = k_{W_z} \cdot \widetilde{W}_z^2 \tag{2.1.9}$$

式中：$k_{Wz}$ 为在升降台上对重力仪进行试验时由经验确定的系数。修正值 $\Delta g_{Wz}$ 的计算是在实时模式下完成的。

图 2.1.9 给出在风暴天气下通过引入加速度修正值 $\Delta g_{Wz}$ 来提高测量精度的实例。由图可见，引入修正值 $\Delta g_{Wz}$ 不但可以补偿 $\delta W_z$ 误差的系统分量，而且也可补偿其高频特性分量，这就可以通过应用截止频率 $f_c$ 较大的低频滤波器来提高测量的空间分辨率 $L/2$。此外，在测量剖面上海浪变化较大的情况下，不能用面积平差测量法完整测量系统误差 $\delta W_z$，但是可以通过引入加速度修正值 $\Delta g_{Wz}$ 对其进行补偿，如图 2.1.9 所示。

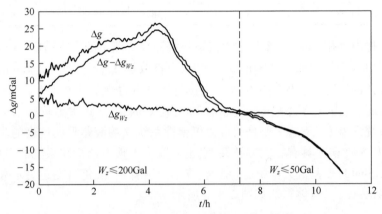

图 2.1.9 在海洋剖面上引入垂向加速度修正

还需要引入一个改正项，用于补偿水平加速度和陀螺平台残余倾角联合作用的哈里森效应（Harrison effect），如图 2.1.10 所示。哈里森效应改正 $\Delta g_{Wx}$ 按下式计算[202]，即

$$\Delta g_{Wx} = W_X \alpha + W_Y \beta \qquad (2.1.10)$$

式中：$W_X$、$W_Y$ 分别为水平加速度纵向和横向分量；$\alpha$、$\beta$ 分别为陀螺平台绕相应稳定轴的倾角。

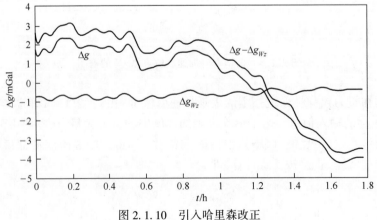

图 2.1.10 引入哈里森改正

由于陀螺平台无减速随动系统误差引起的陀螺平台水平倾斜不超过15″,也就是说,这种倾斜不会影响重力仪精度。因此,在计算哈里森改正时,只需考虑陀螺修正回路系统误差,修正回路作用参见1.2节。角度 $\alpha$、$\beta$ 通过加速度计测得的水平加速度与陀螺平台水平通道传递函数相乘得到,水平通道传递函数见图1.2.11,具体为

$$H_w^\alpha(p) = \frac{\frac{1}{R}F(p)}{p^2 + \frac{g}{R}F(p)} \tag{2.1.11}$$

式中:$F(p)$ 为式(1.2.10)的传递函数;$R$ 为地球平均半径。

图2.1.11 给出了在超过6级海况情况下进行的重力测量数据中引入哈里森改正 $\Delta g_{W_x}$ 的实例。哈里森改正主要具有系统特性,而该值在 Chekan 系列重力仪中通常不超过 $1\sim1.5$mGal。

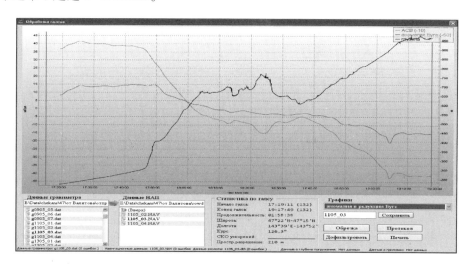

图2.1.11 在处理海洋重力测量剖面数据时 Chekan_PP 软件程序界面

以上所有处理过程都由 Chekan_PP 软件实现,其目的就是为了对海洋重力测量数据进行完整室内处理[110]。Chekan_PP 软件程序是在 Windows 操作系统中运行的,既可用于测量数据的室内处理,也可作为海洋测量时船上设备的外场监控。软件接口非常方便,所有中期处理和最后结果均可以数字和图像的形式呈现给操作人员。

在处理测量剖面数据时,Chekan_PP 软件可以自动对原始文件 *.DAT、*.RAW、*.NAV 中数据实现逻辑监控和异常值剔除,当出现实测数据不合格时,其自动将结果分成几个部分。也可依据操作人员的想法设置滤波器程序,不仅可以选择时间常数 $T_a$、$T_b$,还可以多次串联使用低频滤波器。此时,截止频率 $f_c$

和空间分辨率都可以自动计算。测量剖面上的数据处理结果被保存在文本文件*.XYZ中,而所使用的计算及滤波参数也被记录在程序工作报告中。

### 2.1.4 航空重力测量信息处理特点

在飞机上进行重力测量是在由飞机引起的垂向加速度背景下完成的,测量信号中不仅包含有益的重力异常值信号,而且包含在数值上超过它几个数量级、且在频谱上有交叉的载体运动引起的加速度信号。图2.1.12给出了航空重力测量剖面数据处理结构框图。在数据后处理过程中,利用卫星导航系统提供的高度信息可以对重力仪示数中垂向加速度进行部分补偿。但是,由于载体运动引起的背景干扰信号较大,最终从测量信息中分离出有用的异常信号还要借助滤波和平滑方法[151]。

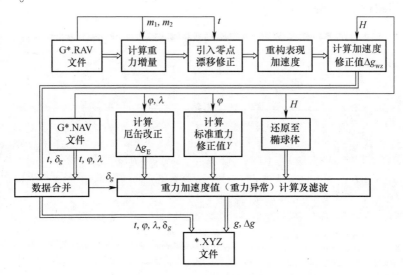

图2.1.12 航空重力测量剖面信息处理结构框图

与海洋重力测量数据处理过程相同,在处理航空重力测量剖面数据时,同样需要将重力仪示数统一转换到加速度单位,然后计算异常值,并引入重力仪零点漂移修正、标准重力值修正和厄缶改正。

由于工作于强阻尼状态的 Chekan 系列重力仪的时间常数在 40~100s 内,因此,确定表观加速度实时值是处理航空重力测量数据过程中的必要操作。为此,经过平滑后的重力仪输出信息需要输入至数字恢复(重构)滤波器,其中,利用一阶非周期惯性环节作为重力仪弹性系统的液体阻尼模型,恢复滤波器传递函数与式(1.2.8)相同。

航空重力测量的主要干扰是来自飞机载体的垂向加速度,其可通过工作在差分模式下的卫星导航设备的高度信息进行提取和补偿。当没有差分基站时,也可以采用来自互联网的星历观测来补偿校正导航信号。

卫星导航系统接收机天线相对重力测量传感器安装位置的偏移距离可由下式计算,即

$$H = H_{\text{CHC}} - (R_X \sin\psi + R_Y \sin\theta + R_Z(\cos\psi - 1) + R_Z(\cos\theta - 1)) \tag{2.1.12}$$

式中: $H_{\text{CHC}}$ 为卫星导航系统接收机天线安装位置处高度; $H$ 为重力测量传感器安装处高度; $R_X$、$R_Y$、$R_Z$ 为由操作人员测得的卫星导航系统接收机安装点相对重力测量传感器安装点的位置偏差在3个轴上的投影; $\psi$、$\theta$ 为根据重力仪陀螺平台上测量装置输出信息求得的俯仰角和横滚角。

在处理航空重力测量数据时,要按照考虑地球非球面性和飞行高度偏差的下述公式计算厄缶改正,即

$$\Delta g_E = 15 v_E \cos\varphi + \left( \frac{v_N^2}{R} \left( 1 + \frac{H}{R} - 0.5 e^2 (2 - 3\sin^2\varphi) \right) + \frac{v_E^2}{R} \left( 1 + \frac{H}{R} - 0.5 e^2 \sin^2\varphi \right) \right) \times 10^5 \tag{2.1.13}$$

式中: $\varphi$ 为纬度; $v_N$、$v_E$ 分别为载体运动线速度的北向分量和东向分量; $R$、$e$ 为地球通用参考椭球体 WGS84 的参数。

在处理长距离剖面测量数据时必须利用式(2.1.13),此时,地球非球面性不能忽略。同样,将重力测量值归算到地球椭球面上也是必需的操作。引入垂向重力梯度的归算公式为

$$\Delta g = \Delta g_h + 0.3086 H \tag{2.1.14}$$

式中: $\Delta g_h$ 为高度为 $H$ 处的重力异常值; $\Delta g$ 为归一化至椭球体表面上的重力异常值。

即使在精确引入所有修正值后,重力仪测量数据中仍然含有噪声信号。为了最终分离出重力异常有益信号,需要利用平滑滤波方法。Chekan 系列重力仪软件主要实现了两个阶段处理。第一阶段在时域上应用了带 Tukey 梯形权重函数的滑动滤波器[151,154]。该滤波器具有有限脉冲特性,能对所有正余弦输入信号提供固定滞后,在数据处理过程中容易实现,幅频特性曲线如图 2.1.13 所示。经处理后的信号,噪声水平在 mGal 水平上。

接着在第二阶段进行平滑操作。首先用快速傅里叶变换将信号变换到频域内进行高频截断;然后反转时间轴再变换至时域。在选择总信号中谐波信号的必要数量时,该过程不会降低信号空间分辨率和长期实现中的边缘效应,如图 2.1.14 所示。

在航空重力测量中,测量数据室内后处理过程固然重要,为剔除不可信的测量

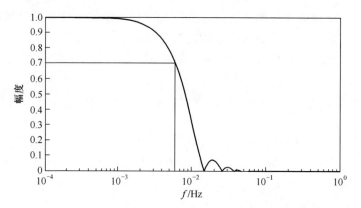

图 2.1.13 截止频率为 0.006Hz 的滤波器幅频特性曲线

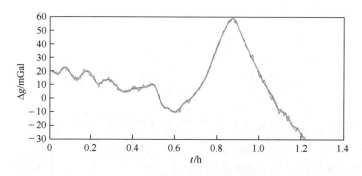

图 2.1.14 重力测量值的平滑实例

数据而进行的外场监控也十分关键。为解决上述两个问题,软件中专门设计了可在 Windows 操作系统中运行的 Grav_PP_A 软件程序。外场监控目的是确定测量过程中出现异常数据的剖面或独立剖面段,并弄清楚测量质量下降的原因。对原始重力测量数据和导航信息进行初步分析即可弄清仪器故障的原因。此外,程序中也有比对测量数据的功能,这主要将本次剖面测量数据和其他独立测量结果进行比对,独立测量结果包括在同样区域已有的测绘结果、全球重力场模型或者是重力信息数据库,如极地重力项目 ArcGP[350]。

在 Grav_PP_A 软件程序中有评估重力仪所有子系统功能和进行测量条件的准则,如图 2.1.15 所示。利用这些评估准则,可最大限度地弄清测量数据质量下降的原因。此时,主要分析以下参数。

(1) 对于重力测量传感器,分析石英弹性系统示数差。

(2) 对于陀螺稳定系统,分析稳定误差和航向误差的大小。

(3) 对于卫星接收机,保证接收数据有效。

(4) 对于飞行条件,分析飞行高度的稳定性、水平与垂直加速度大小、俯仰角和滚转角稳定性、飞行速度稳定性。

与 Chekan_PP 软件类似,航空重力测量剖面的数据处理结果也保存在文本文件 *.XYZ 中,这些文件可用于后续处理面测结果。

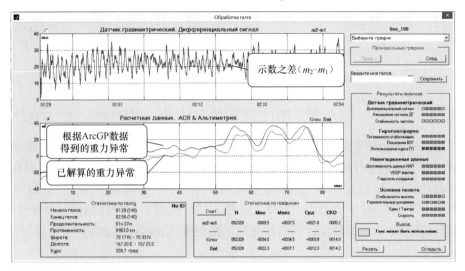

图 2.1.15　数据实时监控 Grav_PP_A 软件程序界面

### 2.1.5　重力测量结果室内后处理

利用 Chekan 系列重力仪进行的航空重力测量和海洋重力测量结果的最终处理均由前文提到的 Chekan_PP 软件程序完成。测量结果会被加载到测量数据库中。程序会自动计算本次测量数据的统计学参数,其中包括测量剖面长度、重复监测点数、测量误差的均方根误差(СКП)和均方差(СКО)。

测量均方根误差可按下式计算,即

$$\sigma_{\rm RMS} = \sqrt{\sigma_{\rm CP}^2 + \sigma_{\rm interp}^2} \tag{2.1.15}$$

其中,在重复监测点重力异常单位测定的均方差 $\sigma_{\rm CP}$ 按照下式计算,即

$$\sigma_{\rm CP} = \sqrt{\frac{\sum d^2}{2n}} \tag{2.1.16}$$

式中:$d$ 为重复测点上的重力异常值确定误差;$n$ 为重复测点数量。

此处,存在一个显著的特点是,在测量均方根误差中考虑了不同测量剖面间测量结果的内插误差 $\sigma_{\rm interp}$,有

$$\sigma_{\rm interp} = \sqrt{\frac{\sum\limits_{i=1}^{N}\left[\Delta g_K - \frac{(g_{c1} + g_{c2})}{2}\right]_i^2}{N}} \tag{2.1.17}$$

067

式中：$\Delta g_K$ 为在位于测量剖面之间等间距的监控剖面上第 $K$ 个测点上的重力异常值；$g_{c1}$、$g_{c1}$ 为相邻测量剖面上的重力异常值，监控点 $K$ 位于相邻剖面之间，且在与监测剖面的相交点处；$N$ 为测量监控点 $K$ 的数量。

测量误差的均方差不考虑在重复测量点上测量结果的系统误差，按下式计算，即

$$\sigma_{\text{STD}} = \sqrt{\frac{\sum (d-r)^2}{2(n-1)}} \qquad (2.1.18)$$

式中：$r = \dfrac{\sum d}{n}$

由于海洋地球物理测绘工作通常不使用最终基准点测量值，且在初始基准测量值不具备达到估计重力仪零位偏移速度的足够可信时间，因此，通常会依据在测量剖面相交点处的重力异常值测量结果之差来计算和引入修正值 $\Delta C$，如图 2.1.16 所示。在不同机场进行多次基准观测的情况下，观测数据同样也可以建立相应的数据库，以便根据得到的所有数据精确重力仪零点漂移速度。

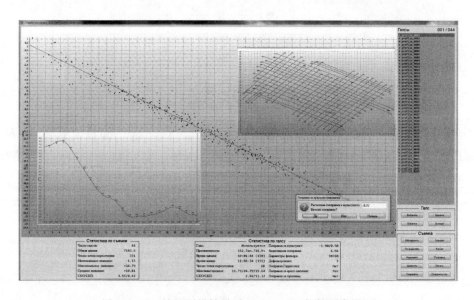

图 2.1.16　处理测量结果时 Chekan_PP 软件程序界面

另一个重要的过程就是测量结果的平差，这里会计算本次测量与其他测量剖面相交点处偏差的平均值，并引入至每次测量结果中。在数据处理中引入的所有修正值，与处理参数一样都会被保存到自动生成的程序工作报告中。

测量数据处理结果可以输出做进一步处理，或将地球物理场标注成不同格式。当然，首先包括海洋重力测量手册所规定的跨部门的格式 MBΦ78，以及适用于载

入大部分现代地球物理场数据处理软件的文本格式 XYZ。

### 2.1.6 小结

本节叙述了利用 Chekan 系列重力仪进行测量的数据采集和处理特点,给出了在采集、处理和分析航空重力测量和海洋重力测量过程各阶段所使用的软件组成、结构和功能。给出通过引入动态修正值提高测量精度的实例。

## 2.2 GT-2 系列航空重力仪测量信息处理方法

2000 年,俄罗斯莫斯科大学导航与控制实验室着手研发第一代航空重力仪 GT-1A 的室内数据处理软件(第二代重力仪命名为 GT-2),联合研发的还有莫斯科重力测量技术公司(ЗАО《Гравимерические технологии》)。与此同时,开始准备 GT-1A 型重力仪样机(商业化名称为 МАГ-1)首次试验,并于 2001 年在安-30 飞机上进行飞行测试[302]。在此之前,莫斯科大学导航与控制实验室曾经为两款俄罗斯航空重力仪研发过相应软件[37]。

(1) 航空重力测量设备(Гравитон-М),由全俄地球物理勘探方法研究院(ВНИИГеофизика)、莫斯科机电和自动化学院、莫斯科鲍曼技术大学联合研制。该型测量设备于 1995 年 12 月至 1996 年 1 月在米-8(МИ-8)直升机上进行了首轮共 3 次飞行试验。于 1999 年 7 月至 8 月首次由安-26(АН-26)飞机搭载在俄罗斯卡卢加(Калуги)城区进行了大规模的区域测绘。后来,这型重力测量设备由俄罗斯国立科研生产企业航空地球物理公司(ГНПП Аэрогеофизика)运营。

(2) 航空重力测量设备(МИЭА)于 1996 年开始研制,由澳大利亚世界地球科学公司项目资助。该型设备进行过 3 轮飞行试验:①1997 年 12 月进行首轮共 3 次飞行,载体为安-26 飞机;②1998 年 5 月进行第二轮共两次飞行,载体是安-26 飞机,飞行试验区域是沃洛格达市(Вологда);③1999 年 7 月进行第三轮飞行试验,载体是 Л-410 多用途双引擎飞机,试验区域在捷克(Чехия)东南部的布尔诺市(Брно)。

在上述所有飞行试验过程中均有俄罗斯科学院地球物理研究所(ИФЗ РАН)的人员参与。这样在与莫斯科重力测量技术公司合作以前,莫斯科大学导航与控制实验室已经在处理 МИЭА 和 Гравитон-М 重力仪的测量数据中积累了相当丰富的研发经验,这使得在解决后处理任何问题和设计数据处理软件方面得心应手。

测量数据后处理软件的第一层次就是试验数据的快速诊断(quality control, QC)。对于测量操作员来说,最重要的就是具备快速确认采集到的试验数据是否符合规范的问题,这些数据包括以下内容。

① 重力仪敏感元件测量值。
② 安装在飞机上和基站的卫星导航系统接收机数据。
③ 保证重力仪敏感器件敏感轴垂向定向的惯性导航系统数据。
④ 数据采集和信息同步系统数据。

设计相应快速诊断软件的主要文件依据是《航空重力测量设备通信传输协议》,该协议由莫斯科重力测量技术公司和莫斯科大学导航与控制实验室共同编制,规定了原始数据和输出文件的格式,其中输出文件中包含用于快速诊断的必要信息。

GT-2系列重力仪数据处理软件主要包含GTNAV模块和GTGRAV模块两个部分。第一部分包括卫星导航数据处理算法、卫星导航与惯性导航数据融合算法;第二部分主要是基于重力测量敏感元件测量值及GTNAV模块提供的导航信息解决航空重力测量问题。

在GTNAV模块中除了计算惯性/卫星导航系统融合解以外,为进行快速诊断还需分析以下内容。

(1) 惯性导航系统和卫星导航系统信息同步正确性。此处特点是,惯性导航系统数据记录频率为3Hz,卫星导航系统数据记录频率为1Hz、2Hz、5Hz、10Hz、20Hz。信息同步由1PPS信号完成,记录惯性导航系统和卫星导航系统时间刻度及其相对偏差。

(2) 数据完整性。

(3) 测量重力仪原始数据传感器功能异常告警情况,如重力测量敏感元件不正常、陀螺仪漂移不正常等。所有可能的告警情况均在通信协议上体现。

(4) 输入基站坐标是否正确、是否有移动。

(5) 仪表(稳定平台)垂线建立误差角估计值、动力调谐陀螺和光纤陀螺漂移估计值等。

应该注意,数据处理软件快速诊断功能应操作简单,这是因为测量操作人员一般具备重力测绘领域相关背景,而非卫星导航系统和惯性导航系统背景。他们只需将惯性导航系统和卫星导航系统(移动接收机或基站)的原始数据文件作为原始信息加载到GTNAV模块,然后启动程序。程序既可以分别单独处理惯性导航系统和卫星导航系统数据,也可进行各种组合处理。多年来使用俄罗斯国内、外多家公司软件的经验证实,GTNAV模块的快速诊断功能有效。

GTGRAV软件程序负责处理重力仪敏感元件输出信息和GTNAV模块输出信息,最终确定重力异常值。与GTNAV模型相似,该程序中辅助模块GTQC会首先进行敏感元件输出完整性判断和信息同步性检查。与GTNAV模块不同的是,GTGRAV软件程序具备图像接口,这类接口可以方便地显示重力异常值。

## 2.2.1 航空重力测量的软件问题

本节从理论力学角度简短叙述航空重力测量任务(见1.1节),并以方便后续分析的符号给出重力测量基本方程。在2.2.3节、2.2.4节会针对具有水平稳定平台的GT-2重力仪为对象给出更加详细的重力测量方程。

重力测量问题本质上就是一个力学反向问题,即根据已知运动确定力。众所周知,力是一个矢量,有大小和作用方向。但是,在经典的标量重力测量中,对于重力异常值来说,其作用方向一般无法确定。这一方面是由于重力向量的模与其垂向分量之间的差值在此之前比测量的极限精度还要低几个数量级。现如今技术已经发展到重力矢量测量方法(见5.2节),该方法可以确定重力扰动向量的3个分量,并能消除上述不确定性。同样应该注意,从数学角度来讲,确定重力异常值的问题还需要通过差分来解决[259]。

航空重力标量测量基本方程是牛顿定律方程,其描述在地球重力场内单位质量的质点在可测量的外力作用下垂向运动规律[36,260],即

$$\begin{cases} \ddot{h} = \dot{v}_3 = \Delta g_E - \gamma_0 - \delta\gamma + f_3 + \Delta g \\ \Delta g_E = \left(\dfrac{v_E^2}{R_E} + \dfrac{v_N^2}{R_N} + 2\Omega v_E \cos\varphi\right) \end{cases} \quad (2.2.1)$$

式中:$h$ 为参考椭球体表面上方飞行高度[260];$v_3$ 为垂向速度;$v_E$、$v_N$ 分别为载体运动速度东向分量和北向分量;$R_E$、$R_N$ 分别为经度和纬度截面曲率半径;$\Omega$ 为地球旋转角速度的模;$\varphi$ 为地理纬度;$\gamma_0$ 为参考椭球体表面上标准重力值;$\delta\gamma$ 为根据参考椭球体表面上方飞行高度得到的标准重力修正值;$f_3$ 为表观加速度(或外部比力)在地理垂线上的投影;$\Delta g$ 为待求重力异常值;$\Delta g_E$ 为由飞行器运动引起的厄缶改正。

航空重力标量测量目的是以式(2.2.1)所示模型为基础,根据测量或其余解算项确定重力异常值 $\Delta g$。由式(2.2.1)可直接确定进行航空重力测量需要的仪表信息,因此,所有具有水平稳定平台的航空重力测量设备均应包括以下几项。

(1) 重力测量敏感元件,用于测量作用在其敏感质量块上的比力 $f_3$。

(2) 导航系统,用于提供搭载重力测量设备载体的高精度高度、位置及线速度信息。目前,利用工作在差分模式的卫星导航系统作为这种系统。

(3) 导航系统,用于保障重力测量敏感元件敏感轴垂向姿态。平台式惯性导航系统可以作为这类系统,借助陀螺稳定平台,平台式惯性导航系统可以物理形式提供水平面,重力测量敏感元件可直接安装在该平面上。

重力测量敏感元件测量值 $f'_3$、惯性导航系统水平加速度计输出值 $f'_1$ 和 $f'_2$ 以及卫星导航系统高度输出 $h'$ 均是重力仪的直接测量值。重力测量方程可近似线性为

$$h' = h + \Delta h^{gps} \tag{2.2.2}$$

$$\begin{cases} f'_3(t-\tau_3) = f_{z3} + \kappa_3 f_{z3} + \Delta f_3^0 + \Delta f_3^S + \kappa_2 f_{z1} - \kappa_1 f_{z2} \\ f_{z3} = f_3 + \alpha_2 f_{z1} - \alpha_1 f_{z2} \end{cases} \tag{2.2.3}$$

$$\begin{cases} f'_1(t) = f_{z1} + \Delta f_1^S \\ f'_2(t) = f_{z2} + \Delta f_2^S \end{cases} \tag{2.2.4}$$

式中：$f_{z3}$ 为敏感质量块的表观加速度在重力测量元件敏感轴上的投影；$\kappa_3$ 为重力测量敏感元件标度系数误差；$\Delta f_3^0$ 为重力测量敏感元件零偏信号；$\Delta f_3^S$ 为测量误差的噪声分量；$\kappa_1$、$\kappa_2$ 为重力测量敏感元件在稳定平台台面上的安装误差；$f_{z1}$、$f_{z2}$ 为外部比力的水平分量(在平台各轴上)；$\alpha_1$、$\alpha_2$ 为平台式惯性导航系统当地垂线(或水平)建立误差角；$t$ 为绝对时间；$\tau_3$ 为重力测量敏感元件滞后时间常数；$\Delta h^{gps}$ 为卫星导航系统的高度确定误差。

参数 $\Delta f_3^0$、$\kappa_1$、$\kappa_2$、$\kappa_3$、$\alpha_1$、$\alpha_2$、$\tau_3$ 均是未知的，应该在求解重力测量问题中估计确定。此处应注意，参数 $\kappa_1$、$\kappa_2$、$\kappa_3$ 通常可在实验室条件下预标定阶段得到，利用重力测量敏感元件输出信息描述。但数据处理经验表明，在后处理过程中根据航空测量数据确定并监测这些参数更合理。$\tau_3$ 主要用于精确数据同步精度。

卫星导航系统通过处理伪距代码、多普勒伪速度以及载波相位等卫星原始测量值解算的位置、速度信息作为确定载体位置和速度的主要信息源。利用惯性/卫星组合导航系统输出作为确定 $\alpha_1$、$\alpha_2$ 的信息源。这些问题均可通过室内处理软件后处理解决。

## 2.2.2 卫星导航解算软件

在 GTNAV 模块中实现的卫星导航解算软件包括的几种解算方案由以下情况决定。

(1) 可以利用的多基站信息，包括 1 个基站、2 个基站、3 个基站信息。卫星导航解算软件可以给出多个基站不同组合状态的解。

(2) 卫星导航系统输出的信息具有不同的记录频率，如 1Hz、2Hz、5Hz、10Hz、20Hz。软件可以给出共频解。

(3) 可以利用多频(如实时双频)相位接收机，相应地，既可给出建立 L1 频段的卫星导航解，也可以建立不受电离层误差影响的组合相位测量解。

(4) 可以给出单频接收机或双频接收机提供数据的导航解。

(5) 既可以通过处理多普勒测量值解算速度信息，也可以利用比较精确的相位测量值确定速度信息。

上述所列各情况在 GTNAV 软件模块中均已实现，满足上述要求需解决一系列辅助问题，如为确定位置和速度需解决星历问题、估计相位测量整周模糊度

(也称整周未知数)、卫星测量值故障或失效监测及排除问题。在文献[45]中给出了卫星导航系统接收机工作在标准自主模式下处理卫星系统原始测量信息、解决导航问题的基础模型。

下面给出通过原始相位测量信息,以较高精度仅确定速度信息的基本过程。原始相位测量值 $Z_\phi$ 模型具有以下形式,即

$$Z_\phi = \frac{\rho}{\lambda} + f_\phi(\Delta\tau - \Delta T) + N + \delta\phi_{\text{ion}} + \delta\phi_{\text{trop}} + \delta\phi^S \quad (2.2.5)$$

式中:$\rho$ 为卫星和载体(目标)之间的距离;$\lambda$ 为无线电信号载波波长;$f_\phi$ 为无线电信号载波频率;$N$ 为整周未知数(或整周模糊度);$\delta\phi_{\text{ion}}$、$\delta\phi_{\text{trop}}$ 为分别为电离层和对流层引起的信号滞后;$\delta\phi^S$ 为相位测量误差的随机分量。

相位测量的单差 $\nabla Z_{\phi_i}$、$\Delta Z_{\phi_i}$ 和双差 $\nabla\Delta Z_{\varphi_i}$ 分别按下述公式确定,即

$$\begin{cases} \nabla Z_{\phi_i} = Z_{\phi_i} - Z_{\phi_z} \\ \Delta Z_{\phi_i} = Z_{\phi_i}^b - Z_{\phi_i}^M \\ \nabla\Delta Z_{\phi_i} = (Z_{\phi_i}^b - Z_{\phi_i}^M) - (Z_{\phi_z}^b - Z_{\phi_z}^M) \end{cases} \quad (2.2.6)$$

式中:$Z_{\phi_i}^b$ 为基站相位测量值;$Z_{\phi_i}^M$ 为飞机上接收机相位测量值;$i$、$z$ 为相应编号卫星对应的测量值,其中,$z$ 通常选择为对应天顶卫星的编号。

考虑式(2.2.5)后,式(2.2.6)中第三个方程变为

$$\nabla\Delta Z_{\phi_i} = \frac{\nabla\Delta\rho_i}{\lambda} + \nabla\Delta N_i + \nabla\Delta\phi_{\text{ion}_i} + \nabla\Delta\phi_{\text{trop}_i} + \nabla\Delta\phi_i^S \quad (2.2.7)$$

其中

$$\begin{cases} \nabla\Delta\rho_i = (\rho_i^b - \rho_i^M) - (\rho_z^b - \rho_z^M) \\ \nabla\Delta N_i = (N_i^b - N_i^M) - (N_z^b - N_z^M) \\ \nabla\Delta\phi_{(***)_i} = (\delta\phi_{(***)_i}^b - \delta\phi_{(***)_i}^M) - (\delta\phi_{(***)_z}^b - \delta\phi_{(***)_z}^M) \end{cases}$$

在式(2.2.7)中,$\nabla\Delta\rho_i/\lambda$ 是有用信号,其余由电离层、对流层信号滞后引起的双差 $\nabla\Delta\phi_{\text{ion}_i}$、$\nabla\Delta\phi_{\text{trop}_i}$,以及随机测量误差的双差 $\nabla\Delta\phi_i^S$ 均是残余误差。

式(2.2.7)中测量值最主要的特点是,在模型中剔除了接收机和卫星的系统误差、时钟误差,同时减小了电离层、对流层信号滞后引起的双差 $\nabla\Delta\phi_{\text{ion}_i}$、$\nabla\Delta\phi_{\text{trop}_i}$,并且卫星导航系统基站与运动载体上接收机之间的距离越短,高度落差越小,则因信号滞后引起的双差越小。$\nabla\Delta N_i$ 是相位测量双差的整周模糊度,在差分模式下它本质上无法被补偿。

下面研究差分相位测量值 $\nabla\Delta Z_{\phi_i}(t_j)$ 的数值微分,即:

$$\nabla\Delta Z_{V\rho_i}^*(t_j) = \lambda \frac{\nabla\Delta Z_{\phi_i}(t_{j+1}) - \nabla\Delta Z_{\phi_i}(t_{j-1})}{t_{j+1} - t_{j-1}} \quad (2.2.8)$$

式(2.2.8)的结果就是确定 $t_j$ 时刻各卫星导航系统接收机相对各卫星径向速

度 $\nabla\Delta v_{\rho i} = (v_{\rho_i^b} - v_{\rho_i^M}) - (v_{\rho_z^b} - v_{\rho_z^M})$ 双差估计值 $\nabla\Delta Z_{V\rho_i}^*(t_j)$ 为

$$\nabla\Delta Z_{V\rho_i}^*(t_j) \cong \frac{\nabla\Delta\rho_i(t_{j+1}) - \nabla\Delta\rho_i(t_{j-1})}{t_{j+1} - t_{j-1}} \cong \nabla\Delta V_{\rho_i}$$

从另一方面讲,第 $i$ 颗卫星相对于静止基站的径向速度 $v_{\rho_i^b}$ 可按下式计算[45],即

$$\boldsymbol{v}_{\rho_i^b} = \frac{(\boldsymbol{R}_\eta^{sat_i} - \boldsymbol{R}_\eta^b)^T}{\rho_i^b} \boldsymbol{v}_\eta^{sat_i}$$

式中:$\boldsymbol{R}_\eta^{sat_i} = [R_{\eta_1}^{sat_i} \quad R_{\eta_2}^{sat_i} \quad R_{\eta_3}^{sat_i}]^T$ 为第 $i$ 个卫星的笛卡儿坐标向量;$\boldsymbol{R}_\eta^b$ 为基站的笛卡儿坐标向量;$\boldsymbol{v}_\eta^{sat_i}$ 为第 $i$ 个导航卫星的相对速度向量;$\eta$ 为对应的向量是在与地球固连且随地球旋转的地心地固坐标系(ECEF,简称地心坐标系或地球坐标系)中定义的。

卫星相对于载体的径向速度由类似公式确定,其中,既要考虑载体的坐标向量 $\boldsymbol{R}_\eta^M$,也要考虑载体速度向量 $\boldsymbol{v}_\eta^M$,即

$$\begin{cases} \boldsymbol{v}_{\rho_i^M} = \boldsymbol{v}_{\rho_i^M}^{(1)} + \boldsymbol{v}_{\rho_i^M}^{(2)} \\ \boldsymbol{v}_{\rho_i^M}^{(1)} = \frac{(\boldsymbol{R}_\eta^{sat_i} - \boldsymbol{R}_\eta^M)^T}{\rho_i^M} \boldsymbol{v}_\eta^{sat_i} \\ \boldsymbol{v}_{\rho_i^M}^{(2)} = \frac{(\boldsymbol{R}_\eta^{sat_i} - \boldsymbol{R}_\eta^M)^T}{\rho_i^M} \boldsymbol{v}_\eta^M \end{cases}$$

$\boldsymbol{v}_{\rho_i^M}^{(1)}$ 分量由导航卫星已知的位置、速度信息和载体位置计算。$\boldsymbol{v}_{\rho_i^M}^{(2)}$ 分量包含未知的载体速度 $\boldsymbol{v}_\eta^M$ 信息。为此,可将测量方程式(2.2.8)写成

$$\nabla\Delta Z_{V\rho_i} = \nabla\Delta Z_{V\rho_i}^*(t_j) - [(\boldsymbol{v}_{\rho_i^b} - \boldsymbol{v}_{\rho_i^M}^{(1)}) - (\boldsymbol{v}_{\rho_z^b} - \boldsymbol{v}_{\rho_z^M}^{(1)})] \tag{2.2.9}$$

则

$$\nabla\Delta Z_{V\rho_i} = -(\boldsymbol{v}_{\rho_i^M}^{(2)} - \boldsymbol{v}_{\rho_z^M}^{(2)}) + \nabla\Delta v_{ion_i} + \nabla\Delta v_{trop_i} + \nabla\Delta v_i^S = \boldsymbol{h}_{(i)}^T \boldsymbol{v}_\eta^M + \nabla\Delta r_{\rho_i}$$
$$\tag{2.2.10}$$

这里引入下述记号,即

$$\boldsymbol{h}_{(i)}^T = \left( \frac{\boldsymbol{R}_\eta^{sat_i} - \boldsymbol{R}_\eta^M}{\rho_i^M} - \frac{\boldsymbol{R}_\eta^{sat_z} - \boldsymbol{R}_\eta^M}{\rho_z^M} \right), \quad \nabla\Delta r_{\rho_i} = \nabla\Delta v_{ion_i} + \nabla\Delta v_{trop_i} + \nabla\Delta v_i^S$$

式中:$\nabla\Delta r_{\dot\rho_i}$ 为相位测量三差的残余误差。

最后,可得到向量形式的测量方程为

$$\nabla\Delta Z_{V\dot\rho_i} = \begin{bmatrix} \nabla\Delta z_{V\rho_1} \\ \nabla\Delta z_{V\rho_2} \\ \vdots \\ \nabla\Delta z_{V\rho_{N-1}} \end{bmatrix} = \begin{bmatrix} \boldsymbol{h}_{(1)}^T \\ \boldsymbol{h}_{(2)}^T \\ \vdots \\ \boldsymbol{h}_{(N-1)}^T \end{bmatrix} \boldsymbol{V}_\eta^M + \begin{bmatrix} \nabla\Delta r_{\dot\rho_1} \\ \nabla\Delta r_{\dot\rho_2} \\ \vdots \\ \nabla\Delta r_{\dot\rho_{N-1}} \end{bmatrix} = \boldsymbol{H}_{(\eta)} \boldsymbol{V}_\eta^M + \nabla\Delta r_{\dot\rho}$$

$$\tag{2.2.11}$$

在引入相位测量三差残余误差 $\nabla\Delta r_{\hat{\rho}_i}$ 的假设情况,可由最小二乘法得到式(2.2.11)的解,即

$$\widetilde{V}_\eta^M = (H_{(\eta)}^T \Sigma^{-1} H_{(\eta)})^{-1} H_{(\eta)}^T \Sigma^{-1} \nabla\Delta Z_{V\rho} \quad (2.2.12)$$

式中:$\Sigma$ 为残余误差 $\nabla\Delta r_{\hat{\rho}_i}$ 的协方差矩阵,通常利用导航卫星的抬升角参数来描述该协方差矩阵[45]。

综上所述,得出以下结论。

(1) 上述算法假定导航卫星的运动速度已知,为此,卫星导航系统用户必须将计算相对速度的算法补充至确定导航卫星坐标的标准算法中。

(2) 在建立相位测量双差时,必须解决测量两个运行于各自时标的接收机数据的时间同步问题。

(3) 该算法的核心是对相位测量的双差进行数值微分。实现该算法需要假定在微分的时间段内相位正常,即整周模糊度 $\{\nabla\Delta N_i\}$ 没有改变。因此,必须要解决相位周跳的识别和补偿,此时,多普勒速度测量值可作为有用信息。此外,为了求解式(2.2.12),可以利用最小模值法来帮助剔除故障卫星数据[5,184]。

(4) 如果接收机为双频的,那么在进行差分时可以使用剔除电离层影响的相位量测值组合。

GTNAV 软件利用一系列参数来快速诊断卫星导航解的状态,这可以使操作员快速处置卫星导航系统接收机的相关功能问题。这些参数包括数据丢失状态、可视卫星数、几何因数值、基线长度、导航解的置信度、基于原始相位测量残差分析的统计特征值等。

在求解卫星导航系统导航解的部分,GTNAV 软件经历了处理大量试验数据的测试,包括在地球不同区域利用不同制造商的卫星导航系统接收机以及搭载重力测量设备载体的不同飞行条件时进行工业重力测量得到的数据等。GTNAV 软件支持以下格式的原始数据文件,包括 Javad 公司的 ∗.jps 格式、Ashtech 公司的 e-和 b-文件格式、Waypoint GrafNav 软件的 epp-和 gpb-文件格式。该软件既可处理单接收机的卫星数据文件,也可处理来自多接收机的卫星数据文件。

GTNAV 软件的原始输入数据包括卫星原始测量值和星历信息的数据文件、计算时间范围以及包括所用基站的位置坐标、卫星掩角、相应时间段所用卫星编号等在内的一组最小控制参数等。换句话说,GTNAV 软件设计的主要目的是,既面向可快速诊断卫星导航系统数据的重力测量操作人员,又可获得专门用于解决航空重力测量问题的卫星导航解决方案。

下面给出 GTNAV 软件模块中卫星导航部分解决的主要问题。

(1) 差分模式(与基站组合模式)。

① 利用载波相位测量值确定位置。

② 利用伪距测量值确定位置。

③ 利用多普勒测量值确定速度。
④ 利用载波相位测量值确定速度。
⑤ 利用载波相位测量值确定加速度。
（2）标准模式（自主模式）。
① 利用载波相位测量值确定位置。
② 利用伪距测量值确定位置。
③ 利用多普勒测量值确定速度。
④ 利用载波相位测量值确定速度。
⑤ 利用载波相位测量值确定加速度。

### 2.2.3 惯性/卫星导航系统信息融合软件

前面提到，在 GTNAV 软件模块中实现了数据完整性检测、卫星导航数据和惯性导航数据录取同步性检测以及重力仪传感器功能异常和故障预警监测等功能。

在 GTNAV 软件模块中也实现了惯性/卫星（INS/GNSS）信息融合算法。该融合解可以作为快速诊断的信息，也可用于估计重力异常值。对于快速诊断环节，陀螺平台水平建立误差角估计精度、航向误差以及陀螺常值漂移的估计精度至关重要。例如，如果陀螺平台水平建立误差角估计值在±4′以内，则 GT-2A 重力仪工作正常。如果陀螺漂移分量的估计值或方位角误差估计值超出相应阈值，则在大多数情况下说明动力调谐陀螺或光纤陀螺出现故障。

对于估计重力异常值过程来说，陀螺平台水平角误差估计是作为估计重力异常算法的输入信息的（见式(2.2.3)）。估计陀螺平台水平角误差在 GT-1A 和 GT-2A 航空重力仪中是非常重要的问题。此处，仅强调以下几点。

（1）航空重力仪的惯性系统需实时利用来自卫星导航系统接收机提供的速度和位置信息来阻尼陀螺平台水平的舒勒振荡。因此，为了估计阻尼后陀螺平台水平角误差，需要同步录取阻尼信息，这些均需反映在相应通信协议中。

（2）基于简化的各个通道惯性导航系统误差模型设计阻尼算法。

（3）惯性导航解算算法利用罗经航向模型，为此，需要利用卫星导航系统接收机提供的速度信息。

（4）导航解算算法模型利用了地理坐标系的相对和绝对角速度信息，而不是对于航空惯性导航系统所熟知的线性速度信息。这将使后续建立校准模型变得复杂。

下面来讨论该问题。在 GT 系列航空重力仪所用的、利用外部速度信息进行阻尼的二元水平惯性导航系统[64]模型方程为[34]

$$\begin{cases} \dot{v}'_1 = \Omega^2 R_E \sin\varphi^{gps}\cos\varphi^{gps}\sin A' + f'_1 - a_3 Z_{V_1} - \widetilde{v}_3^{(1)} \\ \dot{v}'_1 = \Omega^2 R_E \sin\varphi^{gps}\cos\varphi^{gps}\cos A' + f'_2 - a_3 Z_{V_2} - \widetilde{v}_3^{(2)} \\ \dot{V}'_1 = \Omega\sin\varphi^{gps} V_{a2}^{gps} + f'_1 - a_0 Z_{V_1} \\ \dot{V}'_2 = \Omega\sin\varphi^{gps} V_{a1}^{gps} + f'_2 - a_0 Z_{V_2} \\ \dot{\widetilde{v}}_3^{(1)} = a_2 Z_{V_1} \\ \dot{\widetilde{v}}_3^{(2)} = a_2 Z_{V_2} \\ \omega'_1 = -\dfrac{v'_2}{R_E} - \dfrac{V_N^{gps}}{R_E}\left(1 - \dfrac{R_N}{R_E}\right)\cos A' + a_1 \dfrac{Z_{V_2}}{R_E} \\ \omega'_2 = -\dfrac{v'_1}{R_E} - \dfrac{V_N^{gps}}{R_E}\left(1 - \dfrac{R_N}{R_E}\right)\sin A' - a_1 \dfrac{Z_{V_1}}{R_E} \end{cases} \quad (2.2.13)$$

式中：$v'_1$、$v'_2$ 为载体运动绝对速度的水平分量；$V'_1$、$V'_2$ 为载体运动相对速度的水平分量；$\omega'_1$、$\omega'_2$ 为陀螺平台的控制信号；$\Omega$ 为地球旋转角速度；$R_E$ 为卯酉圈的曲率半径；$a$ 为地球椭球体长半轴；$\varphi^{gps}$、$V_E^{gps}$、$V_N^{gps}$ 分别为卫星导航系统解算的高度、纬度、东向速度和北向速度，此处及下文叙述中，上标 gps 均指该参数值直接来自卫星导航系统；$f'_1$、$f'_2$ 为水平加速度计输出值；$Z_{V_1} = V'_1 - V_1^{gps}$、$Z_{V_2} = V'_2 - V_2^{gps}$ 为相应速度测量误差；$a_1$、$a_2$、$a_3$、$a_4$ 为阻尼（放大）系数，可参照过渡过程参数 $T_{gg}$ 公式计算；$A'$ 为方位角，由下式确定，即

$$A' = \arctan\left(-\dfrac{v'_2 - V_2^{gps}}{v'_1 - V_1^{gps}}\right)$$

式中：$V_1^{gps} = V_E^{gps}\cos A' + V_N^{gps}\sin A'$、$V_2^{gps} = -V_E^{gps}\sin A' + V_N^{gps}\cos A'$ 为相对速度在跟踪地理坐标系各轴上分量。

对应的惯导误差模型为

$$\delta\dot{v}_1 = -\vartheta_3 v_2^{gps} - \alpha_2(g + \Omega^2 R_E \cos^2\varphi^{gps}) + \Delta f_1 - \\ \left(\dfrac{\delta v_1 \sin A' + \delta v_2 \cos A' - \Delta V_N^{gps}}{v_E^{gps}}\right)\Omega^2 R_E \sin\varphi^{gps}\cos\varphi^{gps}\cos A' - a_3 Z_{V_1} - \widetilde{v}_3^{(1)}$$

$$\delta\dot{v}_2 = \vartheta_3 v_1^{gps} + \alpha_1(g + \Omega^2 R_E \cos^2\varphi^{gps}) + \Delta f_2 + \\ \left(\dfrac{\delta v_1 \sin A' + \delta v_2 \cos A' - \Delta V_N^{gps}}{v_E^{gps}}\right)\Omega^2 R_E \sin\varphi^{gps}\cos\varphi^{gps}\sin A' - a_3 Z_{V_2} - \widetilde{v}_3^{(2)}$$

$$\dot{\alpha}_1 = -\frac{\delta v_1}{R_E} + \vartheta_1 - \frac{\Delta V_N^{gps}}{R_E}\left(1 - \frac{R_N}{R_E}\right)\cos A' -$$

$$\left(\frac{\delta v_1 \sin A' + \delta v_2 \cos A' - \Delta V_N^{gps}}{v_E^{gps}}\right)\frac{V_N^{gps}}{R_E}\left(1 - \frac{R_N}{R_E}\right)\sin A' + a_1\frac{Z_{V_2}}{R_E}$$

$$\dot{\alpha}_2 = \frac{\delta v_2}{R_E} + \vartheta_2 + \frac{\Delta V_N^{gps}}{R_E}\left(1 - \frac{R_N}{R_E}\right)\sin A' -$$

$$\left(\frac{\delta v_1 \sin A' + \delta v_2 \cos A' - \Delta V_N^{gps}}{v_E^{gps}}\right)\frac{V_N^{gps}}{R_E}\left(1 - \frac{R_N}{R_E}\right)\cos A' - a_1\frac{Z_{V_1}}{R_E}$$

$$\delta \dot{V}_1 = -\vartheta_3 V_2^{gps} - \alpha_2 g + \Delta f_1 + \Delta V_2^{gps}\Omega\sin\varphi^{gps} +$$

$$\left(\frac{\delta v_1 \sin A' + \delta v_2 \cos A' - \Delta V_N^{gps}}{v_E^{gps}}\right)\Omega\sin\varphi^{gps} V_1^{gps} - a_0 Z_{V_1}$$

$$\delta \dot{V}_2 = \vartheta_3 V_1^{gps} + \alpha_1 g + \Delta f_2 - \Delta V_2^{gps}\Omega\sin\varphi^{gps} +$$

$$\left(\frac{\delta v_1 \sin A' + \delta v_2 \cos A' - \Delta V_N^{gps}}{v_E^{gps}}\right)\Omega\sin\varphi^{gps} V_2^{gps} - a_0 Z_{V_2}$$

其中

$$v_1^{gps} = (V_E^{gps} + \Omega R_E \cos\varphi^{gps})\cos A' + V_E^{gps}\sin A'$$
$$v_2^{gps} = -(V_E^{gps} + \Omega R_E \cos\varphi^{gps})\sin A' + V_N^{gps}\cos A'$$
$$\Delta V_1^{gps} = \Delta V_E^{gps}\cos A' + \Delta V_E^{gps}\sin A'$$
$$\Delta V_2^{gps} = -\Delta V_E^{gps}\sin A' + \Delta V_E^{gps}\cos A'$$

式中：$\delta v_1$、$\delta v_2$ 为载体运动绝对速度误差；$\delta V_1$、$\delta V_2$ 为载体运动相对速度误差；$\alpha_1$、$\alpha_2$ 为陀螺平台水平误差角；$\Delta f_1$、$\Delta f_2$ 为加速度计测量误差；$\boldsymbol{\vartheta} = [\vartheta_1 \quad \vartheta_2 \quad \vartheta_3]^T$ 为陀螺平台的漂移向量，其各分量均由噪声强度为 $q_\vartheta$ 的维纳过程描述；$g$ 为重力加速度($9.81\text{m/s}^2$)。

对应的测量方程为

$$\begin{cases} Z_{V_E} = V_1'\cos A' - V_2'\sin A' V_E' - V_E^{gps} = V_1\cos A' - \delta V_2\sin A' - \delta A \cdot V_N^{gps} - \Delta V_E^{gps} \\ Z_{V_N} = V_1'\sin A' + V_2'\cos A' - V_N^{gps} = \delta V_1\sin A' + \delta V_2\cos A' + \delta A \cdot V_E^{gps} - \Delta V_N^{gps} \\ Z_{v_E} = v_1'\cos A' - v_2'\sin A' - (V_E^{gps} + \Omega R_E \cos\varphi^{gps}) \\ \quad = \delta v_{a1}\cos A' - \delta v_{a2}\sin A' - \delta A \cdot V_N^{gps} - \Delta V_E^{gps} \\ \delta A = -\dfrac{\delta v_1\sin A' + \delta v_2\cos A' - \Delta V_N^{gps}}{v_E^{gps}} \end{cases}$$

(2.2.14)

式中：$\Delta V_{\rm E}^{\rm gps}$、$\Delta V_{\rm N}^{\rm gps}$ 为卫星导航系统速度误差。

因此，惯性导航系统误差描述为通用状态空间形式 $\dot{x} = Ax + Bu + w$，其中，状态向量 $x$ 包括惯性系统误差、惯性传感器误差；$w$ 为给定强度的零均值白噪声；$u$ 为已知控制信号。

为了解决此类校准问题，也就是在后处理模式下利用测量值 $Z_{V_{\rm E}}$、$Z_{V_{\rm N}}$、$Z_{v_{\rm E}}$ 时使用了固定间隔平滑算法（见2.3节和文献[45]）。

在 GTNAV 软件模块中还包括下述程序。

（1）既可在卫星导航系统差分模式下，也可在标准模式下的解算程序。其中，标准模式下的解算对于快速诊断是非常重要的，因为经常需要在没有基站数据情况下，即在飞机着陆后马上得到上述校准问题。

（2）不需要额外调整校准算法，可极大简化操作员工作。

GTNAV 软件模块中惯性/卫星导航系统信息融合部分可以在快速诊断陀螺稳定系统功能上极大简化重力测量操作人员的工作。

### 2.2.4 求解重力测量基本方程的数学软件

根据 GTNAV 软件工作结果会生成包含有卫星导航系统速度、位置信息的文件 V 和包含陀螺平台非对准角的文件 I。这些文件和 GT-2A 重力仪输出的文件 S 和文件 G 一起作为在 GTQC20 和 GTGRAV 软件中进行最后处理的输入文件，以估计重力异常值，结果保存至文件 G3 中。

GTQC20 软件主要负责监控 GT-2A 重力仪输出文件中数据的质量。该模块会检查数据与卫星导航系统数据的时间同步性，检查数据处理步骤可能的遗漏，得出数据质量的结论。尽可能地恢复遗漏数据，并将清除的数据和同步数据写入文本文件中。GTGRAV 软件用来解算重力异常估计值。

下面简述数学处理过程。首先研究重力测量基本方程，与式（2.2.1）的区别是，此处没有重力异常，并且用测量值直接代替了变量真值[37]，即

$$\begin{cases} \ddot{h}' = \dot{V}_3' \\ \dot{V}_3' = \Delta f_{\rm E}' - \gamma_0' - \delta\gamma' + f_3' \end{cases}$$

从式（2.2.1）中减去上式，并记 $\Delta h = h - h'$、$\Delta W = V_3 - V_3' - \tau_3 f_3'$、$q_f = \Delta f_3^{\rm s}$，结合测量方程式（2.2.2）至式（2.2.4），可以得到垂向通道误差方程为

$$\begin{cases} \Delta \dot{h} = \Delta W + \tau_3 f_3' \\ \Delta \dot{W} = \kappa_3 f_3' + q_f + (\kappa_2 + \alpha_2)f_1' - (\kappa_1 + \alpha_1)f_2' + \Delta g \end{cases} \quad (2.2.15)$$

因为是在基准测量期间记录的输出，故此时未引入重力测量敏感元件的零偏。

可以根据实际情况,引入卫星导航系统的相位测量(标准模式或差分模式)状态或者多普勒测量状态[238,518]。当利用卫星导航系统相位测量信息时,可将卫星导航系统的高度增量作为位置测量值[37],有

$$\Delta h^* = \int_{t_0}^{t} V_3^{\text{gps}} \mathrm{d}t - h', \Delta h^* = \Delta h + q_h^s + q_h^i \quad (2.2.16)$$

式中:$q_h^s$ 为由卫星导航接收机的信号噪声引起的高度增量随机误差,具有白噪声特性;$q_h^i$ 为载波相位损失引起的跳变误差。

当利用卫星导航系统多普勒测量信息时,可将卫星导航系统的垂向速度测量信息作为位置测量值[37],即

$$\Delta V_3^* = V_3^{\text{gps}} - W_3', \quad \Delta V_3^* = \Delta W_3 + q_v^s \quad (2.2.17)$$

式中:$q_v^s$ 为由卫星导航接收机的信号噪声引起的垂向速度随机误差,具有白噪声特性。

式(2.2.15)还需要校准参数随时间变化的模型[34],即

$$\dot{\tau}_3 = q_{\tau_3}, \quad \dot{\kappa}_3 = q_{\kappa_3}, \quad \dot{\kappa}_1 = q_{\kappa_1}, \quad \dot{\kappa}_2 = q_{\kappa_2} \quad (2.2.18)$$

联立式(2.2.15)至式(2.2.18),并引入参数变化合成向量 $\boldsymbol{q}_p = (q_\tau, q_{\kappa 3}, q_{\kappa 1}, q_{\kappa 2})$,可得矩阵形式的垂向误差模型为

$$\begin{cases} \dot{x}_g = A_g x_g + B_f q_f + B_p q_p + B_{\Delta g} \Delta g \\ z = C_g x_g + q_h^s + q_h^i \end{cases} \quad (2.2.19)$$

为了求解式(2.2.19),需要利用重力异常的随机模型[306]。假设重力异常值是一个具有给定功率谱密度为 $S_{\Delta g}(\omega)$ 的平稳随机过程,可以描述为输入端具有白噪声的有限维合成滤波的形式(在 GTGRAV 软件中,由用户选择一阶模型或二阶模型参数),即

$$\begin{cases} \dot{x}_a = A_a x_a + B_a q_a \\ \Delta g = C_a x_a \end{cases} \quad (2.2.20)$$

直接利用平滑滤波器即可由式(2.2.19)和式(2.2.20)确定测量轨迹上的重力异常。这里应注意一些算法特点。

(1) 算法利用的滤波器应考虑噪声的非平稳特性,包括相位跳变 $q_h^i$,可见卫星数量的变化,以及由于超过重力值 $g$ 的异常垂向加速度引起的重力测量敏感元件量程饱和。通过增大相应测量噪声方差矩阵来描述这种现象,这可在解算重力异常时降低相应测量值的权值。还可以在误差较大、噪声方差明显增加时,利用多迭代的滤波器,这使得滤波算法将是非线性的。

(2) 算法滤波器能够自动检测测绘航线上的载体转弯机动,并自动增大噪声协方差矩阵值,这将显著减小测绘航线切换过程的过渡时间。

(3) 算法滤波器能估计重力仪的标校参数,进而可额外监控测量数据质量。

(4) 为了考虑额外的相关性,滤波器允许进一步扩大状态空间,如与飞行器的角运动有关的相关性。

(5) 确定重力异常值通常分两步:第一步为检验数据质量,会将尽可能多的外来因素影响值引入到模型中;第二步引入的影响值若超出了其置信度,将会被从模型中剔除。

(6) 该软件允许在测量过程中处理数据。为支持这一模式,需要以非常高的精度确定出重力测量敏感元件的标度系数 $\kappa_3$。为此,需要经常进行校准机动飞行,并继续利用上述算法确定系数 $\kappa_3$。

(7) 也存在改进的自适应滤波算法版本,其中,重力异常由非平稳马尔可夫随机过程描述[304]。

图 2.2.1 给出了 GTGRAV 功能软件模块信息处理框图;图 2.2.2 给出了 GT-2A 重力仪数据处理模块和后处理模块的总框图。

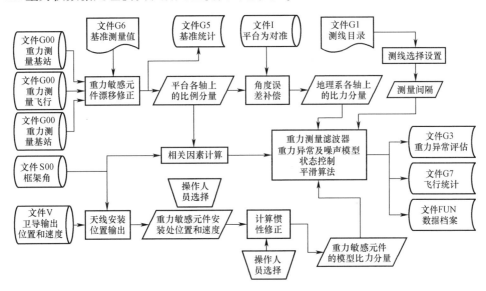

图 2.2.1　GTGRAV 软件中数据处理模块框图

## 2.2.5　小结

本节详细叙述了 GT-2 系列航空重力仪数据处理方法和特点。将处理的数据分为数据采集及同步系统数据、安装在飞行载体上和固定基站处的卫星导航系统接收机提供的数据、惯性导航系统的数据、重力测量敏感元件的数据等。事实证明,上述处理过程包括处理卫星导航系统的原始数据、确定平台水平角误差、求解重力测量基本方程,最后给出了软件后处理的流程框图。

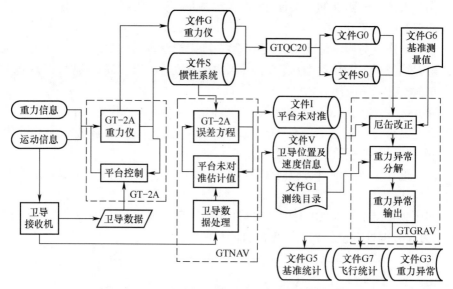

图 2.2.2　GT-2A 重力仪数据处理模块和后处理模块总框图

## 2.3　动基座条件下测量重力异常时最优、自适应滤波及平滑方法

在2.1节、2.2节分别介绍了 Chekan 系列重力仪和 GT 系列重力仪所用数据处理算法的特点。在设计具体算法时,经常需要通过改进所用信息处理算法来提高重力测量精度,而这一问题到目前为止尚未解决。根据本节作者的观点,可以在研究基于贝叶斯方法框架设计信息处理算法时找到答案。贝叶斯方法主要优点是,它不仅可以将设计包括最佳算法在内的估计算法的问题格式化,还可以当前有条件和无条件协方差矩阵的形式给出相应算法的精度特性。能够获得最优估计误差无条件协方差矩阵,使得计算给定模型潜在精度成为可能,这为客观评估各种次优算法的有效性创造了先决条件。贝叶斯方法的主要不足是,必须给定误差统计模型和估计值,正是对模型准确性认识的要求,阻碍了最优估计方法的使用。与此同时,借助计算技术和辨识方法的快速发展,以及相应模型的建立,为动基座条件下确定重力异常(ACT)时测量值处理方法的改进开辟了新的前景。本节主要介绍模型建立所必需的最优算法综合问题和辨识方法。

### 2.3.1　最优滤波和平滑问题的提出及解决方法

假设所用测量设备的误差模型和被估计重力异常值的模型均是已知的,先在贝叶斯方法框架内定义运动载体上确定重力异常最优估计问题。为此,首先给出滤波和平滑问题的一般形式,并简要描述用于解决这些问题的算法[171,241]。

假设给定一个 $n$ 维马尔可夫过程,即

$$\dot{x}(t) = F(t)x(t) + G(t)w(t), x(t_0) = x_0 \tag{2.3.1}$$

以及 $m$ 维测量值,即

$$y(t) = H(t)x(t) + v(t) \tag{2.3.2}$$

式中:$F(t)$、$G(t)$、$H(t)$ 分别为 $n \times n$、$n \times p$、$m \times n$ 维已知的时间相关矩阵;$x_0$ 为初始协方差矩阵为 $P_0$ 的中心向量;$w(t)$、$v(t)$ 为彼此不相关的 $p$ 维和 $m$ 维向量,并且是初始条件为 $x_0$ 的给定强度中心白噪声,即

$$M\{x_0 w^T(t)\} = 0; \quad M\{w(t)v^T(t)\} = 0; \quad M\{x_0 v^T(t)\} = 0 \tag{2.3.3}$$

$$M\{w(t)v^T(t)\} = Q(t)\delta(t-\tau), Q(t) \geq 0 \tag{2.3.4}$$

$$M\{v(t)v^T(t)\} = R(t)\delta(t-\tau), R(t) > 0 \tag{2.3.5}$$

滤波问题可以描述如下:利用在时间间隔 $[0,t]$ 上累积的式(2.3.2)所示测量值 $Y(t) = \{y(\tau):\tau \in [0,t]\}$,在 $t$ 时刻必须得到向量 $x(t)$ 的最优均方差的线性估计 $\hat{x}(t)$,即确保下述准则最小,即

$$r^\sigma(t) = M\{(x(t) - \hat{x}(t))^T(x(t) - \hat{x}(t))\} \tag{2.3.6}$$

众所周知,向量估计值 $\hat{x}(t)$ 及其相应的协方差矩阵 $P(t)$ 可以利用下述连续卡尔曼滤波器表达式确定[171,399],即

$$\dot{\hat{x}}(t) = F(t)\hat{x}(t) + K(t)(y(t) - H(t)\hat{x}(t)) \tag{2.3.7}$$

$$K(t) = P(t)H(t)R^{-1}(t) \tag{2.3.8}$$

$$P(t) = P(t)F(t)^T + F(t)P(t) - P(t)H(t)^T R^{-1}(t)H(t)P(t) + G(t)Q(t)G(t)^T \tag{2.3.9}$$

实际上,为了计算相应估计值,通常会利用离散卡尔曼滤波器[171,399],即

$$\hat{x}_i = \hat{x}_{i/i-1} + K_i(y_i - H_i \hat{x}_{i/i-1}) \tag{2.3.10}$$

$$\hat{x}_{i/i-1} = \Phi_i \hat{x}_{i-1}, P_{i/i-1} = \Phi_i P_{i-1} \Phi_i^T + \Gamma_i Q_i \Gamma_i^T \tag{2.3.11}$$

$$K_i = P_i H_i^T R_i^{-1}, P_i = (P_{i/i-1}^{-1} + H_i^T R_i^{-1} H_i)^{-1} \tag{2.3.12}$$

式中:$\Phi_i = \Phi(t_i - \Delta t; t_i)$ 为式(2.3.1)从 $t_i - \Delta t$ 时刻向该 $t_i$ 时刻(离散步长 $\Delta t$)的变换矩阵;矩阵 $R_i = R(t_i)/\Delta t$、$H_i = H(t_i)$;矩阵 $\Gamma_i$ 和 $Q_i$ 的选择应满足下述条件,即

$$\Gamma_i Q_i \Gamma_i^T \approx G(t_i)Q(t_i)G^T(t_i)\Delta t$$

上述条件保证了离散序列 $x_i$ 和连续过程 $x(t)$ 随机等价[241]。注意,式(2.3.11)中给出了 $t_i$ 时刻变量的最优预测 $\hat{x}_{i,i-1}$ 和对应的协方程阵 $P_{i/i-1}$。

相应的平滑问题可以描述为:利用在时间间隔 $[t_0, t_1]$ 上累积的式(2.3.2)所示测量值 $Y(t_1) = \{y(\tau):\tau \in [t_0, t_1]\}$,在 $t$ 时刻必须得到向量 $x(t)$ 的最优均方差的贝叶斯估计 $\hat{x}^s(t)$,即确保下述准则最小:

$$r^6(t) = M\{(\boldsymbol{x}(t) - \hat{\boldsymbol{x}}^s(t))^T(\boldsymbol{x}(t) - \hat{\boldsymbol{x}}^s(t))\}$$

实际上,存在 3 种意义下的平滑算法,即在固定间隔内平滑,带固定滞后的平滑和在固定点的平滑[171,241]。

下面给出本书所利用的固定间隔内的平滑算法。该算法需要使用到在所有时间段 $[t_0,t_1]$ 内的滤波解,并利用滤波解求得贝叶斯估计 $\hat{\boldsymbol{x}}^s(t)$(平滑解)和相应的协方差矩阵。利用 $\hat{\boldsymbol{x}}^f(t)$、$\boldsymbol{P}^f(t)$ 表示滤波解,用 $\hat{\boldsymbol{x}}^s(t)$ 和 $\hat{\boldsymbol{P}}^s(t)$ 表示平滑解。假设 $\boldsymbol{P}^f(t)$ 为非奇异矩阵,存在逆矩阵为 $(\boldsymbol{P}^f(t))^{-1}$。此时,可以利用下述方程求解相应 $\hat{\boldsymbol{x}}^s(t)$ 和 $\boldsymbol{P}^s(t)$ 解决平滑问题[171],即

$$\dot{\hat{\boldsymbol{x}}}^s(t) = \boldsymbol{F}(t)\hat{\boldsymbol{x}}^s(t) + \boldsymbol{K}^s(t)(\hat{\boldsymbol{x}}^s(t) - \hat{\boldsymbol{x}}^f(t)) \tag{2.3.13}$$

$$\boldsymbol{K}^s(t) = \boldsymbol{G}(t)\boldsymbol{Q}(t)\boldsymbol{G}^T(t)(\boldsymbol{P}^f(t))^{-1} \tag{2.3.14}$$

$$\dot{\boldsymbol{P}}^s(t) = [\boldsymbol{F}(t) + \boldsymbol{K}^s(t)]\boldsymbol{P}^s(t) + \boldsymbol{P}^s(t)[\boldsymbol{F}(t) + \boldsymbol{K}^s(t)]^T - \boldsymbol{G}(t)\boldsymbol{Q}(t)\boldsymbol{G}(t)^T \tag{2.3.15}$$

上述公式规定了在固定区间上连续型最佳平滑问题的解决方案。显然,在 $t = t_1$ 时刻,平滑问题提出及解决方案和滤波问题的提出与解决方案是一致的。注意,在式(2.3.13)中误差 $\hat{\boldsymbol{x}}^s(t) - \hat{\boldsymbol{x}}^f(t)$ 的维数为 $n$,即与状态向量的维数一致。

式(2.3.13)至式(2.3.15)所示固定间隔内平滑算法的离散形式,称为 RTS (Rauch-Tung-Striebel)平滑算法[473],有时简称为最优平滑滤波器(OSF)。算法的第一步如同滤波问题的方案一样,通常使用式(2.3.10)至式(2.3.12)所示的普通卡尔曼滤波器(KF)以获得最优估计值 $\hat{x}_i^f$ 和 $P_i^f$。第二步,结合获得的估计值,利用下述改进的滤波器,其中,利用滤波估计值代替预测估计值,并且上一步中平滑估计值与预测值之差起到了残差作用[492],即

$$\begin{cases} \hat{\boldsymbol{x}}_i^s = \boldsymbol{x}_i^f + \boldsymbol{K}_i^s(\hat{\boldsymbol{x}}_{i+1}^s - \hat{\boldsymbol{x}}_{i+1/i}^f) \\ \boldsymbol{K}_i^s = \boldsymbol{P}_i^f \boldsymbol{\Phi}_i^T (\boldsymbol{P}_{i+1/i}^f)^{-1} \\ \boldsymbol{P}_i^s = \boldsymbol{P}_i^f + \boldsymbol{K}_i^s(\boldsymbol{P}_{i+1}^s - \boldsymbol{P}_{i+1/i}^f)(\boldsymbol{K}_i^s)^T \end{cases} \tag{2.3.16}$$

应特别注意,由于 $t_i$ 时刻的平滑估计取决于 $t_i + \Delta t$ 时刻的相似估计,因此式(2.3.16)所示滤波器是反向运行的。从式(2.3.16)还可以看出,平滑误差协方差矩阵 $\boldsymbol{P}^s$ 的计算对于估计值本身的获得不是必需的,但是可以利用其作为估计精度特性。对上述方程的分析还表明,为了得到平滑估计,必须记录估计本身和预测估计的所有值,以及解决滤波问题时得到的相应误差协方差矩阵。显然,这样做的结果是增加了解决平滑问题时对处理器内存的需求。

## 2.3.2 动基座条件下测量重力异常时最优滤波及平滑算法

下面对上述重力异常测量问题给出具体分析。通常情况下,在重力仪测量数据的滤波阶段已经考虑了大多数修正,其中包括标准重力修正、厄缶改正、高度修

正等。因此,重力仪的测量值 $g_{GR}(t)$ 可以表示为

$$g_{GR}(t) = \Delta g(t) + a_0(t) + w_{GR}(t) \quad (2.3.17)$$

式中:$\Delta g(t)$ 为自由空气中的重力异常值;$a_0(t)$ 为载体的垂向加速度;$w_{GR}(t)$ 为重力仪总的随机测量误差。

根据用于最优滤波和平滑算法的测量值式(2.3.17)可知,必须确定形如式(2.3.1)所示滤波器来估计重力异常值 $\Delta g(t)$ 和载体垂直加速度 $a_0(t)$。

为描述重力异常,可以利用 Jordan 模型、Schwartz 模型[303,396]和其他模型,以及它们白噪声积分形式的近似值。此处,分析 Jordan 模型[396],其对应相关函数如下式的3阶马尔可夫平稳过程,即

$$K_{\Delta g}(\rho) = \sigma_{\Delta g}^2 \left( 1 + \alpha\rho - \frac{(\alpha\rho)^2}{2} \right) e^{-\alpha\rho} \quad (2.3.18)$$

式中:$\sigma_{\Delta g}^2$ 为重力异常值的方差;$\alpha$ 为反向相关区间大小;$\rho$ 为直线轨迹的长度。

为了将式(2.3.18)变换到时域,利用关系式 $\rho = vt$,其中,$v$ 为运动载体的速度。注意,相关函数为式(2.3.18)的随机过程是可微的,其导数的方差可以定义为

$$\sigma_{\partial \Delta g / \partial \rho}^2 = - \frac{d^2}{d\rho^2} K_{\Delta g}(\rho) \bigg|_{\rho=0} = 2\alpha^2 \sigma_{\Delta g}^2$$

注意,$\sigma_{\partial \Delta g / \partial \rho}$ 表征了重力异常值的空间变异性。为简单起见,将这个值称为重力场梯度。对应式(2.3.18)的功率谱密度函数为

$$S_{\Delta g}(\omega) = 2\alpha^3 \cdot \sigma_{\Delta g}^2 \cdot \frac{5 \cdot \omega^2 + \alpha^2}{(\omega^2 + \alpha^2)^3} \quad (2.3.19)$$

式中:$\omega$ 为随机过程角频率的模拟量,该角频率取决于直线的长度。

考虑到功率谱密度可以表示为

$$S_{\Delta g}(\omega) = 2\alpha^3 \cdot \sigma_{\Delta g}^2 \cdot \frac{(\alpha + \sqrt{5}j\omega)(\alpha - \sqrt{5}j\omega)}{(\alpha + j\omega)^3(\alpha - j\omega)^3} \quad (2.3.20)$$

不难证明,与上述功率谱密度对应的重力异常 $\Delta g(t)$ 可以利用3阶马尔可夫过程的分量来建立[241],即

$$\begin{cases} \dot{b}_1 = -\beta b_1 + b_2 \\ \dot{b}_2 = -\beta b_2 + b_3 \\ \dot{b}_3 = -\beta b_3 + w_{GA} \end{cases} \quad (2.3.21)$$

式中:$\beta = v\alpha$,$v$ 为载体的速度;$w_{GA}$ 为强度,是 $q_w = 10\beta^3 \sigma_{\Delta g}^2$ 的合成白噪声。

此时,重力异常值 $\Delta g$ 为

$$\Delta g = -\beta \vartheta b_1 + b_2 \quad (2.3.22)$$

式中:$\vartheta = \dfrac{\sqrt{5}-1}{\sqrt{5}}$。

通常情况下,载体的垂向加速度 $a_0(t)$ 也可以描述为随机过程。显然,在这种情况下其频率特性主要取决于运动载体的类型。

在进行海洋重力测量时,随机过程 $\Delta g(t)$ 和 $a_0(t)$ 的频率特性显著不同,因此,在不引入垂向加速度 $a_0(t)$ 等额外信息的情况下,可以得到满足精度要求的重力异常估计 $\Delta g(t)$。在实际情况下,通常利用式(2.3.3)所述的平稳滤波和平滑算法。

在进行航空重量测量时,由于载体运动速度较快,$\Delta g(t)$ 和 $a_0(t)$ 在频域内相应功率谱密度明显重叠。因此,为了确保 $\Delta g(t)$ 的估算精度,需要引入附加的垂直位移 $a_0(t)$。如前面所述,该信息也可以利用相位差模式下的高精度卫星高度测量值 $h_0(t)$ 来获得,即

$$h_s(t) = h_0(t) + v_s(t) \tag{2.3.23}$$

式中:$h_0(t)$ 为载体高度;$v_s(t)$ 为卫星导航系统高度测量误差。

根据式(2.3.17)、式(2.3.23)的测量值,通过下述方程可以将重力异常最优估计问题转化为估计状态向量 $\boldsymbol{x} = [h_0, V_0, a_0, b_1, b_2, b_3]^{\mathrm{T}}$ 的问题,即

$$\begin{cases} \dot{h}_0 = V_0 \\ \dot{V}_0 = a_0 \\ \dot{b}_1 = -\beta b_1 + b_2 \\ \dot{b}_2 = -\beta b_2 + b_3 \\ \dot{b}_3 = -\beta b_3 + w_{\mathrm{GA}} \end{cases} \tag{2.3.24}$$

然而,对于这种情况,必须在状态空间内利用合成滤波器来描述载体的加速度 $a_0$。在实际情况下,为了避免出现这种情况,通常将问题转化为不需引入载体垂向加速度模型的情况[193],而是通过将式(2.3.17)所示的重力仪示数进行两次积分,即

$$\begin{cases} \dot{h}_{\mathrm{GR}} = V_{\mathrm{GR}} \\ \dot{V}_{\mathrm{GR}} = \Delta g + a_0 + w_{\mathrm{GR}} \end{cases} \tag{2.3.25}$$

式中:$h_{\mathrm{GR}} = h_0 + \Delta h_{\mathrm{GR}}$、$V_{\mathrm{GR}} = V_0 + \Delta V_{\mathrm{GR}}$ 分别为通过对重力仪示数积分得到的高度和速度增量。结合式(2.3.24)、式(2.3.25)和 $\Delta g = -\beta\vartheta b_1 + b_2$,不难得到下列关系式:

$$\begin{cases} \Delta \dot{h}_{GR} = \Delta V_{GR} \\ \Delta \dot{V}_{GR} = -\beta \vartheta b_1 + b_2 + w_{GR} \\ \dot{b}_1 = -\beta b_1 + b_2 \\ \dot{b}_2 = -\beta b_2 + b_3 \\ \dot{b}_3 = -\beta b_3 + w_{GA} \end{cases} \quad (2.3.26)$$

建立差分测量值为

$$y = h_{GR}(t) - h_s(t) = \Delta h_{GR}(t) + v_s(t) \quad (2.3.27)$$

因此,可以将根据卫星数据和重力仪测量数据对重力异常进行最优估计问题转换为根据式(2.3.27)所示测量值,对式(2.3.26)中所述状态向量 $\boldsymbol{x} = [\Delta h_{GR} \quad \Delta V_{GR} \quad b_1 \quad b_2 \quad b_3]^T$ 进行估计的问题。显然,上述转换对于垂向加速度是不变的,这可以通过转化为式(2.3.27)所示的差分测量值来得到保证。在处理冗余测量值,特别是在与导航应用有关的问题中,通常利用这种方法。同时必须注意,尽管此时需要用式(2.3.21)、式(2.3.22)的 Jordan 模型的形式给出,但上述转换对于重力异常值而言并非不变。可以参考文献[78,314,499]知晓更多关于不变和变量算法的设计问题。

下面在引入重力仪随机测量误差模型 $w_{GR}(t)$ 和高度测量误差 $v_s(t)$ 模型的情况下,来具体说明上述情况。继续文献[247]中的研究,将上述误差描述为强度分别为 $R_{GR}$ 和 $Q_{SNS}$ 的随机白噪声。在这种情况下,可将所研究的问题简化为线性估计问题,而解决方法为 2.3.1 节中给出的对应式(2.3.1)、式(2.3.2)的最优卡尔曼滤波器或平滑滤波器,相应输入矩阵为

$$\boldsymbol{F} = \begin{bmatrix} 0 & 1 & 0 & 0 & 0 \\ 0 & 0 & -\beta\vartheta & 0 & 0 \\ 0 & 0 & -\beta & 0 & 0 \\ 0 & 0 & 0 & -\beta & 0 \\ 0 & 0 & 0 & 0 & -\beta \end{bmatrix}, \boldsymbol{G} = \begin{bmatrix} 0 & 0 \\ \sqrt{R_{GR}} & 0 \\ 0 & 0 \\ 0 & 0 \\ 0 & q_w \end{bmatrix}, \boldsymbol{H} = \begin{bmatrix} 1 & 0 & 0 & 0 \end{bmatrix}$$

为了实现上述算法,由式(2.3.26)不难看出,初始协方差矩阵 $\boldsymbol{P}_0$ 应具有块对角的形式。

## 2.3.3 平稳估计算法及其有效性分析

在实际估计重力异常的过程中,如上所述,为了简化处理算法,利用了与最优算法不同的平稳定态滤波及平滑算法,该算法仅在稳态下可使误差方差最小[241]。

设计这种滤波器的可能方案之一是利用稳态模式下状态空间中滤波和平滑问题的解决结果。下面仅限于在固定区间上研究平滑问题,并认为式(2.3.1)、式(2.3.2)中矩阵不受时间影响的情况下,详细地讨论这种滤波器的设计方法。此时,假设对于平滑问题是存在稳态解的。为了方便叙述,此处假设噪声的强度矩阵为单位阵。用传递函数的方式给出对应 2.3.2 节中式(2.3.13)至式(2.3.15)在稳态模式下平滑问题的解决方案。为此,首先必须利用稳态下的常规卡尔曼滤波器得到滤波估计值 $\hat{x}_\infty^f(t)$:

$$\dot{\hat{x}}_\infty^f(t) = (F - K_\infty^f H)\hat{x}_\infty^f(t) + K_\infty^f y(t) \tag{2.3.28}$$

其中

$$K_\infty^f = P_\infty^f H^T R^{-1} \tag{2.3.29}$$

然后,将估计值 $\hat{x}^f(t)$ 经滤波后得到平滑估计值 $\hat{x}_\infty^s(t)$,即

$$\dot{\hat{x}}_\infty^s(t) = F\hat{x}_\infty^s(t) + K_\infty^s(\hat{x}_\infty^s(t) - \hat{x}_\infty^f(t)) \tag{2.3.30}$$

令

$$K_\infty^s = Q(P_\infty^f)^{-1} \tag{2.3.31}$$

其中

$$Q = GG^T \tag{2.3.32}$$

上述公式中,矩阵 $P_\infty^f$ 对应于稳态模式下的协方差方程式(2.3.9)的解,正因为上述方程解是在稳态模式下得到的,因此,可得最优卡尔曼滤波器的传递函数矩阵 $W_x^f(p)$,有

$$W_x^f(p) = (pE - F + K_\infty^f H)^{-1} K_\infty^f \tag{2.3.33}$$

考虑到 $\hat{x}_\infty^f(t) = W_x^f(p)y(p)$,则平滑估计值可记为

$$\hat{x}_\infty^s(p) = (-pE + F + Q(P_\infty^f)^{-1})^{-1} Q(P_\infty^f)^{-1} \hat{x}_f^f(p)$$
$$= (-pE + F + Q(P_\infty^f)^{-1})^{-1} Q(P_\infty^f)^{-1} W_x^f(p) y(p)$$

式中:$W_x^f(p)$ 由表达式(2.3.33)给出。

因此,能够确保估计出状态向量所有分量估计值的平滑滤波器的传递函数矩阵 $W_x^s(p)$,即

$$W_x^s(p) = (-pE + F + Q(P_\infty^f)^{-1})^{-1} Q(P_\infty^f)^{-1} W_x^f(p) \tag{2.3.34}$$

为了确定所需的滤波器传递函数 $W_x^f(p)$,设计了包括近似法在内的多种方法,特别是频谱密度局部近似法[162,268]。其本质上就是确定有用信号和干扰信号的频谱密度,并找到它们频谱密度值相等的交点。为了获得该交点,在其附近通过线性函数来近似频谱密度。将找到的频率值作为滤波器的截止频率,并根据线性近似曲线的斜率确定传递函数的阶数。由上述情况可知,利用这种确定传递函数的方法时,其参数基本上仅取决于交点附近频谱密度的特性。这使得可以利用更简单的模型来描述被估计值及误差,如可以用白噪声第二积分或第三积分形式模型代替 Jordan 模型描述重力异常。在文献[238,408]中的研究表明,当按照白噪

声第二积分形式描述重力异常值时,对应于 2.3.2 节中叙述的模型,其固定平滑滤波器的传递函数一定程度上近似于 4 阶巴特沃斯滤波器的传递函数,即

$$w_{Б_4}(p) = \frac{\mu^4}{p^4 + \gamma p^3 \mu + \frac{\gamma^2}{2} p^2 \mu^2 + \gamma p \mu^3 + \mu^4} \quad (2.3.35)$$

式中:$\mu = (\ddot{q}_{\hat{g}}^2/R_h)^{1/8}$ 为滤波器的截止频率,$\ddot{q}_{\hat{g}}^2 = \sigma_{\partial\hat{g}/\partial\rho}^2 3v^3/\rho$;$v$ 为载体运动速度;$R_h$ 为高度测定误差的均方差;$\rho$ 为轨迹长度;$\gamma = \sqrt{2(2+\sqrt{2})}$ 为无量纲系数。

在设计平滑算法时,同样也需利用各种方法来简化其计算复杂性。例如,在文献[241]中给出的,在白噪声背景下估计具有分式有理光谱的标量过程的个别情况下,可在对被测标量分量 $z = Hx$ 的平滑问题中,按照下列形式给出传递函数,即

$$W_z^s(p) = W_*(-p) W_*(p) = |W_*(p)|^2 \quad (2.3.36)$$

其中,当 $\gamma = \sqrt{R}$ 时,$W_*(p) = rG^T (P_\infty^f)^{-1} W_x^f(p)$。

由此可得,当测量分量和估计分量一致时,为了获得最优平滑估计,可以利用在计算上比较经济的算法,主要包括下列阶段[241]。

(1) 通常情况下,利用能够根据标量测量值 $y(t) = z(t) + v(t) = Hx(t) + v(t)$ 估计 $n$ 维状态向量的卡尔曼滤波器建立估计向量 $\hat{x}^f(t)$。

(2) 利用行矩阵 $T = rG^T (P_\infty^f)^{-1}$ 完成标量 $\hat{\tilde{z}}(t) = T\hat{x}^f(t)$ 建立和存储,其中,$r = \sqrt{R}$。

(3) 通过在同一类型的卡尔曼滤波器中反向处理标量 $\hat{\tilde{z}}(t)$ 来建立 $n$ 维估计向量 $\hat{x}^s(t)$。

这种平滑算法方案的本质是,在实现过程中仅存储滤波模式下获得的被估计值的标量值就足够了。对应 2.3.2 节中所述的模型实例,以及按照白噪声第二积分形式描述重力异常值的情况,可以证明,以平滑算法这种设计方案为基础时,信息处理程序可以总结为对式(2.3.27)所示测量进行差分,并在正向和反向时间上应用下述巴特沃斯滤波器,即

$$W_h^c(p) = w_{Б_4}(p) w_{Б_4}(-p) \begin{pmatrix} 1 \\ p \\ p^2 \\ p^3 \end{pmatrix} \quad (2.3.37)$$

在文献[238]中的研究表明,尽管在局部近似方法中简化了异常模型,但对于上述给出的重力异常模型(其中包括重力异常值的 Jordan 模型)所得到的平滑算法在稳定模式下仍接近最佳状态。在 2.4 节中还将分析另一种设计次优平滑算法的方案。

实际上,在处理航空重力测量信息时同样也可应用具有有限脉冲响应的滤波器。因此,在2.1.3节描述的Chekan重力仪数据处理的两阶段程序中,在第一阶段利用了有限脉冲特性滤波器,其窗口加权系数根据Tukey梯形函数进行选择。利用这种固定窗口宽度的滤波器,将使估计区间由轨迹两端减小为窗口宽度的1/2。此外,利用这种滤波器并不总是能得到令人满意的估计精度。在第二阶段程序中,会将接收到的信号转换到频域,利用傅里叶变换将高频谐波进行截断。该过程可对得到的估计值进行平滑,但不会降低测量的空间分辨率。在最后阶段,完成向时域的反向变换。双阶段处理程序框图如图2.3.1所示。

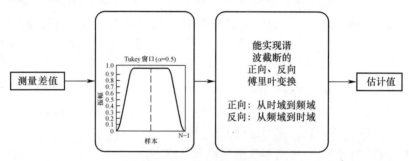

图2.3.1 双阶段处理程序框图

上述处理算法的调整包括选择Tukey窗口宽度和傅里叶变换中的谐波数。应该注意的是,由于该算法的试探特性,使得其没有形成固定的调整特性。在实际中,其参数选择目的是使所得估计值具有典型重力异常值的形式。此外,也可以对所得估计值应用频谱分析。为了进行验证,可将得到的估计值与测量区域内已知的粗略重力场图进行比较,在该粗略图中会标出重力异常值的最小值和最大值等特征点,并根据这些点上重力异常值的重合度来判断估计算法的有效性。因此,在利用该方法处理实际数据时,重力异常的估计精度在很大程度上取决于处理测量结果的专业人员的经验。

正如第2章引言所述,贝叶斯方法的优点之一是能够计算给定模型的潜在精度。这为通过模拟方法对各种简化算法的有效性进行客观评估提供了良好基础。在图2.3.2至图2.3.4中给出了对2.3.2节中所述模型进行研究的结果,图中列出了最优平滑算法、固定式巴特沃斯滤波器(见式(2.3.35))和双阶段估计方法的实际均方差。

由于平稳次优算法在处理过程中不会解算出估计精度特征,因此,相应的均方差值是通过统计方法获得的,如文献[240]中所述。同样必须指出,此时所有情况下真实的重力异常值都是根据Jordan模型得到的。

仿真结果基本证实,平稳状态的次优算法接近最优算法,但是这种算法在区间边界处的误差值非常大(高达数百mGal)。此时,过渡过程换算成轨迹长度,长达25km。

与固定式平稳算法相比,双阶段估计算法的均方差值略低,而达到稳态输出的

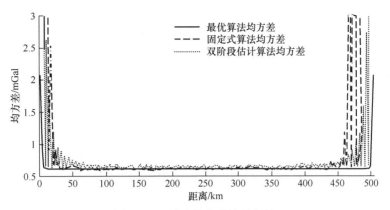

图 2.3.2 重力异常估计均方差

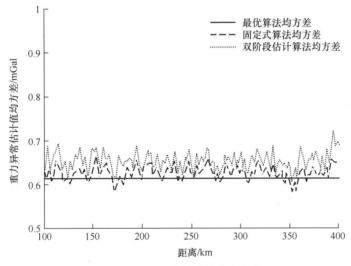

图 2.3.3 重力异常估计值稳态均方差

时间更长。但是,由于傅里叶变换的特殊性,双阶段处理方法的过渡过程伴随着长达 50km 明显振荡。为了克服这种影响,算法的作者提出了通过在路径边界之外利用高频谐波外推测量来扩大观测区间的方法[150-151]。

固定式平稳算法的优点是计算复杂度低、易于实现。在设计这类算法某些情况下,对于给定重力异常模型和所用测量仪器误差没有明确的要求。与此同时,该算法的缺点是在路径的边界处存在明显的边缘效应,在过渡过程中没有估计精度的特征,同时也不能考虑飞行器的可变运动参数。

必须强调的是,在平滑模式下获得的重力异常估计精度明显高于相应滤波模式的精度。图 2.3.5 给出了在处理航空重力测量信息过程中,在平滑模式和滤波模式下估计重力异常及相应均方差的实例。

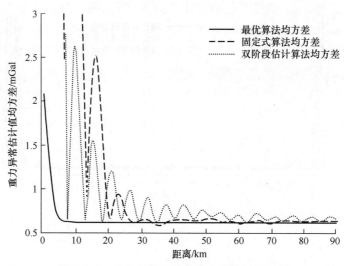

图 2.3.4 重力异常估计值均方差的过渡过程

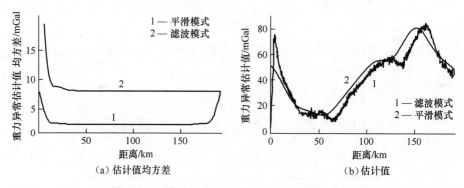

（a）估计值均方差　　　　（b）估计值

图 2.3.5 滤波和平滑模式下重力异常估计实例

由图 2.3.5 可见,在滤波模式下得到的估计值具有非典型的高频分量及相移。利用平滑算法可以消除这些负面影响。如在 2.3.1 节中所述,滤波模式和平滑模式下的估计值均方差在测量区间末端重合,如图 2.3.5(a)所示,滤波模式下估计值均方差最小值对应于平滑模式下均方差最大值。通常,在平滑过程中利用所有测量值可以将稳态精度提高 2~3 倍。应该指出,在分析双阶段估计算法过程中所研究的具有有限脉冲特性的滤波器,严格地说,也解决了平滑问题,因为它利用估计时刻之前和之后获得的所有测量值得到了窗口平均估计值。

### 2.3.4　动基座条件下测量重力异常时结构和参数辨识问题提出及解决方法

如前所述,最优估计算法的设计需要给定重力异常模型以及所用测量仪器的误差模型。应该注意,利用基于式(2.3.26)、式(2.3.27)所示模型的最优滤波和平滑算法处理实际数据,并未获得理想的结果[495]。还要指出,式(2.3.21)、式(2.3.22)所示重力异常模型本身的参数会随测量区域而改变。例如,在平坦区域内重力场梯度场值为 0.5~3 mGal/km,而在山区会达到 10mGal/km。仿真结果表明[250],模型参数给定不准确会明显降低重力异常估计值均方差。需特别强调,如果所用模型与实际模型不同,则以协方差矩阵的对角元素形式给出的估计精度解算特性将不再符合实际达到的估计精度[249]。所有这些都表明,在解决重力异常测量问题中所用模型的结构和参数识别问题亟待解决。下面讨论解决该问题的算法。

应该注意,在贝叶斯方法框架内设计最优估计算法时所用模型一般可按照下述合成滤波器的形式给出,即

$$\begin{cases} x_i^k = \boldsymbol{\Phi}_i^k(\boldsymbol{\theta}^k) x_{i-1}^k + \boldsymbol{\Gamma}_i^k(\boldsymbol{\theta}^k) w_i^k \\ \boldsymbol{\theta}_i^k = \boldsymbol{\theta}_{i-1}^k = \boldsymbol{\theta}^k \end{cases} \quad (2.3.38)$$

$$y_i = \boldsymbol{H}_i^k(\boldsymbol{\theta}^k) x_i^k + \boldsymbol{\Psi}_i^k(\boldsymbol{\theta}^k) v_i^k \quad (2.3.39)$$

式中:$x_i^k$ 为状态向量;$\boldsymbol{\Phi}_i^k(\boldsymbol{\theta}^k)$、$\boldsymbol{\Gamma}_i^k(\boldsymbol{\theta}^k)$、$\boldsymbol{H}_i^k(\boldsymbol{\theta}^k)$、$\boldsymbol{\Psi}_i^k(\boldsymbol{\theta}^k)$ 为描述误差模型的合成滤波器矩阵,各矩阵元素参数主要与参数向量 $\boldsymbol{\theta}^k$ 成非线性关系;$w_i^k$、$v_i^k$ 分别为具有单位协方差的 $p^k$ 维和 $m^k$ 维高斯白噪声序列;$k$ 为用于描述误差的可用模型编号。

此时,无论是模型 $k$ 的自身结构,还是引入到式(2.3.38)、式(2.3.39)中的不同 $k$ 维向量 $\boldsymbol{\theta}^k$、$x_i^k$,均可能是未知的。

结合上述方程和模型 $k$ 中所引入的假设,可以提出结构和参数的辨识问题[79,245,444,504]。解决该问题的目的是确定假设的编号 $k$,最大程度地满足 $i$ 时刻得到的所有测量值构成的向量 $\boldsymbol{Y}_i = [y_1 \; \cdots \; y_i]^T$,并得到与该假设相对应的状态向量 $x_i^k$ 和参数向量 $\boldsymbol{\theta}^k$ 的估计值。

将提出的假设集合视为随机量 $H$,其值为 $h_k$,($k = \overline{1,2,\cdots,K}$),$K$ 是提出的假设总数。随机量 $H$ 的概率分布密度函数可以表示为[79]

$$f_H(H) = \sum_{k=1}^{K} \Pr(H = h_k) \delta(H - h_k) \quad (2.3.40)$$

式中:$\Pr(H=h_k)$ 为当 $\sum_{k=1}^{K} \Pr(H=h_k) = 1$ 时,假设模型 $H=h_k$ 是正确的概率。$h_k$ 的选择从 $k=1$ 开始进行,需使条件概率 $\Pr(H=h_k/\boldsymbol{Y}_i)$ 最大,或使后验条件概率密度函数 $f_H(H/\boldsymbol{Y}_i)$ 最大,有

$$h_k^* = \mathrm{argmax} f_H(H/\boldsymbol{Y}_i) \quad (2.3.41)$$

当假设值固定时,可以在均方意义上寻找向量 $\boldsymbol{\theta}^k$、$x_i^k$ 的最优估计 $\hat{\boldsymbol{\theta}}_i^k$、$\hat{x}_i^k$,即

$$\hat{\boldsymbol{\theta}}_i^k(\boldsymbol{Y}_i) = \int \boldsymbol{\theta}^k f_{\boldsymbol{\theta}^k}(\boldsymbol{\theta}^k/\boldsymbol{Y}_i, H=h_k) \mathrm{d}\boldsymbol{\theta}^k, \hat{\boldsymbol{x}}_i^k(\boldsymbol{Y}_i) = \int \boldsymbol{x}_i^k f_{\boldsymbol{x}_i^k}(\boldsymbol{x}_i^k/\boldsymbol{Y}_i, H=h_k) \mathrm{d}\boldsymbol{x}_i^k$$
(2.3.42)

式中：$f_{\boldsymbol{\theta}^k}(\boldsymbol{\theta}^k/\boldsymbol{Y}_i, H=h_k)$、$f_{\boldsymbol{x}_i^k}(\boldsymbol{x}_i^k/\boldsymbol{Y}_i, H=h_k)$ 分别为在误差模型 $H=h_k$ 的固定假设条件下向量 $\boldsymbol{\theta}^k$ 和 $\boldsymbol{x}_i^k$ 后验概率分布密度函数。

这样，式(2.3.38)、式(2.3.39)所示模型的辨识及其参数估计问题可简化为求概率分布密度函数 $f_H(H/\boldsymbol{Y}_i)$、$f_{\boldsymbol{\theta}^k}(\boldsymbol{\theta}^k/\boldsymbol{Y}_i, H=h_k)$、$f_{\boldsymbol{x}_i^k}(\boldsymbol{x}_i^k/\boldsymbol{Y}_i, H=h_k)$ 和计算式(2.3.42)的积分。通常，式(2.3.42)的积分是用近似后验密度的数值方法计算出来的。一般来说，上述积分的维度由向量 $\boldsymbol{\theta}^k$ 和 $\boldsymbol{x}_i^k$ 的维度决定。

利用贝叶斯公式，可以表示为

$$\Pr(H=h_k|\boldsymbol{Y}_i) = \frac{f(y_i/\boldsymbol{Y}_{i-1}, H=h_k) f_H(H=h_k/\boldsymbol{Y}_{i-1})}{\sum_{k=1}^{K} f(y_i/\boldsymbol{Y}_{i-1}, H=h_k) f_H(H=h_k/\boldsymbol{Y}_{i-1})}$$
(2.3.43)

式中：$f(y_i/\boldsymbol{Y}_{i-1}, H=h_k)$ 为在固定假设条件下第 $i$ 步测量值 $y_i$ 的似然函数，可表示为

$$f(y_i/\boldsymbol{Y}_{i-1}, H=h_k) = \int f_{y_i}(y_i/\boldsymbol{Y}_{i-1}, H=h_k, \boldsymbol{\theta}^k) f_{\boldsymbol{\theta}^k}(\boldsymbol{\theta}^k/\boldsymbol{Y}_{i-1}, H=h_k) \mathrm{d}\boldsymbol{\theta}^k$$
(2.3.44)

式中：$f_{y_i}(y_i/\boldsymbol{Y}_{i-1}, H=h_k, \boldsymbol{\theta}^k)$ 为在固定假设和参数向量 $\boldsymbol{\theta}^k$ 条件下第 $i$ 步测量值 $y_i$ 的似然函数，$f_{\boldsymbol{\theta}^k}(\boldsymbol{\theta}^k/\boldsymbol{Y}_{i-1}, H=h_k)$ 为第 $i-1$ 步的后验概率密度函数。

状态向量 $\boldsymbol{x}_i^k$ 的概率分布密度函数也可写成

$$f_{\boldsymbol{x}_i^k}(\boldsymbol{x}_i^k/\boldsymbol{Y}_i, H=h_k) = \int f_{\boldsymbol{x}_i^k}(\boldsymbol{x}_i^k/\boldsymbol{Y}_i, H=h_k, \boldsymbol{\theta}^k) f_{\boldsymbol{\theta}^k}(\boldsymbol{\theta}^k/\boldsymbol{Y}_i, H=h_k) \mathrm{d}\boldsymbol{\theta}^k$$
(2.3.45)

上述问题的特点是，对于假设和参数向量 $\boldsymbol{\theta}^k$ 值固定情况下，式(2.3.38)、式(2.3.39)可描述线性高斯滤波问题。此时，似然函数 $f_{y_i}(y_i/\boldsymbol{Y}_{i-1}, H=h_k, \boldsymbol{\theta}^k)$ 和后验概率分布密度函数 $f_{\boldsymbol{x}_i^k}(x_i^k/\boldsymbol{Y}_i, H=h_k, \boldsymbol{\theta}^k)$ 是高斯形式的，即

$$\begin{cases} f_{y_i}(y_i/\boldsymbol{Y}_{i-1}, H=h_k, \boldsymbol{\theta}^k) = N(y_i; H_i^{kj}\hat{x}_{i/i-1}^{kj}; \Lambda_i^{kj}) \\ f_{\boldsymbol{x}_i^k}(\boldsymbol{x}_i^k/\boldsymbol{Y}_i, H=h_k, \boldsymbol{\theta}^k) = N(\boldsymbol{x}_i^k; \hat{x}_i^{kj}; P_i^{kj}) \end{cases}$$
(2.3.46)

式中：$\Lambda_i^{kj} = H_i^{kj} P_{i/i-1}^{kj} (H_i^{kj})^\mathrm{T} + \Psi_i^{kj}(\Psi_i^{kj})^\mathrm{T}$；$\hat{x}_i^{kj}$、$P_i^{kj}$ 和 $\hat{x}_{i/i-1}^{kj}$、$P_{i/i-1}^{kj}$ 分别为第 $i$ 步具有协方差矩阵的最优估计和最优预测，可利用卡尔曼滤波器库得到。

因此，为了对式(2.3.42)进行积分计算，仅需对概率分布密度函数 $f_{\boldsymbol{\theta}^k}(\boldsymbol{\theta}^k/\boldsymbol{Y}_{i-1}, H=h_k)$ 进行近似，而积分的维度仅由向量 $\boldsymbol{\theta}^k$ 的维度确定。将可以减小积分维度值的技术称为分割法[19,243,415]或部分变量解析积分法，英文文献中称为饶-布莱克威尔优化算法(Rao-Blackwellization procedure)[339]。

为了计算被估计值,将向量 $\boldsymbol{\theta}^k$ 的概率分布密度函数近似值写为

$$\begin{cases} f_{\boldsymbol{\theta}^k}(\boldsymbol{\theta}^k/\boldsymbol{Y}_i, H = h_k) = \sum_{j=1}^{M_k} \mu_i^{kj} \delta(\boldsymbol{\theta}^k - \theta^{kj}) \\ f_{\boldsymbol{\theta}^k}(\boldsymbol{\theta}^k/H = h_k) = \sum_{j=1}^{M_k} \mu_0^{kj} \delta(\boldsymbol{\theta}^k - \theta^{kj}) \end{cases} \quad (2.3.47)$$

式中:$\theta^{kj}$ ($j = \overline{1 \cdots M_k}$)为在固定假设 $h_k$ 条件下,$i$ 时刻 $\boldsymbol{\theta}^k$ 向量值格网。

在这种近似情况下,根据贝叶斯定理,系数 $\mu_i^{kj}$ 实际递推关系为

$$\mu_i^{kj} = \frac{\mu_{i-1}^{kj} \cdot f_{y_i}(y_i/\boldsymbol{Y}_{i-1}, H = h_k, \theta^{kj})}{\sum_{j=1}^{L} \mu_{i-1}^{kj} f_{y_i}(y_i/\boldsymbol{Y}_{i-1}, H = h_k, \theta^{kj})} \quad (2.3.48)$$

因此,对于式(2.3.42)所述参数向量和状态向量的估计积分 $\hat{\boldsymbol{\theta}}_i^k(\boldsymbol{Y}_i)$、$\hat{\boldsymbol{x}}_i^k(\boldsymbol{Y}_i)$ 以及式(2.3.43)所示概率值可利用下述关系式计算,即

$$\begin{cases} \hat{\boldsymbol{\theta}}_i^k(\boldsymbol{Y}_i) \approx \sum_{j=1}^{M_k} \mu_i^{kj} \theta^{kj} \\ \hat{\boldsymbol{x}}_i^k(\boldsymbol{Y}_i) \approx \sum_{j=1}^{M_k} \mu_i^{kj} \hat{x}_i^{kj} \end{cases} \quad (2.3.49)$$

$$\Pr(H = h_k/\boldsymbol{Y}_i) \approx \frac{\left[\sum_{j=1}^{M_k} \mu_{i-1}^{kj} N(y_i; H_i^{kj} \hat{x}_{i/i-1}^{kj}; \Lambda_i^{kj})\right] \Pr(H = h_k/\boldsymbol{Y}_{i-1})}{\sum_{k=1}^{K} \left[\left[\sum_{j=1}^{M_k} \mu_{i-1}^{kj} N(y_i; H_i^{kj} \hat{x}_{i/i-1}^{kj}; \Lambda_i^{kj})\right] \Pr(H = h_k/\boldsymbol{Y}_{i-1})\right]}$$
(2.3.50)

上述所研究方法的一个重要优点是,对于式(2.3.49)所示估计值,可以通过下述协方差矩阵获得其精度特征,即

$$\begin{cases} \boldsymbol{P}_i^{\theta k}(\boldsymbol{Y}_i) \approx \sum_{j=1}^{M_k} \mu_{i-1}^{kj} \boldsymbol{\theta}^{kj}(\boldsymbol{\theta}^{kj})^{\mathrm{T}} - \hat{\boldsymbol{\theta}}_i^k (\hat{\boldsymbol{\theta}}_i^k)^{\mathrm{T}} \\ \boldsymbol{P}_i^{xk}(\boldsymbol{Y}_i) \approx \sum_{j=1}^{M_k} [\mu_i^{kj}(\hat{\boldsymbol{x}}_i^{kj}(\hat{\boldsymbol{x}}_i^{kj})^{\mathrm{T}} + \boldsymbol{P}_i^{kj})] - \hat{\boldsymbol{x}}_i^k (\hat{\boldsymbol{x}}_i^k)^{\mathrm{T}} \end{cases} \quad (2.3.51)$$

由于参数向量 $\boldsymbol{\theta}^k$ 不随时间变化,所以根据整个测量集在滤波模式下得到的估计值与在平滑模式下的估计值一致。考虑到这一点,并在模型和固定参数向量已知的情况下,式(2.3.28)、式(2.3.29)所述的滤波问题是线性的,为了获得状态向量 $\boldsymbol{x}$ 的平滑估计和重力异常值平滑结果,可以利用上述研究的对辨识模型进行调整的最优线性平滑算法。不难看出,上述估计算法使估计过程和滤波及平滑算法

本身都具有自适应性。

### 2.3.5 在飞行器上进行重力测量时自适应滤波及平滑算法的应用结果

本节主要说明在处理航空地球物理试验数据时应用上述算法的可能性,试验数据是利用 L-410 飞机于 2015 年 3 月 6 日在位于莫斯科以南约 150km 的斯图皮诺(Ступино,俄罗斯莫斯科州城市)城区获得的,飞机上安装了由俄罗斯中央科学电气研究所(Концерн《ЦНИИ《Электроприбор》)研制的移动式重力仪《Chekan-AM》[214]。利用 NovAtel 公司的双频 GLONASS/GPS 接收机作为卫星导航系统接收设备,由带有惯性组件和 GPS-702GG 天线的机载接收显示器 SE-D-RT2-G-J-Z 组成。为了建立差分工作模式,利用安装在参考点的带有 GPS-702GGL 天线的 DL-V3-L1L2-G 基准接收机。在飞行测量过程中,载体与基站的最大距离约为 150km,执行了航向为 170°和 350°、长约 170km 的往返航线。同时录取重力仪和卫星导航系统接收机数据,以便完成后续处理。

为了解决所用测量仪器的误差辨识问题和重力异常模型中的参数 $\sigma^2_{\partial\Delta g/\partial\rho}$ 的精确问题,在式(2.3.26)、式(2.3.27)所示的重力异常通用模型中增加了由具有未知均方差 $\sigma_m$ 和相关区间 $\tau_m = 1/\alpha_m$ 的一阶马尔可夫过程描述的误差分量 $z$。此时提出了两个假设:一是假设差分测量中存在额外的误差,如由于卫星导航系统接收机和重力仪的数据不同步引起的误差;二是直接在重力仪的测量值中存在附加误差分量。相应假设模型的合成滤波器和测量方程可写为

$$\begin{cases} \Delta\dot{h}_{GR} = \Delta V_{GR} \\ \Delta\dot{V}_{GR} = -\beta\vartheta b_1 + b_2 + w_{GR} \\ \dot{b}_1 = -\beta b_1 + b_2 \\ \dot{b}_2 = -\beta b_2 + b_3 \\ \dot{b}_3 = -\beta b_3 + w_{GA} \\ \dot{z} = -a_m z + \sigma_m \sqrt{2\alpha_m} w_m \end{cases} \quad (2.3.52)$$

$$y = \Delta h_{GR} + z + v_s$$

$$\begin{cases} \Delta \dot{h}_{GR} = \Delta V_{GR} \\ \Delta \dot{V}_{GR} = -\beta\vartheta b_1 + b_2 + z + w_{GR} \\ \dot{b}_1 = -\beta b_1 + b_2 \\ \dot{b}_2 = -\beta b_2 + b_3 \\ \dot{b}_3 = -\beta b_3 + w_{GA} \\ \dot{z} = -a_m z + \sigma_m \sqrt{2\alpha_m} w_m \end{cases} \quad (2.3.53)$$

$$y = \Delta h_{GR} + v_s$$

这样,问题就变为需要解决具有未知参数向量 $\boldsymbol{\theta} = [\tau_m \quad \sigma_m \quad \sigma_{\partial\Delta g/\partial\rho}]^T$ 和估计向量 $\boldsymbol{x} = [\Delta h_{GR} \quad \Delta V_{GR} \quad b_1 \quad b_2 \quad b_3 \quad z]^T$ 的误差模型式(2.3.52)、式(2.3.53)的结构识别问题。此时,重力异常估计可以利用式(2.3.22)建立。

利用上述模型的自适应算法对航空地球物理试验数据进行数据处理的结果表明,与差分测量值中具有额外误差的模型相对应的假设式(2.3.52)是最可能的。图2.3.6给出了参数估计值随时间的变化曲线。可以看出,参数向量 $\boldsymbol{\theta}$ 的各分量 $\tau_m$、$\sigma_m$、$\sigma_{\partial\Delta g/\partial\rho}$ 在往返测线上的估计值大致收敛至相同的数值。

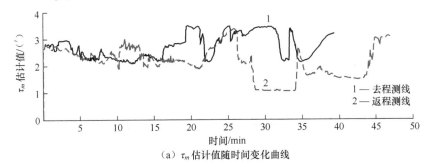

(a) $\tau_m$ 估计值随时间变化曲线

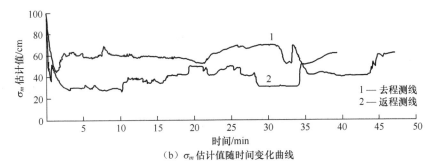

(b) $\sigma_m$ 估计值随时间变化曲线

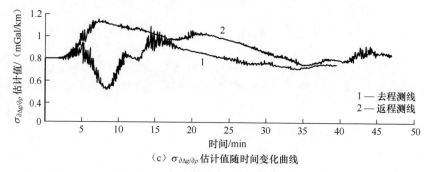

(c) $\sigma_{\partial\Delta g/\partial\rho}$ 估计值随时间变化曲线

图 2.3.6 在往返测线上的模型参数估计

图 2.3.7 给出了利用自适应算法和 2.3.3 节中叙述的双阶段估计算法得到的重力异常平滑估计结果。应该指出,利用提出的上述算法在往返轨迹上获得的重力异常估计值之间的差异在以均方差形式给出的精度特性范围内,其均方差是利用该算法中生成的协方差矩阵的对角线元素计算求得的,如图 2.3.8 所示。

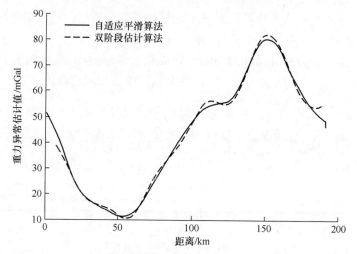

图 2.3.7 利用自适应算法和双阶段程序得到重力异常估计结果

由此可以确定,提出的这种自适应算法能够保证预期的重力异常估计精度,其毋庸置疑的优点是,解决估计问题的方法比较严格、过渡状态的精度比较高,特别重要的是能够得到相应的估计精度特性。

上述自适应算法还对在北冰洋获得的数据进行了测试。对图 2.3.9 所示分布状态的 10 条相交测线上的测量结果进行了处理。

图 2.3.10 给出了决定不同测线上附加误差 $z$ 特性的参数(相关时间、马尔可夫噪声均方差)估计值,由图可知,在处理按照图 2.3.10 分布的测线上的测量数据时,附加误差的相关间隔为 1.5~2.5min,马尔可夫噪声均方差估计值为 6~12cm。

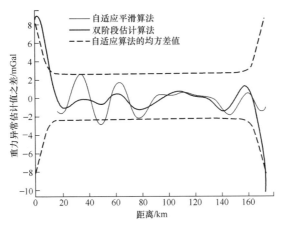

图 2.3.8　（见彩图）利用自适应算法和双阶段程序在往返测线上得到的重力异常估计之差

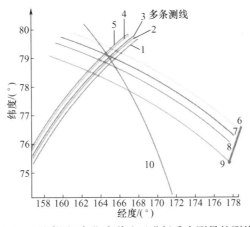

图 2.3.9　（见彩图）在北冰洋地区进行重力测量的测线分布

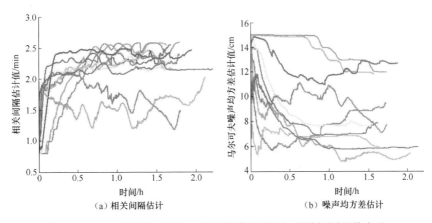

(a) 相关间隔估计　　　　　　　　(b) 噪声均方差估计

图 2.3.10　（见彩图）根据 10 条测线估计误差的相关间隔和均方差

图 2.3.11 给出了根据两条航线估计重力异常值的实例。图 2.3.12 给出了获得的估计值的均方差以及在测线交点处估计值的差值。由图可知,在这些交点处的差值为 1~4 mGal,这就说明重力异常值估计的均方差在 1~2 mGal 的水平上,与计算结果一致。

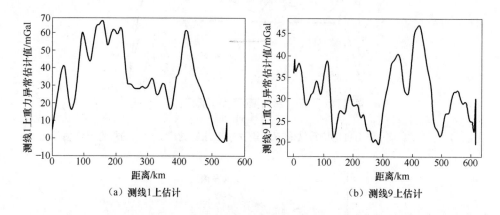

图 2.3.11 根据两条测线估计重力异常实例

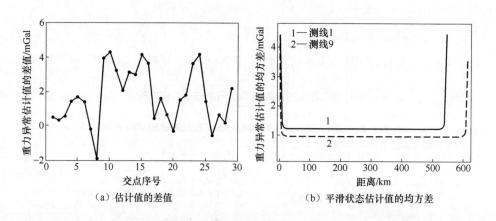

图 2.3.12 两条测线交叉点上重力异常估计值的差值和平滑状态重力异常估计值的均方差

上述结果证实了所提出的这种自适应滤波及平滑算法在解决重力异常估计问题上的有效性。其主要优点是,可以同时对重力异常值模型、测量误差模型进行结构和参数识别。由于不需要凭经验选择滤波器参数和手动处理每条航线,还可以进一步减少数据处理时间,在计算中估计精度,缩短估计的过渡过程。

### 2.3.6 小结

本节在贝叶斯方法框架内提出了最优估计问题,针对重力异常值估计问题研究了非平稳最优滤波和平滑算法设计实例。分析了平稳滤波和平滑算法的设计特点。

值得注意的是,贝叶斯方法的显著优势是在给定重力异常模型和所用测量仪器误差模型的情况下,可以计算潜在的估计精度,这为客观评估各种次优算法的有效性创造了条件。对基于巴特沃斯滤波器和双阶段估计方法设计的平稳估计算法进行了比较,分析了两种算法的有效性。

强调了解决能为最优算法实现提供模型必要信息的结构和参数识别问题的重要性,介绍了这种基于非线性滤波方法解决辨识问题的算法——自适应滤波及平滑算法,其使估计过程和算法本身均具有自适应性。给出了在重力异常估计问题中利用自适应滤波及平滑算法对实际数据进行处理的结果,验证了该算法的有效性。

## 2.4 利用 GT-2M 重力仪进行海上重力测量时次优平滑算法

前面已注意到,在航空重力测量中,由于载体的速度很快,使得干扰加速度的频谱和所测重力异常值(ACT)的频谱有交叉重叠的情况[377,408]。因此,为了从重力仪的敏感元件测量信息中提取重力异常信息,需要利用通常由工作于差分模式的卫星导航系统提供的精确外部高度信息[408,37]。在海洋重力测量中,由于船速较慢,干扰加速度的频谱位于比所测重力异常分量的频谱更高的频域。因此,从重力敏感元件测量信息中提取重力异常的问题,至少在水面情况下可以通过滤波方法解决,而无须利用精确的外部信息[202,410]。但是,考虑到干扰信号强度比有用信号的强度高出 5~6 个数量级,因此,在实时状态下利用重力测量滤波器时,可能会对其效率提出相当严格的要求。

在数据后处理过程中,可以利用在 2.3 节中所述的固定区间最优平滑算法,与卡尔曼滤波器相比,固定区间的最优平滑算法可保证更高的估计精度,但由于需要存储大量数据等因素,该算法的实现会变得非常复杂。因此,设计次优平滑算法变得越发迫切。本节专门研究海洋重力测量中的次优平滑算法的设计问题。

### 2.4.1 用于实时系统的固定滞后最优和次优平滑算法

需要设计一种兼具卡尔曼滤波器简单性和固定区间上最优平滑品质的算法,以便既能满足海洋重力测量应用,又能满足其他应用。在这种情况下,具有固定滞后的次优平滑算法是一种折中的解决方案。此时附加的约束条件是,算法必须具有与原系统阶次相同的无限脉冲特性的滤波器结构。

提出的这种次优平滑算法是在假设平滑阶段系统噪声被忽略的情况下($Q=0$),针对式(2.3.1)、式(2.3.2)所述问题设计的。此时,不难证明,这种次优平滑估计算法是利用状态变换矩阵,即$\hat{x}_c(t|t_1)=\Phi(t,t_1)\hat{x}(t|t_1)$,对卡尔曼滤波器的最后一个当前最优估计进行"逆向"外推实现的,其中,$\Phi(t,t_1)$为系统变换矩阵。因此,与最优估计算法相比,次优平滑算法更为简单,不需要对第一阶段得到的估计值进行反复滤波。

在这种情况下,次优平滑算法的误差协方差矩阵$P_c$的方程可写为[171]

$$\dot{P}_c(t|t_1)=FP_c(t|t_1)+P_c(t|t_1)^T \\ +\Phi(t,t_1)\Phi_{F-KH}(t_1,t)GQG^T+GQG^T\Phi_{F-KH}^T(t_1,t)\Phi(t,t_1)-GQG^T \tag{2.4.1}$$

式中:$\Phi_{F-KH}(t_1,t)$为线性系统$\dot{x}=(F-KH)x$的状态变换矩阵。

式(2.4.1)在边界条件$P_c(t_1|t_1)=P(t_\infty)$的反向时间内求解,其中,$P(t_\infty)$为卡尔曼滤波器误差协方差矩阵的稳态值。可以通过求解下述微分方程来确定具有固定滞后$\tau$的次优平滑估计算法[171],即

$$\frac{\mathrm{d}}{\mathrm{d}t}\hat{x}_c(t|t+\tau)=F\hat{x}_c(t|t+\tau)+L(t)[y(t+\tau)-H\Phi(t|t+\tau)\hat{x}_c(t|t+\tau)] \tag{2.4.2}$$

式中:$L(t)=\Phi(t,t+\tau)^{-1}K(t)$为平滑滤波器的反馈系数;$K(t)=P(t+\tau|t+\tau)H^T R^{-1}$为卡尔曼滤波器的反馈系数。

显然,具有固定滞后的最优平滑估计的方差是不受时间间隔$\tau$限制的函数。由于忽略系统噪声而引起的方法误差,次优平滑估计误差方差比最优平滑误差方差更大,并且不一定随时间推移而减小。由于方法误差随着区间长度的增加而增大,因此,仅可以在有限的区间上才能有效地利用次优平滑估计算。

为了讨论提出的这种次优平滑滤波器的有效性,并估计次优平滑的合适区间,讨论下述实例。利用标量测量值来估计标量系统的状态,即

$$\begin{cases}\dot{x}(t)=w(t)\\ y(t)=x(t)+v(t)\end{cases} \tag{2.4.3}$$

式中:$w(t)$、$v(t)$为强度分别为$Q$和$R$的不相关定态白噪声。

假设,当 $t_0 > 0$ 时能够解算式(2.4.3)所示状态方程当前估计的卡尔曼滤波器处于稳定状态,并且需要在固定区间间隔 $[t_0, t_1]$ 上得到状态的平滑估计。为了对比最优和次优平滑算法,需要分别利用最优方法和次优方法解决问题。

对于状态方程(2.4.3),不难得到卡尔曼滤波器、最优滤波器和次优平滑滤波器在固定区间上的协方差方程的解析解。对于 $\boldsymbol{F}=0$、$\boldsymbol{H}=1$、$\boldsymbol{\Phi}(t_1,t)=1$ 的情况,最优滤波误差的稳态值 $P(t_\infty)$ 和卡尔曼滤波器的增益系数 $K$ 由 $P(t_\infty) = \sqrt{QR}$ 和 $K = \sqrt{Q/R}$ [171,241] 确定。在固定区间上的最优平滑滤波器误差方差的表达式为

$$\dot{P}(t\mid t_1) = -2\sqrt{\frac{Q}{R}}P(t\mid t_1) + Q$$

将上式按照初始条件 $P(t_1\mid t_1) = P(t_\infty) = \sqrt{QR}$ 进行积分,并考虑到 $\tau = t_1 - t$,则

$$P(t\mid t+\tau) = \frac{\sqrt{QR}}{2}(1 + \mathrm{e}^{-2\frac{\tau}{T_0}}) \tag{2.4.4}$$

式中:$T_0 = 1/K = \sqrt{R/Q}$ 为卡尔曼滤波器的时间常数。

由式(2.4.4)可以看出,当 $\tau \to 0$ 时,$P(t\mid t+\tau)$ 的方差趋于稳定值 $P(\tau_\infty) = \sqrt{RQ}/2$。

现在研究次优平滑问题。由于在所研究的情况下 $\boldsymbol{\Phi}(t,t_1)=1$,则次优平滑滤波器方程可转换为关系式 $\hat{x}_c(t\mid t_1) = \hat{x}(t_1\mid t_1)$。由此可见,对于本例来说,次优平滑滤波器可简化为将卡尔曼滤波器当前估计按时间刻度向后移动。

根据式(2.4.1)可得到确定次优平滑误差方差的方程式为

$$\dot{P}_c(t\mid t_1) = -2\mathrm{e}^{-K\tau}Q + Q$$

对于上式,在右端边界条件 $P_c(t\mid t_1) = \sqrt{QR}$ 情况下求解后,可得

$$P_c(t\mid t+\tau) = 2\sqrt{RQ}\,\mathrm{e}^{-\frac{\tau}{T_0}} + Q\tau - \sqrt{RQ} \tag{2.4.5}$$

为了确定使估计误差方差最小时的次优平滑算法的滞后区间 $\tau$ 值,要将式(2.4.5)对 $\tau$ 进行微分,并使导数等于零,即

$$\frac{\mathrm{d}P_c(t\mid t+\tau)}{\mathrm{d}\tau} = -2Q\mathrm{e}^{-\frac{\tau}{T}} + Q = 0$$

由此可见,次优平滑算法滞后区间的最佳长度值由式 $\tau^* = T_0\ln 2 \cong 0.7T_0$ 确定。将 $\tau^*$ 和 $T_0$ 值代入式(2.4.5),可得 $P_c = 0.7\sqrt{QR} > 0.5\sqrt{QR} = P(\tau_\infty)$。图2.4.1给出了卡尔曼滤波器、最优滤波器和次优平滑滤波器的误差均方差与平滑区间长度(滞后时间)之间关系曲线。

分析曲线表明,当区间长度 $\tau < 0.7T$ 时最优平滑算法和次优平滑算法的误差均方差之比不超过 $\sigma_c/\sigma < 1.05$,次优平滑算法的最小均方差相对于最优平滑可达到的最小误差的均方差之比 $\sigma_c^*/\sigma^* < 1.18$。可以认为,在所研究的实例中,提

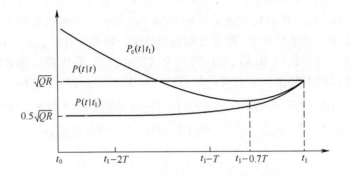

图 2.4.1 估计误差均方差随滞后时间的变化曲线

出的这种次优平滑算法在所选的最优滞后间隔上仅比固定滞后的最优平滑算法落后约 5%,而潜在精度仅比固定滞后最优平滑算法损失 18%。由此可见,提出的这种次优平滑算法的组合方法可以成功地应用于实践。

### 2.4.2 次优重力测量滤波器

下面讨论用于海洋重力测量的次优滤波器的设计问题。我们研究一款具有安装在陀螺稳定平台上的无惯性重力敏感元件的重力仪,其敏感轴铅锤定向。将重力敏感元件的量测值,即垂直表观加速度定义为 $g_{GR}$。从重力敏感元件示数中减去标准重力值 $g_0$,再考虑厄缶(Eotvos)改正项 $\Delta g_E$ 和海拔高度校正 $g_{ZZ}^0 h_0$,将得到的结果进行两次积分得到 $h_{GR}$,并将其与外部高度信息 $h_s$ 进行比较,如图 2.4.2 所示,其中,$\varphi$ 为当地纬度,$V$ 为相对速度向量,$g_{ZZ}^0$ 为重力梯度标准值,$h_s$ 为外部高度信息,可由 GPS 提供。

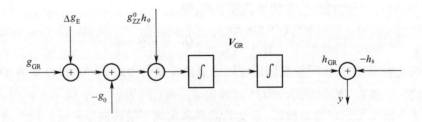

图 2.4.2 重力敏感元件信息预处理框图

与图 2.4.2 所示框图对应的模型方程为

$$\begin{cases} \dot{h}_{GR} = v_{GR} \\ \dot{v}_{GR} = g_{GR} + \Delta g_E - g_0 - g_{ZZ}^0 h_0 \\ y = h_s - h_{GR} \end{cases} \quad (2.4.6)$$

注意,式(2.4.6)与式(2.3.25)和式(2.3.27)相类似。

在2.3节中已指出,在设计定态滤波器时,可以在精度没有明显损失的情况下用白噪声积分形式的模型来近似Jordan模型。重力异常的其他功率谱密度函数,如Schwarz模型,也可以通过该模型很好地近似[37]。因此,可以利用白噪声 $w_{GA}$ 第三积分形式的模型来描述重力异常。假设高度测量值 $h_s = h_0 + v$ 中误差 $h_s$ 是白噪声,并忽略重力异常模型中产生的噪声,当偏差 $\Delta h = h_0 - h_{GR}$、$\Delta V = V_0 - V_{GR}$ 时,可将系统状态方程类比式(2.3.26)写为

$$\begin{cases} \dot{\Delta h} = \Delta V, \\ \dot{\Delta V} = \Delta g, \\ \dot{\Delta g} = b_1, \\ \dot{b}_1 = b_2, \\ \dot{b}_2 = w_{GA} \\ y = \Delta h + v_s \end{cases} \quad (2.4.7)$$

式中:$w_{GA}$、$v_s$ 分别为强度矩阵是 $\boldsymbol{Q}$ 和 $\boldsymbol{R}$ 的白噪声;$\Delta g$、$b_1$、$b_2$ 为描述重力异常模型参数。引入状态向量 $\boldsymbol{x} = \begin{bmatrix} \Delta h & \Delta V & \Delta g & b_1 & b_2 \end{bmatrix}^T$,可以将式(2.4.7)写成矩阵形式。

对应式(2.4.7)的卡尔曼滤波器方程为

$$\begin{cases} \Delta \dot{\hat{h}} = \Delta \hat{V} + k_1(y - \Delta \hat{h}) \\ \Delta \dot{\hat{V}} = \Delta \hat{g} + k_2(y - \Delta \hat{h}) \\ \Delta \dot{\hat{g}} = \hat{b}_1 + k_3(y - \Delta \hat{h}) \\ \dot{\hat{b}}_1 = \hat{b}_2 + k_4(y - \Delta \hat{h}) \\ \dot{\hat{b}}_2 = k_5(y - \Delta \hat{h}) \end{cases} \quad (2.4.8)$$

卡尔曼滤波器增益系数向量稳态值的各分量 $k_1 \cdots k_5$,可以通过黎卡蒂方程(Riccati equation)得到,并由下述公式确定,即

$$k_1 = \mu (Q/R)^{1/10}$$

$$k_2 = (\mu + 2)(Q/R)^{2/10}$$

$$k_3 = (\mu + 2)(Q/R)^{3/10}$$

$$k_4 = (\mu + 2)(Q/R)^{4/10}$$

$$k_5 = (Q/R)^{5/10}$$

$$\mu = 1 + \sqrt{5} \approx 3.24$$

在研究中引入滤波器时间常数 $T = (R/Q)^{1/10}$,则

$$\begin{cases} k_1 = \dfrac{\mu}{T} \approx \dfrac{3.24}{T} \\ k_2 = \dfrac{\mu + 2}{T^2} \approx \dfrac{5.24}{T^2} \\ k_3 = \dfrac{\mu + 2}{T^3} \approx \dfrac{5.24}{T^3} \\ k_4 = \dfrac{\mu}{T^4} \approx \dfrac{3.24}{T^4} \\ k_5 = \dfrac{1}{T^5} \end{cases} \quad (2.4.9)$$

对于所研究的系统,可将滞后为 $\tau$ 的次优平滑滤波器(CCΦ)方程写为

$$\begin{cases} \Delta \dot{\hat{h}}_c = \Delta \hat{V}_c + l_1(y - \Delta \hat{h}) \\ \dot{\hat{b}}_{1c} = \hat{b}_{2c} + l_4(y - \Delta \hat{h}) \\ \Delta \dot{\hat{V}}_c = \Delta \hat{g}_c + l_2(y - \Delta \hat{h}) \\ \dot{\hat{b}}_{2c} = l_5(y - \Delta \hat{h}) \\ \Delta \dot{\hat{g}}_c = \hat{b}_{1c} + l_3(y - \Delta \hat{h}) \\ \Delta \hat{h} = \Delta \hat{h}_c - \tau \Delta \hat{V}_c - \dfrac{\tau^2}{2}\Delta \hat{g}_c - \dfrac{\tau^3}{6}\hat{b}_{1c} - \dfrac{\tau^4}{24}\hat{b}_{2c} \end{cases} \quad (2.4.10)$$

此处,引入符号为

$$\begin{cases} l_1 = k_1 - \tau k_2 + \dfrac{\tau^2}{2}k_3 - \dfrac{\tau^3}{6}k_4 + \dfrac{\tau^4}{24}k_5 \\ l_2 = k_2 - \tau k_3 + \dfrac{\tau^2}{2}k_4 - \dfrac{\tau^3}{6}k_5 \\ l_3 = k_3 - \tau k_4 + \dfrac{\tau^2}{2}k_5 \\ l_4 = k_4 - \tau k_5 \\ l_5 = k_5 \end{cases} \quad (2.4.11)$$

具有固定滞后 $\tau$ 的次优平滑滤波器的估计值与利用反向预报公式 $\hat{\boldsymbol{x}}_c = \boldsymbol{\Phi}(t-\tau,t)^{-1} \cdot \hat{\boldsymbol{x}}$ 或者 $\hat{\boldsymbol{x}} = \boldsymbol{\Phi}(t-\tau,t) \cdot \hat{\boldsymbol{x}}_c$ 得到的卡尔曼滤波估计有关,以标量形式给出,即

$$\begin{cases} \Delta\hat{h} = \Delta\hat{h}_c + \tau\Delta\hat{V}_c + \dfrac{\tau^2}{2}\Delta\hat{g}_c + \dfrac{\tau^3}{6}\hat{b}_{1c} + \dfrac{\tau^4}{24}\hat{b}_{2c} \\ \Delta\hat{V} = \Delta\hat{V}_c + \tau\Delta\hat{g}_c + \dfrac{\tau^2}{2}\hat{b}_{1c} + \dfrac{\tau^3}{6}\hat{b}_{2c} \\ \Delta\hat{g}_c = \Delta\hat{g}_c + \tau\hat{b}_{1c} + \dfrac{\tau^2}{2}\hat{b}_{2c} \\ \hat{b}_1 = \hat{b}_{1c} + \tau\hat{b}_{2c} \\ \hat{b}_2 = \hat{b}_{2c} \end{cases} \quad (2.4.12)$$

结合式(2.4.7)中 $\Delta\hat{h}$ 以及 $\hat{h} = h_{GR} - \Delta\hat{h}$,式(2.4.10)可以写为

$$\begin{cases} \Delta\dot{\hat{h}}_c = \Delta\hat{V}_c + l_1(\hat{h} - h_0) \\ \Delta\dot{\hat{V}}_c = \Delta\hat{g}_c + l_2(\hat{h} - h_0) \\ \Delta\dot{\hat{g}}_c = \hat{b}_{1c} + l_3(\hat{h} - h_0) \\ \dot{\hat{b}}_{1c} = \hat{b}_{2c} + l_4(\hat{h} - h_0) \\ \dot{\hat{b}}_{2c} = l_5(\hat{h} - h_0) \end{cases} \quad (2.4.13)$$

将式(2.4.13)中第五个方程乘以 $\tau^4/24$,将第四个方程乘以 $\tau^3/6$,将第三个方程乘以 $\tau^2/2$,将第二个方程乘以 $\tau$ 并与第一个方程相加,再将第五个方程乘以 $\tau^3/6$,将第四个方程乘以 $\tau^2/2$,将第三个方程乘以 $\tau$ 并与第二个方程相加,结合式(2.4.11),可得

$$\begin{cases} \Delta \dot{\hat{h}} = \Delta \hat{V}_c + k_1(\hat{h} - h_0) \\ \Delta \dot{\hat{V}} = \Delta \hat{g}_c + \tau \hat{b}_{1c} + \dfrac{\tau^2}{2}\hat{b}_{2c} + k_2(\hat{h} - h_0) \\ \Delta \dot{\hat{g}}_c = \hat{b}_{1c} + (k_3 - \tau k_4 + \tau k_5)(\hat{h} - h_0) \\ \dot{\hat{b}}_{1c} = \hat{b}_{2c} + (k_4 + \tau k_5)(\hat{h} - h_0) \\ \dot{\hat{b}}_{2c} = k_5(\hat{h} - h_0) \end{cases} \qquad (2.4.14)$$

用式(2.4.6)的前两个方程式减去式(2.4.14)前两个方程式,并结合 $\hat{h} = h_{GR} - \Delta \hat{h}$、$\hat{V}_{GR} = V_{GR} - \Delta \hat{V}$,最后可得

$$\begin{cases} \dot{\hat{h}}_{GR} = \hat{V}_{GR} - k_1(\hat{h} - h_0) \\ \dot{\hat{V}}_{GR} = g_{GR} - g_{zz}^o h^* - g_0 + \Delta g_E - \Delta \hat{g}_c - \tau \hat{b}_{1c} - \dfrac{\tau^2}{2}\hat{b}_{2c} - k_2(\hat{h} - h_0) \\ \Delta \dot{\hat{g}}_c = \hat{b}_{1c} + l_3(\hat{h} - h_0) \\ \dot{\hat{b}}_{1c} = \hat{b}_{2c} + l_4(\hat{h} - h_0) \\ \dot{\hat{b}}_{2c} = k_5(\hat{h} - h_0) \end{cases}$$

$$(2.4.15)$$

将式(2.4.15)称为垂向通道方程。它们代表了次优平滑重力测量滤波器的方程,可以解算出当前飞行高度为 $h_{GR}$、垂向速度为 $V_{GR}$ 时的最优估计和固定滞后 $\tau$ 的次优平滑估计 $\Delta \hat{g}_c$。不难证明,卡尔曼滤波器的当前估计值可以按下式计算,即

$$\Delta \hat{g} = \Delta \hat{g}_c + \tau \hat{b}_{1c} + \dfrac{\tau^2}{2}\hat{b}_{2c} \qquad (2.4.16)$$

垂向通道的次优平滑重力测量滤波器结构框图如图2.4.3所示。

为了完成滤波器的设计,必须选择确定滞后时间 $\tau$。通过对式(2.4.10)所示的五阶次优平滑重力测量滤波器估计值的协方差方程求解表明,最优固定滞后时间非常接近 $\tau^* = k_4/k_5$。结合式(2.4.9),则 $\tau^* = \mu T \approx 3.24T$。由式(2.4.11)可知,式(2.4.15)中的系数 $l_3$、$l_4$ 趋于零。在实际操作中,在给定平均时间 $T_a$ 上的分辨率是很重要的。在空间上,通常将其定义为通过滤波器的波长 $L_s$ 的 1/2。这些数量值与关系式 $L_s = T_a V/2$ 相关,其中,$V$ 为舰船水平运动速度。对于给定的最优滞后时间 $\tau$,则

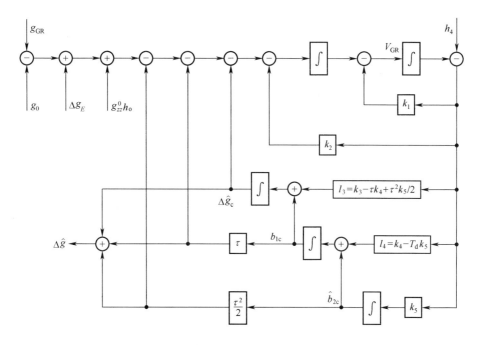

图 2.4.3　垂向通道的次优平滑重力测量滤波器结构框图

$$T = \frac{\tau^*}{1+\sqrt{5}}, T_a = 2\pi T \approx 1.94\tau^*, L_s \approx 0.97\tau^* V$$

### 2.4.3　次优重力测量滤波器的频率特性

根据次优重力测量滤波器（СГΦ）得到的重力异常估计值在频域内的幅频特性可写为

$$|\Delta \hat{g}_c(\omega)| = \sqrt{|v(\omega)|^2 \cdot \omega^4 + |\Delta g(\omega)|^2} \frac{\sqrt{\frac{1}{4}(\mu T - \tau)^4 \omega^4 + 1}}{\sqrt{1 + T^{10}\omega^{10}}}$$

（2.4.17）

式中：$v(\omega)$ 为外部高度信息误差的傅里叶变换；$\Delta g(\omega)$ 为时间函数的重力异常的傅里叶变换；$\omega$ 为角频率。

当滞后时间为零时，系统输出振幅与卡尔曼滤波器的输出振幅一致，具体公式为

$$|\Delta \hat{g}_c(\omega)| = \sqrt{|v(\omega)|^2 \cdot \omega^4 + |\Delta g(\omega)|^2} \frac{\sqrt{\frac{1}{4}(\mu T)^4 \omega^4 + 1}}{\sqrt{1 + T^{10}\omega^{10}}} \quad (2.4.18)$$

当最优滞后 $\tau^* = \mu T \approx 3.24T$ 时,次优平滑重力测量滤波器输出的幅值等于具有相同输入信息的 5 阶巴特沃斯滤波器的输出幅值:

$$|\Delta \hat{g}_c(\omega)| = \sqrt{|v(\omega)|^2 \cdot \omega^4 + |\Delta g(\omega)|^2} \frac{1}{\sqrt{1+T^{10}\omega^{10}}} \quad (2.4.19)$$

巴特沃斯滤波器和次优重力测量滤波器之间的主要区别在于相频特性的状态。最优平滑滤波器的输出幅值由下述公式确定:

$$|\Delta \hat{g}_c(\omega)| = \sqrt{|v(\omega)|^2 \cdot \omega^4 + |\Delta g(\omega)|^2} \frac{1}{1+T^{10}\omega^{10}} \quad (2.4.20)$$

在图 2.4.4、图 2.4.5 中给出了对应于式(2.4.18)至式(2.4.20)不同算法得到的重力异常估计的幅频特性和相频特性,其中,平滑算法的滞后时间间隔为 100s。

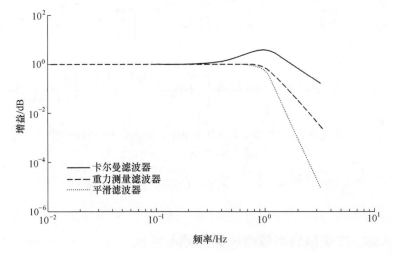

图 2.4.4 对应卡尔曼滤波器、重力测量滤波器、平滑滤波器的重力异常估计的幅频特性曲线
(平滑算法滞后时间为 100s)

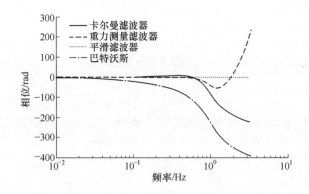

图 2.4.5 对应卡尔曼滤波器、重力测量滤波器、平滑滤波器、巴特沃斯滤波器的重力异常估计的相频特性曲线
(平滑算法滞后时间为 100 s)

### 2.4.4 试验数据处理结果

在 GT-2M 重力仪中同时运行上述 3 个不同时间常数的垂向通道滤波算法，时间常数可由操作人员输入，3 个算法会实时解算出重力异常的 3 个次优平滑估计值。这使得在建立重力异常分布图时可以根据海况来选择垂直通道算法的输出序号。通常情况下，平均时间 $T_a$ 在 300~800s 之间选择，以保证在滤波器最优分辨率下，重力异常估计误差均方差在 0.2~0.3mGal 之间。

在图 2.4.6 中给出了利用 GT-2A 重力仪的 GTGRAV 数据处理软件程序在不同的平均时间时建立的最优平滑滤波器和次优平滑重力测量滤波器的重力异常估计值随时间变化曲线。图中，红色曲线对应的平均时间为 800s，并且在缺乏独立的数据进行足够分辨率的比较时，在分析中可将其视为精确异常值。其余噪声比较大的曲线对应的平均时间为 300s。

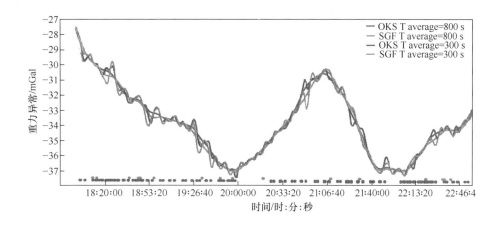

图 2.4.6　（见彩图）在 800s、300s 平均时利用最优平滑滤波器、次优平滑重力测量滤波器得到的重力异常估计曲线

图 2.4.7 给出了利用 GT-2A 重力仪的 GTGRAV 数据处理软件程序在不同的平均时间时建立的最优平滑滤波器和次优平滑重力测量滤波器的重力异常估计误差随时间变化曲线。对于次优平滑滤波器，估计误差均方差约为 0.28mGal，对于最优平滑滤波器，估计误差均方差为 0.24mGal。应该注意，海面较高时会相应降低估计精度。图 2.4.6 和图 2.4.7 中的蓝点表示垂向加速度超过 $0.5g$ 的时刻。重要的是，在 GTGRAV 软件程序中，最优平滑滤波器的计算时间约为 1min，而次优平滑滤波器的计算时间不到 1s。

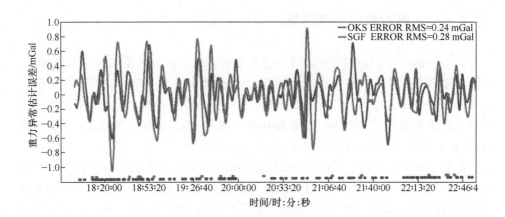

图 2.4.7 （见彩图）在 300s 平均时利用最优平滑滤波器、
次优平滑重力测量滤波器得到的重力异常估计误差曲线
（利用 800s 平均时的估计值作为标准值）

### 2.4.5 小结

本节介绍了一种具有固定滞后时间的次优平滑滤波器的设计方法，其特点是忽略了在估计状态向量的合成滤波器方程中产生的噪声。对于线性随机系统，给出了连续时间内次优平滑滤波器的估计方程和协方差方程，并通过实例对这种滤波器、最佳平滑滤波器和卡尔曼滤波器进行了比较分析。分析结果表明，与最优平滑滤波器相比，次优平滑滤波器不需要额外的计算资源和存储容量，但其精度接近最优平滑滤波器。利用提出的这种方法设计了次优平滑重力测量滤波器，该滤波器对应于利用白噪声第三积分形式描述的重力异常的稳定状态，并且能确定其参数。应该指出，这种重力测量滤波器已被应用到由莫斯科重力测量技术公司（ООО НТП《Гравиметрические технологии》）生产 GT-2M 海洋重力仪中[308]。实际测量数据表明，次优平滑重力测量滤波器表现出很高的精度，包括在高海况情况下。

## 2.5 球面小波分解在航空重力测量与全球重力场模型数据组合处理中的应用

在航空重力测量中，重力异常确定问题包括两个阶段：一是估计测量剖面上重力异常值；二是构建测量区域内的重力异常分布图。后一个阶段通常包括重力异常值的转换运算,包括下半空间的延续、垂线偏差的计算等。为了保证转换的准确性,往往需要重力场的全局域信息,为此,通常将航空重力测量数据与地球全球重力场模型(如 EGM-2008、EIGEN-6C2 等)数据按照球面函数给定的一系列分解系数进行组合处理[405]。在所研究的问题中利用这种分解通常在技术上很困难,因为必须研究一组完整的分解系数。另一种著名的方法称为配置法[405],它以可靠性并不明显的地球重力场先验随机模型为基础。确定局部重力异常比较新的方法是基于具有空间定位性质的某种球面径向(基)函数系(在某希尔伯特空间中是完整的)进行重力场分解[483]。其中,在文献[356]中介绍一种类似分解方法,以在球面上应用尺度函数和小波函数为基础的。本节作者认为,除空间定位性以外,这种方法的另一个重要特点是数据的多尺度表达及以此为基础的数据多尺度分析,由于其中分配了共同的频率范围和空间范围,这为实现数据的频率和空间分解,以及将航空重力测量数据和全球重力场模型数据的组合处理提供了可能性。

本节介绍一种以利用球面多尺度分析方法对航空重力测量数据和地球全球重力场模型数据进行组合处理为基础而设计的局部区域重力异常值的确定方法。开发了一种基于最小二乘法的航空重力测量和全球模型数据的组合处理算法。

本节首先简要介绍基于 Abel-Poisson(阿贝尔-泊松)球面小波多尺度分析方法;然后介绍设计开发的局部重力异常确定方法的各工作阶段,其中,一个阶段解决由航空重力测量数据和地球全球重力场模型数据得到的小波系数的组合处理问题。在组合处理中,假设小波系数(BK)误差是具有已知统计特性的随机值,其统计特性可由航空重力测量数据和全球模型数据确定。将通过小波系数实现的多尺度表达的组合问题转变为按照估计误差方差最小准则确定最优线性无偏估计问题,并根据最小二乘法算法(MHK)以协方差形式求解。本节最后专门讨论利用设计的这种局部重力异常确定方法的算法对实际试验数据进行处理的结果。

## 2.5.1 异常重力场的球面小波分解和多尺度表达

下面给出球面多尺度分析相关概念[356]。假设重力异常值 $\Delta g$ 是被定义在比尔哈默球(Бьерхаммер сфера)外层空间中球面二次积分函数,并表示为尺度函数 $\Phi_J(x,y_s)$ 和尺度系数 $a_J(y_s)$ 在层级 $J$ 上的积分卷积形式[38,356],有

$$\Delta g(x) = \sum_s \omega_s \Phi_J(x,y_s) a_J(y_s) \qquad (2.5.1)$$

式中:$y_s$ 为在半径为 $R$ 的比尔哈默球 $\Omega_R$ 上经度、纬度均匀分布的格网节点;$\omega_s$ 为积分权重;$x \in \mathbf{R}^3$,$|x| = (x^T x)^{1/2} \geqslant R$。

由于需与尺度函数归一化,尺度系数具有加速度维数。根据重力异常分布图所需分辨率来选择层级 $J$($J = 0,1,2,\cdots$)。层级 $J$ 上的尺度函数由下式确定[356],即

$$\Phi_J(x,y) = \sum_{n=0}^{\infty} \phi_J(n) \left(\frac{R}{|x|}\right)^{n+1} \frac{2n+1}{4\pi R^2} P_n(\boldsymbol{\xi}^T \boldsymbol{\eta})$$

式中: $\phi_J(n)$ 为尺度函数符号; $P_n(\boldsymbol{\xi}^T\boldsymbol{\eta})$ 为 $n$ 阶勒让德(Legendre)多项式, $\boldsymbol{\xi} = x/|x|$、$\boldsymbol{\eta} = y/|y|$。

尺度函数 $\phi_J(n)$ 具有以下属性。

(1) 具有轴对称性,即当固定值 $|x|=|y|$ 时,尺度函数仅取决于 $x$、$y$ 两点间的球面距离。

(2) 函数值随 $x$、$y$ 之间球面距离增加而减小。

(3) 函数是球面外层空间的谐波函数。

(4) 当 $J \to \infty$ 时,按照球面二次积分函数希尔伯特(Hilbert)空间 $L^2(\Omega_R)$ 标准,尺度函数趋近于球面上的狄拉克 $\delta$ 函数。

在本书中,用 $\phi_J(n) = \exp(-2^{-J}n)$ 表示 Abel-Poisson 尺度函数,该函数在空间和频域中迅速减小,如图 2.5.1 所示,以初等函数形式表示为

$$\Phi_J(\boldsymbol{x},\boldsymbol{y}) = \frac{1}{4\pi R} \frac{|\boldsymbol{x}|^2 - R^2 b_J^2}{(|\boldsymbol{x}|^2 + R^2 b_J^2 - 2b_J \boldsymbol{x}^T \boldsymbol{y})^{3/2}}, b_J = \exp(-2^{-J}) \quad (2.5.2)$$

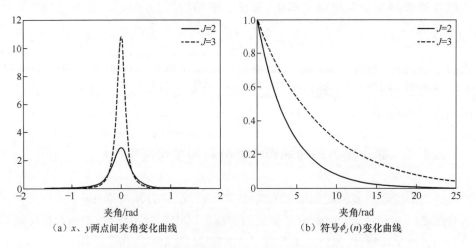

(a) $x$、$y$ 两点间夹角变化曲线　　(b) 符号 $\phi_J(n)$ 变化曲线

图 2.5.1　$J = 2,3$ 时单位球面上的 Abel-Poisson 尺度函数 $\Phi_J(\boldsymbol{x},\boldsymbol{y})$ 随 $x$、$y$ 两点间夹角变化曲线及其符号 $\phi_J(n)$ 变化曲线

按照尺度函数式(2.5.1)的分解是在最大层级上进行。然而,为了实现重力

异常组合处理,方便进行不同层级的分解可称为小波表示或多尺度表示。

重力异常多尺度分析包括小波分解过程和小波重构过程。重力异常小波分解包括计算 $j \leqslant J$ 不同层级上的小波系数,而小波系数包含球面上不同频带内的重力异常信息,可由下述公式确定[356],即

$$c_J(y_s) = a_J(y_s) - \sum_m \omega_m \Phi_J(y_s, y_m) a_J(y_m) \tag{2.5.3}$$

$$c_j(y_{sj}) = \sum_m \omega_m \Psi_j(y_{sj}, y_m) a_J(y_m) \quad j = j_0, \cdots, J-1 \tag{2.5.4}$$

式中:$c_j(y_{sj})$ 为层级为 $j$ 的经度、纬度均匀分布的格网节点 $y_{sj}$ 处的小波系数;$\Psi_j(y_{sj}, y_m)$ 为层级 $j$ 上的 Abel-Poisson 小波函数,由下式确定,即

$$\Psi_j(y_{sj}, y_m) = \Phi_{j+1}(y_{sj}, y_m) - \Phi_j(y_{sj}, y_m)$$

Abel-Poisson 小波函数 $\Psi_j(y_{sj}, y_m)$ 及其符号 $\psi_j(n) = \varphi_{j+1}(n) - \varphi_j(n)$ 的曲线如图 2.5.2 所示,其中,图(a)为 $J = 1$、2 时单位半径球面上的 Abel-Poisson 小波函数与 $x$、$y$ 两点间夹角变化曲线,图(b)为其符号 $\psi_j(n)$ 的变化曲线。

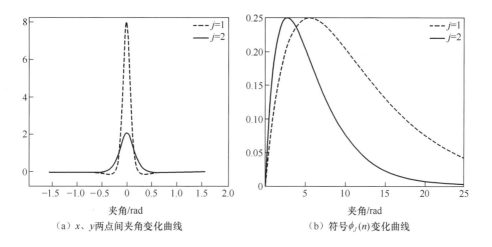

(a) $x$、$y$ 两点间夹角变化曲线　　(b) 符号 $\phi_j(n)$ 变化曲线

图 2.5.2　$J = 1$、2 时单位球面上的 Abel-Poisson 小波函数 $\Psi_J(x,y)$

随 $x$、$y$ 两点间夹角变化曲线及其符号 $\psi_j(n)$ 变化曲线

根据小波系数计算重力异常的重构值由下式确定[356],即

$$\Delta \widetilde{g}(x) = \sum_{j=j_0}^{J} \Delta g_j(x) \tag{2.5.5}$$

式中:$\Delta g_j(x)$ 为层级 $j$ 的重力异常详细分量,按照下述离散形式的积分卷积公式计算,即

$$\Delta g_j(x) = \sum_s \omega_{sj} \Psi_j^{\mathrm{d}}(x, y_{sj}) c_j(y_{sj}) \quad j = j_0, \cdots, J-1 \tag{2.5.6}$$

$$\Delta g_J(x) = \sum_s \omega_s \Phi_J(x, y_s) c_J(y_s) \qquad (2.5.7)$$

式中：$\Delta \tilde{g}$ 为重力异常重构结果；$\Psi_j^d(x, y_s)$ 为对偶小波函数，由下式确定[356]，即

$$\Psi_j^d(x, y_s) = \Phi_{j+1}(x, y_s) + \Phi_j(x, y_s)$$

式(2.5.5)所示的重力异常小波重构结果与式(2.5.1)所示的重力异常值的吻合精度达到式(2.5.3)、式(2.5.4)的二次卷积公式误差。

应该注意,不同层级的 Abel-Poisson 小波函数在球面上二次积分函数空间内并不是正交的,有时也说,它们不允许进行正交多尺度分析。因此,在确定的情况下,不同层级 $j \neq m$ 的重力异常的详细分量 $\Delta g_j$、$\Delta g_m$ 无法单独计算。但是,从随机意义上讲,在小波系数中存在独立随机误差的情况下,这些重力异常分量是相关的,应利用加权最小二乘法对其进行估计。

同样需注意,该方法的优点之一是类似式(2.5.5)的其他异常场泛函参数都可以计算出来,如大地水准面高度、垂线偏差等。为此,应利用具有相应场变换核的卷积结果代替式(2.5.6)、式(2.5.7)中的小波函数。

### 2.5.2 利用多尺度表达法根据航空重力测量信息和全球重力场模型确定局部重力异常的方法

图 2.5.3 给出了根据航空测量数据和地球全球重力场模型确定局部重力异常方法的框图。

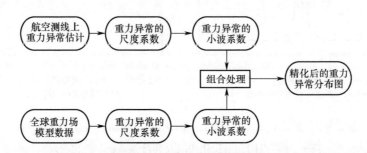

图 2.5.3　航空测量数据与全球重力场模型组合处理示意图

设计方法包括以下 5 个阶段。

(1) 第一阶段,在最大层级 $J$ 上根据 Abel-Poisson 尺度函数估计重力异常分解尺度系数(CK),相应的重力异常分布图可达到的分辨率根据航空重力测量值确定。利用信息形式的递推最小二乘法根据测线序号逐步递推,协方差形式不适用,因为在初始迭代时无法确定协方差矩阵。由于任务条件差,尺度系数向量估计的信息矩阵正则化放在递推的最后一步进行。

(2) 第二阶段,根据第一阶段尺度系数的估计值,计算不同层级 $j \leqslant J$ 上的小波系数(BK)。

(3) 第三阶段,根据不同层级 $j \leqslant J_{\mathrm{glob}}$ 上的地球全球重力场模型数据计算重力异常小波系数,其中,$J_{\mathrm{glob}}$ 的值由地球全球重力场模型的最大分辨率决定。

(4) 第四阶段,将由航空重力测量数据和地球全球重力场模型数据得到的小波系数在一般层级上进行组合。

(5) 第五阶段,根据小波系数估计的组合结果重构异常值估计值(如重力场其他泛函参数)。

下面详细叙述上述方法各阶段。在该方法第一阶段,将利用重力测量滤波器平滑后的记录在离散时刻 $t_{ik}$ ( $i=1,2,\cdots,M_k$ )的各测线上重力异常航空测量值作为所解决问题的原始数据[250,308],其中,$K$ 为航线号,$k=1,2,\cdots,K$;$M_k$ 为第 $k$ 条航线的测量次数。此处为简化,假设滤波器是稳定的,在时间上由加权函数 $h_{\mathrm{f}}(t_{ik}-t_{mk})$ 来表示。假设滤波器载波,即 $h_{\mathrm{f}}(t_{ik}-t_{mk}) \neq$ 的时刻数 $t_{mk}$ 是有限的,并且等于 $2M+1$。

滤波器在时间上的分辨率以截止频率 $\omega_{\mathrm{cut}}$ 为特征,而在空间上的分辨率定义为波长 $L=2\pi V/\omega_{\mathrm{cut}}$ 的 $1/2$,其中,$V$ 为载体飞行速度。第 $k$ 条航线上 $t_{ik}$ 时刻的重力异常航空测量平滑模型 $\Delta g'_k(t_{ik})$ 可以表示为

$$\Delta g'_k(t_{ik}) = \sum_{m=i-M}^{i+M} h_{\mathrm{f}}(t_{ik}-t_{mk})\Delta g(x(t_{mk})) + \delta g_k(t_{ik}) \tag{2.5.8}$$

式中:$\Delta g$ 为自由空气真实重力异常值;$x(t_{mk}) \in \mathbf{R}^3$ 为在地心坐标系中第 $k$ 条航线上测量点的坐标;$\delta g_k(t_{ik})$ 为测量误差。

现在假设如下。

(1) 根据卫星导航系统数据可精确确定测量点的坐标。

(2) 测量误差 $\delta g_k(t)$ 是一个均值为零、相关函数可由重力仪敏感元件、卫星导航系统和重力测量滤波器性能决定的随机过程。

(3) 不同航线上的测量误差不相关。

将式(2.5.1)代入式(2.5.8),可得

$$\Delta g'_k(t_{ik}) = \sum_{m=i-M}^{i+M} h_{\mathrm{f}}(t_{ik}-t_{mk}) \sum_s \omega_s \Phi_J(x(t_{mk}),y_s) a_J(y_s) + \delta g_k(t_{ik})$$

$$\tag{2.5.9}$$

式中:$i=1,2,\cdots,M_k$、$k=1,2,\cdots,K$;层级 $J$ 由上述重力异常分布图期望的空间分辨率确定。

在式(2.5.9)中的尺度系数节点 $y_s$ 定义在比尔哈默球 $\varOmega_R$ 球面上,其半径 $R$ 等于地心到航线上测点的最小距离。由于式(2.5.9)中的尺度函数具有快速下降的

特性,在进行内部求和时,只需要考虑在 $x(t_{mk})$ 点某邻域中的节点 $y_s$ 就足够了,而邻域的大小根据尺度函数的下降速度和重力异常场分布图的精度要求来选择。由航空测线确定的尺度系数节点集合的实例如图 2.5.4 所示。

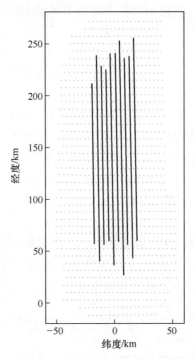

图 2.5.4 在经度-纬度圈平面
上的测线(实线)确定的尺度系数节点集合

将式(2.5.9)所示第 $k$ 条测线上航空测量的平滑模型写成向量形式,即

$$\Delta \boldsymbol{g}'_k = \boldsymbol{H}_k \boldsymbol{a}_{kJ} + \delta \boldsymbol{g}_k \quad k = 1,2,\cdots,K \quad (2.5.10)$$

式中: $\Delta \boldsymbol{g}'_k = (\Delta g'_k(t_{1k}),\cdots,\Delta g'_k(t_{M_k k}))^{\mathrm{T}}$ 为 $M_k \times 1$ 维测量向量; $\delta \boldsymbol{g}_k = (\delta g_k(t_{1k}),\cdots,\delta g_k(t_{M_k k}))^{\mathrm{T}}$ 为 $M_k \times 1$ 维测量向量的误差; $\boldsymbol{a}_{kJ}$ 为对应第 $k$ 条测线的尺度系数 $a_J(y_s)$ 在节点 $y_s$ 上的 $N_k \times 1$ 维未知尺度系数向量。用符号 $\boldsymbol{H}_k$ 表示 $M_k \times N_k$ 维矩阵,该矩阵由式(2.5.9)中的滤波器权重函数的值 $h_f(t_{ik} - t_{mk})$、权重 $\omega_s$ 和节点 $y_s$ 上尺度函数 $\Phi_J(x(t_{mk}),y_s)$ 的乘积之和组成,即

$$\boldsymbol{H}_k = \begin{bmatrix} w_1(t_{1k}) & \cdots & w_{N_k}(t_{1k}) \\ \vdots & & \vdots \\ w_1(t_{M_k k}) & \cdots & w_{N_k}(t_{M_k k}) \end{bmatrix}$$

$$w_s(t_{1k}) = \omega_s \sum_{m=i-M}^{i+M} h_f(t_{ik} - t_{mk}) \Phi_J(x(t_{mk}),y_s)$$

引入一个协方差矩阵 $\boldsymbol{R}_k = E[\delta \boldsymbol{g}_k \delta \boldsymbol{g}_k^{\mathrm{T}}]$，根据假设已知的航空重力测量误差相关函数确定。需要注意，当 $k \neq m$ 时，$E[\delta \boldsymbol{g}_k \delta \boldsymbol{g}_m^{\mathrm{T}}] = 0$。下面，根据式(2.5.9)利用准则如下的广义最小二乘法解决尺度系数 $a_{kJ}$ 的估计问题，即

$$\sum_{k=1}^{K} \| \Delta \boldsymbol{g}'_k - \boldsymbol{H}_k \boldsymbol{a}_{kJ} \|^2_{\boldsymbol{R}_k^{-1}} = \sum_{k=1}^{K} (\Delta \boldsymbol{g}'_k - \boldsymbol{H}_k \boldsymbol{a}_{kJ})^{\mathrm{T}} \boldsymbol{R}_k^{-1} (\Delta \boldsymbol{g}'_k - \boldsymbol{H}_k \boldsymbol{a}_{kJ}) \to \min_{\boldsymbol{a}_{kJ} \in \boldsymbol{R}^{N_k}}$$
(2.5.11)

因为所求尺度系数的节点 $y_s$ 在球面 $\Omega_R$ 的下半部给出，所以式(2.5.11)所示估计问题实质上是重力场向下半球面空间扩展的问题[356]。因此，该问题属于反向不适定问题[259]。可以利用信息形式的递推最小二乘法根据测线序号 $k$ 以递推步长确定式(2.5.11)的解[398]，即

$$\boldsymbol{Q}_k = \boldsymbol{Q}_{k+1} + \boldsymbol{I}_k^{\mathrm{T}} \boldsymbol{H}_k^{\mathrm{T}} \boldsymbol{R}_k^{-1} \boldsymbol{H}_k \boldsymbol{I}_k \quad k = 1, \cdots, K \quad (2.5.12)$$

$$\boldsymbol{b}_{(k)} = \boldsymbol{b}_{k-1} + \boldsymbol{I}_k^{\mathrm{T}} \boldsymbol{H}_k^{\mathrm{T}} \boldsymbol{R}_k^{-1} \Delta \boldsymbol{g}'_k \quad (2.5.13)$$

初始条件是 $\boldsymbol{Q}_0 = 0$、$\boldsymbol{b}_0 = 0$。式中：$\boldsymbol{Q}_k$ 为向量 $\boldsymbol{a}_J \in R^N$ 的 $N \times N$ 维信息矩阵，该矩阵由测量的所有 $K$ 条测线数据确定的尺度系数组成；$\boldsymbol{b}_{(k)}$ 为向量 $\boldsymbol{a}_J$ 的信息估计；$\boldsymbol{I}_{(k)}$ 为向量 $\boldsymbol{a}_J$ 在尺度系数子集上的 $N_k \times N_k$ 维投影矩阵，其只与第 $k$ 条航线相关，满足：$\boldsymbol{I}_k \boldsymbol{a}_J = \boldsymbol{a}_{KJ}$。

式(2.5.12)和式(2.5.13)所示算法1的形式是针对给定的 $K$ 条测线集合，因此，针对的是已知且固定维度的状态向量。但是，在实际应用中该算法形式更为方便，当有新的测线加入处理时，在算法中会自动增加被估计的尺度系数向量的维数。式(2.5.12)和式(2.5.13)所示算法为

$$\boldsymbol{Q}_{(k)} = \begin{bmatrix} \boldsymbol{Q}_{(k+1)} & 0 \\ 0 & 0 \end{bmatrix} + \boldsymbol{I}_{(k)}^{\mathrm{T}} \boldsymbol{H}_k^{\mathrm{T}} \boldsymbol{R}_k^{-1} \boldsymbol{H}_k \boldsymbol{I}_{(k)} \quad k = 1, 2, \cdots \quad (2.5.14)$$

$$\boldsymbol{b}_{(k)} = \begin{bmatrix} \boldsymbol{b}_{(k-1)} & 0 \\ 0 & 0 \end{bmatrix} + \boldsymbol{I}_{(k)}^{\mathrm{T}} \boldsymbol{H}_k^{\mathrm{T}} \boldsymbol{R}_k^{-1} \Delta \boldsymbol{g}'_k \quad (2.5.15)$$

初始条件 $\boldsymbol{Q}_{(0)} = 0$、$\boldsymbol{b}_{(0)} = 0$。

式中：$\boldsymbol{Q}_{(k)}$ 为由 $k$ 条测线上测量数据确定的 $N_{(k)} \times N_{(k)}$ 维信息矩阵；$\boldsymbol{b}_{(k)}$ 为尺度系数向量的信息估计；$\boldsymbol{I}_{(k)}$ 为由 $k$ 条测线上测量数据确定的尺度系数向量在尺度系数子集上的 $N_{(k)} \times N_{(k)}$ 维投影矩阵，其只与第 $k$ 条测线相关。

$N_k \times 1$ 维的尺度系数向量 $\boldsymbol{a}_J$ 的估计在第 $K$ 步递推后由方程 $\boldsymbol{b}_{(k)} = \boldsymbol{Q}_{(k)} \boldsymbol{a}_J$ 的解确定。根据信息矩阵 $\boldsymbol{Q}_{(k)}$ 计算估计误差的协方差矩阵。信息矩阵 $\boldsymbol{Q}_{(k)}$ 可能是条件比较差的状态。将尺度系数估计误差的协方差矩阵的估计 $\widetilde{\boldsymbol{P}}_{\delta \boldsymbol{a}_J}$ 定义为正则化信息矩阵的逆，有

$$\widetilde{\boldsymbol{P}}_{\delta \boldsymbol{a}_J} = (\boldsymbol{Q}_{(K)} + \mu^2 \boldsymbol{I})^{-1} \quad (2.5.16)$$

式中：$\boldsymbol{I}$ 为 $N_{(k)} \times N_{(k)}$ 维单位矩阵；$\mu$ 为正则化参数。

尺度系数向量 $a_J$ 的估计 $\tilde{a}_J$ 定义为

$$\tilde{a}_J = \widetilde{P}_{\delta a_J} b_{(K)} \qquad (2.5.17)$$

下面讨论矩阵正则化参数 $\mu$ 的选择问题。

在该方法的第二阶段,对航空重力测量数据进行小波分解[356],包括根据确定的尺度系数的估计值 $\tilde{a}_J(y_s)$ 计算在不同层级 $j \leqslant J$ 上的小波系数。此阶段的必要性在于,航空重力测量数据和地球全球重力场模型具有不同的空间分辨率(就多尺度分析而言,就是不同的最大层级)。在进行小波分解之后,使得在一般层级上将航空重力测量数据和地球全球重力场模型的小波系数进行组合成为可能。需要指出,小波系数可以解释为异常数据带通滤波的结果。

用 $\tilde{c}_j(y_{sj})$ 表示由式(2.5.3)、式(2.5.4)根据尺度系数估计值 $\tilde{a}_J(y_s)$ 在 $j = j_0, \cdots, J$ 不同层级上计算求得的小波系数。用 $\tilde{c}_j$ 表示 $N_j \times 1$ 维的小波系数向量,并将式(2.5.3)、式(2.5.4)表示为向量形式: $\tilde{c}_j = U_j \tilde{a}_J$,其中, $U_j$ 为格网节点上小波函数值和积分权重乘积构成的 $N_j \times N_j$ 维矩阵。从航空重力测量数据中得到的小波系数向量估计误差的协方差矩阵 $\widetilde{P}_j$ 由尺度系数估计误差的协方差矩阵估计值 $\widetilde{P}_{\delta a_J}$ 按照下式计算,即

$$\widetilde{P}_j = U_j \widetilde{P}_{\delta a_J} U_j^{\mathrm{T}} \quad j = j_0, \cdots, J \qquad (2.5.18)$$

在该方法的第三阶段,对全球重力场模型的数据进行小波分解,即利用式(2.5.3)、式(2.5.4)在 $j = j_0, \cdots, J_{\text{glob}}$ 的不同层级上计算重力异常值的小波系数 $c_j^{\text{glob}}$ 及其误差协方差矩阵 $P_j^{\text{glob}}$,其中,尺度系数 $a_{J_{\text{glob}}}(y_s)$ 利用下述尺度分解公式计算,即

$$a_{J_{\text{glob}}}(y_s) = \sum_p \omega_p \Phi_{J_{\text{glob}}}(y_s, y_p) \Delta g_{\text{glob}}(y_p) \qquad (2.5.19)$$

式中: $y_s$、$y_p$ 为式(2.5.1)中的格网节点; $J_{\text{glob}}$ 为由全球重力场模型数据的空间分辨率确定的全球模型最大层级; $\Delta g_{\text{glob}}(y_p) = g_{\text{glob}}(y_p) - g_0(y_p)$ 为重力异常, $g_{\text{glob}}$ 为根据全球重力场模型的球谐系数计算求得的重力值, $g_0$ 为在航空重力测量中根据测线上实际测量数据估计重力异常时按照标准重力公式计算求得的标准重力值。

需要注意的是,目前全球重力场模型的最大层级低于航空重力测量值的最大层级。

协方差矩阵 $P_j^{\text{glob}}$ 是根据全球重力数据误差协方差矩阵 $E[\delta g_{\text{glob}} \delta g_{\text{glob}}^{\mathrm{T}}]$ 计算出来的,该重力误差的协方差矩阵是由给定的全球重力场模型球面谐振系数均方误差估计值来计算的。

在该方法的第四阶段,主要在一般层级上对航空重力测量数据和地球全球重力场模型的多尺度表达进行组合,下面将对它进行详细讨论。

在该方法的第五阶段,根据组合的结果,对重力异常值(如重力场其他泛函参数)的估计进行重构。

### 2.5.3 根据航空重力测量数据和全球重力场模型进行重力异常多尺度表达的组合

下面以小波系数多尺度表达形式给出航空重力测量数据和地球全球重力场模型基于特定统计假设的组合算法。

首先分析层级 $j$ ($j=j_0,\cdots,J_{\text{glob}}$)。先根据地球全球重力场模型数据对从航空重力测量值中得到的 $N_j \times 1$ 维小波系数向量 $\tilde{c}_j$ 及其协方差矩阵进行精确。用 $\tilde{c}_j = c_j + \delta c_j$ 表示上述小波系数向量估计值,其中,$c_j$ 为真实小波系数向量,$\delta c_j$ 为小波系数随机误差向量,其数学期望为零,而协方差矩阵 $\widetilde{P}_j = E[\delta c_j \delta c_j^{\text{T}}]$ 由航空重力测量数据根据式(2.5.18)确定。

用 $c_j^{\text{glob}}$ 表示 $N_j \times 1$ 维的重力异常小波系数向量,用 $P_j^{\text{glob}}$ 表示向量误差的 $N_j \times N_j$ 维协方差矩阵,它们均由不同层级 $j=j_0,\cdots,J_{\text{glob}}$ 上的全球重力场模型数据计算求得。由于航空重力测量数据通常比全球模型数据空间分辨率高,因此对应的最大数据层级满足不等式 $J_{\text{glob}} \leq J$。进一步用 $c_j^{\text{glob}} = c_j + \delta c_j^{\text{glob}}$ 表示全球重力场模型数据的小波系数向量,其中,$\delta c_j^{\text{glob}}$ 为数学期望为零、协方差矩阵 $P_j^{\text{glob}} = E[\delta c_j^{\text{glob}} (\delta c_j^{\text{glob}})^{\text{T}}]$ 的小波系数随机误差向量。假设矩阵 $\widetilde{P}_j + P_j^{\text{glob}}$ 是正定阵,同时,无论是航空重力测量数据的小波系数误差,还是全球重力场模型数据的小波系数误差,在不同层级上都是不相关的。将一般层级 $j=j_0,\cdots,J_{\text{glob}}$ 上根据向量 $c_j^{\text{glob}}$ 对向量 $c_j$ 的估计值 $\tilde{c}_j$ 进行精确的问题作为形如 $F_{1j}\tilde{c}_j + F_{2j}c_j^{\text{glob}}$ 的线性估计的小波系数向量 $c_j$ 的最优估计问题来给出,其中,$F_{1j}$、$F_{2j}$ 是任意的 $N_j \times N_j$ 维矩阵。

利用不同层级 $j$ 的所有矩阵 $F_{1j}$、$F_{2j}$ 对应第二时刻估计误差的保证值最小作为准则,即满足

$$\sup_{c_j \in R^{N_j}} E[\| c_j - F_{1j}\tilde{c}_j - F_{2j}c_j^{\text{glob}} \|^2] \to \min_{F_{1j},F_{2j}} \quad j=j_0,\cdots,J_{\text{glob}} \quad (2.5.20)$$

假设未知向量 $c_j$ 是确定的。将估计误差第二时刻表达式变换后,不难证明,式(2.5.20)可以简化为

$$\text{tr}(F_{1j}\widetilde{P}_j F_{1j}^{\text{T}} + F_{2j}P_j^{\text{glob}} F_{2j}^{\text{T}}) \to \min_{F_{1j}+F_{2j}=I_j} \quad (2.5.21)$$

式中:tr 为矩阵的迹;$I_j$ 为 $N_j \times N_j$ 维单位矩阵。

当 $j = j_0, \cdots, J_{glob}$ 时,式(2.5.21)的解与向量 $c_j$ 的最优估计通过最小二乘算法以协方差形式确定[398],即

$$\begin{cases} \tilde{c}_j^+ = (I - \tilde{F}_{2j}) \tilde{c}_j + \tilde{F}_{2j} c_j^{glob} \\ \tilde{P}_j^+ = (I - \tilde{F}_{2j}) \tilde{P}_j \\ \tilde{F}_{2j} = \tilde{P}_j (\tilde{P}_j + P_j^{glob})^{-1} \end{cases} \quad (2.5.22)$$

式中:$\tilde{c}_j^+$ 为向量 $c_j$ 的估计结果;$\tilde{P}_j^+$ 为估计误差协方差矩阵。

应该注意,式(2.5.20)所示问题解决方法实际上是一种数学中的配置法(collocation method),只是在小波系数空间内进行的,不需要明确重力异常值随机特性的先验假设。

### 2.5.4 实时测量数据处理结果

上述研究利用式(2.5.22)所示组合算法来确定局部重力异常的方法应用于北极地区航空重力测量数据处理。利用俄罗斯科学院地球物理研究所(ИФЗ РАН)的GT-1A 重力仪[136]完成航空重力测量及处理。另外,在飞机上同时还利用 Chekan-AM 重力仪进行了相同的测量工作[146,214]。重力测量滤波器的分辨率为 5km,其信息输出频率为 1Hz。滤波前的测量误差大致与频率为 1Hz、标准差为 50mGal 的白噪声模型对应。测量区域的地理纬度为北纬 73°~77°。测量过程平均飞行高度为 3700m。在计算标准重力时利用了赫尔默特(Helmert)重力公式[63]。在该方法的第一阶段,利用式(2.5.14)、式(2.5.15)所示算法,根据航空重力测量数据在大约对应滤波器分辨率的最大层级 $j = 11$ 上对重力异常的尺度系数 $a_j$ 进行估计。在处理过程中利用了间距为 1km 的 40 条南—北向测线。在半径为 $R = 6358$km 的球体上,尺度系数的节点对应经度间距为 1km、纬度间距为 1.4km 的格网。在式(2.5.9)中尺度系数的求和邻域半径选为 20km。在式(2.5.16)中

的信息矩阵 $Q_{(K)}$ 的正则化调整参数 $\mu$ 是由各条测线上尺度系数估计值 $\tilde{a}_J$ 按照式(2.5.1)还原的异常估计值的近似原则选定,并在均方根误差不低于 0.5mGal 时,尺度系数估计值 $\tilde{a}_J$ 按照式(2.5.17)由原始航空重力测量数据计算得到。

该方法的第二阶段,利用尺度系数的估计值 $\tilde{a}_J$,按照式(2.5.3)、式(2.5.4)和式(2.5.18)计算层级 $j$ 为 9、10、11 上小波系数估计值 $\tilde{c}_j$ 及其误差协方差矩阵。根据各测线上小波系数 $\tilde{c}_j$ 得到的式(2.5.5)所示的重力异常的小波重构均方根误差值约为 0.65mGal。

在进行组合处理时,使用了在分解时谐波达到 1800 阶的全球地球重力场模型

EGM-2008,该模型的最大谐波阶次为 2190,标称空间分辨率为 9.3km×9.3km。在该方法的第三阶段,根据 EGM-2008 模型的数据计算层级 $j$ 为 9、10 上小波系数 $c_j^{\text{glob}}$ 和其误差协方差矩阵。表 2.5.1 中给出了全球重力场模型 EGM-2008 数据小波系数和航空重力测量数据小波系数的均方根误差值。

表 2.5.1　全球重力场模型数据和航空测量数据小波系数的均方根误差

| 层级 $j$ | 小波系数均方根误差/mGal | | |
| --- | --- | --- | --- |
| | 全球重力场模型数据 | 航空重力测量数据（测量区域内） | 航空重力测量数据（整个测量区域） |
| 9 | 6.3 | 3.0 | 30.0 |
| 10 | 13.0 | 11.0 | 70.0 |

在该方法的第四阶段,按照式(2.5.22)所示的最优最小二乘法完成小波系数 $\tilde{c}_j$ 和 $c_j^{\text{glob}}$ 的组合。在该方法的最后阶段(第五阶段),根据小波系数的估计值计算测量区域参考椭球体表面上 1.5km × 1.5km 的格网节点处自由空气重力异常值估计。

在图 2.5.5 中给出了在测量区域参考椭球体表面上格网节点处构建的自由空气重力异常图,其中,图 2.5.5(a)所示为根据最大层级 $j$ = 11 上的航空重力测量数据得到的尺度系数估计构建的异常值和测量线,图 2.5.5(b)所示为根据组合的小波系数构建的异常值,图 2.5.5(c)所示为根据全球模型 EGM-2008 的数据构建的异常值。由图可见,根据航空重力测量数据得到的尺度系数估计值构建的重力异常值和由组合的小波系数构建的异常值在东西方向比较平滑,这是因为测量线间距小于重力测量滤波器的空间分辨率。

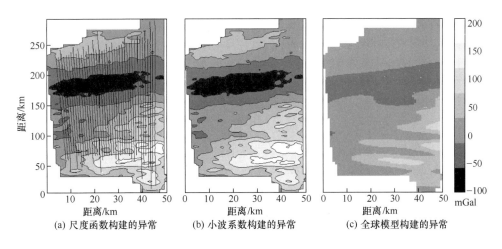

(a) 尺度函数构建的异常　　(b) 小波系数构建的异常　　(c) 全球模型构建的异常

图 2.5.5　在测量区域参考椭球体表面上格网节点处自由空气重力异常曲线图

在图 2.5.6 中给出了单条测线上重力异常变化曲线图。由原始航空重力测量数据得到的尺度系数 $a_j$ 构建的重力异常值(实线)和由组合结果得到的小波系数构建的异常值(虚线)之差的均方根误差为 5.4 mGal。

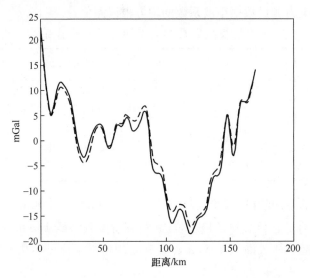

图 2.5.6 在单条测线上自由空气重力异常曲线图

### 2.5.5 小结

本章研究了在根据航空测线上异常估计值和地球全球重力场模型数据确定航测区域内局部重力异常问题中利用球面小波分解多尺度表达方法的可能性。针对上述问题设计了一种解决方法,并介绍了其对实际测量数据的应用结果,证明了该方法的有效性。测试了一种基于最小二乘法的航空重力测量数据和地球全球重力场模型数据组合处理算法。结果表明,组合处理得到的重力异常估计值在东西方向上比较平滑,这是因为重力测量滤波器的空间分辨率比由测线分布密度决定的航空测量数据在东西方向的空间分辨率差。

应该注意,上述方法的实现算法可以利用飞行高度上重力异常航空重力测量值解决参考椭球体表面重力异常局部确定逆向错误的问题。结果表明,根据航空重力测量数据确定的小波系数得到的测线上重力异常重构的均方根误差不超过 0.7mGal。需要注意的是,提出的这种算法与在不同类型数据组合问题中通常使用在基于配置法的算法相比,具有一定优势,因为对重力异常值的特性不需要进行任何特定统计假设。

# 第3章
# 垂线偏差的确定和解算方法

本章主要介绍垂线偏差的确定和解算方法,共分为3节。

3.1 节主要叙述动基座条件下垂线偏差的确定方法。其中,重点关注直接测量重力异常的重力测量法、对比天文坐标和大地测量坐标的天文大地测量法及改进后的惯性大地测量法。此外,还分析了基于测量重力位二阶导数的重力梯度测量法、测量轨迹高度的卫星或飞机测量数据反演法、利用全球重力场模型的卫-卫跟踪法和其他卫星计划等方法确定垂线偏差,同样也介绍了将上述各方法有效组合后确定垂线偏差的方法,如天文重力测量法。给出了上述垂线偏差确定方法的结构化分类特征系,并进行了特性对比分析。

3.2 节主要介绍利用天文大地测量方法确定垂线偏差分量。重点叙述了由俄罗斯中央科学电器研究所研制的自动天顶望远镜,主要用于在飞行条件下观测星空近地段确定垂线偏差分量。讨论了天顶望远镜的运行原理、组成部件的主要参数、观测结果处理算法、精度特性等。给出实际研究结果,证实提出的这种技术解决方案和观测数据处理算法有效。同时也证明,可以利用这种由俄罗斯中央科学电器研究所研制的自动天顶望远镜对垂线偏差进行高精度确定。

3.3 节主要介绍垂线偏差的惯性大地测量法。讨论了该方法的通用思想及特点,重点介绍该方法在高纬度应用的可能性。在研制专用组合系统的框架内给出解决高纬度应用问题的方案,组合系统中包括精密惯性测量组件和基座天线长度为 6m 的双天线卫星导航系统接收机(卫导罗经)。叙述了解算法,给出了利用半实物仿真平台对俄罗斯中央科学电器研究所研制的卫导罗经海试结果进行的精度估计。

## 3.1 动基座条件下垂线偏差确定方法

为了保证高精度导航、进行大地测量等活动,需要获知地球重力场相关参数。从传统意义上讲(见附录),这些参数包括准大地水准面高度 $\zeta$(ВКГ)、重力异常 $\Delta g$ 和垂线偏差(УОЛ)。确定垂线偏差可以更充分认知地球的形状、地表以下质量分布不均匀情况,解决高等物理大地测量学中的膨胀问题,提高高精度海上导航设备的定位精度等。

由于地球表面特性及其内部构造复杂,在地球物理表面上的某点处实际重力加速度向量方向(垂线方向)与标准重力加速度向量方向不一致,二者之差即称为垂线偏差(或铅垂线倾斜)。天文大地测量垂线偏差和重力测量垂线偏差之间是有区别的[196]。通常情况下,垂线偏差由两个分别处于当地子午面上的偏角 $\xi$ 和卯酉圈平面上的偏角 $\eta$ 的组合确定[272]。关于垂线偏差更详细的术语定义可参见附录。

在地球表面附近垂线偏差大小在几个角秒至 $1'$ 之间。对于高精度导航来说,要求垂线偏差的确定误差不应超过 $0.5''\sim1''$。在静基座条件下,垂线偏差的这种确定精度完全能够满足,但是在运动载体上进行测量时要保证该精度将非常困难[10,211]。

目前,提出并已在硬件上实现的垂线偏差确定方法有多种,对比研究分析这些方法时需要充分考虑其在动基座条件下的应用特点。此外,还应该注意,垂线偏差的所有测量值均是通过间接方法得到,而垂线偏差的大小既可以实时解算,也可以在对测量数据进行后处理时求得。此时,建立测量设备稳定的运行条件、利用多种(硬件和软件)误差平滑算法具有重要意义。

为了将合理的电路和技术解决方案以及数据处理过程中各种软件算法进行分析、优化组合,将与确定垂线偏差现有方法有关的多种信息以所选特征(标志)为基础给出分类方案是合理的。在各种分类特征多样化组合的情况下,研究设计测量设备组合体的可行性方案,能够涵盖大范围原理和技术解决方案,同样也可以通过利用将不同组合模式下的各部分进行重新组合配置来进一步推动设计新的测量方案。

本节主要内容是结合(考虑)所选分类特征对动基座条件下确定垂线偏差的不同方法进行比较分析。

### 3.1.1 确定垂线偏差的主要方法

在高等大地测量学中,传统上将研究地球形状和重力场的方法划分为几何方法和物理方法(或称为重力测量方法),可以根据被测量值的特征对这些方法加以分类[175,196,501]。在几何测量方法中长度和角度的测量值为原始测量信息,而在重力测量方法中重力测量值为原始测量信息。按照原始测量信息的特征加以区分,对于在运动载体(卫星、飞机、舰船等)上确定垂线偏差还不够充分,此时,还必须考虑如载体的动态特性、信息处理算法等其他特征。

目前,被广泛应用的确定垂线偏差的主要方法包括以下几种。

(1) 基于测量重力异常值的重力测量法。

（2）基于对比天文坐标和大地测量坐标(测地坐标)的天文大地测量法。

（3）基于利用精密惯性导航系统和卫星导航系统输出信息的惯性大地测量法。

（4）基于测量重力位二阶导数的重力梯度测量法。

（5）基于测量轨迹高度的卫星或飞机测高反演法。

（6）以卫-卫跟踪技术及上述其他方法组合为基础,利用全球重力场模型确定垂线偏差的方法。

除了以上所列方法外,还可以利用地球重力场各分量之间已知的相关性进行各方法组合配置来确定垂线偏差,如天文重力测量法。

下面简单介绍上述方法。

在海上确定垂线偏差的众多方法中,以获得并处理大量地球重力场异常数据为基础的重力测量法为主。1923年,荷兰科学家F. A. 韦宁-迈内兹(F. A. Vening-Meinesz)首次成功地在潜水艇上进行了重力测量。这种确定垂线偏差的方法(重力测量法)是俄罗斯联邦国内进行轨迹测量或区域测量的传统方法[39,82,129,133,188]。该方法以求解扰动重力位的拉普拉斯方程数值解为基础,需要专业处理大量原始测量数据。可以利用表3.1.1中给出的韦宁-迈内兹式(3.1.1)根据重力测量数据求得垂线偏差值。重力异常值$\Delta g$及相应的大地坐标$B$、$L$是解算垂线偏差的原始信息。同海洋重力测量相比,航空重力测量作业效率更高,此时可观测的异常值波长更长,曲线比较平滑。

动态条件下测量垂线偏差的天文大地测量法是以在测线或区域测量范围内给定点处不相关的天文坐标和大地坐标的测量值为基础[267,379,413,467]。为了确定垂线偏差,必须不断地按照表3.1.1中的式(3.1.2)将大地测量仪表的信息与天文坐标测量系统解算的角度值进行比较。在动态条件下,可以利用天文导航系统或天顶望远镜等精密系统测量天文坐标,而为了精确测量大地坐标,卫星导航系统则是不可替代。

表3.1.1中各符号定义如下:

$\xi$、$\eta$——分别为垂线偏差在当地子午圈平面和卯酉圈平面上的分量;

$B$、$L$——大地测量纬度和经度(测地纬度和经度);

$\varphi_A$、$\lambda_A$——天文纬度和经度;

$\zeta$——准大地水准面高度;

$\partial \zeta$——准大地水准面高度变化量;

$T_{ij}(i,j=x,y,z)$——重力位二阶导数张量各分量;

$\Delta x$、$\Delta y$、$\Delta z$——载体坐标增量(见附录);

$Q(\psi)$——韦宁-迈内兹函数(公式);

$\psi$——由研究点到当前点的球面距离;

$A$——当前点的测地方位;

$\Delta g = (g - r)$ ——重力仪测得的重力异常值;

$g$、$r$ ——解算点处实际重力加速度和标准重力加速度值;

$R$ ——地球平均半径;

$a$ ——旋转椭球体的长半轴;

$\varphi$、$\lambda$、$r$ ——质点球面地心坐标(纬度、经度、矢径);

$fM$ ——引力常数 $f$ 与地球质量 $M$ 的乘积;

$\overline{P}_{nm}$ ——标准勒让德函数;

$\overline{C}_{nm}$、$\overline{S}_{nm}$ ——归一化分解系数。

表 3.1.1 不同方法中垂线偏差参数与被测参数之间的解析关系式

| 解析表达式 | 测量参数 |
|---|---|
| 重力测量法[196] | |
| $\begin{cases} \xi = -\dfrac{1}{2\pi}\int_0^\pi\int_0^{2\pi}\Delta g Q(\psi)\cos A\mathrm{d}\psi\mathrm{d}A \\ \eta = -\dfrac{1}{2\pi}\int_0^\pi\int_0^{2\pi}\Delta g Q(\psi)\sin A\mathrm{d}\psi\mathrm{d}A \\ \dfrac{\partial\psi}{\partial B} = -\cos A, \dfrac{\partial\psi}{\partial L} = -\cos B\cos A \end{cases}$ (3.1.1) | $B, L, \Delta g$ |
| 天文大地测量法[196] | |
| $\xi = \varphi_A - B, \eta = (\lambda_A - L)\cos B$ (3.1.2) | $B, L, \varphi_A, \lambda_A$ |
| 重力梯度测量法[10] | |
| $\begin{cases} \xi = \xi_0 - 1/\gamma(T_{xx}\Delta x + T_{xy}\Delta y + T_{xz}\Delta z) \\ \eta = \eta_0 - 1/\gamma(T_{xy}\Delta x + T_{yy}\Delta y + T_{yz}\Delta z) \end{cases}$ (3.1.3) | $T_{xx}, T_{yy}, T_{xy}, T_{xz}, T_{yz}$ $\Delta x, \Delta y, \Delta z$ |
| 高度测量法[272] | |
| $\begin{cases} \xi = -(1/R)(\partial\zeta/\partial B), \varphi_A - B \\ \eta = -(1/R\cos B)(\partial\zeta/\partial L) \end{cases}$ (3.1.4) | $\partial\zeta, \partial B, \partial L$ |
| 全球重力场模型(卫星工程)[138] | |
| $\begin{cases} \xi = -\dfrac{fM}{\gamma r^2}\sum_{n=2}^N\left(\dfrac{a}{r}\right)^n\sum_{m=0}^n\dfrac{\mathrm{d}\overline{P}_{nm}(\sin\varphi)}{\mathrm{d}\varphi}(\overline{C}_{nm}\cos m\lambda + \overline{S}_{nm}\sin m\lambda) \\ \eta = -\dfrac{fM}{\gamma r^2\cos\varphi}\sum_{n=2}^N\left(\dfrac{a}{r}\right)^n\sum_{m=0}^n m\overline{P}_{nm}(\sin\varphi)(\overline{S}_{nm}\cos m\lambda - \overline{C}_{nm}\sin m\lambda) \end{cases}$ (3.1.5) | $\varphi, \lambda, r$ |

在上述天文导航系统或天顶望远镜中实现了确定地理位置的天文方法。但是这种天文方法的应用受到众多限制,例如,在海上进行测量时要保证相应的精度,必须要求载体在水面低速运动(在20min的连续测量过程中允许舰船漂移不超过2km),可以连续观测邻近天顶的恒星(由此要求云薄且对微弱星体的灵敏度高)[46]。为了保证垂线偏差的确定精度,必须保证天文系统的空间角度稳定。因此,在已知的低速运动基座(如浮冰)上已经取得了比较好的结果[262]。这将有助于实现角度高精度测量,并确保以最小误差确定大地天顶。

天文导航系统(AHC)和天顶望远镜的优点是对惯性坐标系的模拟误差有限,并且与系统连续工作时间无关,即不随时间累积。另外,天文导航系统和天顶望远镜的另一个优点是可以确定垂线偏差的全量值。

确定垂线偏差的惯性大地测量方法的思想是以应用精密惯性导航系统及其输出导航参数与重力异常之间的关系曲线为基础,这种方法在文献[77,191,258,424,497]及本章3.3节进行了详细叙述。考虑并分析惯性导航系统误差(本质上是方法误差),可以给出通过利用惯性导航系统和天文导航系统的测量结果之差解决滤波或平滑问题在原理上直接确定垂线偏差相对基准点处参考值的增量的可能性。同时,惯性导航系统应该是精密的,以使在建立惯性垂线时由地球重力场实际模型与惯性导航系统软件算法中所用解算模型的差异引起的方法误差比惯性传感器(陀螺仪和加速度计)的仪表误差更明显[94]。

与天文导航的区别是,在惯性导航系统中惯性坐标系是根据陀螺仪和加速度计示数建立的,惯性坐标系的模拟误差主要由陀螺漂移决定。应该注意,由于惯性导航系统中经度误差随时间积累(有趋势项发散),即使在有准确经度值进行校准的情况下,确定垂线偏差在卯酉圈(Prime Vertical)上的全值也是不可能的,也就是说,该分量不是完全可观测的[94]。从另一方面讲,与天文导航系统相比,工作不受地理及气象条件的限制则是惯性导航系统重要优势。

在原理上可以将惯性大地测量法作为天文大地测量法的改进方法进行研究,其区别是在惯性大地测量中的天文坐标利用精密惯性导航系统解算求得[76,94]。重点强调一下,与传统天文大地测量方法不同,在惯性大地测量法中,惯性导航系统既解算天文坐标,也解算其导数。

利用重力梯度测量法确定垂线偏差的基础是,利用能够测量重力位二阶导数所有张量分量的张量重力梯度仪。该方法主要与由陀螺仪、加速度计和张量重力梯度仪信息,并结合基座角位置实时确定运动轨迹上载体地理位置和重力向量增量的算法有关[89,213]。在确定垂线偏差时,为了使这种系统精确工作,必须保证张量重力梯度仪的角位置精确稳定在地球坐标系内,同时由其他方法和设备提供的初始积分条件精确已知。为了保证垂线偏差的测量精度优于1″,张量重力梯度仪的误差应优于$1E(1E=10^{-9}/s^2)$,同时在不利用稳定误差解算解析法的情况下,张量重力梯度仪的空间角度稳定误差应小于 $1''$[221,236]。涉及重力梯度仪比较详细的介绍见 5.3 节,此处不再赘述。

根据卫星或飞机测高法确定垂线偏差的可能性以准大地水准面高度(BKΓ)模型为基础。卫星或飞机测高法的精度与运动载体(卫星或飞机)相对陆上跟踪基站的坐标确定精度、地球表面上方高度测量精度及海上专用水区有关。垂线偏差值根据表 3.1.1 中的式(3.1.4)表示的莫里茨(H. Moritz)公式确定[182]。由测高法确定的重力异常可观测波长为 $30\sim300{\rm km}$[170,416,517]。利用以卫星计划测量数据为基础得到的全球重力场模型进行大地测量可以得到关于地球重力场的巨量信息。由于 CHAMP、GRACE、GOCE 等卫星计划的实施,已经成功获得了全球重力场异常模型,利用这种模型原则上可以解算和反演整个地球表面的垂线偏差分量[118,138,378,386]。而利用其他方法解决这种全球重力测量问题可能需要几十或上百年时间,从这个意义上来讲,卫星大地测量法具有无可替代的优势。在 CHAMP 计划和 GRACE 计划中均利用了卫-卫跟踪技术(卫星跟踪卫星技术)。在 CHAMP 卫星计划中实现"卫-卫高低跟踪模式",利用多个高空地球静止轨道卫星(GPS 卫星)跟踪低空运动卫星(CHAMP 卫星,即富有挑战性的小型卫星有效载荷),可以测量作为重力位一阶导数的重力加速度向量。在这种情况下,垂线偏差参数可以通过重力测量方法确定。

在 GRACE 卫星计划中实现"卫-卫低低跟踪模式",利用两颗完全相同的卫星,这两颗卫星相互间距离为 $220{\rm km}$,在距离地面 $500{\rm km}$ 的轨道上运行。利用量子干涉仪可以非常高的精度确定两颗卫星之间的距离(精度优于 $10\mu{\rm m}$)[282,406],此时同样利用多个高空地球静止轨道卫星(GPS 卫星)跟踪两个低空卫星的位置。在这种系统中,基于长基站计算重力加速度的差值,因此,可将其等效成一个巨型梯度仪,用于测量重力位二阶导数张量的部分分量。利用这种方法获得的数据来确定平滑的垂线偏差参数比前面的方法更有效。在 GOCE 计划中利用安装在卫星上的按照 3 对正交分布的高精度加速度计组件形式构成的张量重力梯度仪(TTΓ),加速度计组件有 3 个敏感轴,并且其中每对加速度计相互间距为 $50{\rm cm}$,这可在确定地球重力场异常参数时取得明显效果[282]。

由于地球表面上空卫星的速度快、距离地面的高度高,故在应用由卫星测量数据得到的地球异常重力场全球模型以允许的最小波长确定区域内垂线偏差的变化率时存在局限性。由于大气层摩擦影响,卫星采用比较低的轨道是不可能的。对 CHAMP、GRACE、GOCE 等卫星计划的详细叙述参见 5.1 节,按照卫星测量数据建立的地球重力场全球模型在 6.1 节进行介绍。

表 3.1.1 中给出了根据由上述方法得到的其他物理量的直接测量结果解算垂线偏差的解析关系式。根据现代设备的测量精度及所测参数数据可以确定垂线偏差各确定方法的潜在精度分析。

### 3.1.2 动基座条件下垂线偏差的确定特点

动基座条件下垂线偏差确定特点如下。

(1) 必须在主要是惯性力产生明显干扰的背景下测量微小物理力和加速度。

(2) 大多数情况下使载体停止运动进行校正是不可能的。

(3) 对测量设备在空间定向轴的角度测量精度或角度变化补偿精度要求高。

(4) 运动载体相对地球表面的运动速度快,在利用飞机或卫星的情况下测量设备与地球表面的距离远。

(5) 在周期性重复测量过程中,为了降低扰动对测量设备的影响,运动载体必须沿规划轨迹进行精确运动。

(6) 为了得到垂线偏差的修正值,必须在预先设立的多个基准点上引入修正值来对测量结果进行不定期的精确修正。

沿测量轨迹上可观测到的垂线偏差变化可以有条件地由重力异常的波长进行描述,也就是说,各种方法测量测得重力异常的波长越小,确定的垂线偏差的变化越准确。例如,当载体在地球表面上方较高位置进行高速运动时,测量设备要对短波进行平滑,就会忽略掉垂线偏差的微小变化。图 3.1.1 根据搜集到的公开信息直观地给出与重力场异常波长和测量误差有关的各种确定垂线偏差方法的对比分析结果[10,130,134,211,282,325,347,374,378,382,387,388,413,421,474,489,493,496,508,515]。在确定垂线偏差时,鉴于运动载体的类型不同,重力异常最小可观测波长和测量误差均是有区别的。

随着现代科技的发展,开始重新思考确定垂线偏差的各种方法的适用性和可实施性。将测量设备安装在舰船上的实际情况表明,要保证垂线偏差的确定误差为 $1''$ 的水平,所用重力梯度仪、加速度计和陀螺仪的误差应分别优于 1E、$2×10^{-5}$ m/s$^2$($2\mu g$)、$5×10^{-4}$(°)/h[213]。在利用惯性-大地测量法确定垂线偏差的实践结果表明,在不利用重力梯度仪的情况下,位置坐标的大地测量误差不应超过 5~10m。在文献[3]中已重点强调,在 1989 年仪表设计水平所处的发展阶段,惯性仪表及元件达到上述精度是非常困难的。

目前,在现代仪表设计方面取得了一系列新成果,其中可以归纳如下。

(1) 利用 GPS 和 GLONASS 等卫星导航系统可保证公开频段的位置确定误差达到 1~2m,近年来通过利用全球导航系统网使得位置确定误差达到几十厘米[173,216]。

(2) 在高精度陀螺仪及其应用系统研制领域取得重要成就,如静电陀螺仪。

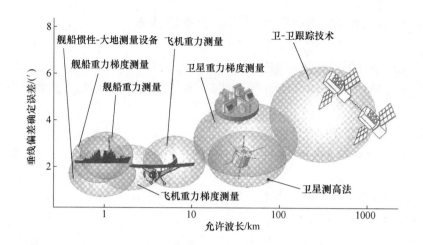

图 3.1.1　垂线偏差不同确定方法的可行性

还可以利用光纤陀螺仪($2\times10^{-5}$(°)/h)研制定位精度为 1Nm/月的高精度捷联式惯性导航系统[205,208,210]。

(3) 研制多款动基座应用的高精度重力梯度仪样机,这项工作开始于 20 世纪 70 至 80 年代,结果研制出多款在卫星、飞机和舰船上得到良好应用的测量设备[337,360,435,445,447,475,479]。目前,诸如 Lockheed Martin、Bell Geospace、ARKeX 等公司研制的精度为 1~5E 的张量重力梯度仪已经问世,在飞机或舰船上应用过程(主要是矿藏勘探)中积累了大量使用经验[336]。进行了精度 0.02~1E 的低温原子重力梯度仪样机的研制工作[235,321,334,475]。为了实现航天计划(GOCE),利用噪声水平为 $0.003E/\sqrt{Hz}$、测量范围为 0.005~0.1Hz 的 3 对正交配置的高精度静电加速度计研制了张量重力梯度仪[480]。重力仪研制现状见 5.3 节。

(4) 研制出零偏稳定性达到 0.1~1μg 的 PIGA 型机械式加速度计,开始基于原子干涉测量技术研制分辨率为 $10^{-5}$μg 的加速度计(也称为"冷原子"加速度计)。

(5) 研制用于移动式重力仪的新一代重力测量传感器,其中包括灵敏度阈值为百分之几 mGal 的"冷原子"重力传感器。现代重力测量传感器的精度指标可与陆上仪表的性能比拟,这使得为了提高测量精度和空间分辨率而进行海上和航空重力测量时利用这种传感器不受限制[148,214,264,438,528]。进一步证实,在动基座上利用绝对式重力仪在原理上是可行的,包括绝对式重力仪在内的重力测量仪表的发展现状详细介绍参见第 1 章。

(6) 实施了 CHAMP、GRACE、GOCE 等航天计划[256],并根据上述航天测量计划得到的数据建立了精确的全球重力场模型,进而建立高阶球谐重力位模型,并根据尺寸为 5′×5′ 的标准地理分布得到垂线偏差平均值的数字模型。根据如 EGM-2008(2190 阶)数字模型确定垂线偏差的平均误差为 1″~2″,这可与天文大地测量法确定垂线偏差的精度相比拟[137,187,461,478]。在 5.1 节中对 CHAMP、GRACE、GOCE 等卫星测量计划进行了详细叙述。按照卫星测量数据建立的地球重力场全球模型在 6.1 节进行了介绍。

综上所述,现代仪表设计领域取得的成就保证在动基座条件下以要求的精度确定垂线偏差各参数具有潜在的可能性。

### 3.1.3 垂线偏差确定方法的分类特征

在文献[10]中已经根据单独的特征对利用惯性导航系统确定海上异常地球重力场(ГПЗ)参数的方法进行分类,其中包括直接测量法、集成测量法、间接测量法和组合测量法等。根据测量学中引用的术语[РМГ29-2013],将能够直接确定未知异常地球重力场参数物理值的方法归类为直接测量法,而将与未知参数有关的直接测量结果通过数学变换方式确定未知地球重力场参数的方法归为间接测量法。

对现有各方法的分析研究表明,将垂线偏差作为椭球体法线和当地垂线(天文-大地测量垂线偏差定义)之间夹角,或者实际重力场向量与标准重力场向量(重力测量垂线偏差的定义)之间夹角直接测量是不可能的。垂线偏差的所有测量值均是通过对未知参数进行后续计算的间接方法得到,甚至是作为两个坐标系之间失调角度量[168]的确定垂线偏差的几何方法也需要利用不同仪器分别建立大地测量垂线和天文垂线,因此,不能将其归为垂线偏差的直接测量法。

对动基座条件下确定垂线偏差现有方法的分析可以给出下列重要分类特征,这些特征对测量设备的结构和组成产生明显影响,被研究人员作为主要特征来建立分类方案。

(1) 按照实时或后处理模式确定垂线偏差的方法分类。
(2) 按照提高垂线偏差确定精度的方法分类。
(3) 按照垂线偏差确定方法的实际应用条件分类。

在主要分类特征中的第一种特征是垂线偏差的确定方法。按照测量值的处理方法,可以适当地将垂线偏差的确定方法分为可以在载体运动过程中直接实时测量的方法和根据大量完整信息的后处理结果进行后验估计解算垂线偏差未知参数的方法。按照垂线偏差确定方法分类示意如图 3.1.2 所示。

严格地讲,垂线偏差实时确定方法也可以用于后验估计,但由于可以在实时状

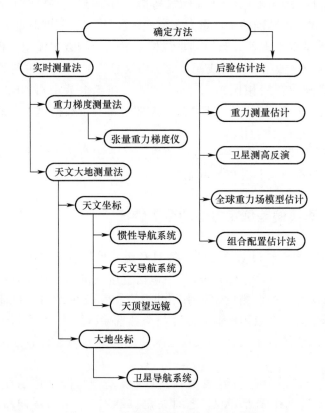

图 3.1.2　按照垂线偏差确定方法分类

态下工作是确定垂线偏差最重要的因素之一,因此将该特征归为单独一个特征分支加以叙述,在图 3.1.1 中没有给出将上述方法进行组合配置的叙述[54,182],这种方法暂未得到广泛推广,但为保证分类方法的完整性,在图 3.1.2 中将其补充至分类方法中,将其作为树形分类给出。

这种配置方法利用了测量过程分量和估计过程分量之间的协方差关系[182]。目前,可以根据不同试验区的重力测量数据的分析结果来确定重力位二阶导数张量、重力异常、垂线偏差各分量之间相关表达式。由于利用这种配置方法,可以基于在不直接测量垂向重力梯度而仅利用第一类或第二类重力仪的情况下测得的原始信息,即可确定垂线偏差各分量,这会明显简化这类测量设备的硬件实现[54,312]。

按照提高垂线偏差确定精度的方法分类是另一种重要的分类特征,如图 3.1.3 所示。首先,提高确定精度的方法可以分为硬件方法、软件方法和组合方法三大类。利用对诸如载体基座线运动、振动和角运动时的惯性力和惯性力矩、电磁场、温度场等各种外部扰动进行屏蔽或降低其影响的设备或方法属于硬件方法。

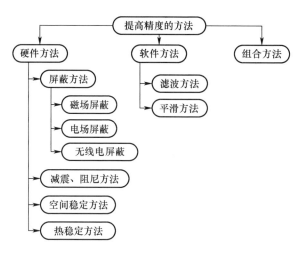

图 3.1.3 按照提高垂线偏差确定精度方法分类

例如,温控系统能保证仪表工作温度稳定,免受周围温度变化的影响。减震系统能够降低振动加速度的影响。角度稳定系统能够以极高的精度将测量仪表的角位置稳定在给定坐标系中。在英国 ARKeX 航空地球物理公司的网站上可以看见置于减震器上、被隔热罩遮盖的张量重力梯度仪的结构[290]。对测得的重力场信息进行处理的方法属于软件方法。信息处理方案将影响大量数据的处理方法,可以得到实时处理结果或后验估计结果。所用平滑滤波器和算法既可以凭经验选择,也可以利用这些或那些最优方法确定其结构和特性。当有效信号和噪声的特性至少可作为随机过程给出真实描述时,对于实时稳定状态(或定常状态)在利用局部逼近方法时可以利用维纳方法根据谱密度实现最优滤波[76,164,241,269]。而对于时变状态(或非定常状态),其中包括在初始阶段考虑结合确定性分量,可以利用卡尔曼方法实现最优滤波[76,163-165,241,244,499]。

为了获得不同波长范围内比较真实的垂线偏差分量,组合方法则允许利用各种硬件测量设备和软件算法。在文献[99]中指出,为了确定短距离区域内(短波)垂线偏差,需要利用海洋重力测量和航空重力测量,而在长距离区域内(长波)需要利用卫星测高反演数据。在海上测量过程中,在包括短波和长波的整个波长范围内确定垂线偏差时,可以利用由惯性导航系统、卫星导航系统、天文导航系统和速度传感器组成的组合系统保证最优的测量精度[10]。

在分析主要分类特征时,还应考虑另一个重要的特征,即按照垂线偏差确定方法的应用条件进行分类,如图 3.1.4 所示。

用于进行垂线偏差测量的载体类型是关键特征之一,具体分类如下。

(1)具有低速和非常小的加速度的小型运动基座或载体,如漂流的浮冰。

(2)能够在固定观测和校准点进行停留的有条件限制的陆上运输载体或

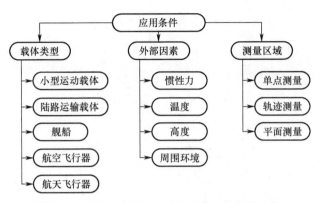

图 3.1.4　按照垂线偏差确定方法应用条件分类

工具。

(3) 为了在海上专用水区进行测量使用的海上运动载体,往往具有较大线加速度和角加速度,而加速度小得多的潜艇则是其一种有效方式。

(4) 由于大气湍流而具有较大线速度和线加速度的航空飞行器(固定翼飞机、直升机、飞艇)可用于在难达到的山区进行测量。

(5) 具有非常低动态加速度的航天飞行器,没有重力作用,但与地球表面的距离很远。

在采取所有保护措施后,部分由载体类型决定的相互关联的分类特征包含了直接作用在确定垂线偏差硬件设备上的外部因素等级多样性。这些外部因素包括经减震缓冲后的惯性力(振动、冲击、循环过载等)、温度、地表上方的高度以及周围环境(空气、水分、真空),所有这些因素均需要在设计测量设备之前进行考虑和专业分析。

按照垂线偏差确定方法应用条件进行分类的最后一条特征明确了垂线偏差测量区域内各点几何式集合的类型,这在选择垂线偏差确定方法时非常重要。例如,在进行单点(或孤立各点)测量时天文方法比较有效。在给定沿载体运动轨迹的垂线偏差变化模型的情况下,在载体运动过程中进行轨迹测量时,利用惯性导航系统的惯性测量方法更适合。而为了满足要求的垂线偏差估计精度而进行的重力测量方法则需要进行平面测量。

## 3.1.4　各类方法的定性比较分析

在动基座条件下确定垂线偏差的方法选择与面临的任务、对被测参数的要求以及现有的高精度硬件有关。通常情况下,将垂线偏差确定精度、波长分辨率、确定相对值或绝对值的能力作为对被测参数的要求。为了进行长波测量,必须利用根据前述卫星重力测量计划的结果建立的全球垂线偏差分布图。当波长超过 10km 时,基本可以利用根据卫星测量计划数据建立的全球模型或飞机梯度测量方法。在进行实时短波测量时,应利用重力梯度测量法或天文大地测量方法。

各种方法的实现在很大程度上取决于所用硬件设备的科技水平。在研制确定垂线偏差的设备时,应该考虑现有的技术潜力,并研制或利用能进一步提高精度的系统。

在运动载体上利用天顶望远镜或天文导航系统时可以确定垂线偏差的绝对值,但此时必须结合天顶望远镜的外形尺寸来研制精密陀螺稳定系统,这是一个相当复杂的问题。并且这种设备(天顶望远镜)的工作有效性只有小幅摇摆和云层较浅的条件下才能得以保证。

利用惯性大地测量方法确定垂线偏差相对值时,需要应用具有高精度陀螺仪的惯性导航系统。为了保证惯性导航系统初始启动,必须利用天文测量仪器确定天文坐标准确值。此外,为了利用应用卡尔曼滤波器的惯性大地测量法确定垂线偏差,必须给出沿载体运动轨迹估计的重力场统计数学模型[10,237]。在利用专用 GPS 罗经对精密惯性导航系统进行补充的条件下,利用惯性大地测量法可以确定垂线偏差的完整分量。

尽管重力梯度测量法具有独特的优势,但是需要利用张量重力梯度仪这种稀有硬件设备。应该注意,能够在运动载体上有效工作的张量重力梯度仪样机是经过了 30~40 年的研制后才出现的。利用重力梯度测量法是少数几家拥有或获得这种张量重力梯度仪技术使用权的公司的特权。为了在运动载体上应用张量重力梯度仪,需要研制精密陀螺稳定设备以及一系列提高精度的硬件和软件方法。

### 3.1.5 小结

本节研究了在运动基座上确定垂线偏差的各种方法,明确了其硬件实现的可能性。研究结果表明,对这些方法的比较分析需要考虑其在运动载体上的应用特点。应该注意,垂线偏差的所有测量值均是通过间接方法得到的,而垂线偏差值或者是实时解算,或者是通过对测量值进行后处理求得。此时,建立测量设备稳定的应用条件,并利用各种能够降低其测量误差的硬件及软件方法尤为重要。

本节给出垂线偏差确定方法分类特征的结构体系图。选择 3 种主要分类标志,即垂线偏差值确定方法(实时解算法、后验估计法)、垂线偏差确定精度提高方法(硬件方法、软件方法、组合方法)、垂线偏差确定方法的应用条件。对所研制的设备提出的各种要求而采用的方法及原理方案进行了定性分析。

## 3.2 利用自动天顶望远镜确定当地垂线偏差

正如3.1节所述,可以利用不同方法实现垂线偏差的高精度确定。但是,以利用重力测量数据或卫星数据为基础的这些方法仅能在对感兴趣区域进行详细勘测的条件下,以要求的精度确定垂线偏差分量,因而会进行大量测量工作。在测量研究较少的区域,或需要提高垂线偏差确定精度的情况下,可利用表3.1.1所述的以比较天文坐标和地理坐标为基础的天文大地测量法。现代卫星导航设备可以厘米级精度确定载体地理坐标。因此,利用天文大地测量法确定垂线偏差的精度受限于天文坐标的确定误差,提高天文坐标确定精度迫在眉睫。

本节主要研究根据观测星体确定天文坐标和垂线偏差分量的基本原理,并介绍在俄罗斯国内外大地天文学领域解决该问题时所用的主要仪器。重点关注了自动天顶望远镜,叙述了其主要组成部件的基本参数,介绍了观测结果处理算法,并讨论了自动天顶望远镜精度特性估计问题。

### 3.2.1 大地测量天文学中天文坐标的通用确定原理

如果在某观测时刻 $T$ 时地球表面任意一点的天顶在天球上的位置可以确定,则该点的天文纬度 $\varphi$ 和当地恒星时角 $s$ 是可以精确确定的。实际上,如图3.2.1所示,天顶赤纬 $\delta_Z$ 在数值上等于天文纬度,即 $\delta_Z = \varphi$,而天顶赤经 $\alpha_Z$ 则等于当地恒星时,即 $\alpha_Z = s$。

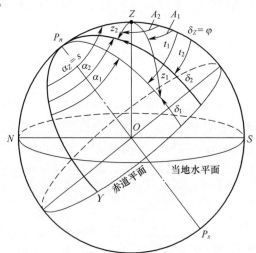

图 3.2.1 在天球上天顶位置的确定方法

$P_n$—北天极;$P_s$—南天极;$Y$—春分点;$N$—北极点;$S$—南极点;
$Z$—天顶($P_n ZS$—天球子午线);$t$—时角;$\alpha$—赤经;$\delta$—赤纬;$A$—方位角;$z$—天顶距。

在每个给定的观测时刻 $T$，天顶在天球上的位置 $Z(\alpha_Z,\delta_Z)$ 可以按下述方式确定。

（1）两个天体的最短天顶距离可以利用已知的赤道坐标 $(\alpha_1,\delta_1)$ 和 $(\alpha_2,\delta_2)$ 表示。

通过这两个天体的垂线至少是相交的，也就是说，天体方位角 $A_1$ 和 $A_2$ 不相等。

这样可以根据测量值将天文坐标确定方法主要分为天顶坐标法和方位坐标法两种方法。在天顶坐标法中，根据测定的星体天顶距，或者根据星体天顶距差，或者根据在相同天顶距上的星群观测值来确定载体(观测设备)所处位置的纬度和时角。在方位坐标法中，可以根据两颗星体的方位角，或者根据测定的星体方位角差，或者根据在相同垂线上的星群观测值确定载体(观测设备)所处位置的纬度和时角[263]。

众所周知，观测点相对本初子午线(零经度线)的地理经度值等于同名的地方时角差，即地方恒星时与格林尼治恒星时之差，即

$$\lambda = s - S = m - UT1$$

式中：$s$ 为地方恒星时；$S$ 为格林尼治恒星时；$m$ 为地方平均太阳时；UT1 为世界格林尼治平太阳时。

这样确定观测点经度问题就变成了下述两个步骤。

根据星体天顶距测量值或星体方位角确定某时刻 $T$ 的地方恒星时 $s$ 或地方平均太阳时 $m$。

（2）利用无线电频道准确时间信号确定相同时刻 $T$ 的格林尼治恒星时 $S$ 或世界格林尼治平太阳时 UT1[44]。

在大地天文学中，星体的水平坐标 $(A,z)$ 由测量值解算，星体的赤道坐标 $(\alpha,\delta)$ 是已知的，而观测点的地理坐标 $(\varphi,\lambda)$ 也是可以确定的。上述解算值、已知值、确定值之间的关系可以通过求解视差三角形实现[156]。在确定天文坐标的天顶法和方位法中所用参数之间的关系式分别为

$$\cos z = \sin\varphi\sin\delta + \cos\varphi\cos\delta\cos t \qquad (3.2.1)$$

$$\cot A = \sin\varphi\cot t - \frac{\tan\delta\cos\varphi}{\sin t} \qquad (3.2.2)$$

式中：$t$ 为时角，且满足 $t = s - \alpha$。

从上面叙述的确定天文坐标的方法可以列出下述在利用天文设备时需要解决的问题。

（1）测量天体天顶距和水平指向。

（2）在给定的时间测量系统中记录上述测量时刻。

（3）记录天体通过给定垂线或阿尔穆坎塔拉(小圆形天球，其平面平行于当

地水平面[156]）。

为了实现外场状态下的天文观测,在俄罗斯大地测量领域普遍应用能解决上述问题的测量设备,这类设备由下列相关部件组成。

（1）天文望远镜,起到瞄准装置作用,可以绕两个相互垂直的轴旋转,其中一个轴是铅垂轴,利用水平仪与铅垂线取齐对准。

（2）分度头,与垂向旋转轴和水平旋转轴固连的,具有读数装置。

（3）天体导引装置,可测量视场范围内的小角距,同时记录观测天体时刻,即目镜测微计(普通型、接触型、光电型)。

（4）天文时钟,用于记录观测天体时刻过程中的时间刻度(标度)。

（5）计时器,用于记录观测结果的仪表。

（6）无线电接收设备,与天文时钟和计时器连接,用于接收时间信号,利用无线电台实现报时服务。

该测量设备的前 3 种部件一起安装在一个天文仪器内,具有与天文时钟和记录装置通信的功能。目前,在俄罗斯大地测量领域,为了高精度确定天文经度和天文纬度,通常利用下列天文仪器[219]：①AУ 2/10,20 世纪 30 年代,苏联研制；②天文仪器《Вильд T-4》,20 世纪 40 年代,瑞士研制,如图 3.2.2 所示；③ДКМ3-A,克恩·阿劳,瑞士研制；④AУ01,20 世纪 80 年代中期,俄罗斯大地测量、航测与制图中央研究院(ЦНИИГАиК)研制。

图 3.2.2　天文仪器《Вильд T-4》

在利用能视觉记录目标的天文仪器仪表测量数据以较高精度确定天文坐标的过程中,必须充分考虑各类仪表误差的影响,如视准误差、水平轴倾斜、镜管侧弯、轴颈形状误差等[219,263],为此,在进行天体观测之前需要对仪器进行精心研究。

由于上述原因,提高了对这种设备使用人员熟练程度的要求,同时也明显增加了观测时长。通常情况下,为了保证天文坐标较高的确定精度,观测过程需要持续进行3个月。

此外,会引起明显的人为操作误差和较大的随机观测误差。为了降低上述因素影响,同时提高测量效率,必须利用专门仪表采用半自动和自动观测方法,如利用光电接收装置(CCD阵列、CMOS阵列等)作为光线探测器。CCD阵列和CMOS阵列可以保证微弱星体(目标)的观测性,同时观测材料的数字表示也可以在观测过程中直接利用数字计算机处理观测结果,这样既可以提高测量效率,也可以提高测量精度。在利用卫星导航系统接收机的情况下,还可以自动实现观测与精确时标的对接。这样利用自动测量设备可以明显提高天文坐标和垂线偏差分量的测量精度和测量效率。

在最近30年间,世界多国均进行这种天文坐标自动测量设备的研制工作。在20世纪90年代,俄罗斯中央科学电气研究所(АО 《Концерн 《ЦНИИ 《Электроприбор》》)研制了自动化棱镜形等高仪样机[46]。为了快速测定垂线偏差分量,在德国汉诺威大学、瑞士苏黎世大学等欧洲一系列高校中也在进行数字天顶望远镜的研制工作,这种设备在经过不到1h观测后,能以0.2″~0.3″的精度确定垂线偏差[380,381]。在奥地利[362]、土耳其[376]、中国[502]等国同样也在开展这种测量设备的研制工作。

目前,在俄罗斯中央科学电气研究所(АО 《Концерн 《ЦНИИ 《Электроприбор》》)已经完成了自动天顶望远镜原理样机的研制工作,主要用于在野外条件下根据星空近地段观测数据快速(在1h内)确定垂线偏差分量。这种天顶望远镜的作用原理、其主要组成部件基本参数以及观测结果处理算法等将在下节详细介绍。

### 3.2.2 自动天顶望远镜工作原理及说明

自动天顶望远镜是一款瞄准轴指向天顶的光电仪器。与电视摄像机连接的物镜和水平传感器安装在可绕铅垂轴旋转的平台上。为了快速自动调平,设置了精调水平机构。自动天顶望远镜由光电仪表、控制仪表及供电系统组成,其中,供电系统包括电源装置、蓄电池模块及充电装置组成。自动天顶望远镜功能示意图如图3.2.3所示。各部件外形示意图如图3.2.4所示。

光电仪表的作用如下。

(1) 形成处于物镜视场范围内的天体(星体、恒星)图像,并将其记录在电视摄像机的光接收装置的等压面上。

(2) 确定观测点的大地坐标(纬度、经度)。

(3) 根据卫星导航系统的数据建立精确协调的UTC时标。

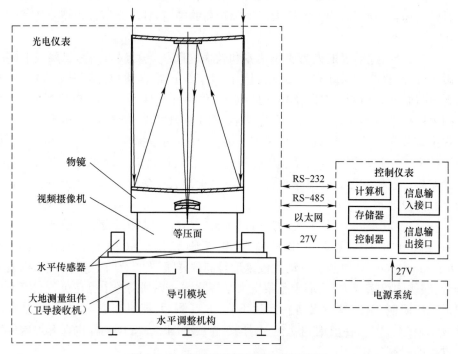

图 3.2.3 自动天顶望远镜功能示意图

图 3.2.4 自动天顶望远镜外形

1—光电仪表;2—控制仪表;3—电源装置;4—蓄电池模块;5—充电装置;6—三角架;7—包装箱。

(4) 确定观测地点的天文坐标。

光电仪表的组成包括以下部件:

(1) 平面镜-透镜物镜,其入射光瞳直径为 200mm,角域(角度范围)为 $1.1° \times$

142

1.5°,相对孔径为1∶6。

(2) 视频摄像机,以热稳定20M像素的CMOS阵列为基础设计,阵列的灵敏度范围为36mm×24mm,像素为5120×3840。

(3) 大地测量组件(卫星导航系统接收机)。

(4) 导引模块。

(5) 水平调整机构。

(6) 水平传感器。

控制仪表是一个通过通信通道连接至综合信息控制系统的功能节点计算装置(计算机),主要作用如下。

(1) 控制天顶望远镜的组成部件(导引装置或模块、水平调整机构、水平传感器)。

(2) 实现天顶望远镜各组件之间的信息交换。

(3) 处理观测结果。

(4) 将观测结果输出至显示器,并将结果存储到信息载体中。

电源装置和蓄电模块构成一套可连续6h提供稳压电源的自动供电系统。在使用过程中,自动天顶望远镜安装在需要观测的地点,并完成其组成部件的对接。控制仪表首先实现所有控制过程的操作,如输入通电指令、启动准备模式、完成光电仪表平台水平调整;然后启动确定垂线偏差模式进行测量观测(不超过1h);最后将天文坐标、大地测量坐标、垂线偏差分量值输出至控制仪表的显示装置上。

通常情况下,如3.1节所述,要利用下式确定垂线偏差分量,即

$$\begin{cases} \xi = \varphi - B \\ \eta = (\lambda - L)\cos\varphi \end{cases} \quad (3.2.3)$$

式中:$\xi$ 为垂线偏差在子午圈平面上的投影;$\eta$ 为垂线偏差在卯酉圈平面上的投影;$B$、$L$ 为观测点的大地测量纬度和经度;$\varphi$、$\lambda$ 为观测点的天文纬度和经度。

星体的天文坐标可以通过测量已知赤道坐标(赤经 $\alpha$、赤纬 $\delta$)的星体空间指向直接确定,此时,需要利用观测点(设备安装点)天文坐标(纬度 $\varphi$、经度 $\lambda$)和分布在天球上星体的赤道坐标(赤经 $\alpha$、赤纬 $\delta$)之间的等价性,如图3.2.5所示。天文坐标和赤道坐标满足下述关系式,即

$$\begin{cases} \varphi = \delta \\ \lambda = \alpha - \theta \end{cases} \quad (3.2.4)$$

式中:$\theta$ 为格林尼治真恒星时,即春分点相对格林尼治子午线的时角[1,2,44]。

特别强调,星体直接位于天顶点的概率是极小的,因此,观测的目的是利用光电接收装置(光电接收器)记录包括位于视场内近地区域的天文定向仪像的帧序列。在每一帧中测量所有星体图像能量中心坐标,识别并确定天顶点的赤道坐标值。在记录各帧图像的同时记录用于解算格林尼治真恒星时 $\theta$ 必需的时间信息。

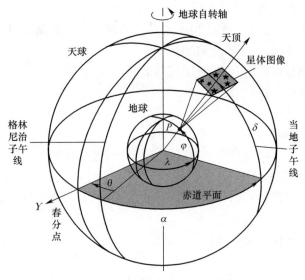

图 3.2.5 天文坐标与赤道坐标的对比

### 3.2.3 利用自动天顶望远镜确定垂线偏差分量的算法及其误差

利用自动天顶望远镜确定垂线偏差分量的算法框图如图 3.2.6 所示。

在获得星空图片后,必须分离出包含有目标图像的区域。为此,建立二元掩模模型,如图 3.2.7(a)所示。为了建立该模型:首先,必须对图像进行滤波,以便消除背景不均匀性的影响。在自动天顶望远镜中,这种滤波是利用中值滤波器实现的[7],然后,利用阈值滤波器分离出图中的暗色连接区,如图 3.2.7(a)所示。

在原始图像中,根据二元掩模的区域边界分离出目标,如图 3.2.7(b)所示,目标本身是光电接收装置的元素群,根据这些元素输出信号值确定星图能量中心坐标。

为了以较高精度确定天文坐标,必须以光电接收器像素 1% 的精度测量星图在光电接收装置平面(等压面)上的位置,也就是说,以亚像素分辨率的精度确定星图位置。可以利用不同方法解决上述问题,如加权平均法、最小二乘法、相关极值法等[23,65,167,276,358]。在俄罗斯中央科学电气研究所(АО《Концерн《ЦНИИ《Электроприбор》》)研制的自动天顶望远镜原理样机中使用加权平均法作为最简单的实现方法。

在解决星体辨识问题时,为了进一步减少计算量、缩短计算时间,必须根据观测点的大地测量坐标和帧记录时间划分星历(星体目录)上的工作区域。由于地球是旋转的,而天球是静止的,对于每个帧记录时刻,必须准确知道地球相对天球的定向。为此,要利用描述格林尼治子午线与春分点之间夹角的格林尼治真恒星

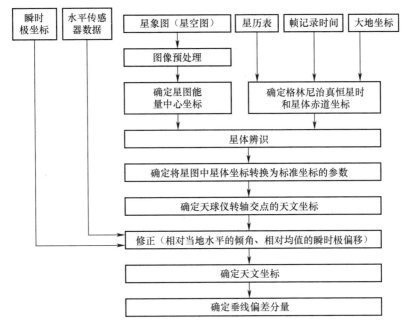

图 3.2.6 垂线偏差分量确定算法方框图

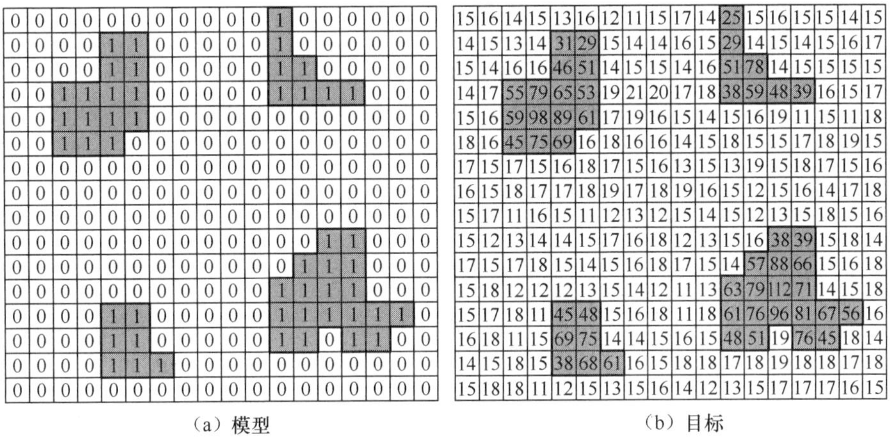

（a）模型　　　　　　　　　　　　（b）目标

图 3.2.7 二元掩模模型及确定的目标

时 $\theta$,如图 3.2.5 所示。帧记录时间与卫星导航系统 GLONASS/GPS 信号接收机固定时间绑定。接着将 GLONASS/GPS 时间转换至格林尼治真恒星时[44,124]。星体的赤道坐标根据划分出的工作区域内星历表确定。在俄罗斯中央科学电气研究所研制的天顶望远镜原理样机中利用了由俄罗斯科学院应用天文学研究所研制的专用星体目录作为星历表,其中包括星体信息以及星体的高精度赤道坐标等。当然也可以利用如 Hipparcos、Tycho、UCAC4 等星历表[265-266]。

星历表上的数据已被引用到某个观测时期标准,这就是当前所采用的纪元标准 J2000.0,这些数据均为平均赤道坐标。为了将目标星体的赤道坐标转换为当前值,需要综合考虑恒星自身运动情况、进动和章动参数、年像差等因素还原星体运动[14,44]。接着就要建立一组当前时刻进入视场的星体的赤道坐标的数据,以便引用至相应观测时期。

这样星图能量中心在光电接收装置平面上的坐标 $(x^*,y^*)$ 和被引入至观测纪元标准中当前时期进入视场内星体的赤道坐标是星体辨识算法的原始数据。为了解决星体辨识问题,必须对比星图中和星历表中包含的目标星体。在自动天顶望远镜中,星体辨识问题是利用基于三角形法和星际角距离法两种算法的组合方法解决的[58]。

辨识结果即可形成一组数据,其中,将星体在星图上的坐标与星历表上星体赤道坐标进行比较。将星图上能量中心点直角坐标变换为赤道坐标是确定天文坐标的算法下一阶段内容。首先,将星体的球面坐标变换至标准坐标[27],这种变换直接利用从天球中心到 $(\alpha_0,\beta_0)$ 点的圆锥投影实现。该点 $(\alpha_0,\beta_0)$ 对应于望远镜观测轴与天球交点,如图 3.2.8(a) 所示。

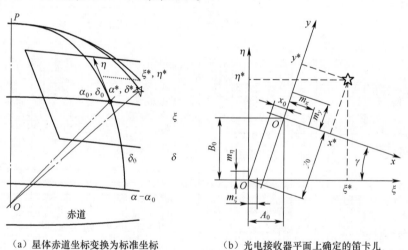

(a) 星体赤道坐标变换为标准坐标　　(b) 光电接收器平面上确定的笛卡儿坐标变换为标准坐标

图 3.2.8　星体坐标变换

在绘制的平面上,$\xi$ 轴和 $\eta$ 轴分别是纬度圈和天体子午线的切线,$\xi$ 轴指向赤经增加的方向,而 $\eta$ 轴指向真北,该局部系统即称为标准坐标系[124]。将星体赤道坐标变换至标准坐标过程称为中心投影,可以利用下式完成[27],即

$$\xi^* = \frac{\cot\delta^* \sin(\alpha^* - \alpha_0)}{\sin\delta_0 + \cot\delta^* \cos\delta_0 \cos(\alpha^* - \alpha_0)}; \eta^* = \frac{\cos\delta_0 - \cot\delta^* \sin\delta_0 \cos(\alpha^* - \alpha_0)}{\sin\delta_0 + \cot\delta^* \cos\delta_0 \cos(\alpha^* - \alpha_0)}$$

式中:$\alpha^*$、$\delta^*$ 为星体赤道坐标;$\alpha_0$、$\delta_0$ 为望远镜观测轴与天球交点的赤道坐标

(图 3.2.8(a)),且满足 $\alpha_0 = L + \theta$; $\delta_0 = B$。

首先,标准坐标通过多项式变换直接与在光电接收装置平面上确定的星图能量中心坐标连接。在星图没有失真的情况下,可以利用下式所述的线性变换表达式,即

$$\begin{cases} \xi^* = A_0 + A_1 x^* + A_2 y^* \\ \eta^* = B_0 + B_1 x^* + B_2 y^* \end{cases} \quad (3.2.5)$$

式中:$x^*$、$y^*$ 为星图能量中心的坐标;$A_0$、$B_0$ 分别为在 $\xi - \eta$ 坐标系中坐标 $x$、$y$ 的初始值。

在 $x$ 轴和 $y$ 轴正交的条件下,变换参数描述为[121]

$$\begin{cases} A_0 = -M_x \cdot x_0 \cdot \cos\gamma - M_y \cdot y_0 \cdot \sin\gamma \\ A_1 = M_x \cdot \cos\gamma \\ A_2 = M_y \cdot \sin\gamma \\ B_0 = M_x \cdot x_0 \cdot \sin\gamma - M_y \cdot y_0 \cdot \cos\gamma \\ B_1 = -M_x \cdot \sin\gamma \\ B_2 = M_y \cdot \cos\gamma \end{cases}$$

式中:$x_0$、$y_0$ 分别为在 $x - y$ 坐标系中坐标 $\xi$、$\eta$ 的初始值(图3.2.8(b));$\gamma$ 为 $+x$ 轴与 $+\xi$ 轴之间的夹角[27];$M_x$、$M_y$ 为光电接收装置(器)分别沿 $x$ 轴和 $y$ 轴的标度系数,且满足

$$\begin{cases} M_x = \dfrac{m_\xi}{m_x} \\ M_y = \dfrac{m_\eta}{m_y} \end{cases}$$

对于所有被辨识的星体,根据对应一组关系式(3.2.5)的测量值即可确定每帧的变换参数 $A_0$、$A_1$、$A_2$、$B_0$、$B_1$、$B_2$。可以利用最小二乘法或广义最小二乘法解决这种参数确定问题[240,267]。

为了补偿物镜瞄准轴相对光电仪表旋转轴的倾斜,并消除水平传感器零位的影响,需要在两个完全相反的位置进行观测,故需将光电仪表旋转 180°。图 3.2.9 给出了光电仪表旋转轴与天球交点处天文坐标确定算法框图。

为了确定天文坐标 $\varphi_Z$、$\lambda_Z$,首先利用式(3.2.5)和上一步中得到的参数 $A_0$、$A_1$、$A_2$、$B_0$、$B_1$、$B_2$ 将光电接收装置(器)平面上的笛卡儿坐标变换至标准坐标;然后利用下述表达式将标准坐标变换为赤道坐标[27],即

$$\begin{cases} \alpha = \alpha_0 + \arctan\left(\dfrac{\xi}{\cos\delta_0 - \eta\sin\delta_0}\right) \\ \delta = \arctan\left(\dfrac{(\eta + \tan\delta_0)\cos(\alpha - \alpha_0)}{1 - \eta\tan\delta_0}\right) \end{cases}$$

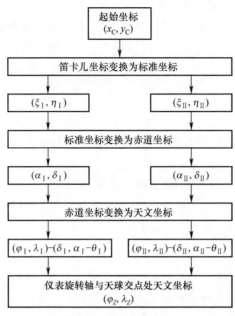

图 3.2.9 光电仪表旋转轴与天球交点处天文坐标确定算法框图

继续结合格林尼治真恒星时 $\theta$,根据式(3.2.4)确定天文坐标。光电仪表旋转轴与天球交点的最终天文坐标根据在对称两点处确定值的平均值确定,即

$$\begin{cases} \varphi_Z = \dfrac{\varphi_I + \varphi_{II}}{2} \\ \lambda_Z = \dfrac{\lambda_I + \lambda_{II}}{2} \end{cases}$$

在根据两个位置的观测结果确定天文坐标后,必须根据水平传感器的数据修正相对当地水平的倾角,即

$$\begin{cases} \Delta\varphi_n = n_\varphi; \\ \Delta\lambda_n = n_\lambda \sec\varphi_Z \end{cases}$$

式中: $n_\varphi = n_1 \cos A_\Phi - n_2 \sin A_\Phi$; $n_\lambda = n_1 \sin A_\Phi - n_2 \cos A_\Phi$; $A_\Phi$ 为光电接收装置的行方位角,且有 $A_\Phi = \dfrac{\pi}{2} - \gamma$ (图 3.2.10); $n_1$、$n_2$ 分别为第一个和第二个水平传感器的信息,根据下式计算,即

$$\begin{cases} n_1 = \dfrac{n_{1I} + n_{1II}}{2} \\ n_2 = \dfrac{n_{2I} + n_{2II}}{2} \end{cases}$$

式中: $n_{1I}$、$n_{1II}$ 分别为第一个水平传感器在位置Ⅰ、位置Ⅱ的测量值; $n_{2I}$、$n_{2II}$ 分

别为第二个水平传感器在位置Ⅰ、位置Ⅱ的测量值。

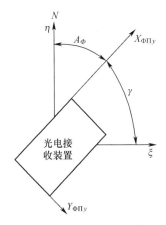

图 3.2.10　光电接收装置的行方位角

此外,必须对瞬时极相对平均值的偏移进行修正:

$$\begin{cases} \Delta\varphi_p = -x_p\cos L + y_p\sin L \\ \Delta\lambda_p = -(x_p\sin L + y_p\cos L)\cdot\tan B \end{cases}$$

式中: $x_p$、$y_p$ 为瞬时极相对平均值的偏移,且均为常数[44]。

这样即可按照下式计算天文坐标值,即

$$\begin{cases} \varphi = \varphi_Z + \Delta\varphi_n + \Delta\varphi_p \\ \lambda = \lambda_Z + \Delta\lambda_n + \Delta\lambda_p \end{cases}$$

结合利用卫星导航系统接收机得到的大地测量坐标值,根据式(3.2.3)即可确定垂线偏差分量。利用自动天顶望远镜确定垂线偏差分量的误差与大地测量坐标和天文坐标的确定误差有关。大地测量坐标确定误差由大地测量组件有关,大小为 2~3m(不大于 0.1″)。天文坐标确定误差主要由以下因素决定。

(1) 帧图像与时标的连接误差。
(2) 星体赤道坐标的确定误差。
(3) 光电仪表旋转轴与天球交点选择不准确引起的误差。
(4) 光电接收器平面上星图能量中心坐标确定误差。
(5) 光电仪表绕垂直轴的转动误差。
(6) 水平传感器误差。
(7) 瞬时极相对平均值偏移确定的误差。

光电接收器平面上星图能量中心坐标确定误差和水平传感器误差对垂线偏差分量确定精度影响最大。按照计算机仿真方法初步估计,俄罗斯中央科学电气研究所研制这型天顶望远镜确定垂线偏差的精度优于 0.3″。

### 3.2.4 天顶望远镜试验样机室外研究结果

为了对处理自动天顶望远镜数据的算法进行检查和调试,研制了天顶望远镜试验样机,如图3.2.11所示。在该样机中利用了下列设备。

(1)望远镜物镜。美国(米德)Meade公司研制,型号为LX-90-ACF Meade,具有平面镜透镜系统,焦距为2000mm,入射光瞳直径为200mm。

(2)视频摄像机。日本JAI有限公司研制,型号为JAI SP-20000-PMCL,以20M像素的CMOS阵列为基础设计,阵列敏感区范围为32.77mm×24.58mm,像素为6.4mm×6.4mm,摄像机可以根据外部脉冲以25μs的精度对帧进行同步。

(3)GPS/GLONASS卫星导航系统接收机。美国JAVAD公司研制,型号为ALPHA,主要用于建立连接UTC时标的秒时记,并确定大地测量坐标。

(4)水平传感器:瑞士Wyler公司研制,型号为Zerotronic Type3,角度测量范围±0.5°。

利用自动天顶望远镜试验样机从两个完全相反的位置上获得了一系列星天图像,观测过程是在同一地点不同日期进行的。利用上面给出的算法对观测结果进行了处理。对所有观测系列数据的试验研究即可确定接近真实值的垂线偏差分量值,每组观测序列之间的均方差不超过1″,在考虑温度场对设备各结构部件的影响程度不同,以及在野外条件下进行观测时的光照度变化时,该结果对于试验样机来说是可接受的。

(a)　　　　　　　　　(b)

图3.2.11　天顶望远镜试验样机

1—物镜;2—视频摄像机;3—水平传感器。

### 3.2.5 小结

本节主要叙述了俄罗斯中央科学电气研究所研制的自动天顶望远镜,主要用于在野外条件下根据星空近地段观测数据快速(在 1h 内)确定垂线偏差分量。分析了该型望远镜的作用原理、主要组成部件基本参数、观测结果处理算法,并讨论了其精度特性。给出了该型天顶望远镜原理样机实物研究结果。由结果可知,提出的这种利用天顶望远镜确定垂线偏差分量的技术方案及观测信息处理算法有效,且可以利用自动天顶望远镜实现垂线偏差分量的高精度确定。

## 3.3 确定垂线偏差的惯性大地测量方法

在 3.1 节已经叙述,惯性大地测量方法以利用精密惯性导航系统( INS 或 ИНC)和卫星导航系统( GNSS) 接收机输出信息为基础[12,77,195,211,424,449,481],此时,与传统的天文大地测量方法的区别是,在实现惯性大地测量方法中利用的惯性导航系统不但可以解算天文位置坐标,也可以解其导数(即速度信息)。这就可以利用根据载体在地理坐标系各轴上运动的线速度向量和线加速度向量各分量的外部信息得到速度误差和加速度误差来解决垂线偏差估计问题。本节主要介绍惯性大地测量方法的特点,并在叙述过程中将惯性测量组件( БИИМ)用作惯性导航系统。

### 3.3.1 利用位置和速度测量值的惯性大地测量方法

在利用惯性大地测量法确定垂线偏差时,一般情况下,考虑到卫星导航设备在确定导航参数方面的特殊性,其中包括速度测量同步性,需要利用下述形式的速度误差和位置误差[95],即

$$\begin{cases} z_{V_j}(t_{k+1}) = \dfrac{[\nabla S_{j\_ins}(t_{k+1}) - \nabla S_{j\_gps}(t_{k+1})]}{T_z} & j = E, N, H \\ z_\varphi(t_{k+1}) = \varphi_{ins}(t_{k+1}) - \varphi_{gps}(t_{k+1}) \\ z_\lambda(t_{k+1}) = \lambda_{ins}(t_{k+1}) - \lambda_{gps}(t_{k+1}) \\ z_h(t_{k+1}) = h_{ins}(t_{k+1}) - h_{gps}(t_{k+1}) \end{cases}$$

式中: $\nabla S_{j\_gps}(t_{k+1})$ 为由卫星导航系统接收机按照离散度 $T_z = t_{k+1} - t_k$ 测得的载体笛卡儿坐标增量在地理坐标系各轴上的投影,对于当前大多数卫星导航系统接收机来说,离散周期 $T_z$ 均为 0.1~1s; $\nabla S_{j\_ins}(t_{k+1})$ 为根据惯性导航系统速度信息解

算的在时间间隔 $T_z$ 上的笛卡儿坐标增量,其满足 $\nabla S_{j\_ins}(t_{k+1}) = \int_{t_k}^{t_{k+1}} V_{j\_pr}(\tau) d\tau$。

在考虑惯性导航系统和卫星导航系统接收机数据同步的条件下,可得

$$z_{V_j}(t_{k+1}) = \Delta V_j(t_{k+1}) + v_{V_j}(t_{k+1}) \tag{3.3.1}$$

式中:$\Delta V_j$ 为由惯性导航系统解算的载体线速度向量各分量的误差。

引入的测量噪声为

$$v_{V_j}(t_{k+1}) = -[\Delta V_j(t_{k+1}) - \Delta V_j(t_k + T_z/2)] - \delta \nabla S_{j\_gps}(t_{k+1})/T_z, \delta \nabla S_{j\_gps}(t_{k+1})/T_z$$

它是由卫星导航系统解算的线速度向量各分量误差。

在推导上述表达式时,必须考虑下述情况。卫星导航系统接收机输出的速度信息作为在时间间隔 $T_z$ 内多普勒通道相位积分进行解算。这样,实际上可以认为得到的速度信息相当于是在时间间隔 $T_z$ 内的平均值。为了保证信息同步性,在建立速度测量误差时,惯性导航系统也按照上述类似的方式进行解算。在考虑到时间间隔 $T_z$ 的中间点和结束时刻的速度误差之差的情况下,为了建立测量值,需要将其误差转换确定惯性导航系统速度信息的当前时刻,并把这两点之间的误差之差归为测量噪声。同样应该注意,由于在时间间隔 $T_z$ 内惯性导航系统的速度误差之差不大,故可以忽略速度测量值与其误差值之间的相关因素。

对于位置测量值,有

$$\begin{cases} z_\varphi(t_{k+1}) = \Delta\varphi - \delta\varphi_{gps} \\ z_\lambda(t_{k+1}) = \Delta\lambda - \dfrac{1}{\cos\varphi}\delta W_{gps} \\ z_h(t_{k+1}) = \Delta h - \delta h_{gps} \end{cases} \tag{3.3.2}$$

式中:$\Delta\varphi$、$\Delta\lambda$、$\Delta h$ 分别为惯性导航系统解算的纬度、经度、高度误差;$\delta\varphi_{gps}$、$\delta\lambda_{gps}$、$\delta h_{gps}$ 分别为差分状态下卫星导航系统解算的纬度、经度、高度误差,且有 $\delta W_{gps} = \delta\lambda_{gps}\cos\varphi$。

假设利用式(3.3.1)所示速度测量误差(测量值)可对惯性测量组件固有振荡(如舒拉振荡和24h周期振荡)误差进行有效阻尼。那么,根据文献[95]中给出的解析解,当载体在准静止条件下,也就是在不需要引入垂线偏差变化信息的停车场内,对式(3.3.2)所示位置测量值在航程上第 $i$ 点处相应时间间隔内的平滑值有下列形式,即

$$\tilde{z}_{\varphi i} = -\frac{1}{\Omega}(-\Delta\overline{\omega}_{bH}\cos\varphi_i + \Delta\overline{\omega}_{bN}\sin\varphi_i) + \frac{\Delta\overline{a}_{bN}}{g} - \xi_i - \delta\tilde{\varphi}_{gps} \tag{3.3.3}$$

$$\tilde{z}_{\lambda i}\cos\varphi_i = -\tilde{\alpha}_*(t_k)\cos\varphi_i + (\Delta\overline{\omega}_{bH}\sin\varphi_i + \Delta\overline{\omega}_{bN}\cos\varphi_i)\cos\varphi_i \cdot \Delta t - $$
$$-\frac{1}{\Omega}\Delta\overline{\omega}_{bE}\sin\varphi_i + \frac{\Delta\overline{a}_{bE}}{g} + \eta_i - \delta\tilde{W}_{gps}$$

$$\tag{3.3.4}$$

式中:$\tilde{\alpha}_*(t_k)$ 为由陀螺漂移引起的捷联式惯性测量组件(或惯性导航系统)的经

度累积误差的平滑值;$\Delta t$为时间间隔,且$\Delta t = t - t_k$,$t_k$为捷联式惯性测量组件经度误差最近一次修正时刻;$\Delta \bar{\omega}_{bj}$、$\Delta \bar{a}_{bj}(j=E,N,H)$为陀螺漂移和加速度计误差在地理坐标系各轴上投影的低频分量,实际上这些分量由其零位相对标校时间值的不稳定性决定;$\Omega$为地球自转角速度;$g$为赤道上标准重力加速度值;$\xi_i$、$\eta_i$分别为垂线偏差在当地子午圈平面和卯酉圈平面上的分量;$\delta \tilde{\varphi}_{\mathrm{gps}}$、$\delta \tilde{W}_{\mathrm{gps}}$为卫星导航系统接收机位置测量噪声平滑值。

在根据由卫星导航系统解算的经度信息对惯性导航系统(或捷联式惯性测量组件)进行修正校准时,参照文献[95]可将误差$\tilde{\alpha}_*(t_k)$表达式写为

$$-\tilde{\alpha}_*(t_k)\cos\varphi = -\frac{1}{\Omega}\Delta\bar{\omega}_{bE}(t_k)\sin\varphi_i - \frac{\Delta\bar{a}_{bE}(t_k)}{g} - \eta(t_k) \quad (3.3.5)$$

应该注意到,由于式(3.3.5)中存在被加数$\tilde{\alpha}_*(t_k)$,也就是惯性导航系统随时间累积的经度误差,这样一来,即使在引入准确的经度信息对惯性导航系统进行修正时,确定垂线偏差在卯酉圈平面上的全值也是不可能的,也就是说,对于上述测量分量不具备完全可观测性。对于准动态载体而言,经度误差的修正频率不影响垂线偏差的估计精度。在运动条件下,由于不能将式(3.3.5)所示误差进行分离,故需要附加类似的情况。为了分离上述误差分量(即不可观测的部分误差分量),需要载体进行机动,在估计垂线偏差时不希望出现这种情况,因为这会使垂线偏差的模型描述变得复杂,使参数估计变得困难。关于垂线偏差、陀螺漂移、加速度计误差谱分离的问题下面将会叙述。

将式(3.3.5)代入式(3.3.4),可得

$$\tilde{z}_{\lambda i}\cos\varphi_i = (\Delta\bar{\omega}_{bH}\sin\varphi_i + \Delta\bar{\omega}_{bN}\cos\varphi_i)\cos\varphi_i \cdot \Delta t \\ -\frac{1}{\Omega}\Delta\tilde{\omega}_{bE}\sin\varphi_i + \frac{\Delta\tilde{a}_{bE}}{g} + \nabla\eta_i - \delta\tilde{W}_{\mathrm{gps}} \quad (3.3.6)$$

式中:$\nabla\eta_i = \eta_i - \eta(t_k)$为相对惯性导航系统(或捷联式惯性测量组件)最近一次修正点处的垂线偏差$\eta$分量的增量;$\Delta\tilde{\omega}_{bE}$、$\Delta\tilde{a}_{bE}$分别为在时间间隔$\Delta t = t - t_k$上陀螺漂移和加速度计误差的变化量。

根据式(3.3.3)、式(3.3.6),在测量航迹上第$i$点处垂线偏差估计值可按下式计算,即

$$\begin{cases} \hat{\xi}_i = -\tilde{z}_{\varphi i} \\ \nabla\hat{\eta}_i = \tilde{z}_{\lambda i}\cos\varphi_i \end{cases} \quad (3.3.7)$$

上述垂线偏差估计值的确定误差按下式计算,即

$$\begin{cases} \delta\tilde{\xi}_{gi} = \dfrac{1}{\Omega}(-\Delta\overline{\omega}_{bH}\cos\varphi_i + \Delta\overline{\omega}_{bN}\sin\varphi_i) - \dfrac{\Delta\overline{a}_{bN}}{g} + \delta\tilde{\varphi}_{gps} \\ \delta\nabla\tilde{\eta}_i = (\Delta\overline{\omega}_{bH}\sin\varphi_i + \Delta\overline{\omega}_{bN}\cos\varphi_i)\cos\varphi_i \cdot \Delta t - \dfrac{1}{\Omega}\Delta\tilde{\omega}_{bE}\sin\varphi_i + \dfrac{\Delta\tilde{a}_{bE}}{g} - \delta\tilde{W}_{gps} \end{cases}$$

(3.3.8)

假设惯性导航系统中所用陀螺漂移稳定性优于 $3\times10^{-5}(°)/h$ ($\Delta\tilde{\omega} \leqslant 3\times10^{-5}$)、加速度计零偏角秒稳定性优于 $10^{-5}\mathrm{m/s^2}$ ($\Delta a \leqslant 10^{-5}\mathrm{m/s^2}$)。卫星导航系统接收机位置测量噪声平滑值 $\delta\tilde{\varphi}_{gps}$、$\delta\tilde{W}_{gps}$ 不超过 3m。那么, 在中纬度地区近似估计值 $\tilde{\xi}_i \leqslant 0.6''$, $\nabla\tilde{\eta}_i \leqslant 0.7''$。此时, 对惯性导航系统经度误差进行修正的时间间隔不应超过 3h, 这决定了沿 $\eta$ 测量的参考点之间的运行间隔。

必须注意, 为了提高垂线偏差的测量精度, 在测量航线上进行往返测量是合理的。此时, 可以将惯性导航系统(或捷联式惯性测量组件)的陀螺漂移和加速度计测量误差在地理坐标系各轴上投影进行调制(等效进行自补偿), 这会明显减小惯性导航系统的位置累积误差, 进而提高垂线偏差确定精度。假设位置误差的变化具有低频特性, 这样可以明显降低位置误差的影响, 也可降低陀螺仪和加速度计敏感轴定向误差的影响。

在利用惯性大地测量法解决垂线偏差估计问题时, 在载体运动过程中需要利用如文献[195]中提出的相应统计模型来计算垂线偏差沿运动轨迹的变化率。此时, 同样应该注意, 为了提高垂线偏差确定精度, 必须保证当载体运动时陀螺漂移和加速度计误差的频谱与垂线偏差的频谱之间存在明显差异。此外, 在解决滤波问题时所用的垂线偏差解算模型对测量区域内的实际变化反映不充分, 也可能会进一步产生垂线偏差的估计误差。

### 3.3.2 利用零速校正算法的惯性大地测量方法

惯性大地测量法的一种局部改进方案之一是以利用速度测量误差和加速度测量值为基础。对于陆上载体而言, 这种改进可以利用零速校正(zero velocity update, ZUPT)方法实现。在海洋重力测量和航空重力测量过程中, 可以利用卫星导航系统信息实现零速校正方法[77,424,432,449,481]。

正如前面强调的, 引入位置误差测量值可以保证垂线偏差在当地子午面内全量的可观测性。应该强调的是, 在这种情况下利用零速校正速度测量误差后, 问题就变为仅估计沿载体运动轨迹上垂线偏差两个分量的增量值, 根据差分测量值的建立特点, 该增量值可以作为垂线偏差在给定时间间隔上的增量进行估计, 参见式(3.3.13)、式(3.3.15)。

对于垂线偏差在当地子午圈平面的分量 $\xi$，在利用零速校正（ZUPT）对惯性导航系统进行修正时，可以利用下列测量值作为估计垂线偏差的原始信息，即

$$z_\xi = \Delta \tilde{\dot{V}}_N$$

该值为相应水平加速度计在停留时间 $\tilde{T}$ 内输出信号的平滑值。式中，$\Delta \dot{V}_N$ 为在惯性导航系统线速度向量北向分量误差。对于捷联式惯性测量组件，$\Delta \dot{V}_N$ 为加速度计组件输出信息在地理北向轴上的投影。根据文献[77]可以给出第 $i-1$ 次停留时刻的测量原始信息为

$$z_{\xi(i-1)} = g\tilde{\beta}_{(i-1)} + \Delta \bar{a}_{bN(i-1)} - g\xi_{(i-1)} \tag{3.3.9}$$

式中：$\tilde{\beta}_{(i-1)}$ 为第 $i-1$ 次停留时间内垂线建立的平均误差，主要由其舒拉振荡项决定；$\Delta \bar{a}_{bN(i-1)}$ 为假设在停留时间 $\tilde{T}$ 内噪声已经被有效平滑后的水平加速度计的零偏值。

在第 $i$ 个运动间隔内的误差变化 $\beta(t_0)$ 可以利用垂线建立北向通道两个方程来描述[11]。结合两个停留点之间的运动时间间隔 $T \ll 2\pi/v$，则误差变化方程为[77]

$$\ddot{\beta} + v^2\beta = \Delta\tilde{\omega}_{m_2} - \frac{1}{R}(\Delta\bar{a}_{bN} - \dot{V}_E\Delta K + \dot{V}_N M_a) + v^2\xi \tag{3.3.10}$$

式中：$\Delta\tilde{\omega}_{m_2} = -\Omega\tau_*(t_0) + \Delta\omega_{bm_2}$ 为捷联式惯性测量组件的陀螺组件绕东向轴的等效漂移；$\Omega$ 为地球旋转角速度；$\tau_*$ 为捷联式惯性测量组件在与当地子午面正交的平面上主轴建立误差；$v$ 为舒拉振荡频率；$M_a$ 为加速度计标度因数误差；$\Delta K$ 为惯性导航系统航向误差。

在停留点满足条件 $\Delta V_N(t_0) = 0$ 时，根据式（3.3.9）可得

$$\begin{cases} \beta(t_0) = \tilde{\beta}_{(i-1)} = -\dfrac{1}{g}\Delta\bar{a}_{bN(i-1)} + \xi_{(i-1)} \\ \dot{\beta}(t_0) = \Delta\tilde{\omega}_{m_2 i} \end{cases} \tag{3.3.11}$$

参照文献[77]，假设惯性导航系统工作时间由载体运动持续时间 $T$ 和载体静止持续时间 $\tilde{T}$ 构成。为了在每个时间间隔 $[0, T]$ 上的载体运动加速度，可以利用下述模型，即

$$\dot{V}(t) = V\delta(t) - V\delta(T-t) \tag{3.3.12}$$

式中：$\delta(t)$ 为 $\delta$ 函数。该模型描述从某个瞬间停止状态到加速至速度 $V$ 的时间间隔 $[0,T]$ 内载体匀加速运动。

结合式（3.3.12）以及 $t_0 = 0$ 时 $v \ll 1$，在第 $i$ 个停留阶段初始时刻 $t = T$ 时，式（3.3.10）的解为

$$\beta(T) = \tilde{\beta}_{(i-1)} + \Delta\tilde{\omega}_{m_2i}T - \frac{1}{R}(-\Delta K \cdot S_E + \Delta M_a S_N)$$
$$- v^2 \int_0^T \left[\frac{1}{g}\Delta a_{bN}(\tau) - \xi(\tau)\right](T-\tau)\mathrm{d}\tau \tag{3.3.13}$$

式中：$S_E$、$S_N$ 分别为在第 $i$ 个运动阶段载体沿地理坐标系东向和北向通过的路径长度；$\Delta a_{bN}(\tau)$ 为在时间间隔 $T$ 内 $\Delta a_{bN}$ 的时间变化率；$\xi(\tau)$ 为在距离间隔 $S$ 内 $\xi$ 的空间变化率。

根据文献[77,95]中给出的方程解，可以证明，在利用中精度（$\Delta\tilde{\omega} \leq 5 \times 10^{-3}$ (°)/h、$\Delta a \leq 3 \times 10^{-5}$ m/s$^2$、$\Delta M_a \leq 10^{-5}$）捷联式惯性测量组件，并且载体两次停留过程之间持续时间为 $T = 2\cdots 5$min 的情况下，结合式(3.3.9)建立过程的平滑滤波，可将表达式(3.3.13)写为

$$\tilde{\beta}_i = \tilde{\beta}_{(i-1)} + \Delta\tilde{\omega}_{m_2i}T + \Delta_i \tag{3.3.14}$$

式中：$\Delta_i$ 为误差值，大小不超过 $0.1''$。

与式(3.3.9)类似，结合式(3.3.14)可得第 $i$ 次停留过程的测量值 $z_\xi$ 有下列形式，即

$$z_{\xi i} = g\tilde{\beta}_i + \Delta\bar{a}_{bNi} - g\xi_i = -g\nabla\xi_i + \Delta\bar{a}_{bNi} - \Delta\bar{a}_{bN(i-1)} + g\Delta\tilde{\omega}_{m_2i}T + g\Delta_i \tag{3.3.15}$$

式中：$\nabla\xi_i = \xi_i - \xi_{(i-1)}$。

可得第 $i$ 次停留过程 $\xi$ 的增量估计值为

$$\delta\hat{\xi}_i = -\frac{z_{\xi i}}{g} \tag{3.3.16}$$

此时，对应 $\xi$ 的增量值估计误差为

$$\delta\nabla\tilde{\xi}_i = -\left(\frac{\Delta\bar{a}_{bNi} - \Delta\bar{a}_{bN(i-1)}}{g} + \Delta\tilde{\omega}_{m_2i}T + \Delta_i\right) \tag{3.3.17}$$

进而可得相对基准点的 $\xi$ 增量确定误差为

$$\delta\nabla\tilde{\xi}_i = \sum_{j=1}^i \delta\nabla\tilde{\xi}_i = -\left[\frac{\Delta\bar{a}_{bN}(t_i) - \Delta\bar{a}_{bN}(t_0)}{g} + \sum_{j=1}^i \Delta\tilde{\omega}_{m_2i}T + \sum_{j=1}^i \Delta_j\right] \tag{3.3.18}$$

对式(3.3.18)的分析表明，当惯性导航系统利用零速校正方案时，只有加速度计零偏稳定性会对垂线偏差相对基准点的增量确定精度产生影响，而加速度计的初始标定误差不会产生明显影响。同时，陀螺仪漂移的标定误差及其时间稳定性会完全反映在垂线偏差的估计误差中。

为了在缓慢变化的测量序列 $\Delta\tilde{\omega}_i T$ 的背景下对 $\nabla\xi_i$、$\nabla\eta_i$ 的高频信号进行比较滤波，依靠对停留阶段构成的式(3.3.15)型测量序列的处理，可以降低陀螺漂移

的影响程度。为此,必须提供垂线偏差的相应统计模型和陀螺漂移的相应模型。这可以在利用所述精度等级(中精度)的惯性导航系统信息的情况下使在间隔 $T_\Sigma = 1$ 内的垂线偏差确定误差为 $\sigma_{\tilde{\xi}(\tilde{\eta})} \leqslant 1''$[77]。

显然,当准确知道测量航线初始点和结束点(即 $t = T_\Sigma$ 时刻)的垂线偏差值时,可以明显提高整个航测过程垂线偏差的确定精度 $\sigma_{\tilde{\xi}(\tilde{\eta})} \ll 1''$。

### 3.3.3 高纬度地区垂线偏差确定方法

下面研究在保持固定精度情况下利用惯性大地测量法改进方案确定高纬度地区垂线偏差完整分量的可能性。为此,假设在组合系统的中引入专门研制的天线长度为6~10m的精密卫星导航系统罗经(以下简称卫导罗经),并利用下述航向误差测量值代替经度误差测量值来确定垂线偏差,即

$$z_K(t_{k+1}) = K_{\text{pr}}(t_{k+1}) - K_{\text{gps}}(t_{k+1}) = \Delta K - \delta K_{\text{gps}} \quad (3.3.19)$$

式中: $\delta K_{\text{gps}}$ 为多天线卫星导航系统接收机航向误差。

当捷联式惯性测量组件(或惯性导航系统)的航向基准与卫星导航系统接收机天线组件调整取齐时,该航向误差主要由相位测量噪声决定。此时还应注意,误差 $\delta K_{\text{gps}}$ 大小实际上与载体地理纬度无关。

假设在这种情况下,利用式(3.3.5)所示速度测量值对捷联式惯性测量组件的误差固有振荡(舒拉振荡)进行阻尼。那么,根据文献[95]中给出的解决方案,当载体在测量航线上第 $i$ 点处是准静止状态,则航向测量式(3.3.19)平滑后的表达式为

$$\tilde{z}_{Ki}\cos\varphi_i = -\frac{1}{\Omega}\Delta\overline{\omega}_{bE} + \sin\varphi_i \frac{\Delta\overline{a}_{bE}}{g} + \sin\varphi_i \cdot \eta_i - \delta\tilde{K}_{\text{gps}}\cos\varphi_i \quad (3.3.20)$$

由式(3.3.3)和式(3.3.20)可知, $\hat{\xi}_i = -\tilde{z}_{\varphi i}$、 $\hat{\eta}_i = -\tilde{z}_{Ki}\cot\varphi_i$。垂线偏差的估计误差为

$$\begin{cases} \delta\tilde{\xi}_i = \frac{1}{\Omega}(-\Delta\overline{\omega}_{bH}\cos\varphi_i + \Delta\overline{\omega}_{bN}\sin\varphi_i) - \frac{\Delta\overline{a}_{bN}}{g} + \delta\tilde{\varphi}_{\text{gps}} \\ \delta\tilde{\eta}_i = -\frac{1}{\Omega\sin\varphi_i}\Delta\overline{\omega}_{bE} + \frac{\Delta\overline{a}_{bE}}{g} - \delta\tilde{K}_{\text{gps}}\cot\varphi_i \end{cases} \quad (3.3.21)$$

由上述解析表达式可知,提出的这种惯性大地测量法改进方案能够在无须建立海上基准点的情况下估计垂线偏差完整分量值,并且由于航向测量误差 $\delta K_{\text{gps}}$ 大小与当地纬度无关,这种方法在高纬度会明显降低航向测量误差 $\delta K_{\text{gps}}$ 对垂线偏差确定精度的影响。

当采用前文给出的捷联式惯性测量组件和卫星导航系统接收机的位置误差,以及精密卫导罗经平滑后的噪声值时,其中包括捷联式惯性测量组件与卫星导航

系统罗经天线组件示数基准之间的标校误差,在纬度为80°,航向确定误差 $\delta K_{\text{gps}}$ = 5″时,可得垂线偏差确定误差为 $\hat{\xi}_i \leq 0.6″$、$\hat{\eta}_i \leq 1.6″$。

### 3.3.4 仿真结果

为了研究利用惯性大地测量法确定垂线偏差时组合系统的误差,利用了根据文献[95]给出的模型实现离散递推算法的捷联式惯性测量组件功能仿真模型。在建立捷联式惯性测量组件虚拟陀螺组件和加速度计组件时,利用误差模型下述参数值在测量模块坐标系 $Ox_b y_b z_b$ 各轴上投影。

1. 陀螺仪误差

(1) $\Delta M_{gx}$、$\Delta M_{gy}$、$\Delta M_{gz}$——陀螺标度系数不稳定性,其均方差随机值大小约为 $10^{-5}\%$。

(2) $\Delta \bar{\omega}_{xb}$、$\Delta \bar{\omega}_{yb}$、$\Delta \bar{\omega}_{xb}$——陀螺系统漂移分量,描述逐次启动系统漂移零偏变化,均方差的随机值约为 $3 \times 10^{-5}(°)/h$。

(3) $\Delta \omega_{xb}$、$\Delta \omega_{yb}$、$\Delta \omega_{xb}$——陀螺随机漂移分量,描述启动过程中的漂移零位变化,其一阶马尔可夫过程参数 $\sigma_{1g} = 10^{-5}(°)/h$,$\mu_g = 1/20/h$。

(4) 陀螺漂移的波动分量,其离散白噪声在100Hz上的均方差为 $\sigma_{2g} = 10^{-3}(°)/h$。

2. 线加速度计误差

(1) $\Delta M_{ax}$、$\Delta M_{ay}$、$\Delta M_{az}$——加速度计标度系数不稳定性,其均方差的随机值大小约为 $10^{-4}\%$。

(2) $\Delta \bar{a}_{xb}$、$\Delta \bar{a}_{yb}$、$\Delta \bar{\omega}_{xb}$——加速度计零偏分量,其均方差的随机值约为 $10^{-5}$ m/s²。

(3) $\Delta a_{xb}$、$\Delta a_{yb}$、$\Delta a_{xb}$——加速度计零偏漂移,其一阶马尔可夫过程参数 $\sigma_{1a} = 3 \times 10^{-6}$ m/s²、$\mu_a = 1/1/h$。

(4) 加速度计误差的波动分量,其离散白噪声在100Hz上的均方差为 $\sigma_{2a} = 10^{-4}$ m/s²。

(5) 垂线偏差分量由参数为 $\sigma_\xi = \sigma_\eta = 5″$、$d = 20$ n mile 的一阶马尔可夫过程描述[195]。

3. 卫星导航系统误差

(1) 速度误差离散白噪声在10Hz上 $\sigma_{V_{\text{gps}}} = 0.01$ m/s。

(2) 位置误差离线白噪声在10Hz上 $\sigma_{S_{\text{gps}}} = 3$ m。

(3) 航向误差偏值 $\delta \bar{K}_{\text{gps}} = 5″$,离散白噪声在10Hz上 $\sigma_{\delta K_{\text{gps}}} = 3′$。

众所周知,对于目前大多数在用的卫星导航系统罗经,其精度等级为 $0.2° \cdot 1/L$,其中,$1/L$ 为卫星导航系统接收机天线之间的距离(取为1m)与组合系统中天线阵列(天线基站)的实际长度 $L$ 之间的比值。卫星导航系统罗经的这种误差水平主要是由于卫星导航系统接收机的相位测量噪声决定的[454]。

为了在图 3.3.1 中给出了天线阵列长度为 6m 的专用卫导罗经的误差,利用俄罗斯中央科学电气研究所研制的天线阵列长度约为 19m 的 Vega 卫导罗经(或 GPS-罗经)的海试结果数据[93]。由图可见,直线运动时航向误差振荡分量约为 $3'(1\sigma)$。卫导罗经 Vega 与基于光纤陀螺的惯性测量组件 IMU-120(法国 IXblue 公司)的示数基准之间的近似连接使得航向误差中存在偏值分量。

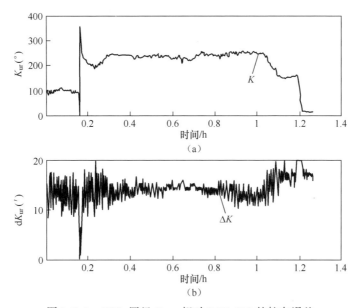

图 3.3.1 GPS-罗经 Vega 相对 IMU-120 的航向误差

在仿真过程中,假设精密捷联式惯性测量组件与卫导罗经天线组件的示数基准之间标校精度为 $5'$,并且在试验船出航前位置处的垂线偏差值精确已知,同时在确定垂线偏差过程中按照文献[25]中给出的方法对卫导罗经接收天线的相位中心位置定期进行修正。

测量误差为

$$\begin{cases} z_{V_j}(t_{k+1}) = [\nabla S_{j\_\text{ins}}(t_{k+1}) - \nabla S_{j\_\text{gps}}(t_{k+1})]/T_z & j = E, N, H \\ z_\varphi(t_{k+1}) = \varphi_{\text{ins}}(t_{k+1}) - \varphi_{\text{gps}}(t_{k+1}) \\ z_\lambda(t_{k+1}) = \lambda_{\text{ins}}(t_{k+1}) - \lambda_{\text{gps}}(t_{k+1}) \\ z_h(t_{k+1}) = h_{\text{ins}}(t_{k+1}) - h_{\text{gps}}(t_{k+1}) \\ z_K(t_{k+1}) = K_{\text{ins}}(t_{k+1}) - K_{\text{gps}}(t_{k+1}) \end{cases} \quad (3.3.22)$$

在测量过程每步中,均利用具有闭环反馈的卡尔曼滤波器对上述测量值进行实时处理。在叙述组合系统误差解算模型时,考虑了下述近似假设。

(1) 由于逐次启动引起的陀螺漂移零偏值变化量 $\Delta\overline{\omega}_i$ 和加速度计零偏值变化量 $\Delta\overline{a}_i$ 可以近似地利用维纳过程描述，$i = x_b、y_b、z_b$。

(2) 在测量航线上第 $i$ 点处垂线偏差分量 $\xi_i、\eta_i$ 可以利用已知离散度的随机值描述。

假设组合系统解算模型的状态向量为

$$\boldsymbol{x}^{\mathrm{T}} = [\alpha \quad \beta \quad \gamma \quad \Delta V_E \quad \Delta V_N \quad \Delta V_H \quad \Delta\varphi \quad \Delta\lambda \quad \Delta h \quad \Delta\overline{\omega}_{xb} \quad \Delta\overline{\omega}_{yb} \quad \Delta\overline{\omega}_{zb}$$
$$\Delta\overline{a}_{xb} \quad \Delta\overline{a}_{yb} \quad \Delta\overline{a}_{zb} \quad \xi \quad \eta ]$$

在考虑引入的假设情况下，动态矩阵 $\boldsymbol{F} = [f_{i,j}](i,j = 1,\cdots,17)$ 与文献[95]中给出的模型类似。测量矩阵 $\boldsymbol{H}_{k+1}$ 与式(3.3.22)对应，其非零元素值为

$$H_{1,4} = 1;\ H_{2,5} = 1;\ H_{3,6} = 1;\ H_{4,7} = 1;\ H_{5,9} = 1;\ H_{6,1} = 1 \quad (3.3.23)$$

在引入下列原始信息的情况下进行仿真。

(1) 地球及重力场参数如下：

① 地球平均半径 $R = 6371000\mathrm{m}$；

② 地球自转角速度 $\Omega = 7.2921151467 \times 10^{-5}\mathrm{rad/s}$；

③ 地球引力常数 $\mu_g = 3.98603 \times 10^{14}\ \mathrm{m^3/s^2}$。

④ 重力位分解系数 $\varepsilon = 2.634 \times 10^{25}\ \mathrm{m^5/s^2}、\chi = 6.777 \times 10^{36}\mathrm{m^7/s^2}$。

(2) 载体运动参数如下：

① 纬度为 $\varphi = 80°$；

② 初始速度 $V_0 = 0$；

③ 航向为 $K = 0°$ 或 $K = 180°$；

④ 摇摆角很小。

仿真结果如图 3.3.2 所示，由图可知，在航向为 $K = 0°$ 或 $K = 180°$ 的正、反航线上第 $i$ 点处的垂线偏差确定误差平均值为 $\tilde{\xi}_i \leqslant 0.1″、\tilde{\eta}_i \leqslant 0.75″$。

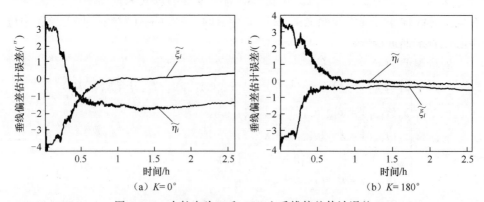

图 3.3.2 在航向为 0° 和 180° 上垂线偏差估计误差

最后指出,利用包括两个可确定载体姿态的基准天线的精密多天线卫星定位定向系统(GPS测姿系统)是确定垂线偏差的惯性大地测量法一种可行的改进方案。在这种情况下,可以建立相应的摇摆角误差测量值代替式(3.3.22)所示的航向误差测量值。这完全可以不利用式(3.3.2)所示的位置测量值,并能明显降低对惯性组件陀螺精度的要求。提出的这种惯性大地测量法改进方案同样可以保证在不受纬度限制的太平洋不同区域确定垂线偏差全量的可能性。

### 3.3.5 小结

本节主要研究确定垂线偏差的惯性大地测量法的特点。书中指出,仅利用速度误差和位置误差测量值不能保证垂线偏差的完全可观测性,只能确定在当地子午面上的垂线偏差分量值。在利用零速校正(ZUPT)算法的情况下原理上也是不能确定垂线偏差两个分量的全值。

提出一种甚至可以在高纬度确定垂线偏差分量全值的惯性大地测量法的改进方案,为了实现该方案,除了要利用精密惯性导航系统外,还必须研制天线阵列长度为6m的专用卫导罗经。试验结果证明,为了达到提出的确定垂线偏差精度,必须保证航向确定精度在6″左右。航向确定误差中包含了惯性导航系统与卫导罗经天线组件示数基准之间的标校误差,这就是说,在试验船出海之前必须保证惯性导航系统和卫导罗经天线组件示数基准之间的标校误差优于6″,并且停泊点的垂线偏差要精确已知,同时在确定垂线偏差过程中要对卫导罗经接收天线的相位中心位置定期进行修正。

# 第4章
# 地球上难到达区域重力场研究特点

本章主要介绍地球上难到达区域的重力场研究,内容共分3节。

4.1节回顾北极地区重力测量工作的历史,介绍北极地区 EGM-2008、EIGEN4C、ArcGP 重力场模型的特点,讨论利用航空重力测量结果对模型精度进行试验评估的可能性,分析俄罗斯及其他国家科研机构在北极地区进行现代航空重力测量的成果。

4.2节介绍利用 Chekan 系列重力仪在地球上如地理北极、格陵兰岛冰架、南极洲沿海地带、喜马拉雅山脉等一些难到达区域开展海洋和航空重力测量的成果,介绍利用 Chekan 系列重力仪进行测量的工作特点,并评估测量结果的准确性和分辨率。

4.3节介绍 GT-2A 重力仪的改型产品,专门用于在地球极地地区进行航空重力测量。同时介绍在极地地区使用多天线 GNSS 设备的经验,以及在解决极地重力测量问题时必须将测量数据向准地理坐标系变换的方法。给出具有四天线卫星导航系统接收机的 GT-2AQ 重力仪的车载试验结果。

## 4.1 北极地区重力场研究情况

关于北极地区地球重力场异常的测量数据比较零散,是由不同的研究人员在不同的年代利用不同的方法以及具有不同测量误差的各型仪器测得。此外,在北极地区的测量工作中,定位系统的某些特性会显著放大并引入误差。因此,北极地区冰盖上的重力异常模型误差尤其显著。由于北极被冰覆盖,且远离测量基站,对高纬度地区具体区域的重力测量只能利用航空重力测量手段。综上所述,不仅要精确修正北极重力场异常模型,还需针对其具体区域进行重力测量工作,其重力测量分布图将支撑俄罗斯在联合国委员会的领土主张。

### 4.1.1 俄罗斯在北极地区重力测量的研究历史

为了讨论北极地区重力场的研究现状与后续研究前景,应该简单叙述一下北极重力测量的历史、已获得的成果及其意义。

1. 在浮冰上进行重力测量

20世纪50年代中期,苏联国防部向大地测量和地图绘制总局(ГУТК)及苏联科学院提议,开展对北冰洋苏联部分领海进行重力测量,并要求两年完成这项工作,时间非常紧迫。考虑到北极地区的气象条件,每年只有春季(3月至5月)具备测量的条件,因为此时极夜已经结束,而冰层仍然足够坚硬,可供大型飞机起降。在当时,世界上还没有国家在北极地区实施过类似的重力测量工作。大地测量和地图绘制总局出于某些原因拒绝了该项任务,后来决定其由苏联科学院地球物理研究所研究人员和苏联军方作战地形侦察局的军官在规定时间内共同完成对极地海域的重力测量任务。

研究人员在短时间内就制定出测量方案,并研制出必需的重力测量设备,以及用于在浮冰上开展测量的辅助设备。根据1955年2月3日苏联部长会议第645号部署和1955年3月3日苏联部长会议第383-232号决议:"从1955年开始开展高纬度航空测量任务,包括在浮冰上完成对斯瓦尔巴群岛、法兰士约瑟夫地群岛和北地群岛及其以北地区的重力和磁场观测工作,包括罗蒙诺索夫海岭的水下部分和北极地带"。这次任务被命名为"'Север-7'高纬度航空测量"。

当时,地球物理研究所的研究团队需要按照每10000km$^2$设置1个测点的测量密度进行平面重力测量,计划在北极中西部(包括北极地区)均匀设置105个测点,由测点处获得的数据来计算重力加速度。此次测量中使用了CH-3摆式重力仪,并由OT-02天文经纬仪进行大地测量观测、定位测量确定测点的位置。

"Север-7"测量任务从1955年3月20日持续到6月10日,尽管北极地区条件恶劣,地球物理研究所的研究团队仍然按计划完成所有计划工作。在极地的西部地区总共确定了117个重力测量点,重力测量的平均精度为1.2mGal,测点坐标的均方差为:根据恒星定位误差约为0.1′,根据太阳定位误差约为0.6′。

按照1955年9月1日苏联部长会议第6410号决议,测量工作在苏属北极东部地区继续进行。于是在1956年4月4日至5月18日(共45天)开展了代号为"Север-8"的测量任务,共确定了164个主要和辅助重力测量点,测量误差与1955年测量情况相当。这样,经过两年的测量,第一张北冰洋苏联部分的重力测量图诞生了,其比例为1∶1000000。

2. 对北极的水下进行研究

1955年,苏联部长会议公布了关于研究地球重力场、形状和结构的决议后,苏联海军开始调配潜艇,对太平洋水域定期开展水下研究。同年,莫斯科大学斯滕伯格(П. К. Штернберг)国立天文研究所(ГАИШ МГУ)组织了对巴伦支海、喀拉海和伯朝拉海相关水域的重力测量工作[255]。此次测量共获得38个测点,测量误差为±(6~8)mGal。1956年,在白令海及其与楚科奇海的连接处进行测量工作,测量中依旧使用了C3-1型、C3-2型重力仪,以及主要用于连续观测码头相对苏联重力测量网基准点变化的 ΓAK 型陆上重力仪。为了确定船体摇摆对测量工作的影响程度,无论潜艇处于航行状态还是水下坐沉海底状态,测量工作均在 30～120m 的深度进行。尽管测量期间遇到了暴风雨,但摆锤装置(振摆仪)和重力仪的法依异常(也称为自由空气异常仍可被计算出来,计算误差分别为 ±4mGal 和±6.2mGal。通过研究布朗改正(Brown correction,又称为二次项改正(second-order-term correction))对干扰加速度的补偿效果与测量深度的关系,科研人员发现,在暴风雨天气中,当深度为 60m 时便可获得理想的观测条件,而在天气好时深度可以减少 1/2[255]。

1957 年,由莫斯科大学斯滕伯格国立天文研究所和大地测量、航测与制图中央研究院(ЦНИИГАиК)联合组织了测量工作,在全俄地球物理勘探方法研究院(ВНИИГеофизика)研究人员参与下,对巴伦支海、挪威海、格陵兰海及大西洋海域进行了测量研究,这条路线北起摩尔曼斯克,绕过冰岛向南抵达赤道,测量历时 2.5 个月。在此期间,使用了由大地测量、航测与制图中央研究院(ЦНИИГАиК)研制的摆锤装置和长周期辅助摆锤,多数测量都是在 100m 的深度进行的。此外,还研究了 30～120m 深度的测量特性。为了更准确地定位潜艇,研究人员研究了主要洋流的特征,并分析出洋流对厄缶改正(Eotvos correction,也称为"艾特维斯改正")的影响[255]。在此次测量过程中,潜艇通过了所有气候带,在 119 个点进行了重力测量,误差约为±(4～5)mGal,并对韦宁-迈内兹(Вейнинг-Мейнес)、吉尔德勒(Гирдлер)和大地测量、航测与制图中央研究院(ЦНИИГАиК)(1955 年)测量任务中的 24 个点进行了评估。

实际上,俄罗斯国内、外学者几乎已经对太平洋所有纬度的海域进行了水下研究。俄罗斯以外国家在开展水下科学研究方面也有丰富的经验,其结果可供科学界部分获取。在这些研究项目中,值得一提的是 SCICEX(science ice expedition)项目[471]。

3. 在破冰船上进行重量测量

考虑到海上重力测量的前景,为了开发可在水上载体进行测量的有效方法,研究人员考察了使用破冰船实施测量的可能性。如文献[160]所述,使用破冰船进行重力测量前景非常广阔,因为除了极地附近区域,中纬度海域的部分地区在冬季也会冻结。与此同时,破冰船几乎可到达任何水域,并可以使用无线电导航和卫星导航系统进行高精度定位,对重力测量的精细程度几乎不加限制。1893—1896 年,弗里乔夫·南森(Fridtjof Nansen)乘坐"弗雷姆(Fram)"号从新西伯利亚群岛漂流到斯瓦尔巴德群岛期间,就首次在北极地区使用摆锤仪器进行重力测量,但由于仪器的结构缺陷,本次测量具有很大的系统误差。

1937—1940 年,苏联致力于对其领海进行研究,其中,研究人员乘坐 Georgy Sedov 号和 Sadko 号破冰船在北极高纬度地区行驶期间使用韦宁-迈内兹结构设计的三摆仪进行了重力测量[108],其测量误差与在潜艇上测得的数据误差相当。

随着海上实际测量技术的发展,在苏联第一次南极巡航(1955年)和高纬度格陵兰测量任务(1956年)期间,首次使用了破冰船(Обь号柴电船)进行重力测量[59,271]。当时在测量中使用了摆锤仪器(Кембриджский и Аскания Верке),其结果令人满意。资料显示,由于机器的剧烈振动,规定必须在具备有利的天气条件并关闭柴油发电机时进行测量,或者船舶在冰层中行驶,因为这样可以避免开阔海域的波浪对测量结果的影响。

北极地区的第一次高精度船载海洋重力测量最初在北冰洋中部海域进行,在重力测量工作开展期间使用了俄罗斯中央科学电气研究所股份公司(АО《Концерн《ЦНИИ《Электроприбор》)研制的两台类型相同的综合重力测量设备——Chekan-AM 和 Shalif-E[33,146],可同时对一剖面网络进行地震勘探和水深测量[114]。本次研究共获得了 36 个重力测量剖面,收集了 71179 个重力测量点的数据。在测量航段交叉点处,Shalif-E 重力仪的测量均方误差估计值为 0.28mGal,而 Chekan-AM 重力仪的误差估计值为 0.72mGal[231]。在 4.2 节中将详细讨论这次测量的结果。

利用破冰船作为载体在北极地区开展重力测量工作具有很好的前景,它也是综合测量任务基地和航空测量起降直升机的平台。在破冰船上直接进行重力观测是在船漂流的条件下进行的,主要目的是组建浮动参考重力测量点以支持航空重力测量作业。

### 4.1.2 俄罗斯在北极地区的航空重力测量研究现状

近年来,俄罗斯为了对北极进行航空重力测量,已经实施了几种方案。根据北极航空测量累积的经验,研究人员对 GT-2A 型重力仪进行了升级完善(见 4.3 节),莫斯科国立大学(МГУ им. М. В. Ломоносова)力学与数学系导航与控制实验室对其数学软件进行了改进。俄罗斯科学院地球物理研究所(ИФЗ РАН)的研究人员对综合测量设备提出了的一系列改进(见文献[131]及1.3节),并利用现代高精度定位技术,在北纬 78°附近地区对测量设备的工作性能进行了试验研究。此外,俄罗斯联邦国家科研生产企业航空地球物理公司(ФГУНПП《Аэрогеофизика》)对测量方法进行了改进,使得该公司能够在喀拉海(Карское море)北部区域进行测量,比例尺精度不低于 1:1000000,工作纬度最高可达北纬 81°[178]。

尽管由莫斯科重力测量公司研制的 GT-2A 系列重力仪在航空重力测量方面应用更多,而由中央科学电气研究所股份公司(АО《Концерн《ЦНИИ《Электроприбор》)(见 1.2 节)研制的 Chekan 系列重力仪,不仅广泛用于海上重力测量,也在现代航空重力测量中得到应用。

为了给俄罗斯联邦提出的关于扩大俄罗斯在北极地区大陆架外围边界的提案提供论据,俄罗斯联邦国家预算机构全俄海洋地质和矿产资源科学研究所(ФГУП

《ВНИИО кеангеология》)的研究人员在2005年和2007年对罗蒙诺索夫海岭和门捷列夫隆起进行了航空重力-磁场测量研究[273]。

在2005年进行的航空重力测量研究中使用了一套航空重力综合测量设备,该设备包括全俄地球物理勘探方法科学研究院(ВНИИГеофизика)研制的弦式重力仪——ГАМС、ГСД-М和一台弦式气压计。对门捷列夫隆起的航空测量工作是在北纬75°~78°之间、面积约为($240 \times 640$) $km^2$的区域内进行的,测量过程中使用了子午线辅助剖面系统,其相邻两条子午线间隔为10km,与它们正交的测量航线间隔为20~30km。为了更详细地研究该区域的中央部分,还补充了数条辅助测量航段,使得测量航段密度增加,间隔小于5km。

在2007年由全俄海洋地质和矿产资源科学研究所(ФГУП《ВНИИО кеангеология》)团队完成的航空重力测量任务中使用了更加现代化的Chekan-AM重力仪。本次测量研究区域位于北纬78°~84°之间,位于罗蒙诺索夫海岭与相邻陆架的交界带上,沿"北极-2007"地质横断面展开,面积约为($100 \times 720$) $km^2$[200,218]。

测量结果表明,由中央科学电气研究所研制的Chekan-AM重力仪在"高"纬度地区的运行可靠。研究人员建立了比例为1∶1000000的地球重力场异常模型,如图4.1.1所示。4.2节将详细讨论了本次测量任务的工作细节。

2006—2013年,俄罗斯科学院地球物理研究所(ИФЗ РАН)的重力-惯性测量实验室的研究人员成功地完成了对新地群岛南部、中部、西北部以及巴伦支海和喀拉海的邻近水域的航空重力测量工作。在一系列测量任务中利用АН-26 БРЛ型飞机改造而成的飞行实验室搭载莫斯科重力测量公司研制的航空重力综合测量设备GT-1A/2A重力仪完成的[84-86]。重力测量总面积达$18 \times 10^4 km^2$,比例尺为1∶200000,测量工作完成后建立了相应比例的重力异常图。

2011—2013年,俄罗斯科学院地球物理研究所对喀拉海中心地带面积约$6 \times 10^4 km^2$的区域实施了重力测量,比例尺为1∶200000。

近年来,俄罗斯航空地球物理公司完成了对北极地区开展的最大规模的航空重力测量,其目的是解决勘探问题,并编制俄罗斯新版国家地质图的单页。

2011—2013年,俄罗斯航空地球物理公司的研究人员完成了9张俄属北极地区东部沿海东经(E)132°到西经(W)174°、北纬(N)68°~72°区域的测量图板,比例尺精度为1∶1000000:R-53~R-01。该测量过程由AN-26和AN-30飞机搭载的进行航空重力磁场研究的综合测量设备中的GT-2A重力仪完成。通过对比该次航空重力测量与1970—1990年间进行的比例尺精度为1∶200000的陆地测量结果以及它们内部相似性,估计出本次航空重力测量精度为0.6~0.7mGal[177]。俄罗斯航空地球物理公司还在喀拉海北部(北纬(N)81°以内)、拉普捷夫海西部、新西伯利亚群岛北部和东西伯利亚海东南部等一系列许可区域实施了高纬度测量,这些区域有丰富的油气资源。

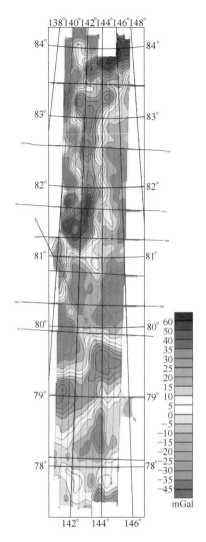

图 4.1.1 （见彩图）根据 Chekan-AM 重力仪数据建立的地球重力场异常模型

在北极地区进行航空重力测量工作是一项非常艰巨的任务，不但需要研制适用于北极区域重力测量的综合设备，还需要进一步改进测量方法，同时在北极的大部分区域没有测量必需的机场。因此，对于罗蒙诺索夫海岭、门捷列夫海岭和俄罗斯大陆架的交界区域，暂时还没有获得 1∶200000 比例的重力场异常图。

### 4.1.3 其他国家在北极地区的航空重力测量研究现状

大约 20 年前，在俄国以外的重力场研究工作中，航空重力测量技术就已投入实践。在此期间，西方的研究人员完成了北极地区非常具有代表性的航空重测工作。例如,在美国北极航空重力测量研究计划中("Arctic airborne gravity measurement program", Naval Research Laboratory(NRL),Washington, D.C., USA),测量工作总量超过 $21×10^4$km,测量范围覆盖了近 2/3 的北冰洋,如图 4.1.2 所示[317]。

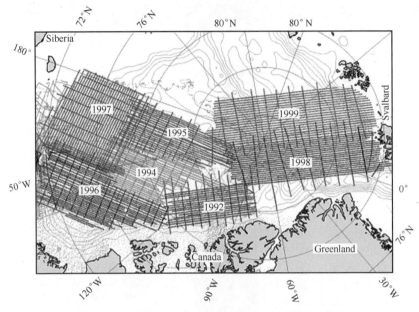

图 4.1.2 （见彩图）NRL 实验室航空重力测量示意图

上述研究结果以及当时可用的其他重力测量数据都被用来构建地球重力场的综合模型,当时还利用了 ERS-1 号和 ERS-2 号卫星的遥感测量数据,其数据可覆盖北纬 N81.5°以内的区域。

为了确定航空重力测量研究的分辨率和地球重力场全球综合模型"ERS 1998"的特点,研究人员选取了两组扩展剖面进行了对比,并分析了它们之间的对应关系,同时也将 1996 年使用美国 LaCoste&Romberg 重力仪进行的航空重力测量数据和加拿大破冰船测量任务中所得的相应剖面数据进行了对比。第一组有 3 个剖面,长度约为 600km,沿北偏西 22.5°延伸,位于北纬 71°~75°的波弗特海海域,研究表明,利用 3 种方法所获得的重测数据之间存在良好的对应关系。尽管破冰船测量数据和航空重力测量数据之间的均方差(RMS)比破冰船测量数据与"ERS 1998"模型所得数据的均方差少约 1/3,分别为 1.86mGal 和 2.64mGal,而"ERS 1998"模型所得数据和航空重力测量数据之间的均方差是 2.55mGal。这表明,在根据卫星测量数据建立地球重力场全球模型时,在所研究的区域内可以借助破冰船和海上测量的结果来修正具体数据,使重力场模型更精确。考虑到重力测量数据的分辨率估计为 15km,"ERS 1998"模型的数据中可能存在短周期异常,这也进一步证实上述建议的合理性。因此,航空重力测量数据、破冰船与海上测量数据

(网格密度为每点3~10km²)可视为独立的测量结果,而"ERS1998"模型的偏差可视为条件区域特征。有关北极地区地球重力场全球模型准确性评估的更多信息(见6.1节)。

丹麦技术大学雷内·福斯伯格(Rene Forsberg)教授及其团队于1999—2001年期间,在格陵兰岛海岸附近进行了航空重力测量,测量期间在空间分辨率约为6km的情况下,测量误差的均方差达到约2mGal[352],该精度明显超过之前完成的所有测量精度(在空间分辨率为20km情况下测量误差均方差约为5mGal)。在这期间,雷内·福斯伯格团队还在挪威的斯匹兹卑尔根群岛附近进行了重力测量,所获得的新的航空重力测量数据与20世纪90年代的海上重力测量结果十分吻合。这些研究成果则被用于检查和完善早前ArcGP-2002项目(Arctic Gravity Project)中利用不同载体所获得的早期测量结果,用于建立分辨率为5′×5′的自由空域内详细的地球重力场全球模型,如图4.1.3所示[350]。

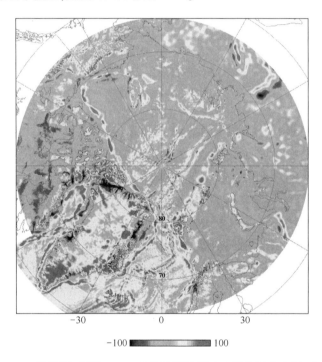

图4.1.3 (见彩图)根据ArcGP项目测量数据建立的北极重力场(分布图)

由于可以使用"Arctic airborne gravity measurement program"大型项目及其他一切可获得的航空重力测量研究的数据,ArcGP-2002项目涵盖了北纬81.5°以北的区域,但(ERS)卫星测量的数据在高纬度存在盲区,不能保证上述区域测量数据的准确性。在增加了基于破冰船的航空重力测量数据及研究成果、俄属北极大陆架的详细重力数据和西伯利亚地面测量数据(由全俄海洋地质和矿产资源科学研究所(ВНИИОкеангеология)、俄罗斯极地海洋地质勘探队(ФГУНПП ПМГРЭ)、地测量航测与制图中央研究院(ЦНИИГАиК)等提供),以及 ICESat 卫星(冰卫星)任务的测量数据(它将卫星测量覆盖范围扩大到 86°N)和 CryoSat(冷星)研究成果之后,研究人员在 ArcGP Ver.1.0 的基础上建立了精度显著提高的北极地区地球重力场模型 ArcGP Ver.2.0。

上述第 2 版北极重力场模型已成为地球重力场全球模型 EGM-2008 的基础。这个利用 GOCE 卫星工程测量数据(见 5.1 节)建立的全球重力场模型显示,在北极和南极纬度均高于 83°的地区,大地水准面数字模型的相关性明显增加[352]。为了消除上述问题的影响,雷内·福斯伯格团队提议对南极地区进行航空重力测量,并综合卫星测量数据提高了 EGM-2008 模型在高纬度地区的精度。

由于测定北极大陆架外缘和研究罗蒙诺索夫海岭地壳的结构问题的紧迫性,在 Lomgrav-09 计划的实施过程中,西方研究人员开展了一系列测量研究工作,其中包括进行了超过 $55×10^4 km^2$ 的航空重力-磁力测量。2009 年的测量区域还涵盖了俄罗斯、加拿大、美国、挪威和丹麦有主权争议的北极部分地区。

在航空重力测量中使用了改进的 LaCoste&Romberg S99 和 SL1 两款航空重力仪对一系列剖面进行测量,这些剖面起始于北冰洋挪威一侧,与罗蒙诺索夫海领平行,剖面间距为 12~15km,被 3 条割线贯穿。应该注意,选定的割线网格可以保证其覆盖罗蒙诺索夫海岭附近足够大的区域,并充分考虑了机场的位置,以保证充足的燃料供给。或许较少的交叉航线可以解释这种情况(阿尔法和罗蒙诺索夫海岭上设置 3 条割线)。将获得的航空重力测量数据处理后,其测量误差的 RMS 值达到了 2.4mGal。科研人员将本次航空测量数据结合在陆地、浮冰和移动载具上完成的早期测量结果进行联合处理,为自由空域建立了新的重力异常模型,其分辨率为 2.5km,相关长度为 18km。与 LOMGRAV-09 测量结果相比,使用早期测量数据建立自由空域重力异常模型时会导致异常幅度超过 15mGal 的偏差。研究人员还指出,最大偏差可达约 80mGal,这样的偏差在 1998—1999 年航空重力测量研究结果以及丹麦-加拿大破冰船测量材料中出现过。这就要求必须在后续分析中删除指定的数据。

根据在格陵兰属北极高纬度地区(北纬 80°~89°)获得的测量结果,在罗蒙诺索夫海岭中部发现了密集的线性正异常带,其中一些长度可达 300km。在现代海底地貌没有出现过的几个线性异常被作者推测为(根据获得的地震数据)埋藏在新生代沉积物下的裂缝结构。作者认为,新的重力-磁场数据不支持罗蒙诺索夫海岭与林肯海极缘之间存在明显的剪切或转换断层。上述关于地球重力场特征的研究材料通常会与现有的地震数据和其他地质-地球物理信息结合使用,以确定阿蒙森盆地的起源和构造结构,以及明确格陵兰岛附近大陆边缘的位置。

### 4.1.4 小结

对北极偏远(或难到达)地区的重力测量分析表明,目前所完成的测量研究范围尚不足以对北极地区重力场的现代模型进行足够精确的误差估计,因此在北极地区继续开展重力测量工作是十分迫切的。同时,考虑到北极偏远(或难到达)区域的具体情况,航空重力测量是开展北极地区重力测量工作的首选方案。改进北极地区重力场模型可以解决一个最重要的基础问题,即更精确地描述地球在北极区域的形状。

## 4.2 利用 Chekan 系列重力仪对地球难到达区域重力测量研究结果

迄今为止,地球上极地地区、山脉以及海陆交界的过渡区域等是在重力异常研究方面得到研究最少的区域。随着先进重力测量设备的出现和卫星测量技术的发展,在过去 10 年期间科研人员开始积极地在这些难以到达的区域内开展重力测量工作。由于其他测量方法不能提供所需的空间分辨率,所以在测量过程中仍然是由机载和舰载的相对重力仪测定测量剖面的重力增量为主要测量方法。

通常情况下,主要利用 Chekan-AM 重力仪完成诸如使用地球物理方法在海底大陆架上搜寻碳氢化合物的研究工作[145]。在近几年,Chekan 系列的重力仪开始被用于研究难以到达区域的地球重力场。本节主要讨论此类研究工作的成果及其实施方法和特点。

### 4.2.1 地球极区内海洋重力测量

作为俄罗斯南极科学考察的一部分,俄联邦国家统一科研生产企业极地海洋地质勘探队(ФГУНПП ПМГРЭ)每年都会利用"亚历山大卡尔平斯基院士"号科考船对南极洲大陆周边海域进行重力测量。2005—2015 年,测量工作由 Chekan-AM 和 Чета-АГГ 两台综合重力仪完成,从 2016 年开始,改由两台 Chekan-AM 重力仪进行。

在最近几年完成的测量工作概述如图 4.2.1 所示。测量剖面的总长度超过 70000km。重力测量研究工作也结合进行了地震勘探和磁场勘探工作。在上述完成的重力测量工作有着显著的特点:一是相对于开普敦港口的参考重测点有着超过 2.5Gal 的明显重力落差;二是海上测量周期长,很少进港口补给。这就对重测传感器的校准精度和重力仪的零偏速度稳定性提出更加严格的要求。

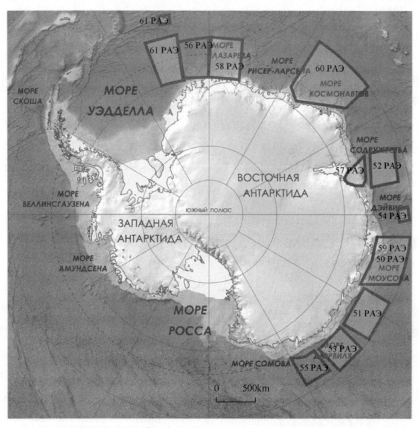

图 4.2.1 （见彩图）南极洲大陆周边海域重力测量示意图

南极洲大陆周边海域重力测量工作大多是在严酷的气象条件和复杂的"冰况"情况下开展的，当遇上旋风，且风速达到 20m/s 时，海况可达 5~6 级。在对地球物理剖面进行测量的过程中，大多数情况下必须绕开遇到的冰山和冰原，有时会偏离剖面线 10km 或更多，并且在特殊情况下，剖面的方向也会发生改变。最终，研究人员为南极洲大陆周边威德尔海、英联邦海、里瑟尔-拉森海、宇航员海和戴维斯海等部分海域建立了比例尺为 1∶2500000 的地球重力场模型。同时，在上述 11 年间完成的所有南极考察过程中，重力测量误差的均方根（RMS）值均小于 1mGal。

2014 年，在"北极-2014"科考任务中，研究人员首次对北极地区进行了高精度船载海洋重力测量。此次任务由俄罗斯极地海洋地质勘探队组织协调，是北极盆地地球物理综合研究的一部分[113,231]。水面重力测量作为后备方法，结合地震勘测和水深测量工作在同一剖面网内完成。此次重力测量工作是由"费多罗夫院士"号科考船搭载 Chekan-AM 型和 Shalif-E 型两台重力仪完成，如图 4.2.2 所示，左侧为 Chekan-AM 重力仪，右侧为 Shalif-E 重力仪。被选定的研究对象包括北冰洋、波德福德尼科夫盆地、维利基茨基海峡、阿蒙森海盆、南森海盆、马卡罗夫海盆、拉普捷夫海和东西伯利亚海的外陆架等区域，总面积约为 $35×10^4 km^2$。测量概况图如图 4.2.3 所示。

图 4.2.2 安装在科考船上的重力仪

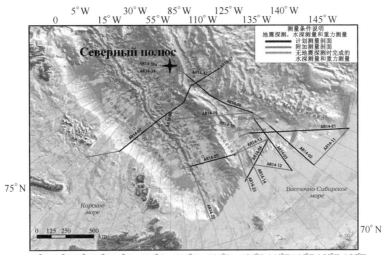

图 4.2.3 （见彩图）在北极盆地区域的重力测量剖面图

为提供参考重力测量数据，参考重力观测点选择在德国基尔港，始于 2014 年 7 月 14 日，终于同年 10 月 9 日。2014 年 7 月 28 日至 9 月 27 日间，科考船对测量剖面进行了为期两个月的连续测量而未返港。考虑到复杂的冰况条件，测量过程中采用了双船方案，即由"亚马尔"号核动力破冰船开辟航道，加强后的"费多罗夫院士"号科考船紧随其后直接进行测量。

在北极地区冰层的厚度可达 4m，在这种情况下，"费多罗夫院士"号科考船不能连续匀速航行。在测量过程中,测量船定期进行停泊后再驶入航线。在约10200km的测量航程中,有近7500km是行驶在10级的冰层之上,而在相对干净水域中航行只有2700km左右。测量船在冰中行驶的平均速度为3.8kn(最小2.1kn),而在净水中航行的平均速度为5.1kn。

本次测量研究结果共获得了36个重力测量剖面图,建立了包含71179个独立测量点的重力测量点目录。相同重力异常值在多个重复测点上测定的均方差是评价测量精度的主要标准,Shalif-E重力仪测量误差均方差为0.28mGal,而Chekan-AM重力仪为0.72mGal,这与目前的高精度海洋测量水平相当。

在图4.2.4给出了对于AR1409-07测量剖面上地球重力场的布格异常(Bouguer anomaly)和法依异常及深度值曲线关系。该图显示了法依异常与底部地形之间的高度相关性,并追踪到了地球重力场的高频异常特性。

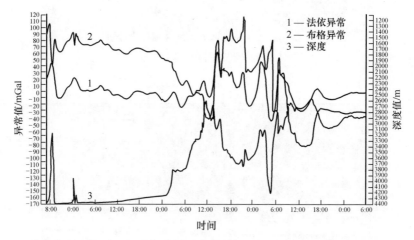

图4.2.4 在AR1409-07剖面上的布格异常、法依异常与深度的关系

对所有测量结果进行处理后可以发现,地球重力场异常的空间分辨率小于1km、幅值为1~5mGal,这种异常仅能通过船载设备测量。在图4.2.5中将此次测量结果与使用全球模型EGM-2008得到的相应数据以及1999年开展的北极重力测量计划ArcGP中航空重力测量获得的相应异常值进行了比较。可以看出,除了空间分辨率显著增大外,船载海洋重力测量结果中不存在航空重力测量(ArcGP)的系统误差和计算模型(EGM-2008)引起的局部最大偏移。

在地理北极地区进行的海洋重力测量结果表明,在研究地球重力场异常高频成分方面应优先考虑使用船载海洋重力测量法。由于复杂的冰况,科考船无法在航线上匀速航行,但这实际上并不影响重力测量的精度。同时,实践表明Chekan-AM重力仪的软件和硬件可以保障在北极地区(包括极点)全程保精度地进行重力测量工作。

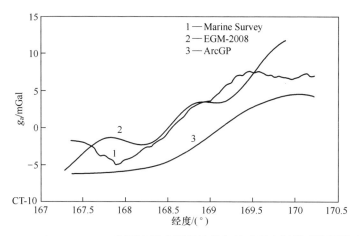

图 4.2.5 在 AR1409-08 剖面上重力测量结果与地球重力场模型数据的对比

### 4.2.2 区域性航空重力测量

在 2007—2011 年间,总部设在美国休斯敦的挪威地球物理公司 TGS-NOPEC(TGS-NOPEC Geophysical Company,TGS)利用 Chekan-AM 重力仪在格陵兰岛北部、东北部和西南部进行了 5 次区域测量[411]。所有重力测量过程是利用各类轻型涡轮螺旋桨飞机作为载具完成的,见表 4.2.1,测量区域概况如图 4.2.6 所示。

表 4.2.1 区域测量情况概述

| 测量名称 | 飞机型号 | 开始—结束日期 | 任务耗时/天 | 航线全长/km |
|---|---|---|---|---|
| NEGAG07 | Piper Navajo PA 31 LN-NPZ | 07.08.03~07.09.27 | 56 | 34319 |
| NEGAG08 | Twin Otter DH-6 | 08.04.21~08.07.03 | 75 | 49776 |
| ULAG08 | Piper Navajo LN-NPZ | 08.08.25~08.10.25 | 62 | 50684 |
| ULAG09 | Beechcraft King Air 90 | 09.07.06~09.09.21 | 78 | 39897 |
| SEGAG11 | Beechcraft King Air 90 | 11.08.01~11.09.27 | 58 | 24231 |

每次测量任务均使用同一台 Chekan-AM 重力仪样机。整个航空测量工作持续时间限定在 3 个月以内,期间重力测量设备的内部温度始终保持恒定。测量作业期间空气温度变化剧烈,最高可达 30℃,因此,保持机舱内重力仪安装位置附近的温度稳定是非常必要的。测量作业期间可以利用参考基准观测数据库来监控温度稳定精度。

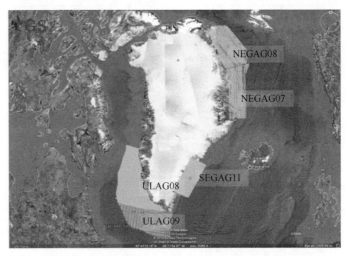

图 4.2.6 （见彩图）在格陵兰岛周边区域测量分布

图 4.2.7 给出了 ULAG09 号测量过程中基准观测数据库信息。图中每个点代表飞行前 1h 内重力仪示数的平均值。由数据可以看出，本次测量过程中重力仪在飞行前测量误差的均方差有 33 天约 0.3mGal，这可以说明重力仪安装位置温度比较稳定。

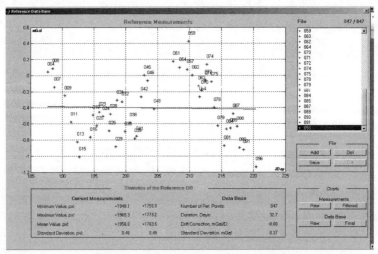

图 4.2.7 ULAG09 测量基准观测数据库

在对格陵兰岛大陆架测量剖面测量时，飞行速度约为 70m/s。在对数据综合（后）处理中，使用了截止频率为 0.01Hz 的带通滤波器（窗口滤波器）。这样，在测量剖面上测量结果的分辨率约为 7km（1/2 波长）。测量工作沿主要覆盖区和检验覆盖区的测线网完成，航线间距根据最终重力异常模型所需的比例设定，见

表4.2.2。

表4.2.2 区域测量测线情况

| 测量名称 | 航线间距 | 航线全长/km | 检验点数量 | 空间分辨率 L/2/km | 测量结果的均方误差/mGal |
|---|---|---|---|---|---|
| NEGAG07 | 4/20 | 34319 | 1115 | 7 | 0.87 |
| NEGAG08 | 4/40 | 49776 | 1079 | 7 | 0.77 |
| ULAG08 | 4/40 | 50684 | 1082 | 7 | 0.70 |
| ULAG09 | 8/40 | 39897 | 2120 | 7 | 0.70 |
| SEGAG11 | 6/30 | 24231 | 578 | 7 | 0.85 |

图4.2.8给出了ULAG08号测量过程中一条检验覆盖剖面上的重力异常曲线,用点标出了主要覆盖航线交叉点处的异常值。图中还给出了根据卫星测高数据反演得到的重力异常曲线,可以看出航空重力测量数据具有更高的分辨率,并提供了更加详细的重力场图像。

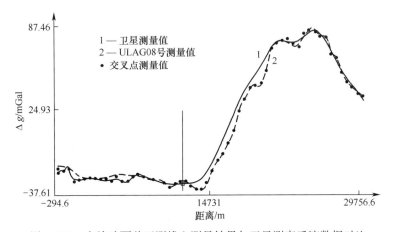

图4.2.8 在检验覆盖区测线上测量结果与卫星测高反演数据对比

科研人员利用专门开发的软件对测量结果进行综合处理,结果证实测量所得数据质量很高。在格陵兰岛周边大陆架上的重力测量总长度超过 $30×10^4$ km,在空间分辨率约为7km的情况下,测量误差的均方差不超过1mGal。所有测量工作都是在北极的恶劣条件下进行的,其中两次任务的测量区域超过北纬75°(高于北纬75°)。在整个测量期间,重力测量设备没有发生过故障,并且因各种原因而作废数据少于总量的5%。

2007年5月,在由俄罗斯全俄海洋地质和矿产资源科学研究所(ВНИИОкеангеология)开展的地球物理研究工作中也使用了Chekan-AM重力仪[200]。此次测量工作以伊尔-18Д飞机作为载体,对北冰洋罗蒙诺索夫海岭北纬

75°~84°之间的区域进行了综合重力磁力研究。在测量作业过程中,飞机的飞行高度为500~1500m,飞行速度为100m/s,工作航线为彼此等距10km的平行线路,以及一系列与上述平行线路的相交航线。

测量区域中重力场变化非常大,平均梯度约为-0.7mGal/km,最大值为4mGal/km。在图4.2.9中给出了由2号航线的测量结果建立的重力场直观特征图[200],并附上海底地形图。由图可见,水下地形与重力异常具有良好的相关性。将本次测量得到的重力场图与ArsGP项目获得重力异常模型进行比较,结果表明,此次测量工作比ArsGP项目更加细致,并且所测的重力场与海底地形有很好的相关性。

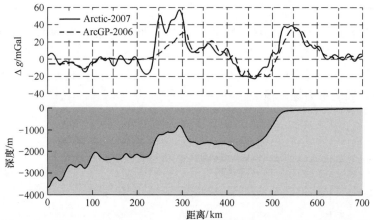

图4.2.9 航空重力测量剖面与ArcGP项目数据及水下地形地貌数据对比

由于本次研究的主要任务是进行磁场测量,所以天气和飞行模式的选择主要是根据磁场测量的要求确定的,这有时会对重力测量带来不利影响,其结果会导致干扰加速度(载体垂向加速度和水平加速度)变得很大,在飞行测量期间的平均值约为25Gal,当飞机转弯时可达50~80Gal。

在排除剧烈湍流条件下完成的部分测点后,根据航线交叉点处的测量计算差值(约为1.5mGal)估算出测量误差均方差为0.8mGal,并根据航空测量结构建立了比例尺为1∶1000000的自由空域重力异常图。

需要进行重力测量研究的另一类难以到达的区域无疑是山脉。由于地形复杂性和重力场的不规则性,对山脉进行测量对于改进大地水准面模型是十分必要的。为了绘制尼泊尔境内的大地水准面,丹麦技术大学于2010年12月对地球上最高的喜马拉雅山脉进行了一次航空重力测量,测量工作由Beech King Air飞机作为载体搭载一台Chekan-AM重力仪和一台L&R重力仪完成的。在本次航空重力测量过程中,测量剖面彼此相距约6n mile,如图4.2.10所示。由于地形条件差异很大,飞行高度由南部剖面的4km到北部剖面的10km不等,沿着交叉剖面的飞行也在10km的高度进行。

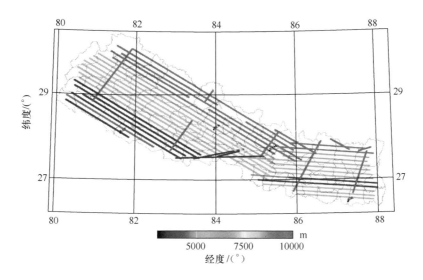

图4.2.10 （见彩图）在尼泊尔进行航空重力测量时的飞行高度

在对尼泊尔部分地区航空重力测量过程中，在重力场有较大变化和湍流纵横的复杂条件下，Chekan-AM重力仪和L&R重力仪所测得的数据、GOCE卫星的最新测量数据和地形数据都被用于建立最新的尼泊尔大地水准面模型。对于尼泊尔境内的大部分地区，最新改进的大地水准面模型的估计精度约为10cm，在加德满都山谷地带的GPS测量数据证实了这一点。

此外，在2015年首次开展了北极地区航海和航空综合重力测量工作。俄罗斯OAO《Севморгео》公司于2015年4月6日至8月31日在东西伯利亚海北部利用Chekan系列重力仪进行了航空重力测量。由于目前对该地区研究较少，但油气资源丰富，极具开发前景，此次测量正是为了建立该地区的现代地质和地球物理数据库[466]。在航空重量测量过程中使用了Chekan-AM和Shelf-E两型重力仪，均被安装在安-30型飞机机身的中央部位，测量的参考点位于俄罗斯佩韦克机场。

在进行重力测量过程中，飞机的飞行高度为340~370m，沿交错的剖面网实施。其中普通测量航线间距是4km，检验测量航线间距为25km，飞机平均飞行速度为75~100m/s。

本次航空重力测量的一个显著特点是，其研究区域与Arctic-2014考察任务中船载重力测量的剖面相交（图4.2.3），这使得研究人员可以综合分析船载重力测量数据和航空重力测量数据。航空测量线路和船载海上测量线路如图4.2.11所示，其中航空测量线路的总长度超过40000km。

对所测数据进行处理后即可得到重力加速度确定精度的高精度估计。根据测线上多个交叉点处近1400个测点的测量误差可以估计出重力测量误差的均方差如下。

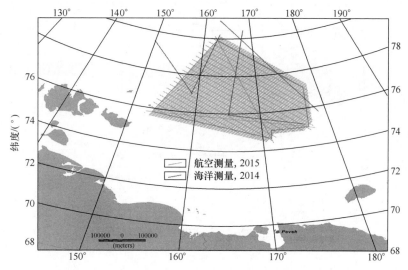

图4.2.11 航空重力测量和海洋重力测量测线剖面示意图

① Chekan-AM 重力仪的测量误差均方差为 0.83mGal。
② Shalif-E 重力仪测量误差均方差为 0.69mGal。

为了进行比较分析，在考虑参考基准点处重力加速度绝对值的情况下将船载海上重力测量和航空重力测量的数据重新换算。此时，若利用佩韦克机场作为参考点时，需利用俄罗斯国家一级测量网获得当地绝对加速度，若利用德国基尔港作为参考点时，则需要利用国际数据库 AGrav 确定当地绝对加速度值[523]。

由于测量作业时飞行高度较低，会使重力仪的示数相对地球椭球体表面存在一定偏差，在处理航空重力测量数据时相对测量剖面的平均修正值约为 110mGal。相对于重力测量基准参考点，航空重力测量的测差平均为 0.5Gal，海洋重力测量的测差平均为 1.5Gal。因此，对于与航空测量区域重叠的剖面，需要在基尔港基准观测 60~70 天后进行海上船载重力测量。

图 4.2.12 给出了一个海洋测量剖面重力异常实例，其中还标出海测与航测测线交点处的航空测量重力异常值。

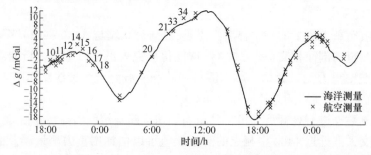

图 4.2.12 海洋重力测量剖面上重力异常曲线及相应点航空重力测量异常值

根据对船载海洋重力测量和航空重力测量测线交点处133个误差的分析结果,可得出以下精度估计值。

① 海洋测量和航空测量之间的系统常值误差约为0.61mGal。
② 海洋测量和航空测量数据之间误差的均方差为1.1mGal。

因此,对于严格按规划航线进行的、直达地球地理北极点的船载海洋重力测量剖面可作为航空重力测量的基准参考。在将航空重力测量数据换算至大地水准面时,这种数据融合方法可以消除其方法误差。同时,航空重力测量效率高,能提供足够的空间分辨率,再搭载现代化的重力测量设备,使我们能够成功地解决北极地区的油气勘探问题。

### 4.2.3 各类运载体在重力测量中的应用

与传统的海洋重力测量和陆地重力测量相比,在研究地球上难到达区域地球重力场方面,航空重力测量的主要优势是能够较快地获得原始测量数据。但是,航空重力测量的空间分辨率亟待提高,为此,利用轻型涡轮螺旋桨飞机、直升机和飞艇等低速飞行器等作为重力测量设备的载体显得颇具吸引力。

2007年,在德国布伦瑞克技术大学的参与下,由轻型涡轮螺旋桨飞机作为载体搭载Chekan-AM重力仪开展了第一次方法验证工作[409]。测量过程中所用飞机型号为Domier-128,飞行高度约为300m,速度为50~60m/s。

为评估此次试验的测量精度,将其测量结果与高分辨率陆基测量图数据进行对比,如图4.2.13所示。

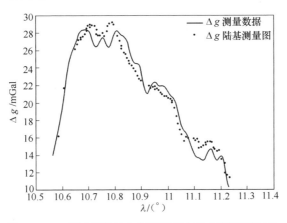

图4.2.13 低速载体航空测量数据与陆基测量图对比

方法验证试验结果表明,在保证航空重力测量误差小于1mGal的情况下,空间分辨率可提高至5~6km,但是能够满足飞行条件航段相当短。然而,测试数据证实,新的航空重力测量方法中可以使用Chekan-AM型重力仪。

2014年1月,Chekan-AM重力仪第一次被安装在AU-30飞艇上进行重力测量[410]。此次测量目的是验证飞艇作为重力测量设备载体的可行性,评估扰动加速度的水平,并对以飞艇为平台建立地球物理实验室提出建议。测量过程中,将Chekan-AM重力仪安装在俄罗斯漂浮航空运动中心股份公司(ЗАО《Воздухоплавательный Центр《АвгурБ》)的AU-30飞艇舱内,如图4.2.14所示。飞行测试试验在弗拉基米尔州内一条预选的直线路线上进行。

图4.2.14 安装在AU-30飞艇上的Chekan-AM重力仪

测试过程中,飞艇在长度约50km的航路上完成3次飞行,飞行高度为330m,平均速度为17m/s,相当于AU-30飞艇的巡航速度。在飞行过程中,飞艇飞行高度被保持在预定高度的±40m范围内,这比理想的航空测量条件差很多[154],而且飞艇偏离预定航线可达100~150m。上述情况产生原因是飞艇的飞行速度与风速相当,此时想要高质量地保障飞艇在给定高度和航线上进行稳定飞行是不可能的。结果使得在测量过程中由于飞艇运动不均匀而引起了较大的惯性加速度,其值比使用轻型涡轮螺旋桨飞机进行类似测量时高2~3倍。尽管利用飞艇作为载体可以使重力测量的空间分辨率提高3~4倍,但与利用飞机时相比,其测量精度下降至原来的1/3~1/2,因为飞机受到的动态干扰较小。

在研究难到达区域地球重力场的另一个难点是对低于海平面的过渡区域进行详细的重力测量。传统的海洋测量作业是在大约为船舶吃水深度2倍的安全深度(超过5m)进行的。为了有效地解决浅水区域的重力测量问题,俄联邦国家统一科研生产企业南方地质勘探科研生产联合公司(ФГУГП《Южморгеология》)开发了利用气垫船搭载Chekan-AM重力仪实施重力测量的技术,并成功投入实际应用[429]。

HIVUC-10气垫船的技术特性允许在距离基地数十公里,海况不超过2级海面上,对超过100km长的剖面实施重力测量。为了在边远地区开展重力测量工作,配备有重力测量和导航设备的气垫船会被搭载在运输船上送往至偏远海域,当然运输船上也配备了进行重力测量所需必要设备。从 2007 年起,俄罗斯南方地质勘探科研生产联合公司(ФГУГП《Южморгеология》)利用气垫船开展了一系列重力测量工作,使用地区包括亚速海及其入海口、伯朝拉海、拜达拉塔湾、叶尼塞湾和哈坦加湾。

　　Chekan 系列重力仪的另一个应用实例,是其在陆地重力测量点的测量应用,其中部分重测点在地球难到达区域,如沙漠和边境区等。在这类测量工作中,Chekan 重力仪的作用与其他陆基相对重力仪类似,即当载体停止运动后,在静止基座上进行 10min 的连续测量,无须从车辆上卸下。使用 Chekan 系列重力仪进行上述测量的优势在于测量范围不受限制,效率高、工作过程完全自动化[102]。

　　图 4.2.15 给出了在列宁格勒重力测量场地使用 Shalif-E 重力仪进行的 5 次测量结果。测量误差的均方差约为 0.1mGal。得到的测试结果不仅展示了另一种研究地球重力场的方式及特点,而且还证明了使用 Chekan 系列重力仪来维护和发展俄罗斯一级国家重力测量网以及使用车载重力测量点建立二级和三级重测网络的可行性。

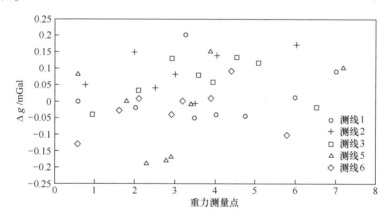

图 4.2.15　5 次重力测量过程的测量误差

### 4.2.4　小结

　　本节叙述了利用 Chekan 系列的重力仪在地球难到达区域进行重力测量的方法特点。介绍了在北极和南极开展的海洋和航空地球物理测量的成果。试验研究结果表明,利用轻型涡轮螺旋桨飞机进行航空重力测量时,测量误差的均方差不超过 1mGal、空间分辨率约为 7km。讨论了利用气垫船和飞艇这类比较有前景的载体研究地球难到达区域的可能性,也讨论了利用汽车搭载重力测量设备在陆基重测点间实施机动测量的方案。

## 4.3 满足全纬度应用的 GT-2A 重力仪改型产品

近几年,研究人员对在地球极区进行航空重力测量兴趣浓厚[85,138,178,231,412]。在1.3节中研究的内容表明,为了对飞行过程中 GT-2A 重力仪陀螺平台的舒勒振荡进行阻尼,在自由方位坐标系的投影轴上求解惯性导航方程时需要利用外部飞行速度信息。自由方位坐标系 $OX_aY_aZ_a$ 可以由地理坐标系 $OENZ$(也称为东北天坐标系)绕垂向轴 $OZ$ 旋转得到,并且自由方位坐标系相对于其自身的 $OZ_a$ 轴绝对旋转角速度为零。

在 GT-2A 重力仪的标准配置中,由单天线卫星导航系统(GNSS)提供的载体(飞机)东向速度分量 $V_E$ 和北向速度分量 $V_N$ 作为外部速度信息。利用重力测量设备(重力仪)的导航解算通道确定的载体罗经航向当前值将上述外速度分量投影到陀螺仪平台各轴上。众所周知,随着载体接近极点,罗经航向的计算误差会增大,进而使陀螺仪稳定平台的角误差也增大,当纬度超过±75°时,这种标准配置的 GT-2A 重力仪已不能满足使用条件。

在市场上出现的多天线卫星导航系统使得我们能够对 GT-2A 重力仪进行改进,以适应极地应用环境,本节将详细介绍这些改进型产品。

### 4.3.1 多天线卫星导航系统的应用

为了利用 GT-2A 重力仪对极地地区进行航空重力测量,专家们提出使用多天线卫星导航系统(接收机)提供飞机姿态信息的建议,并设计了扩大应用纬度范围的重力仪3种改进方案。

(1) 第一种称为近全纬度方案[223,226,227]。该方案中使用两天线或四天线卫星导航系统获取地理航向来代替罗经航向。由多天线卫星导航系统提供的航向消除了1.3节中介绍的罗盘航向不足问题,但是由于在极点处地理航向概念退化,该方案同样也有适用纬度范围的限制,即纬度不能高于±89°。该重力仪改型产品于2011年完成,型号为 GT-2AP。目前,GT-2AP 重力仪被俄罗斯航空地球物理公司、俄罗斯科学院地球物理研究所、中国极地研究所、德国瓦格纳研究所等科研单位用于进行高纬度航空重力测量工作。

(2) 第二种为全纬度方案[223,226,227]。该方案中使用四天线卫星导航系统,在计算过程中不使用地理坐标系概念,而在求解载体姿态时仅使用载体坐标系和格林尼治坐标系。该方案在极点处没有特殊性,这使得可以开发适用于全纬度的重力仪改型产品,甚至可以直接在地理极点处工作。但是,该方案需要对 GT-2A 重力仪的机载软件处理模块进行大量改进,并且中央处理设备的载荷显著增加,需要更大的内存和更快的处理速度。因此,必须在重力仪中引入额外的计算机。此外,与近全纬度方案相比,该方案仅在使用四天线卫星导航系统的情况下才能实现。这种重力仪改型产品于 2012 年开发完成,但由于上述不足,暂时没有投入实际应用。

(3) 第三种方案与上述两种方案思路不同,也称为新极地方案。随着研制可全纬度应用重力仪改型产品的算法方案进一步发展,在惯性导航中著名的伪地理坐标以及由其衍生的伪航向和伪航迹向概念在新极地方案中得到应用。伪航向角是指飞机纵向轴线(相对速度向量)的水平投影与伪北向之间的夹角,且伪航向和伪航迹向在极地地区没有特殊性[224]。这种重力仪改型产品,一方面可以保证其适用于所有纬度;另一方面可以使用最简单、最可靠的双天线卫星导航系统实现。此外,这种重力仪改型产品不会对重力仪的中央处理设备产生附加运算要求,对其内存要求不高。下面详细介绍第三种改进方案。

### 4.3.2 伪地理坐标系

这里将介绍在文献[21,275]中提到的一种推导伪地理坐标的方式,该坐标系使用球面作为其参考表面。

首先来回顾在卫星导航系统中使用的地球格林尼治坐标系 $OX_\Gamma Y_\Gamma Z_\Gamma$ 的定义,如图 4.3.1 所示。点 $O$ 是地球的几何中心,$OZ_\Gamma$ 轴与地球的旋转轴重合,并指向北极方向。$OX_\Gamma Z_\Gamma$ 平面为格林尼治子午面,$OX_\Gamma Y_\Gamma$ 平面为赤道平面。

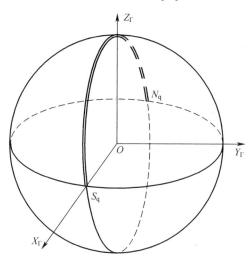

图 4.3.1 伪地理坐标系

伪北极点 $N_q$ 为地球表面上地理坐标为 $\varphi = 0°$、$\lambda = 180°$ 的一个点,而伪南极点 $S_q$ 为地球表面上地理坐标为 $\varphi = 0°$、$\lambda = 0°$ 的一个点。伪赤道为是由东经 90°和西经 90°两条经线组成的经线圈,如图 4.3.1 中加粗线圈所示。伪赤道面与格林尼治子午面垂直。伪地理坐标系的伪零经线圈为穿过地理极点和准极点的经线圈，在图4.3.1中由双重线条标出，伪零经线圈平面与格林尼治子午面重合。

多天线卫星导航系统接收机输出下列原始数据。

① 主天线的格林尼治坐标 $X_\Gamma^*$、$Y_\Gamma^*$、$Z_\Gamma^*$。

② 主天线的相对速度信息在格林尼治坐标系 $OX_\Gamma Y_\Gamma Z_\Gamma$ 内的投影 $V_{X\Gamma}^*$、$V_{Y\Gamma}^*$、$V_{Z\Gamma}^*$。

③ 沿飞机纵轴安装的两个天线的相位中心点连线构成的基准向量在格林尼治坐标系 $OX_\Gamma Y_\Gamma Z_\Gamma$ 中的投影。

由于 $|\varphi| > 89°$ 时，伪地理坐标系内的参考面变为球面，这实际上与地球椭圆面重合，可参见文献[226,227]给出的结论，即伪航迹向 $\Pi y^{q*}$ 和伪航向 $K^{q*}$ 可以按下述关系式以足够的精度计算得到，即

$$V_E^{q*} = -\frac{Y_\Gamma^*}{\sqrt{Y_\Gamma^{*2} + Z_\Gamma^{*2}}} V_Z^* + \frac{Z_\Gamma^*}{\sqrt{Y_\Gamma^{*2} + Z_\Gamma^{*2}}} V_Y^* \quad (4.3.1)$$

$$V_N^{q*} = -\frac{Z_\Gamma^*}{\sqrt{Y_\Gamma^{*2} + Z_\Gamma^{*2}}} \frac{X_\Gamma^*}{\sqrt{X_\Gamma^{*2} + Y_\Gamma^{*2} + Z_\Gamma^{*2}}} V_{Z\Gamma}^*$$

$$+ \frac{Y_\Gamma^*}{\sqrt{Y_\Gamma^{*2} + Z_\Gamma^{*2}}} \frac{X_\Gamma^*}{\sqrt{X_\Gamma^{*2} + Y_\Gamma^{*2} + Z_\Gamma^{*2}}} V_{Y\Gamma}^* + \frac{\sqrt{Y_\Gamma^{*2} + Z_\Gamma^{*2}}}{\sqrt{X_\Gamma^{*2} + Y_\Gamma^{*2} + Z_\Gamma^{*2}}} V_{X\Gamma}^*$$

$$(4.3.2)$$

$$\Pi y^{q*} = \arctan\left(\frac{V_E^{q*}}{V_N^{q*}}\right) \quad (4.3.3)$$

$$d_E^{q*} = -\frac{Y_\Gamma^*}{\sqrt{Y_\Gamma^{*2} + Z_\Gamma^{*2}}} d_Z^* + \frac{Z_\Gamma^*}{\sqrt{Y_\Gamma^{*2} + Z_\Gamma^{*2}}} d_Y^* \quad (4.3.4)$$

$$d_N^{q*} = -\frac{Z_\Gamma^*}{\sqrt{Y_\Gamma^{*2} + Z_\Gamma^{*2}}} \frac{X_\Gamma^*}{\sqrt{X_\Gamma^{*2} + Y_\Gamma^{*2} + Z_\Gamma^{*2}}} d_{Z\Gamma}^*$$

$$+ \frac{Y_\Gamma^*}{\sqrt{Y_\Gamma^{*2} + Z_\Gamma^{*2}}} \frac{X_\Gamma^*}{\sqrt{X_\Gamma^{*2} + Y_\Gamma^{*2} + Z_\Gamma^{*2}}} d_{Y\Gamma}^* + \frac{\sqrt{Y_\Gamma^{*2} + Z_\Gamma^{*2}}}{\sqrt{X_\Gamma^{*2} + Y_\Gamma^{*2} + Z_\Gamma^{*2}}} d_{X\Gamma}^*$$

$$(4.3.5)$$

$$K^{q*} = \arctan\left(\frac{d_E^{q*}}{d_N^{q*}}\right) \quad (4.3.6)$$

### 4.3.3 GT-2A重力仪的全纬度改型产品

在GT-2A重力仪开发者的要求下，美国Javad公司按照式(4.3.1)至式(4.3.6)实现了计算伪航迹向角 $\Pi y^{q*}$ 和伪航向 $K^{q*}$ 的算法，并将其应用到

Javad 公司的 DUO-G3D 双天线卫星导航系统和 Javad 公司的 QUATTRO-G3D 四天线卫星导航系统的软件中。在 Javad 公司的卫星导航系统接收机协议中还添加了 SY 信息,主要参数见表4.3.1,其中传输的信息可使重力仪实现下述3种工作模式。

① 标准工作模式:利用罗盘航向。
② 近全纬度模式:利用由多天线卫星导航系统获得的地理航向。
③ 新极地模式:利用由 Javad 公司多天线卫星导航系统计算得到的伪航迹向 $ПУ^{q*}$ 和伪航向 $K^{q*}$)。

表4.3.1　SY信息的主要参数

| 序号 | 参数说明 | 备注 |
|---|---|---|
| 1 | $T_{GNSS}$ | UTC 时间 |
| 2 | GNSS 输出的速度可靠性标志 | |
|   | GNSS 输出的航向可靠性标志 | |
| 3 | $\varphi^*$ | 卫星导航系统主天线所在位置的地理纬度 |
| 4 | $\lambda^*$ | 卫星导航系统主天线所在位置的地理经度 |
| 5 | $V^*$ | 相对速度水平分量的模 |
| 6 | $ПУ^*$ | 地理航迹向 |
| 7 | 日期 | 卫星导航系统日期 |
| 8 | $K^*$ | 地理航向 |
| 9 | $ПУ^{q*}$ | 按式(4.3.1)至式(4.3.3)计算的伪航迹向 |
| 10 | $K^{q*}$ | 按式(4.3.4)至式(4.3.6)计算的伪航向 |

在 GT-2A 重力仪的改型产品、且采用伪地理坐标的航空 GT-2AQ 重力仪的软件同样也进行了相应的修改。飞机相对速度在机体坐标系各轴上的投影 $V_x^*$、$V_y^*$ 由 GT-2AQ 重力仪的软件利用伪坐标的概念按照下列关系式计算求得,即

$$\begin{cases} V_N^{q*} = V^* \cos ПУ^{q*} \\ V_E^{q*} = V^* \sin ПУ^{q*} \end{cases} \quad (4.3.7)$$

$$V_y^* = V_N^{q*} \cos K_q^* + V_E^{q*} \sin K_q^* \quad (4.3.8)$$

$$V_x^* = V_E^{q*} \cos K_q^* - V_N^{q*} \sin K_q^* \quad (4.3.9)$$

用来阻尼陀螺平台舒拉振荡的、飞机相对速度在自由方位坐标系中的投影 $V_{xa}^*$、$V_{ya}^*$ 由下列表达式确定,即

$$V_{ya}^* = V_y^* \cos(C + ДУ_z) - V_x^* \sin(C + ДУ_z) \quad (4.3.10)$$

$$V_{xa}^* = V_x^* \cos(C + ДУ_z) + V_y^* \sin(C + ДУ_z) \quad (4.3.11)$$

式中:$C$ 为平台坐标系和自由方位坐标系之间的夹角;$ДУ_z$ 为平台框架外框(方位环)轴的角度传感器示数,见1.3节中图1.3.2。

在 GT-2AQ 重力仪的软件可以将飞机相对速度在机体坐标系各轴的分量换算到自由方位坐标系各轴上,计算中不仅考虑了平台框架外框轴角度传感器 ДУ$_z$ 的示数,还考虑了框架中框轴、内框轴(对应 Y 轴和 X 轴)角度传感器 ДУ$_y$ 和 ДУ$_x$ 的示数。

为简化起见,在式(4.3.10)、式(4.3.11)中假设飞机的横滚角和俯仰角均为零,也就是说,假设 ДУ$_y$ 和 ДУ$_x$ 均为零,故在式(4.3.10)、式(4.3.11)中均未写出。如上所述,当纬度 $|\varphi| > 89°$ 时参考球面与地球椭球面近乎相同,此时,根据式(4.3.1)至式(4.3.6)计算伪航迹向角和伪航向角的方法误差很小,可忽略不计。因此,在这种情况下,根据式(4.3.7)至式(4.3.11)计算飞机速度在自由方位坐标系各轴上投影的方法误差也可以忽略不计。

考虑到上述情况,在全纬度改型的重力仪 GT-2AQ 中实现了两种工作模式,即标准模式和新极地模式,可由操作员人为设置。

① 标准模式。与 GT-2A 重力仪相同,利用罗盘航向,并在出厂校准和定期校准过程中使用。无论使用单天线还是多天线卫星导航系统接收机,这种模式均可用于纬度 $|\varphi| < 75°$ 的飞行测量。由 1.3 节可知,在这种标准模式下,重力仪的陀螺平台稳定在地理坐标系。

② 新极地模式。当纬度 $|\varphi| < 89°$ 时与上述 GT-2AP 重力仪近全纬度改型产品相同,利用由多天线卫星导航系统接收机(SY 信息)提供的地理航向。当朝向地理极点方向越过 $|\varphi| = 89°$ 纬度线时,系统自动切换为利用伪航向角和伪航迹向角。在极地模式下,重力仪的陀螺平台稳定在自由方位坐标系中。因此,改型产品 GT-2AQ 重力仪可在全纬度范围内工作,包括在地理极点处。

### 4.3.4 框架角度传感器误差的标定方法

由式(4.3.10)、式(4.3.11)可知,与标准配置的 GT-2A 重力仪不同,在改进型的 GT-2AQ 重力仪中框架角度传感器的示数也参与陀螺平台的阻尼控制。实践表明,改进型的 GT-2AQ 重力仪的稳定误差主要包括平台转动的一次谐波和二次谐波,而外框轴角度传感器 ДУ$_z$ 的误差是影响陀螺平台水平精度的主要因素。

为了提高精度,重力仪的开发者设计了仪表误差 ДУ$_z$ 的近似函数以及对该函数进行参数估计的方法和软件。为此,需要在静基座上利用标准程序使平台绕垂向轴旋转。

根据外框角度传感器示数 ДУ$_z$ 与重力仪上光纤陀螺仪输出数据积分值之差估计出 ДУ$_z$ 的误差以及 ДУ$_z$ 示数一次谐波、二次谐波近似函数的 4 个系数。将上述系数以常数的形式保存在重力仪中,并用于对 ДУ$_z$ 误差进行实时补偿。

在图 4.3.2 中,虚线表示 ДУ$_z$ 误差的估计值,要获得该估计值需要平台旋转 16 周。图中实线表示考虑近似函数估计值之后 ДУ$_z$ 的残差。有图可以看出,在考虑近似函数估计值之后的误差减小了 4~5 倍。

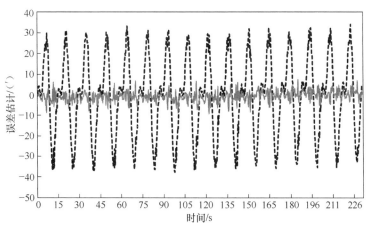

图 4.3.2 （见彩图）ДУ$_z$ 误差估计

### 4.3.5 试验及应用结果

在机载飞行试验前,科研人员对 GT-2AQ 重力仪首套试验样机进行了车载陆测试验。试验样机安装在三菱公司的 Triton 皮卡车后部,如图 4.3.3 所示。同时在车上安装了一台 Javad 公司的 QUATTRO-G3D 型四天线卫星导航系统接收机,该接收机可输出包括伪航迹向和伪航向的 SY 信息。车载试验于 2015 年 9 月 21 日在位于澳大利亚珀斯市以南 80km 处测试道路上进行图 4.3.4(a)。在测试开始之前,在距离测试道路不远的一点进行了初始参考测量。

图 4.3.3 安装在汽车上带有 Javad QUATTRO-G3D
卫星导航系统接收机的 GT-2AQ 重力仪

车载试验过程中,平均车速约为 97km/h。首先,汽车沿着福勒斯特高速公路向南行驶,路段长度约为 14km,如图 4.3.4(b)的红线所示。在路段的尽头转弯,立即原路返回,然后再往返一次。这样,科研人员对同一路段收集了4次数据,其中两次向南、两次向北。随后,汽车返回起点记录最终参考测量值。卫星导航系统测量基站安装在佩斯市的一幢建筑物的屋顶上。

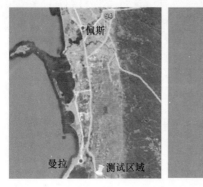

图 4.3.4　陆上试验的测量区域及线路

图4.3.5给出了该路段4次测量试验结果。其中,红线表示4次测量所得重力异常的平均值,测量结果求平均的时间是100s。表4.3.2给出了每次重力异常测量值与4次测量的平均值间均方差(RMS)的估计值以及4次测量均方差的算术平均值。

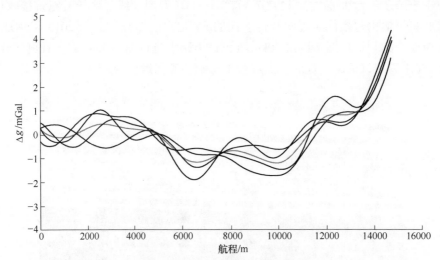

图 4.3.5　(见彩图)车载试验结果

表 4.3.2　车载试验结果统计

| 测量次序 | 1 | 2 | 3 | 4 | 均方差算术平均值/mGal |
|---|---|---|---|---|---|
| 测量值(RMS)/mGal | 0.37 | 0.42 | 0.39 | 0.36 | 0.39 |

在表4.3.2中给出的测量结果并不逊色于使用GT-2A重力仪进行的航空重力测量的典型结果,从而证实了改型的GT-2AQ重力仪已具备在高纬度进行测量

的能力。图4.3.5中给出的测试结果再次证实了在载体机动条件下GT-2系列重力仪陀螺平台的无扰性。本次车载试验除了确认该改型重力仪的工作性能外,还有额外有趣的发现,即GT-2A重力仪的首批样机的动态测量范围为$\pm 0.5g$,在最初的几次路测中,由于重力仪敏感元件出现饱和,导致测量结果不可用。

车载试验首次证实,动态测量范围$\pm 1g$的GT-2A重力仪安装在汽车上沿沥青路行驶进行重力测量工作。

### 4.3.6 GT-2A重力仪极区改进型产品推广应用

自2013年以来,俄罗斯航空地球物理公司(ФГУНПП《Аэрогеофизика》)以安-30飞机为载体利用近全纬度改进型GT-2AP重力仪(工作纬度范围$\pm 89°$)进行了一系列航空重力测量工作,其测量区域包括极地地区。GT-2AP重力仪也曾被安装在3架极地航空的Bastler型飞机上对南极进行重力测量。图4.3.6给出了该型飞机及其机舱内安装的重力仪图片。

(a) Bastler飞机　　　　　　　　(b) GT-2AP重力仪

图4.3.6　Bastler型飞机及安装在其内部的GT-2AP重力仪

改进型重力仪GT-2AP也被国外研究机构广泛应用于南极科学考察中,如2012—2015年被美国德克萨斯大学使用[476]、2014—2016年被德国瓦格纳研究所使用、2014年—2015年被中国极地研究所使用等。其中,德克萨斯大学使用的GT-2AP重力仪经过车载试验后,得到了进一步改进,升级为全纬度改进型GT-2AQ,并被用于2015—2016年的南极科考工作中。

### 4.3.7　小结

由于需要利用所谓罗经航向对陀螺平台的舒拉振荡进行阻尼,而在高纬度地区有罗经航向具有特殊性,故在利用单天线卫星导航系统标准配置的GT-2A重力仪工作纬度受到限制($\pm 75°$)。本节介绍了GT-2A重力仪的3种改型产品,它们均利用多天线卫星导航系统,工作纬度均得到了扩展。本节还给出了部分试验结果,这些结果证实了经过改进的GT-2系列重力仪在极地地区优良的工作性能。

# 第5章
# 研究重力场比较有前景的方法

本章专门讨论研究地球重力场（ГПЗ）比较有前景的几种方法，共包括以下4节。

5.1节介绍近年来用于从太空研究地球重力场的几种卫星重力测量计划项目。其中，将着重介绍如 CHAMP(Challenging Mini-Satellite Payload for Geophysical Research and Application,用于地球物理研究和应用的挑战性小卫星有效载荷计划)、GRACE(Gravity Recovery And Climate Experiment,重力恢复与气候试验计划)及 GOCE(Gravity Field and Steady State Ocean Circulation Explorer,重力场与稳态海洋环流探测计划)等3种重力测量计划项目，在前两项任务中实施了"卫-卫"跟踪方案，在第3项任务中则实现了卫星重力梯度测量方法。此外，还讨论了上述计划的目标、获得的主要成果、发展前景以及正在筹划中的新一轮卫星测量任务，如NGGM(Next Génération Gravity Mission)和 GRACE 的后续计划。

5.2节主要介绍基于捷联惯性导航系统的矢量重力测量，其目的是获得有关重力摄动矢量的信息，而不仅仅是其垂直分量。叙述了矢量重力测量技术几种可行性方案，讨论了对惯性测量、卫星测量和重力测量3个部分数据进行组合处理的特点。在惯性测量部分将叙述惯性解算误差方程的可能形式，其中考虑了不同模型方程记录方案下的重力异常矢量。在卫星测量部分将着重介绍卫星原始测量信息处理算法的设计特点，以及解决矢量重力测量问题所需的惯性/卫星导航系统的组合问题。在重力测量部分将对根据航空测量数据直接确定重力扰动向量的几种方法进行对比。此外，研究了以引入时间异常随机模式为基础的航空标量重力测量常用方法。讨论了一种根据卡尔曼滤波器闭合误差分别估计惯性传感器系统误差和重力扰动向量问题的分解方法。同时讨论了一种以重力扰动向量球面小波分解为基础，且利用外部空间异常场谐波特性的新方法。

5.3节讨论了重力位二阶导数测量设备的研制现状，其中最主要的设备是重力梯度仪。介绍了重力梯度仪在寻找矿藏和执行太空任务中的应用，并讨论了其试验及应用结果。分析了用于测定重力位二阶导数张量所有分量的张量重力梯度仪的设计特点，并研究了利用原子干涉技术和冷原子技术设计重力梯度仪的方案。讨论了重力梯度测量技术在各个应用领域（包括新应用领域）的发展前景。

5.4 节概述了几种利用通过与共振激光辐射相互作用而被冷却至超低温的原子团(束)的波特性进行重力测量的方法和设备。讨论了原子激光冷却的基本方法、利用双频激光辐射控制原子团的方法(包括原子束分裂、反射、重新组合)、原子态的"标记"方法以及对德布罗意波干涉信号的光学检测方法。简要叙述了冷原子重力仪的当前实现方式,分析了冷原子重力仪的固有局限性,以及其比较有前景的发展方向,特别是基于几种冷原子的组合设计干涉仪,以及基于冷凝物或玻色-爱因斯坦冷凝物组合设计干涉仪。

## 5.1 研究重力场的卫星方法现状及发展前景

近年来,诸如卫星重力测量技术等能够高效获取有关地球形状、结构和表面信息的地球重力场参数的测量方法越来越受到欢迎。目前,已经利用卫星重力测量方法建立了多个全球重力场模型,可以计算出地球上任意一点的重力参数。

尽管基于卫星测量的全球重力模型中存在以下缺点:多个球面函数具有较慢的收敛速度,因此无法获得可靠的高次谐波分解结果,但这种全球重力场模型也具有无可比拟的明显优势。

在研究地球重力场的多种可行方法中,没有其他种方法能像卫星方法那样可以覆盖地球全表面,即具有全球性和如此高效的特点[256,489]。随着人类积极地利用重力测量方法和天文大地测量法等传统方法研究地球重力场,卫星重力测量方法也开始得到应用。在考虑重力异常引起扰动情况下计算第一批人造地球卫星的轨道参数时,通过上述传统方法获得的数据找到了用武之地。在第一批卫星发射后不久,科学家们便提出了一项反向问题,即通过测量卫星轨道的扰动来确定重力位的变化[211]。

研究地球重力场的卫星方法包括卫星测高、"卫-卫"跟踪以及卫星重力梯度测量。卫星测高方法是根据从卫星发出的测量信号经地面反射后返回卫星所用时间来测定卫星相对地球表面的高度。卫星测高方法起源于 20 世纪 70 年代[158],是一种广为人知的地球遥感方法。本节主要讨论"卫-卫"跟踪方案卫星重力梯度测量等卫星测量方法。

在利用卫星研究地球重力场时,近年来提出了以下 3 个基本概念[489]。

(1) 在 CHAMP 计划中实现的"高-低"模式(High-Low Mode, SST-HL)下的"卫-卫"跟踪(Satellite-to-Satellite Tracking, SST)方案,如图 5.1.1 所示。

(2) 在 GRACE 计划中实现的"低-低"模式(Low-Low Mode, SST-LL)下的"卫-卫"跟踪方案,如图 5.1.2 所示。

(3) 在 GOCE 计划中实现的卫星重力梯度测量(Satellite Gravity Gradiometry, SGG)方案,如图 5.1.3 所示。

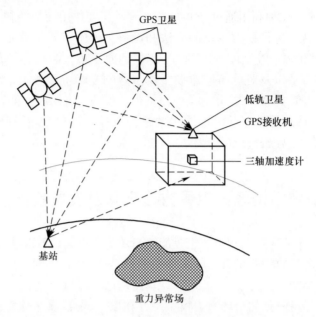

图 5.1.1 "高-低"模式"卫-卫"跟踪方案(SST-HL)

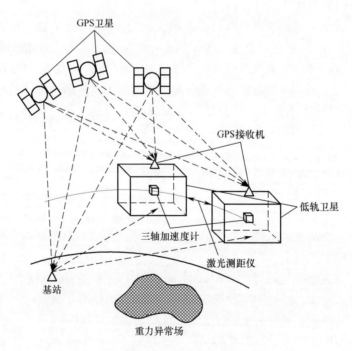

图 5.1.2 "低-低"模式"卫-卫"跟踪方案(SST-LL)

表 5.1.1 列出了实现本节将讨论的上述概念进行的主要卫星重力测量计划。

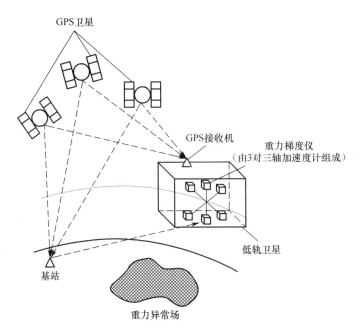

图 5.1.3 卫星重力梯度测量(SGG)

表 5.1.1 卫星重力测量计划

| 计划名称 | 实现方案 | 执行时间 | 任务目标 |
| --- | --- | --- | --- |
| CHAMP<br>(挑战性小卫星有效载荷) | SST-HL<br>(卫-卫跟踪高低测量模式) | 2000年07月15日至<br>2010年09月19日 | ① 高精度测定重力位的球谐系数及其随时间变化情况;<br>② 高精度测定地球及地心的恒定磁场,以及这些分量的时空变化情况;<br>③ 获取具有全球准确分布特性的由大气层和电离层引起的GPS信号折射的大量数据,从温度、水蒸气浓度和电子密度分布3个角度阐明电离层的组成 |
| GRACE<br>(重力恢复与气候试验) | SST-LL<br>(卫-卫跟踪低-低测量模式) | 2002年03月17日至今 | ① 高精度测定重力位的球谐系数(全球静态重力场短波特性)及其时间变化;<br>② 通过详细测定电子含量及分布,利用GPS测量值研究电离层和对流层的折射现象 |
| GOCE<br>(重力场与稳态海洋环流探测) | SGG<br>(卫星重力梯度测量) | 2009年03月17日至<br>2013年11月11日 | 以极高精度测定地球重力场参数:<br>① 重力异常测定,精度高达1mGal;<br>② 大地水准面高度测定,精度为1~2cm;<br>③ 上述参数测定空间分辨率优于100km |

在"高-低"模式下的"卫-卫"跟踪方案(SST-HL)中,其实质是利用GPS/GLONASS等高轨道或中轨道卫星连续测定低轨道卫星(CHAMP 小卫星)的近地轨道。应注意,"高-低"一词并不完全符合现实情况,因为GPS/GLONASS卫星处

于中等高度轨道,而不是远地的高轨道。此外,在实施"卫-卫"方案时,在低轨飞行的卫星上会安装加速度计以测定非重力加速度[117]。地球重力场异常会对卫星产生额外的加速度,该加速度对应于重力位一阶导数,进而导致卫星轨道相对于计算出的轨道发生位移。因此,可以通过测量卫星轨道的引力扰动来完善引力场,从而得到更精确的重力位模型。

在"低-低"模式下的"卫-卫"跟踪方案(SST-LL)中,两颗彼此相距 220km 的卫星在同一轨道上运动,利用激光测距仪可以最大精度(约 $10\mu m$)测量两颗卫星之间的距离,以及这些距离的变化率。由于卫星之间的距离很大,这使得它们会对重力场异常做出反应,即受到来自地球的重力不同。在重力作用更强(存在重力异常)的地方,一颗卫星会相对于另一颗卫星产生加速度,这会立即影响它们之间的距离。通过来自两颗卫星的测量信息可推导出加速度差,进而可以测定重力的变化。无论是 SST-LL 模式还是 SST-HL 模式,都需要确定低轨卫星相对于 GPS/GLONASS 卫星的位置。

在 5.3 节中将叙述的卫星重力梯度测量是利用安装在同一颗卫星上的 6 个加速度计测量空间上相互正交的 3 个方向上(每个方向上安装两个加速度计)的加速度差为基础实现的。换句话说,测得的信号与重力位二阶导数成正比[89]。

### 5.1.1 "高-低"跟踪方案及 CHAMP 卫星使命

"卫-卫"跟踪思想出现于 20 世纪 60 年代,与此同时,航天技术也应运而生。为了进行地球物理研究,1975 年在地球同步卫星 ATS-6 与低轨道卫星 GEOS-3 和 NIMBUS-6 之间进行了高低模式下的首次"卫-卫"跟踪测量(SST-HL)。从地球同步卫星上跟踪苏联的"联盟"-19 号宇宙飞船和美国"阿波罗"号航天飞机的对接也是 SST-HL 技术应用的一次实践[489]。

CHAMP(CHAllenging Mini-Satellite Payload for Geophysical Research and Application)计划是由德国波茨坦地球科学研究中心(Geoforschungszentrum Potsdam,GFZ)在 2000 年组织实施的[326]。

开展 CHAMP 卫星计划是为了实现以下目标[326]。

(1) 高精度测定重力位的球谐系数(全球静态重力场中波和长波特性)及其随时间变化情况。

(2) 高精度测定地球及地心的恒定磁场,以及这些分量的时空变化情况。

(3) 获取具有全球准确分布特性的由大气层和电离层引起的 GPS 信号折射的大量数据,从温度、水蒸气浓度和电子密度分布 3 个角度阐明电离层的组成。

2000 年 7 月 15 日,CHAMP 卫星由俄罗斯"宇宙"号运载火箭从普列塞茨克(Плесецк)发射场发射升空,卫星的外观如图 5.1.4 所示。

卫星轨道的初始高度为 454km,为近极轨道(倾角 $i=87.27°$),十分接近圆形

图 5.1.4　CHAMP 卫星艺术图(来源 NASA 网站)

轨道(偏心率 $e<0.004$)。卫星的质量为 552kg,长度为 8.3m(尾梁长度 4m 已考虑在内)。CHAMP 卫星的最初预计使用寿命为 4~5 年,但由于其稳定的结构,即使飞行于较低的轨道,卫星的寿命已延长至其预计的 2 倍。在工作了 10 多年之后,卫星共绕地球飞行了 58277 圈,并于 2010 年 9 月 19 日退役。

为了同时测量地球的磁场和重力场,所以采用了 454km 的轨道高度作为折中方案[198]。为了提高卫星运行过程中重力测量的分辨率,其轨道高度逐渐降低到 300km,并两次调整回原来的高度。较低的轨道高度有助于更好地测定重力场的短波球谐函数。

CHAMP 卫星的有效载荷包括以下设备。

(1) 一台双频高精度 GPS 接收机,用于确定卫星的轨道。由 NASA 喷气推进实验室(JPL)研制,定位精度可达厘米级。它配备 4 副接收天线,1 副指向天顶方向,1 副指向天底方向,2 副指向卫星尾部,具有跟踪、掩星和测高 3 种工作模式。

(2) 一个高精度三轴加速度计,安装于卫星质心处,用于测量非重力加速度(阻力、太阳和地球辐射压等产生),由法国国家航空航天研究局(ONERA)研制,可高精度地确定地球重力场变化对卫星轨道的影响。此时,全部有效载荷及 2 个氮气储罐的位置应确保加速度计质心与卫星质心在整个任务过程中保持重合(误差小于 2mm)。

(3) 一个激光后向反射器(中继器),用于测量地面站与卫星之间的距离,以保证轨道求解精度。由德国地球科学研究中心研制,由 4 个激光反射器组成,用于反射地面激光测距站发射的激光脉冲,地面激光脉冲持续时间 35~100ps,测距精度 2cm。

（4）一套磁强计组合系统，由1个"质子旋进磁强计"（奥夫豪泽磁力计）、2个"磁通门矢量磁力仪"（感应式磁力计）以及为"磁通门向量磁力仪"提供姿态信息的星敏感器组成。用于测量地球磁场，位于4m长的专用吊杆上以免干扰其他设备。其中，"质子旋进磁强计"由法国研制，其动态测量范围16000~64000nT，分辨率0.1 nT，绝对精度0.5nT，采样频率1Hz。

（5）两套"恒星罗盘系统"（或天文定向仪），用于加速度计对准及卫星姿态调整，由丹麦技术大学研制。每套系统由2台相机和1个共用的数据处理单元组成，两套恒星罗盘系统分别安装在悬臂和卫星本体上。安装在悬臂上的系统提供磁场矢量测量所需的高精度姿态。安装在卫星本体上的系统提供三轴加速度计和数字离子偏流计测量所需高精度姿态。

（6）一个数字离子偏流计，质量2.3kg，几何尺寸150mm×128mm×112mm，功率5W。由美国空军研究实验室提供，用于测量卫星周围离子的速度向量以及离子密度与温度。利用电场、离子漂移速度和磁场的关系可获得当地的电场强度。

根据CHAMP计划的结果，建立了几个全球重力场模型[130]，其中包括仅包含该卫星计划数据的模型[158]：

① EIGEN-IS[2002]，第一个包含CHAMP卫星数据的全球重力场模型；

② EIGEN-2[2003]，基于CHAMP卫星数据，经过6个月观测后获得的全球重力场模型；

③ EIGEN-3p[2003]、EIGEN-CHAMP03S[2004]，基于CHAMP卫星数据3年观测结果得到的全球重力场模型。

根据CHAMP卫星计划的数据建立的模型能够将地球重力场重力位精确至120~140阶球形谐波成为可能。在图5.1.5中给出了根据EIGEN-CHAMP03S模型计算重力异常的示例。

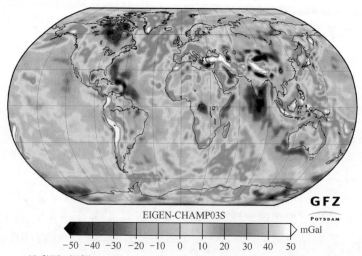

图5.1.5 （见彩图）根据EIGEN-CHAMP03S模型得到的重力异常图（来源GFZ网站）

由于 CHAMP 卫星计划顺利实施而获得的数据为进一完善进现代卫星大地测量方法、构建覆盖地球广阔表面(包括冰层)的数字高程模型以及遥感和制图奠定了基础。CHAMP 计划对地球全部 3 种物理场(重力场、磁场和电场)的估计使得建立地球核心和地幔的完整结构和动力学模型成为可能。

更多有关基于卫星测量数据创建的地球重力场全球模型的详细信息,可参见 6.1 节。

### 5.1.2 "低-低"跟踪方案及 GRACE 卫星使命

尽管由于观测分辨率低而导致结果可靠性不足,但在 1975 年 7 月 15 日的"联盟-阿波罗"试验飞行仍被认为是在"低-低"模式下的"卫-卫"跟踪技术(SST-LL)的首次实现[489]。

GRACE(Gravity Recovery And Climate Experiment)计划是美国国家航空航天局(NASA)和德国航空航天中心(DLR)联合开展的[367]。该卫星计划的主要目的如下[366]。

① 高精度测定重力位的球谐系数及其时间变化。

② 通过详细测定电子含量、利用 GPS 测量值研究电离层和对流层的折射现象。

GRACE 卫星计划中测量两颗相同卫星间的相对位置,旨在研究地球重力场及其随时间的变化,并且这与气候的变化进程密切相关。GRACE 计划的 2 颗卫星由 Rokot 型运载火箭于 2002 年 3 月 17 日从普列塞茨克(Плесецк)发射场发射升空。

卫星轨道初始高度约为 500km,几乎为极地轨道(倾角 $i=89°$),形状接近正圆(偏心率 $e<0.005$)。每颗卫星质量为 480kg,长 3m。按照当时计划,两颗 GRACE 卫星运行至 2016 年年底,其轨道会逐年降低。GRACE 卫星的外观如图 5.1.6 所示。

图 5.1.6  GRACE 卫星艺术图像(来源 NASA 网站)

"低-低"模式下的"卫-卫"跟踪技术(SST-LL)的基本思想是重力变化首先作用于第一颗卫星,使其相对另一颗卫星产生加速度。例如,可以在文献[391]中找到"卫-卫"跟踪技术使用过程中用于精确重力位模型的数学装置。

对于单个卫星,在与地球固连的地心坐标系中运用第二类拉格朗日方程,便可获得卫星在重力位和扰动力(如来自太阳的直射和反射光压以及其他非重力干扰项)作用下的运动方程。从运动方程中,可以得到重力位与卫星速度及扰动力之间的关系表达式。将扰动力引入到方程中,便可根据卫星的速度数据测量重力位值。对于"卫-卫"跟踪方案,利用的并非单个卫星的绝对速度,而是其相对速度,即两个卫星的速度矢量之差在"卫-卫"连线上的投影。在不存在扰动力的理想情况下,对于两个飞行距离较近的卫星,重力位差由下式确定,即

$$V_{12} \approx |\dot{x}_1|\dot{\rho}_{12} \tag{5.1.1}$$

式中:$\dot{\rho}_{12} = e_{12}^T \dot{x}_{12}$,$e_{12}^T$ 为沿"卫-卫"连线的单位向量(正方向由第二颗卫星指向第一颗卫星),$x_{12} = x_2 - x_1$,且 $x_1$、$x_2$ 分别是第一颗、第二颗卫星在惯性坐标系下的矢量半径。

在文献[391]中已指出,在考虑扰动力的情况下,式(5.1.1)可以写成

$$V_{12} \approx x_1^T \dot{x}_{12} + \frac{1}{2}|\dot{x}_{12}|^2 + \mu \tag{5.1.2}$$

式中:$\mu$ 为添加项,考虑了在惯性坐标系下由地球自转引起的重力位变化。

文献中还证明,以 1μm/s 的精度进行卫星间速度的测量(在 GRACE 试验中,使用 K 波段激光测距仪的微波测量可实现)使得能够以 $0.008m^2/s^2$ 的精度测定重力位差。根据文献[391],只要能够保证单个卫星的位置确定精度达到 1m,而卫星间距确定精度达到约 1cm,便可以将大地水准差确定精度达到 1cm。

在两颗 GRACE 卫星上均安装了以下设备。

(1) 一套 K 波段激光测距系统,利用双波段微波信号(两个单向范围、距离)测量两颗卫星之间的距离和变化率,精度等级约为 μm/s,频率为 10Hz。

(2) 一台 GPS 接收机,用于确定 GRACE 卫星的精确轨道以及大气层和电离层剖面的数据。

(3) 一个高精度三轴加速度计,用于测量 GRACE 卫星的非引力加速度,这些加速度可由太阳辐射压或空气动力阻力引起。

(4) 一台激光中继器,用于反射地面站发送的短激光脉冲。

(5) 一套恒星敏感器,用于精确测量卫星在惯性坐标系内的姿态。

(6) 一套三轴姿态稳定系统,用于稳定卫星姿态。

(7) 一套太阳能电池组,用于提供能量。

根据 GRACE 卫星计划的成果,建立了高达 200~240 阶的球形谐波地球重力场全球模型。数据还被用于开发超高阶地球重力场全球模型,如 1949 阶的 EIGEN-6C2 模型、2190 阶的 EIGEN-6C4 模型以及在地球物理研究中使用最广泛的

EGM—2008模型(阶次为2190)[137,187]。

GRACE卫星计划所获得的数据同时也促进了如海洋热位移、海平面变化、洋流、精确导航、轨道确定和水平面测定等海洋学、大地测量学和地球物理学等问题的研究[173,174]。

### 5.1.3 卫星重力梯度测量及GOCE卫星使命

由于CHAMP卫星和GRACE卫星具有不同的轨道高度,产生不同的轨道扰动波谱,互相取长补短,可以给出一个非常可靠的高精度长波重力场模型,但是它们仅能获得中、长波重力场数据,无法得到高精度的短波重力场,因此也不可能得出一个精确的全球重力场模型和精化的全球大地水准面。总体来说,CHAMP卫星是一次概念性的试验,而GRACE卫星则提供了高精度的静态中长波重力场及重力场的时变信息。现代大地测量、地球物理、地球动力学和海洋学等相关地学学科的发展均迫切需要得到更加精细的全波段地球重力场和厘米级大地水准面支持,为了满足上述需求,欧洲航天局(ESA)研制了重力卫星GOCE,用于测定较高空间分辨率的重力场。

应该注意,GRACE卫星计划所用方案可以看作具有220km极长基座的一维梯度仪。与之相比,GOCE卫星计划所用方案在3个方向上使用了非常短的基座(50cm)。GOCE(Gravity Field and Steady State Ocean Circulation Explorer)卫星计划是欧洲航天局的"Living Planet Programme"计划中的一项重大任务。

GOCE卫星计划的主要目的是以非常高的精度测定地球重力场的参数。

(1) 测定重力异常,精度达到1mGal;

(2) 测定大地水准面高度,精度达到1~2cm;

(3) 测量的空间分辨率高于100km。

要满足上述要求就必须确定重力位的球谐系数至少要达到200阶[395]。GOCE卫星计划的主要特点[364]如下。

(1) 太阳同步轨道,倾角$i=96.5°$。

(2) 轨道高度约为250km。

(3) 卫星长约5m,质量约1000 kg,如图5.1.7所示。

在GOCE卫星中所用仪器如下[344]。

(1) 一台重力梯度仪,用于在3个互相正交的方向上测量重力位二阶导数,由3对三轴静电加速度计组成,每对传感器之间相距约0.5m,换算出引力场的中、短波长成分,其噪声水平低于3mE($1mE=10^{-9}s^{-2}$),可以测量$10^{-13}$ m/s² 量级的加速度。

(2) 一套双频12通道GPS/GLONASS接收机,用于确定卫星的轨道,由轨道摄动可换算出中、长波长的引力场,最高球谐约60阶次。

（3）一台激光中继器，在地面激光站加持下，用于跟踪卫星。

（4）一套离子引擎，连续运行，使用离子化的氙原子产生脉冲来维持卫星的低轨道运行。

需要注意的是，对 GOCE 轨道的 GPS 数据分析提供了有关重力场长波部分的信息，而卫星重力梯度测量法则可确定其短波部分。当空间分辨率为 100km 时，低轨道卫星和高精度加速度计（$10^{-12}$ m/s$^2$）使得在观测结束时可以提高大地水准面高度的测定精度为 1~2cm[344,395]。根据 GOCE 卫星的数据，建立了许多新的地球重力场全球模型，图 5.1.8 所示的大地水准面高度模型。同时，来自 GOCE 卫星的数据也被广泛应用于研究火山区、解释海洋动态行为等。

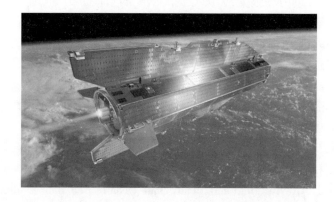

图 5.1.7　GOCE 卫星艺术图像（来源 ESA-AOES Medialab 网站）

图 5.1.8　（见彩图）根据 GOCE 计划数据确定的大地水准面高度模型（来源 ESA 网站）

### 5.1.4 研究重力场的卫星方法发展前景

GRACE(GRACE Science Team Meeting)和GOCE(GOCE User Workshop)的用户和开发人员座谈会每年会在世界不同国家举行。此类会议的主要目的之一就是讨论卫星重力测量技术的发展前景[256]。

目前,NGGM(Next Generation Gravity Mission)卫星重力测量技术是比较有前景的一个项目,由欧洲航天局、德国航空航天中心(DLR)和其他欧洲参与者联合开展的项目,为新一代地球重力场测量任务。座谈会的组织方和参与者均认识到,在已经实施的卫星重力测量计划中,GRACE卫星计划中使用的SST-LL跟踪方案是最有效的[256,324,446]。因此,在2017年实施的GRACE延续项目——GRACE Follow-On(GRACE-FO)成为当前卫星重力测量最重要的项目之一。GRACE-FO是德国地球物理研究所(GFZ)和NASA联合开展的项目。在GRACE-FO项目中,将原有的卫星替换为较新的卫星,同时保持它们的相对位置与相应配置:两颗卫星仍在同一近极地轨道上,彼此之间保持恒定距离。在该项目中选择了最低的卫星轨道高度,以获得尽可能详细的重力场图。

现有卫星配置方案的主要缺点是重力信号的各向异性,因为近极地轨道使得只能在南北方向上测量地球重力场参数。除了名为In Line(编队飞行)或Pearl String(珍珠串)的现有配置方案外,如图5.1.9(a)所示,专家们还在考虑其他有前景的卫星配置方案。特别是在文献[256,324,433,446]中给出了名为Pendulum(钟摆)和Bender(弯管机)的其他配置方案。

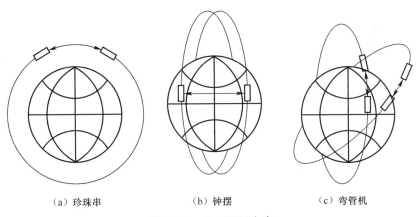

(a) 珍珠串　　　　　(b) 钟摆　　　　　(c) 弯管机

图5.1.9　卫星配置方案

在图5.1.9(b)所示的Pendulum配置方案中,两颗卫星位于不同的圆形轨道上,它们具有不同的倾斜度或上升度。采用这种配置,"卫-卫"之间距离不会像Pearl String配置方案中那样保持不变,而是会产生类似摆式变化,这将有助于提高重力信号的空间分辨率。值得注意的是,卫星间相对位置的上述变化具有很多优点,但同时对测量卫星间相对位置的仪器提出了更高的要求。

在图5.1.9(c)所示的Bender配置方案中,涉及两对具有Pearl String布置的卫星(共4颗),它们两颗一组(类似于GRACE卫星)分别处于极地轨道和倾斜轨道两个轨道上。这种具有不同斜率的轨道组合,使得在不同纬度下可获得更均匀的轨道密度分布和更大的测量各向同性[256]。Bender配置方案被认为是最有可能应用于NGGM任务中[348]。

在未来的卫星重力测量计划中已设立了十分远大的目标——对地球重力场进行史上最精细的研究。为此,在分辨率不低于200km(最佳为150km)的条件下,计划将大地水准面测定误差降低至1mm的水平[256,299,433]。已经宣布的大地水准面测定精度有望比GRACE和GOCE卫星计划所达到的精度提高10倍[348]。

为了实现这些目标,GRACE-FO计划使用新的激光干涉仪来测定卫星之间的距离,其宣布的测量精度是先前版本精度的10倍[299,324,348]。

GRACE-FO的轨道高度约为350km,卫星之间的距离约为100km,连续进行测量的时间约为11年,即一个完整的太阳周期[299]。为了实现地面的完全覆盖,在整个任务周期中卫星的绕地飞行圈数应不小于确定的球谐函数的阶次[446]。

NGGM项目还保证将大地水准面的确定误差约为1mm。计划任务目标如下。
① 按照Bender方案进行卫星配置[348,446]。
② 轨道高度设计为420km。
③ 绕行周期约1个月。
④ 确定球形谐波最大阶次为150(对应于空间分辨率约133km)。

为了实现上述目标,该项目计划使用精度为$10^{-11}$m/s$^{-2}$的高精度加速度计(比GRACE卫星计划所用加速度计精度高10倍),使用精度可达25nm的激光干涉仪(比GRACE卫星计划所用测距精度高80倍)测量卫星之间的距离。

在谈到有前景的卫星重力测量技术时,不得不提到原子物理学领域的当前研究进展。得益于原子干涉测量技术和冷原子物理学的发展,"卫-卫"跟踪方案和卫星重力梯度测量这两种卫星重力测量技术都有显著进步。在文献[320]中介绍的正在研制结合了经典加速度计与原子干涉测量技术的混合式加速度计,以及正在研制中的冷原子重力梯度仪等,都是该领域比较有前景的发展方向,它们将大幅提高卫星测定地球重力场参数的精度。

在文献[348、446]中作为未来重力测量任务的例子,谈到了无阻力卫星或零阻力卫星,即无偏移卫星。在GOCE计划[187]和Gravity Probe B[210]任务中都测试了这种方法。在未来很多任务中将应用无阻力卫星,包括eLISA任务(evolved Laser Interferometer Space Antenna,演化的激光干涉空间天线计划)[345]由ESA和NASA主导,将在2034年实施卫星发射,以及DECIGO任务(Deci-Hertz Interferometer Gravitational Wave Observatory,分赫兹干涉重力波观测计划)[403]——由日本航空航天局和其他几个日本研究机构主导,计划在2027年实施卫星发射。eLISA和DECIGO是两个引力波探测计划,引力波是重力场结构的最细微表征,在2015年被人类首次探测到[458]。

### 5.1.5 小结

卫星重力测量为研究地球重力场做出了重大贡献。卫星技术的使用使我们能够高效地获得有关地球形状、结构和表面地形信息。借助卫星技术,已经建立了可以计算世界各地的地球重力场参数多个全球模型。

本节讨论了用于研究地球重力场的卫星技术,包括"卫-卫"跟踪方案和卫星重力梯度测量技术,还介绍了近年来为研究地球重力场而实施的主要卫星测量计划——采用"卫-卫"跟踪方案的CHAMP计划和GRACE计划以及实施卫星重力梯度测量技术的GOCE计划,并叙述了各项计划的任务目标和主要研究成果。

本节还讨论了卫星技术的发展前景和新的卫星测量计划任务,如NGGM(Next Generation Gravity Mission)和GRACE-FO(GRACE Follow On)。

## 5.2 基于捷联式惯性导航系统的航空重力矢量测量方法

本节专门介绍基于捷联式惯性导航系统的航空重力矢量测量技术。自20世纪90年代以来,已有多位学者开展该领域的研究工作[392,486],但至今该技术仍未完全商用。航空重力矢量测量的实质是求解重力扰动矢量的所有3个分量。这里指出,同高度异常修正前精度相当的重力扰动矢量的垂直分量与大气中的重力异常一致[91]。众所周知,与仅测定重力异常的常规航空重力(标量)测量相比,要测定重力扰动矢量的水平分量,需要精确得多的软硬件基础。设计重力扰动矢量估计算法的主要难点是将重力扰动矢量的水平分量与惯性传感器的仪表误差和几何误差分离开来。因为 $1''$(约为 $4.85 \times 10^{-6}$ rad)的姿态误差会产生水平分量误差约为 $5$ mGal[37]。不难发现,航空重力矢量测量法与3.4节和文献[94]中介绍的求解垂线偏差的惯性-大地测量方法接近。除惯性传感器的仪表误差外,确定所用重力扰动模型(如统计模型、有限维模型)的参数也将作为校正问题的相位矢量分量[37,392]。卫星导航系统(CHC)的数据将被用作外部校准信息。

根据前文所述,航空重力矢量测量模型在其惯性部分的描述如下。

(1) 惯性导航基本理想方程,有时也称为惯性导航系统(ИНС)理想运行方程[63]。

(2) 惯性解算算法中使用的方程,有时也称为模型方程,与理想方程不同的是,它利用包含误差的传感器原始示数。

(3）传感器示数方程（或仪表方程），它们被记录在惯性导航系统的陀螺平台坐标系各轴上，当使用捷联式惯性导航系统（БИНС）时，则被记录在准平台（或称为虚拟陀螺平台）坐标系中。

运用惯性导航中的理想方程、模型方程、仪器方程等概念，以简单明了的形式建立航空重力矢量测量相应模型。

在航空重力矢量测量模型卫星部分普遍采用的方法是，由卫星导航设备开发商或专门处理卫星原始测量数据的公司开发的软件提供的位置相位解用于航空重力测量信息的综合后处理[62]。此时，通过对位置相位解进行数值微分，即可确定航空重力测量中所需的载体运动速度、加速度等轨迹参数。GT-2A 航空重力仪的软件开发经验表明[305]，拥有一套通过相位测量直接提供有关卫星导航系统天线安装处速度和加速度的卫星软件专门用于航空重力测量任务比较合理。

对于航空重力矢量测量惯性和卫星部分可归纳如下。

（1）航空重力测量问题可在后处理模式下解决。因此，捷联式惯性导航系统不需要在保持舒勒周期的惯性解算模式下运行。捷联式惯性导航系统仅可看作与卫星数据同步的惯性传感器示数的记录仪[494]。

（2）在航空重力测量中，假设始终可以利用卫星导航系统获得高精度位置和速度信息。因此，在建立模型方程式时，可以最大程度地使用上述卫星信息，这使得航空重力测量中的修正问题明显简化。GT-2A 航空重力仪便是这种应用实例。

（3）传统意义上，捷联式惯性导航系统惯性解算算法利用了模拟地理坐标系铅垂轴，且方位姿态具有不同控制规律的数字坐标系。同样，捷联式惯性导航系统的惯性解算算法也可以在惯性坐标系中实现。与使用经度和真航向角等概念的模型相比，在惯性坐标系下的解算算法在极地地区不具有奇异性。

（4）捷联式惯性导航系统和平台式惯性导航系统均可应用于解决航空重力矢量测量任务，从数学模型的角度来看，它们没有本质区别。唯一区别是，在捷联式惯性导航系统中，惯性传感器的仪器误差要从与载体固连的"快变"坐标系各轴向"慢变"的地理坐标系或固定的惯性坐标系各轴进行投影。

对于航空重力矢量测量过程，在重力测量部分将讨论一些估计重力扰动矢量的方法。在航空重力标量测量中，整个测量处理过程分为两个阶段[305]（见 1.3 节和 2.2 节）：首先，估计仪表垂线建立误差和航向角误差（此时忽略重力扰动），然后在垂向投影上分析航空测量基本方程式（2.2.1）。与之不同的是，在航空重力矢量测量中，垂线建立误差和重力扰动应同时考虑，并通过附加信息将它们分离出来。在常用的分离方法中，都基于重力扰动具有统计特性的假设，并引入重力扰动统计时变模型。但是，这种方法必须选出正确的修正模型。按照最新发表的文献介绍，应用 EGM—2008 模型估计重力扰动矢量的低频分量[490]、利用平台姿态天文校正系统等[338]，均是引入附加信息和有关重力扰动特性假设的实例。

在文献[414]中介绍了一种不需要重力扰动统计模型的有趣启发式方法，其假设存在重复测绘航线,以便为上述分离垂线建立误差和重力扰动提供额外信息。关于重力扰动低频特性的假设是该方法的隐性基础,其本质是,在每条测绘航线上将重力扰动矢量粗略、近似地估计作为不考虑重力扰动的惯性导航系统误差方程校正问题以及对重复飞行所获得的估计进行后续相关计算过程中的卡尔曼滤波残差,将该方法简称为近似分解与非相关方法(ПДД 或 ADD)。该算法是非线性的,对试验数据的处理产生了令人鼓舞的结果。

本节中还分析了一种新方法[307],该方法不需要关于重力扰动统计特性的假设,而是使用其谐波特性假设。它基于局部确定的重力扰动谐波模型,该模型基于重力扰动的球形缩放和小波分解[356],该内容在2.5节中进行了介绍。此时,航空重力矢量测量问题变成了估计缩放系数和惯性传感器仪表误差参数问题。可以利用卫星导航系统的速度信息作为校正信息。谐波特性假设使我们可以考虑相邻剖面数据之间的相关性,而不需要引入有关重力扰动统计特性的假设。将这种方法简称为局域谐波仿真方法(ЛГМ 或 LHM)。可利用半实物数据仿真检验该方法的有效性。

在上述高等大地测量中,一种传统上首先应归类为航空重力标量测量的方法,即通过直接借助 Хотин 积分公式(韦宁-迈内兹方法论等)求解异常场变换问题来根据重力扰动的垂直分量求解其水平分量,按照结果(而不是方法)分类,也可归类为矢量重力测量。将该方法简称为垂向异常变换方法(TBA 或 VAT)。该方法的不足是,需要已知测绘区域内大部分地区的重力扰动垂直分量。为此,通常使用全球重力模型的数据。

目前,多位研究人员已经提出了大量关于航空重力矢量测量算法,但可惜的是,利用试验数据比较这些算法难度很大,因为数据通常不可得或不适合分析特定的算法。因此,设计类似的比较分析方法是一项紧迫的任务,在本节中将尝试设计类似的方法。我们认为,通过协方差分析方法对标准轨迹进行比较是无用的,因为比较结果取决于特定的轨迹。因此,利用频谱分析方法比较不同算法,其应用难点与测量问题的非平稳性有关。为了将非平稳问题转化为平稳问题,利用一种新的专用平均算法,并在平均后按照功率谱密度(СПМ 或 PSD)对重力扰动的估计误差进行比较。

下面将详细介绍及比较上述根据航空重力测量数据确定重力扰动矢量的近似分解与非相关方法(ПДД 或 ADD)、局域谐波仿真方法(ЛГМ 或 LHM)、垂向异常变换方法(TBA 或 VAT)。给出应用频谱分析法进行定性比较的结果,同样也给出重力场的空间相关性对重力扰动矢量水平分量和捷联惯导系统误差分离质量影响的研究结果。

### 5.2.1 航空重力矢量测量方程

在解决惯性导航和惯性重力测量问题时,选择用于建立测量方程的坐标系至关重要[63]。在本节中:首先在地理坐标系和惯性坐标系中建立了航空重力测量基本方程;然后又在这些坐标系中建立模型方程。引入了所谓的准仪表坐标系作为求解模型方程的结果,并在该坐标系中建立了航空重力测量的基本方程;最后,利用在准仪表坐标系中建立的模型方程和基本方程导出将误差分离为动力学和运动学两部分的误差方程。

下面回顾部分坐标系的标准定义。

① 地理坐标系 $Mx$。原点处于载体所在位置的右手正交坐标系,也称为地理跟踪坐标系,第一个轴与当地参考椭球面的外法线重合,第二个轴指向北,第三个轴指向东。

② 仪表坐标系 $Mz$。其各轴与传感器(如加速度计)的敏感轴一致,也称为加速度计坐标系。

③ 惯性坐标系 $O\xi$。其原点与地心重合,其各轴在惯性空间指向保持不变。

地理坐标系内航空重力矢量测量基本方程。给出地理坐标系内航空重力矢量测量的基本方程(理想方程),即重力仪敏感元件的敏感质量 $M$ 的运动方程,在地理坐标系各轴上的投影[63]为

$$\dot{V}_x = (\omega_x^\times + u_x^\times)V_x + L_{xz}f_z + \gamma_x + \Delta g_x \tag{5.2.1}$$

式中:$\Delta g_x$ 为重力扰动矢量;$V_x = (V_E, V_N, V_{UP})^T$ 为载体(如飞机)对地速度矢量(东向、北向、垂向速度分量);$f_z$ 为在惯性导航系统仪表坐标系 $Mz$ 下的外部比力(表观加速度);$L_{xz}$ 为从仪表坐标系到地理坐标系的转换矩阵;$\gamma_x$ 为标准重力矢量,由已知公式计算;$\omega_x$ 为地理坐标系 $Mx$ 的绝对角速度向量,由已知公式计算;$u_x$ 为地理坐标系 $Mx$ 下的地球旋转角速度矢量;$u_x^\times$ 为斜对称矩阵,由向量 $u_x$ 的分量组成。

转换矩阵的运动方程为[63]

$$\dot{L}_{zx} = \omega_z^\times L_{zx} - L_{zx}\omega_x^\times$$

式中:$\omega_z$ 为加速度计坐标系 $M_z$ 的绝对角速度矢量。

惯性坐标系内航空重力矢量测量基本方程。为叙述更明确,假设在初始时刻惯性坐标系 $O\xi$ 各轴与格林尼治坐标系各轴重合,则有

$$\begin{cases} \dot{\xi} = v_\xi \\ \dot{v}_\xi = L_{\xi z}f_z + \gamma_\xi + \Delta g_\xi \\ \gamma_\xi = L_{\xi x}\gamma_x \\ \Delta g_\xi = L_{\xi x}\Delta g_x \end{cases} \tag{5.2.2}$$

式中:$\xi$、$v_\xi$ 为 $M$ 点坐标及其在惯性坐标系 $O\xi$ 下的绝对速度矢量;$L_{\xi z}$ 为从仪表坐标系到惯性坐标系的转换矩阵,满足方程式 $\dot{L}_{\xi z} = \omega_z^\times L_{\xi z}$;$L_{\xi x}$ 为从地理坐标系到惯性坐标系的转换矩阵。应注意,上述基本(模型)方程经常用于航空重力矢量

测量[414]。

这样,惯性重力矢量测量问题,特别是航空重力矢量测量问题可描述如下。搭载重力测量设备的载体运动的位置(地理坐标 $\lambda$、$\varphi$、$h$ 或 $\xi$)、线速度(相对速度 $V_x$ 或绝对速度 $V_\xi$)等轨迹参数已知。在仪器坐标系 $Mz$ 中测量绝对角速度 $\boldsymbol{\omega}_z$ 和比力 $\boldsymbol{f}_z$。标准重力矢量 $\boldsymbol{\gamma}_x$ 的模型已知。需要根据给定的参考模型求解重力扰动矢量 $\Delta \boldsymbol{g}_x$(或 $\Delta \boldsymbol{g}_\xi$)。

航空重量矢量测量模型方程。重力测量矢量的模型方程式可理解为上述理想方程的数值模型,可根据惯性传感器示数 $\boldsymbol{\omega}_z' = \boldsymbol{\omega}_z - \boldsymbol{v}_z$、$\boldsymbol{f}_z' = \boldsymbol{f}_z + \Delta \boldsymbol{f}_z$ 由计算机进行积分求得。式中,$\boldsymbol{v}_z$ 为角速度传感器(ДУС)的测量误差向量,选择负号"−"以匹配平台式和捷联式惯性导航系统的误差方程;$\Delta \boldsymbol{f}_z$ 为加速度计的测量误差向量。

下面介绍的模型方程均是最大程度利用高精度卫星导航系统信息所建立的模型。应注意,现代相位差分卫星导航系统的定位精度至少能达到亚米级,而速度精度可达到几十厘米/每秒。

可预先给出某些估计。30m 级的定位误差会导致 1″级的地理跟踪坐标系姿态确定误差。亚米级精度的卫星导航定位误差意味着由"卫导"产生的地理坐标系姿态确定误差约为 $10^{-2}$″水平,几乎可以将其视为理想地理坐标系。另外,模拟惯性解算位置方程组也不再是必需的。

地理坐标系内的航空重力矢量测量模型方程。在地理坐标系内的航空重力矢量测量模型方程为[63]

$$\begin{cases} \dot{\boldsymbol{V}}_x' = (\boldsymbol{\omega}_x^\times + \boldsymbol{u}_x^\times) \boldsymbol{V}_x' + \boldsymbol{\gamma}_x + \boldsymbol{L}_{xz}' \boldsymbol{f}_z' \\ \boldsymbol{L}_{zx}' = \boldsymbol{\omega}_z'^\times \boldsymbol{L}_{zx}' - \boldsymbol{L}_{zx}' \boldsymbol{\omega}_x^\times \end{cases}$$

式中:$\boldsymbol{V}_x'$ 为模型相对线速度;矩阵 $\boldsymbol{L}_{zx}'$ 定义并给出在计算机中建立的仪表坐标系 $Mz$ 相对于模型地理坐标系 $Mz'$ 或 $My$ 的姿态。这里假设,在引入卫星导航系统的情况下 $\boldsymbol{\omega}_x$、$\boldsymbol{u}_x$、$\boldsymbol{\gamma}_x$ 的计算结果是准确的。

惯性坐标系内的航空重力矢量测量模型方程。在惯性坐标系内的航空重力矢量测量模型方程为

$$\dot{\boldsymbol{v}}_\xi' = \boldsymbol{L}_{f z}' + \boldsymbol{\gamma}_\xi$$

式中:$\boldsymbol{v}_\xi'$ 为模型绝对速度向量;$\boldsymbol{L}_{\xi z}'$ 为从模型坐标系 $My$ 到惯性坐标系 $O\xi$ 的转换矩阵,它满足方程 $\boldsymbol{L}_{z\xi}' = \boldsymbol{\omega}_z'^\times \boldsymbol{L}_{z\xi}'$。

准仪表坐标系 $Mz^x$、$M\xi^x$。根据相应模型方程的求解结果,引入准仪器坐标系 $Mz^x$、$M\xi^x$[63] 的概念,其中,坐标系 $Mz^x$ 如图 5.2.1 所示。

① 坐标系 $Mz^x$ 相对于 $Mz$ 的姿态矩阵为 $\boldsymbol{L}_{zx}'$。
② 坐标系 $Mx$ 相对于 $My$ 的姿态矩阵为 $\boldsymbol{L}_{zx}'$。

下面引入坐标系 $M\xi^x$ 相对于 $Mz$ 的姿态矩阵 $\boldsymbol{L}_{z\xi}'$。如果模型方程可精确地进行积分,则 $Mz^x$ 与 $Mx$ 重合,而 $Mz^\xi$ 与 $M\xi$ 重合。引入微小旋转矢量 $\boldsymbol{\alpha}_y$ 来表征模型

坐标系 $My$ 与仪器坐标系 $Mz$ 这两个相近(近乎相同)坐标系之间相对姿态。在线性逼近概念中,二者之间的相对姿态矩阵 $L_{zy}$ 满足:$L_{zy} = I + \alpha_y^\times$,其中,$\alpha_y^\times$ 为与矢量 $\alpha_y$ 对应的斜对称矩阵[63]。

类似地,引入微小旋转矢量 $\alpha_x = (\alpha_1, \alpha_2, \alpha_3)^T$ 来表征地理坐标系 $Mx$ 和准仪器坐标系 $Mz^x$ 之间相对姿态,引入微小旋转矢量 $\alpha_\xi$ 来表征惯性坐标系 $M\xi$ 和准仪器坐标系 $Mz^\xi$ 之间相对姿态。可以证明,在线性逼近中满足下列等式[63],即

$$L_{z^x x} = I + \alpha_x^\times, L_{z^\xi \xi} = I + \alpha_\xi^\times, \alpha_x = L'_{xz}\alpha_y, \alpha_\xi = L'_{\xi z}\alpha_y$$

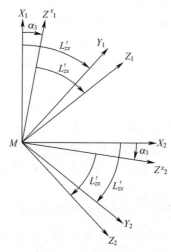

图 5.2.1　地理坐标系、准仪表坐标系、模型坐标系和仪表坐标系相互位置
$Mx$—地理坐标系；$Mz^x$—准仪表坐标系；$Mz$—仪表坐标系；$My$—模型坐标系。

准仪表坐标系下航空重力矢量测量基本方程。在将导航解算总误差表示为所谓的运动学误差和动力学误差之和的情况下,需要用准仪表坐标系 $Mz^x$、$Mz^\xi$ 下的基本方程来进行误差方程的后续推导。这两种误差反映了两种不同类型的惯性传感器角速度传感器和加速度计与总误差的关系。在 В. Д. Андреева 的经典专著中最早对这种误差分离进行了描述[8-9],在书中它们被称为第一类误差和第二类误差。

准仪表坐标系 $Mz^x$ 下的基本方程为

$$\begin{cases} \dot{V}_{z^x} = (\omega_{z^x}^\times + u_{z^x}^\times) V_{z^x} + L_{xz}f_z + \gamma_{z^x} + \Delta g_{z^x} \\ V_{z^x} = L_{z^x x}V_x, u_{z^x} = L_{z^x x}u_x, \gamma_{z^x} = L_{z^x x}\gamma_x, \Delta g_{z^x} = L_{z^x x}\Delta g_x \end{cases}$$

并且满足关系式:$\omega_{z^x} = \omega_x + v_x, v_x = L'_{xz}v_z$。

准仪表坐标系 $Mz^\xi$ 下基本方程为

$$\begin{cases} \dot{v}_{z^\xi} = v_\xi^\times v_{z^\xi} + L'_{\xi z}f_z + \gamma_{z^\xi} + \Delta g_{z^\xi} \\ v_{z^\xi} = L_{z^\xi \xi}v_\xi, v_\xi = L'_{\xi z}v_z, \gamma_{z^\xi} = L_{z^\xi \xi}\gamma_\xi, \Delta g_{z^\xi} = L_{z^\xi \xi}\Delta g_\xi \end{cases}$$

### 5.2.2 航空重力矢量测量误差方程

下面分别给出地理坐标系下的误差方程和惯性坐标系下的误差方程。

地理坐标系下的误差方程。引入速度确定的总误差为 $\Delta V_x = V'_x - V_x$，则处于变化中的方程可写为

$$\Delta \dot{V}_x = (\boldsymbol{\omega}_x^\times + \boldsymbol{u}_x^\times)\Delta V_x + \boldsymbol{\alpha}_x^\times f'_x + \Delta g_x + \Delta f_x, f'_x = L'_{xz}f'_z, \Delta f_x = L'_{xz}\Delta f_z$$

上式的特点是微分方程右侧出现了向量 $f'_x$。因此，在仿真过程中必须根据模型速度向量 $V'_x$ 的微分来模拟 $f'_x$ 的值，或者在可获得情况下使用设计好的加速度计"噪声"测量 $f'_z$。

为了消除上述特点，需要将总误差 $\Delta V_x$ 分解为动力学分量和动态误差分量，即

$$\Delta V_x = \delta V_x + \boldsymbol{\alpha}_x^\times V'_x, \delta V_x = V'_x - V_{z^x}$$

动力学误差满足下述方程，即

$$\delta \dot{V}_x = (\boldsymbol{\omega}_x^\times + \boldsymbol{u}_x^\times)\delta V_x + \boldsymbol{\gamma}_x^\times \boldsymbol{\alpha}_x - \Delta g_x + \Delta f_x + V'^\times_x \boldsymbol{v}_x \quad (5.2.3)$$

而动态误差分量 $\hat{\boldsymbol{\alpha}}_x V'_x$ 可由被称为动态误差的微小旋转矢量 $\boldsymbol{\alpha}_x$ 求得，它满足下述方程，即

$$\dot{\boldsymbol{\alpha}}_x = \boldsymbol{\omega}_x^\times \boldsymbol{\alpha}_x + \boldsymbol{v}_x, \boldsymbol{v}_x = L'_{xz}\boldsymbol{v}_z \quad (5.2.4)$$

按惯性导航的惯例，式(5.2.3)和式(5.2.4)在模型运动邻域内用线性近似的方法获得。式(5.2.3)不包含参数 $f'_x$，这便于对其进行仿真。

惯性坐标系下的误差方程。引入速度确定的总误差为 $\Delta v_\xi = v'_\xi - v_\xi$，处于变化中的方程可写为

$$\Delta \dot{\boldsymbol{v}}_\xi = \boldsymbol{\alpha}_\xi^\times f'_\xi + \Delta g_\xi + \Delta f_\xi, f'_\xi = L'_{\xi z}f'_z, \Delta f_\xi = L'_{\xi z}\Delta f_z$$

与地理坐标系下的误差方程相同，在上述方程右侧同样有向量 $f'_\xi$。为了消除此特点，相应地将总误差 $\Delta V_\xi$ 分解为动力学误差分量和动态误差分量，即

$$\Delta \boldsymbol{v}_\xi = \delta \boldsymbol{v}_\xi + \boldsymbol{\alpha}_\xi^\times \boldsymbol{v}'_\xi, \delta \boldsymbol{v}_\xi = \boldsymbol{v}'_\xi - \boldsymbol{v}'_{z\xi}$$

并且动力学误差 $\delta \boldsymbol{v}_\xi$ 满足方程

$$\delta \dot{\boldsymbol{v}}_\xi = \boldsymbol{\alpha}_\xi^\times \boldsymbol{\gamma}_\xi + \Delta g_\xi + \Delta f_\xi - \boldsymbol{v}_\xi^\times \boldsymbol{v}'_\xi \quad (5.2.5)$$

而同样被称为动态误差的微小旋转矢量 $\boldsymbol{\alpha}_\xi$ 满足方程 $\dot{\boldsymbol{\alpha}}_\xi = \boldsymbol{v}_\xi$。

### 5.2.3 修正测量模型

可将航空重力矢量测量问题看作利用卫星导航系统测量值来修正模型方程的解。如2.2节所述，在差分模式下利用卫星导航系统相位双频速度信息更合理[33-34]，并且在地理坐标系下建立方程时要利用相对速度信息，而在惯性坐标系

下建立方程时要利用绝对速度信息。

当研究"微小"误差时，该问题便转化为借助卫星导航系统的"微小"测量值来修正误差方程的解。下面给出"微小"速度修正测量方程。用符号 $V_x^{SNS}$ 表示相对速度向量，由其被投影在根据卫星导航系统位置信息建立的当地地理坐标系各轴上的分量表示。在地理坐标系 $Ox$ 中满足[61,62,518]

$$y_x = V'_x - V_x^{CHC} = \Delta V_x - \Delta V_x^{CHC} = \delta V_x + \alpha_x^\times V_x^{CHC} - \Delta V_x^{CHC} \quad (5.2.6)$$

式中：$\Delta V_x^{SNS}$ 为导航系统速度误差。

在惯性坐标系 $O\xi$ 中，则有

$$y_\xi = v'_\xi - v_\xi^{CHC} = \Delta v_\xi - \Delta v_\xi^{CHC} = \delta v_\xi + \alpha_\xi^\times v_\xi^{CHC} - \Delta v_\xi^{CHC}$$

下面给出比力测量修正模型。用符号 $f_\xi^{CHC}$ 表示表观加速度向量，其由卫星测量值经过处理后求得，求解公式为 $f_\xi^{CHC} = \ddot{\xi}^{CHC} - \gamma_\xi$，式中：$\ddot{\xi}^{CHC} = \dot{v}_\xi^{CHC}$，其值借助卫星测量值估计得到。此时，测量值满足

$$y'_\xi = f'_\xi - f_\xi^{CHC} = L'_{\xi z} f'_z - f_\xi^{CHC}$$

其适用于下列模型，即

$$y'_\xi = \alpha_\xi^\times f'_\xi - \Delta g_\xi + L'_{\xi z} \Delta f_\xi - \Delta f_\xi^{CHC} \quad (5.2.7)$$

式中：$\Delta f_\xi^{CHC}$ 为表观加速度向量 $f_\xi^{CHC}$ 的确定误差。在文献[414]中，实质上应用了类似的模型。

在地理坐标系下建立的误差方程式(5.2.3)、式(5.2.4)与测量修正方程式(5.2.6)或在惯性坐标系下建立的误差方程式(5.2.5)与修正方程式(5.2.7)，均可用于确定飞行器(如飞机)飞行轨迹上的重力扰动向量。如前所述，如果没有关于噪声特性和重力扰动特性的前期假设，这些方程是不可解的。

还应注意，在地理坐标系下和在惯性坐标系下建立方程的两种方案均有各自的优、缺点[63]。因此，在惯性坐标系中完全不需要进行惯性修正，但标准重力是变化的，而在地理坐标系中情况恰恰相反。

### 5.2.4 求解航空重力矢量测量方程的部分方法

在航空重力矢量测量中，为了分离重力扰动(BCT)的水平分量和测量误差，通常需要进行额外的测量(如天文校正[338])或引入其他假设。下面将讨论几种将重力扰动水平分量和测量误差进行分离的方法。

1. 重力扰动随机模型方法

基于引入重力扰动时变随机模型的方法与在航空重力标量测量中常用的方法相似[37,305,392]。但是，与标量测量中的情况相同，需要选择正确异常模型的问题仍未解决。在文献[392]中已证实，该方法对模型的选择非常敏感。

## 2. 近似分解与非相关方法(ПДД)

K. Jekeli 提出了一种简单而原始的方法[414]，将该方法简称为近似分解与非相关方法，它不需要重力异常的统计特性假设。该方法要求重复飞过同一测量剖面，以便获得更多必要信息，其实质是将估计仪器误差参数的任务事先分配在每次飞行测量过程中，执行飞行测量任务时忽略重力扰动，过后再通过卡尔曼滤波残差来求解重力扰动。根据在两次飞行测量中获得的数据可确定两次重力扰动估计结果的相互关系，进而便可以消除估计值中的捷联惯导误差。

下面将更加详细地介绍近似分解与非相关方法算法。计算过程在惯性坐标系内进行，该算法实质上包括以下步骤[414]（注：文献[414]中算法原作者给出的方程形式和术语与此处采用的略有不同）。

（1）将类似于式(5.2.5)的重力测量基本方程和传感器示数向惯性坐标系中心变换。

（2）将卫星导航系统(СНС)坐标的平滑二重微分作为卫星导航系统接收机天线所在位置的加速度信息来计算。

（3）使用具有有限脉冲响应、有效窗口宽度为60s的滤波器来平滑得到的加速度估计值和加速度计测量值，并进行插值。

（4）在不考虑式(5.2.5)中重力扰动矢量的情况下，利用卡尔曼滤波器，根据式(5.2.7)所示测量值对式(5.2.5)中捷联式惯性导航系统的仪表误差参数进行估计。

（5）将测量值的残差 $\Delta \overline{g}_\xi = y_\xi' - \overline{y}_\xi'$ 作为测线上重力扰动的估计值计算，其中 $\overline{y}_\xi'$ 为由卡尔曼滤波器给出的测量估计值。

（6）根据测线航路末端已知的重力扰动值，从残差估计值 $\Delta \overline{g}_\xi$ 中消除趋势项。

（7）根据在重复测量线上估计值 $\Delta \overline{g}_\xi$ 的非相关性（即已去除不相关的频谱分量）对 $\Delta \overline{g}_\xi$ 中残留的系统误差进行滤波（波数相关滤波器）。

由于该算法中包括可去除信息整个高频部分平滑处理环节，因此实际上也包括了重力扰动随时间变化具有低频特性这一假设。这种平滑处理也可以理解是为了使用卡尔曼滤波器，而对卫星导航系统位置测量的 2 阶微分噪声进行"白化"（该噪声为"白噪声"）。由于在重复飞行测量过程中传感器误差是相互独立的，据此，根据其非相关性便可从重力扰动估计中部分去除由平台姿态求解误差所引起的误差分量。总之，该算法具有明显的经验试探性，但是在处理实际数据时给出了不错的结果[414]。

## 3. 局域谐波仿真方法(ЛГМ)

在文献[38]中提出一种新方法，通过建立重力场的局域谐波模型，根据在数个相邻的飞行测量航路上均匀地估计重力扰动，来求解航空重力测量方程。在这种情况下，将自动考虑重力扰动分量的相关性和邻近航路上重力扰动值的相互关系。利用阿贝尔-泊松径向基函数(Abel-Poisson)中的场分解表达式作为文献[38]中重力扰动的局域模型[38,356]。该问题可以归结为同时估计测绘区域的场分解定常系数和捷联式惯性导航系统仪表误差(为方便读者,在后续单独章节中会对该算法进行简要数学描述)。应注意,此处与前文一样,均利用了有关重力扰动低频性质的假设,其最大频率根据缩放系数由重力扰动分解值的分辨率确定。还应注意,结合重力扰动的谐波性,可以将重力扰动与平台姿态误差进行分离。

4. 垂向异常变换方法(TBA)

请认真思考一个问题:是否真的需要进行航空重力矢量测量。毕竟可以利用重力扰动垂向分量图,并对其应用适当的转换方法来确定完整的重力扰动矢量,如用Хотин核卷积[393]或韦宁·迈内兹(Венинг-Мейнес)法来确定铅垂线偏差(见式(3.1.1))。为了尝试回答上述问题,将近似分解与非相关方法、局域谐波仿真方法和垂向异常变换法进行了比较。当然,在这种情况必须注意到,即使将航空重力数据与全球重力场模型的数据结合起来,垂向异常变换法也需要测绘区域大部分地图,这在实践中也不总是可行的。

以上给出的3种方法的简化流程框图如图5.2.2所示。

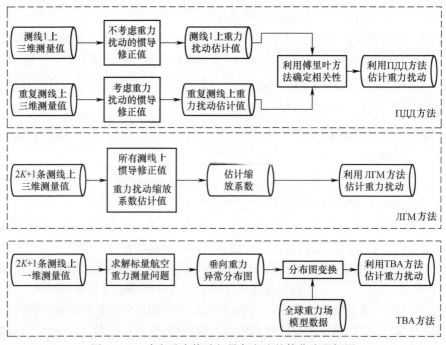

图5.2.2 确定重力扰动矢量各方法的简化流程框图

## 5.2.5 航空重力矢量测量精度的频谱分析

无论是计算还是对算法进行定性分析,在重力测量中都使用了频谱分析方法[488]。这里主要讨论基于频谱分析法对算法进行定性分析,对近似分解与非相关方法、局域谐波仿真方法和垂向异常变换法进行比较。

比较过程中存在以下两个问题。

第一个问题是,航空重力矢量测量方程是时变的,严格来说,频谱分析方法对它不适用。通过基于一种尝试性遍历假设的特殊平均处理方法,该问题得到了解决。将傅里叶变换应用于建立的时不变系统,对于近似分解与非相关法沿航路做一维傅里叶变换,对于局域谐波仿真法和垂向异常变换法则需在飞行平面中做二维傅里叶变换。这样即可将比较问题变换到频域进行研究。

第二个问题是,作为对航空重力矢量测量方法进行定性分析的各种方法基础的有关重力扰动(BCT)特性的假设也彼此不同。为了进行比较,必须引入一致性假设。将使用重力扰动的统计模型,该模型的引入使得可以根据维纳最优估计误差的功率谱密度(СПМ)来表征各方法的误差。基于维纳滤波的数学表达式,可以设计重力扰动估计算法及估计误差功率谱密度,对于近似分解与非相关法适用单频方案,对于局域谐波仿真法和垂向异常变换法则适用双频方案。下面将针对每种误差估计功率谱密度都会给出其真实估计值。最后,局域谐波仿真法和垂向异常变换法的功率谱密度将在横跨航路的频率方向进行积分,再将得到的一维功率谱密度估计值与其相应的方差(功率密度谱沿航路的频率积分)进行比较。

按照最小方差准则,根据测量 $y = Hx + r$ 确定平稳信号 $x$ 的最优维纳估计 $\tilde{x}$ 的下述已知公式是上述分析过程的基础[398],即

$$S_{\delta x}^{-1} = S_x^{-1} + H^T S_r^{-1} H, \quad \tilde{x} = S_{\delta x}^{-1} H^T S_r^{-1} y$$

式中:$r$ 为噪声;$S_{\delta x}$ 为功率密度谱;$\delta x$ 为估计误差。

这里必须强调,统计假设会将一些附加的信息引入至研究的问题中。因此,所有得到精度估计结果不可避免地会被夸大。

1. 频谱分析中的假设

我们提出部分假设以便将航空重力矢量测量问题转移到频域研究。下面将讨论在一次(或多次)飞行轨迹上获得的航空重力测量值,其中包括足够多的测绘航路上测量值以及航路间切换时的转弯部分测量值,并在地理坐标系中对近似分解与非相关法和局域谐波仿真法进行比较。在对上述方法进行频谱分析过程中,引入下列简化假设。

(1) 姿态矩阵 $L_{xz}$ 近似为单位矩阵,飞行高度近似恒定。

(2) 每条测量航路的长度 $L_1$ 远大于空间中重力异常的相关半径 $L_g$,航路间距 $\Delta L_2$ 远小于异常的相关半径 $L_g$。

(3) 在测量航路上飞行速度 $V_x^{CHC}(t)$ 的波动很小,可以将其表示为 $V_x^{CHC}(t) = V_0 + V_1(t)$,其中,$V_0 = \text{const}$,$V_1$ 为均值为零且时变相关半径为 $T_v$ 的随机过程。$T_v \ll T_g$,且 $T_g = L_g/V_0$ 为重力扰动相关间隔,$V_0 = |V_0|$。假设过程 $V_1$ 是不随时间变化的,其功率密度谱为 $S_V(y)$,其中,$u$ 为圆频率,单位为 rad/s,且该过程具有

遍历性。$P_V - V_1(t)$ 的 3×3 维常值协方差矩阵，满足

$$E[V_1 V_1^T] = P_V \approx \frac{1}{T_V} \int_0^{T_V} V_1(t) V_1^T(t) dt$$

（4）角度误差 $\alpha_x$ 和速度误差 $\delta V_x$ 是缓慢变化的函数，其特征变化时间 $T_\alpha$ 比 $T_V$ 大得多。此处，假设角速度传感器的精度不低于 $0.01(°)/h$。

（5）在实验室标定或飞行校准后，加速度计和角速度传感器的标度因数误差、测量轴非正交误差均可忽略不计。

（6）卫星导航系统速度测量误差 $\Delta V$、加速度计测量误差 $f$、角速度传感器测量误差 $\nu$ 均为平稳随机过程，且功率谱密度谱分别为

$$S_{\Delta V}(u) = \frac{\sigma_P^2}{2\pi} u^2 I, S_f(u) = \frac{\sigma_f^2}{2\pi} I, S_\nu(u) = \frac{\sigma_v^2}{2\pi} I$$

式中：$I$ 为 3×3 维单位矩阵；$\sigma_P$、$\sigma_f$、$\sigma_v$ 分别为卫星导航系统位置测量误差、加速度计测量误差、角速度传感器测量误差的均方差。

（7）在测量区域附近的局部参考椭球面可以看作笛卡儿坐标为 $x_1$、$x_2$ 的平面，其中 $x_1$ 指向飞行航路方向，$x_2$ 垂直于该方向。空间重力扰动是沿 $x_1$、$x_2$ 方向功率谱密度为 $S_{\Delta g}(u_1, u_2)$ 的平稳随机过程，其中，$u_1$、$u_2$ 分别为沿飞行航路方向和垂直该方向的空间频率。

2. 给出定常形式测量值并向频域过渡

航空重力测量方程（5.2.3）和式（5.2.4）在测量航路上是时变的，但是在上述条件下，可以利用下述方法将其转换为定常型，即对测量数据和方程应用可消除时变项的滤波器。这里必须强调，上述滤波具有推测性，并不是数据处理算法的一部分。

引入一种具有有限脉冲响应且无相移的线性理想低通滤波器 $\Theta[\cdot]$，该滤波器的时间函数对应的传递函数为 $\Theta[s]$（$s$ 为拉普拉斯变换算子）、截止频率接近 $2\pi/T_v$，它具有以下性质：$\Theta[V_1] \approx 0$，$\Theta[\Delta g_x] \approx \Delta g_x$，$\Theta[\alpha_x] \approx \alpha_x$，$\Theta[\delta V_x] \approx \delta V_x$。根据关于 $V_1(t)$ 的遍历性假设，低通滤波器可求解协方差矩阵 $V_1(t)$ 的抽样估计，即

$$\Theta[V_1(t) V_1^T(t)] \approx E[V_1(t) V_1^T(t)] = P_V$$

将滤波器 $\Theta[\cdot]$ 应用于航空重力测量方程（5.2.3）和式（5.2.4）以及校正测量方程式（5.2.6）中的各项，获得了平滑的误差方程和测量方程（下面将省略 $\delta V$、$\alpha$ 等下角标 $x$）：

$$\begin{cases} \dot{\delta V} = (\omega^\times + u^\times) \delta V + \gamma^\times \alpha - \Delta g + q_4 + V_0^\times q_3 \\ \dot{\alpha} = \omega^\times \alpha + q_3 \end{cases} \quad (5.2.8)$$

$$y_1 = \delta V - V_0^\times \alpha + q_1 \quad (5.2.9)$$

式中：$q_1 = \Theta[\Delta V^{\mathrm{CHC}}]$；$q_3 = \Theta[v]$；$\Theta[\Delta f]$；$V_0^\times$ 为向量 $V_0$ 的斜对称矩阵[63]。

引入噪声的功率谱密度由下式确定，即

$$S_{q_1}(u) = \frac{\sigma_P^2}{2\pi} u^2 |\Theta(iu)|^2, \quad S_{q_4}(u) = \frac{\sigma_f^2}{2\pi} |\Theta(iu)|^2 I, \quad S_{q_3}(u) = \frac{\sigma_v^2}{2\pi} |\Theta(iu)|^2 I$$

式(5.2.8)和式(5.2.9)是定常的，但是其中与飞机飞行过程中误差重构有关的部分信息丢失了。同时，在测绘过程中飞行器较小的机动飞行可以提高误差估计的品质。为了对机动飞行的影响进行定性分析，对式(5.2.9)引入了"调制的"附加测量值 $y_2$，它是通过将式(5.2.6)左乘矩阵 $V_1^\times(t)$ 并用滤波器 $\Theta$ 平均得到的，即

$$y_2 = Q_V \alpha + q_2 \qquad (5.2.10)$$

式中：$y_2 = \Theta[V_1^\times y]$、$q_2 = \Theta[V_1^\times \Delta V^{\mathrm{CHC}}]$、$Q_v = \mathrm{tr}(P_v) I - P_v$，其中，$P_v$ 为如前文所述，是过程 $V_1$ 的协方差矩阵；$I$ 为单位矩阵；tr 为矩阵的迹。过程 $q_2$ 和 $q_1$ 不相关。

下面给出过程 $q_2(t)$ 的功率谱密度表达式。假设 $V_1$ 是频谱集中在频率 $u_V = 2\pi/T_v$ 附近带状白噪声，那么，$q_2(t)$ 的功率谱密度可以近似写为下列形式：

$$S_{q_2}(u) = \frac{\sigma_P^2}{4\pi^2} |\Theta(iu)|^2 \left[ u^2 Q_V - \frac{1}{2} \frac{d^2}{dt^2} (Q_V + Q_V^T) \Big|_{t=0} \right]$$

为了进行频谱分析[488]，将讨论以坐标 $x_1$ 为独立变量的简化定常形式的航空重力测量方程(5.2.8)至式(5.2.10)。在式(5.2.8)中进行替换 $x_1 = V_0 t$，当航路长度趋于无穷大时进行傅里叶变换 $x_1 \to u_1$，其中，$u_1$ 是沿航路方向的空间频率（$u_1 = u/V_0$），在继续使用各函数中傅里叶变换样式符号后可得

$$\begin{cases} iu_1 V_0 \delta V(u_1) = \gamma^\times \alpha(u_1) - \Delta g(u_1) + q_4(u_1) + V_0^\times q_3(u_1) \\ iu_1 V_0 \alpha(u_1) = q_3(u_1) \end{cases} \qquad (5.2.11)$$

此处以及下面，忽略微小量 $(\omega^\times + u^\times)\delta V$、$\omega^\times \alpha$。将式(5.2.11)代入式(5.2.9)并进行傅里叶变换，在引入新的测量 $y_1' = iu_1 V_0 y$ 后，可得

$$y_1'(u_1) = -\Delta g(u_1) + \gamma^\times \alpha(u_1) + q_4(u_1) + iu_1 V_0 q_1(u_1) \qquad (5.2.12)$$

最后，对式(5.2.9)进行傅里叶变换，可得

$$y_2(u_1) = Q_V \alpha(u_1) + q_2(u_1) \qquad (5.2.13)$$

这样，在空间频率 $u_1$ 条件下，噪声的功率谱密度可表示为 $S_{q_i}(u_1) = V_0 S_{q_i}(u_1/V_0)$，而测量航路上重力扰动的功率谱密度由下式确定，即

$$S_{\Delta g}(u_1) = \int S_{\Delta g}(u_1, u_2) du_2$$

**3. 近似分解与非相关方法误差**

下面在忽略一系列分析公式的情况下，在频域中给出近似分解与非相关方法的误差。假设 $V_1$ 的波动远小于 $|V_0|$，即假设飞行是"平稳"的（在计算时只考虑

一般情况)。我们只研究一条航线的情况,根据上述近似分解与非相关方法的第(4)步,暂时假设式(5.2.12)所示测量中没有重力异常,即

$$y'_1 \approx \gamma^{\times}\boldsymbol{\alpha} + q_4 + iu_1V_0q_1 \qquad (5.2.14)$$

根据方差最小准则得到角度误差向量 $\boldsymbol{\alpha}$ 的近似分解与非相关法最优估计值和按式(5.2.14)得到的该估计误差的功率谱密度有以下形式,即

$$\tilde{\boldsymbol{\alpha}} = -S_{\boldsymbol{\alpha}}\gamma^{\times}S_{y'_1}^{-1}y'_1, S_{\boldsymbol{\alpha}} = (u_1V_0)^{-2}S_{q_3}, S_{y'_1} = -\gamma^{\times}S_{\boldsymbol{\alpha}}\gamma^{\times} + \tilde{S}_{q_4} + (u_1V_0)^2\tilde{S}_{q_3} \qquad (5.2.15)$$

式(5.2.15)中引入的噪声的功率谱密度有以下形式,即

$$\tilde{S}_{q_n}(u_1) = |N_3(iu_1V_0)|^2 |N_5(iu_1V_0)|^2 S_{q_n}(u_1) \quad n = 1 \sim 4$$

式中:$N_m(iu_1) = \text{sinc}(uT/2)^m$ 为 $m$ 阶 B 样条传递函数(滤波器权重函数,也是矩形窗口本身的 $m$ 倍卷积,$m=3$、5),并且在近似分解与非相关方法的第(2)步和第(3)步中应用的窗口宽度为 $T$。应该注意,经过平滑处理的加速度计测量误差和经过稀释后的卫星导航系统给出加速度误差仍然保留了时间上的相关性。近似分解与非相关方法未考虑这一点,因此可能导致方法性错误。将航路上的异常估计定义为下列形式残差(见第(5)步),即

$$\Delta\tilde{g} = -y'_1 + \gamma^{\times}\tilde{\boldsymbol{\alpha}} \qquad (5.2.16)$$

角度估计误差 $\delta\boldsymbol{\alpha} = \boldsymbol{\alpha} - \bar{\boldsymbol{\alpha}}$ 和重力扰动估计误差 $\delta g = \Delta g - \Delta\tilde{g}$ 的功率谱密度表达式为

$$\begin{cases} S_{\delta\boldsymbol{\alpha}} = S_{\boldsymbol{\alpha}} + S_{\boldsymbol{\alpha}}\gamma^{\times}(S_{y'_1}^{-1} - S_{y'_1}^{-1}S_{\Delta g}S_{y'_1}^{-1})\gamma^{\times}S_{\boldsymbol{\alpha}} \\ S_{\delta g} = -\gamma^{\times}S_{\delta\boldsymbol{\alpha}}\gamma^{\times} + S_{\zeta} - \gamma^{\times}S_{\boldsymbol{\alpha}}\gamma^{\times}S_{y'_1}^{-1}S_{\zeta} - S_{\zeta}S_{y'_1}^{-1}\gamma^{\times}S_{\boldsymbol{\alpha}}\gamma^{\times} \end{cases} \qquad (5.2.17)$$

式中:$S_{\zeta} = S_{q_4} + (u_1V_0)^2 S_{q_1}$。

在方法的第(7)步(最后一步)中,在具体实现上通过傅里叶方法使式(5.2.16)所示估计值和在重复航路上得到的类似估计值相关。因此,近似分解与非相关方法是非线性的,难以进行经典的频谱分析。为了大致确定其精度,在异常统计性假设的框架内(即假设重力扰动的功率谱密度已知),按照式(5.2.17)计算重力扰动最优维纳估计误差的方差,并考虑到由于滤波器的最优性导致该方差显著低于近似分解与非相关法误差的方差。同时,也可得到近似分解与非相关法误差幅值的下限。在测量航路长度趋于无穷大的情况下,航路上相关估计变得可靠,所得的下限值也会变得准确。

除了各航路的重力扰动估计误差的功率谱密度表达式(5.2.17)外,沿正、反两条航路获得的重力扰动维纳估计功率谱密度的具体公式还要求计算这些航路上估计误差的互功率谱密度,但由于过程繁琐,此处不再赘述。仅限于直接引用这些航路上估计误差的互功率谱密度。令 $\delta\boldsymbol{\alpha}_1$、$\delta\boldsymbol{\alpha}_2$ 表示不同航路上获得的 $\boldsymbol{\alpha}$ 估计误

差,则该误差与重力扰动的互功率谱密度有以下形式,即

$$S_{\Delta g \delta \alpha_1} = S_{\Delta g \delta \alpha_2} = -S_{\Delta g} S_{y_1}^{-1} \gamma^\times S_\alpha \text{、} S_{\delta \alpha_1 \delta \alpha_2} = -S_\alpha \gamma^\times S_{y_1}^{-1} S_{\Delta g} S_{y_1}^{-1} \gamma^\times S_\alpha$$

**4. 局域谐波仿真方法误差**

对局域谐波仿真方法的定性分析将在坐标为 $x_1$、$x_2$ 的平面中或相应频率为 $u_1$、$u_2$ 的频域平面中进行。为此,必须以 $x_1$、$x_2$ 为变量改写式(5.2.8)、式(5.2.9)。假设编号为 $k(-K \leq k \leq K)$ 的测线航路沿 $x_1$ 方向,且航路长度 $L_1$ 远大于所研究过程的相关半径,因此,通过近似分析可以认为 $-\infty < x_1 < \infty$。用 $t_{(k)}$ 表示第 $k$ 个航路上的时间,在不失一般性的情况下可以认为,在 $t_{(k)} = 0$ 时刻对应的值 $x_1 = 0$。用 $\alpha_{(k)} t_{(k)}$ 表示第 $k$ 个航路上变量 $\alpha$(或者另一个函数)与时间的关系。代入变量 $x_1 = V_0 t_{(k)}$、$x_2 = \Delta L_2 k$,并根据下式对 $\alpha$ 进行二维傅里叶变换(沿 $x_1$ 做连续变换、沿 $x_2$ 做离散变换)(为简洁起见,保持傅里叶形式函数中的符号不变),即

$$\boldsymbol{\alpha}(u_1, u_2) = \sum_{k=-K}^{K} \Delta L_2 \int_{x_1=-\infty}^{\infty} \mathrm{d}x_1 \boldsymbol{\alpha}_{(k)} \left( \frac{x_1}{V_0} \right) e^{-iu_1 x_1 - iu_1 \Delta L_2 k} \quad (5.2.18)$$

式中:空间角频率 $u_1$、$u_2$ 分别对应于变量 $x_1$、$x_2$。

对式(5.2.8)中的各项均进行上述变换,可得

$$\begin{cases} iu_1 V_0 \delta V(u_1, u_2) = \gamma^\times \boldsymbol{\alpha}(u_1, u_2) - \Delta g(u_1, u_2) + q_4(u_1, u_2) + V_0^\times q_3(u_1, u_2) \\ iu_1 V_0 \boldsymbol{\alpha}(u_1, u_2) = q_3(u_1, u_2) \end{cases}$$

$$(5.2.19)$$

将式(5.2.18)的变换方法应用于式(5.2.9),并将式(5.2.19)代入式(5.2.9),同时引入新的测量值 $y_1'(u_1, u_2) = iu_1 V_0 y$,可得

$$y_1'(u_1, u_2) = -\Delta g(u_1, u_2) + \gamma^\times \boldsymbol{\alpha}(u_1, u_2) + q_4(u_1, u_2) + iu_1 V_0 q_1(u_1, u_2)$$

$$(5.2.20)$$

同样,将式(5.2.18)的变换方法应用于式(5.2.10),可得

$$y_2(u_1, u_2) = Q_V \boldsymbol{\alpha}(u_1, u_2) + q_2(u_1, u_2) \quad (5.2.21)$$

应注意,在式(5.2.19)中,$\Delta g(u_1, u_2)$ 是将式(5.2.18)所示连续-离散二维傅里叶变换应用于重力扰动的结果,严格地说,其功率密度谱与 $S_{\Delta g}(u_1, u_2)$ 有所不同。但是,在假设 $\Delta L_2 \ll L_g \ll K\Delta L_2$ 的情况下,这个差异很小。还应注意到,考虑不同测线航路上的非相关性,噪声的二维功率谱密度由下列公式确定,即

$$S_{q_n}(u_1, u_2) = \frac{\Delta L_2}{2\pi} S_{q_n}(u_1) \quad n = 1, 2, 3, 4$$

作为局域谐波仿真方法的精度估计,下面将讨论考虑了给定重力扰动功率谱密度的维纳最优估计的方差。

由式(5.2.19)、式(5.2.21)可以获得在动态飞行条件下 $\boldsymbol{\alpha}$ 的最优估计以及其估计误差的功率谱密度为

$$\begin{cases} \tilde{\pmb{\alpha}} = S_{\pmb{\alpha}} Q_V (S_{q_2} + Q_V S_{\pmb{\alpha}} Q_V)^{-1} y_2 = S_{\delta\pmb{\alpha}} Q_V S_{q_2}^{-1} y_2 \\ S_{\delta\pmb{\alpha}}^{-1} = S_{\pmb{\alpha}}^{-1} + Q_V S_{q_2}^{-1} Q_V \\ S_{\pmb{\alpha}} = (u_1 V_0)^{-2} S_{q_3} \end{cases} \quad (5.2.22)$$

结合式(5.2.22)中估计值,式(5.2.20)可改写为

$$y'_1 - \pmb{\gamma}^\times \tilde{\pmb{\alpha}} = -\Delta g + \pmb{\gamma}^\times \delta\pmb{\alpha} + q_4 + iu_1 V_0 q_1 \quad (5.2.23)$$

由于 $q_1$ 和 $q_2$ 不相关,故过程 $\delta\pmb{\alpha}$ 和 $q_1$ 也不相关。那么,在给定的重力扰动功率谱密度 $S_{\Delta g}$ 和空间估计误差的功率谱密度的情况下,空间重力异常的最优估计具有下列形式,即

$$\begin{cases} \Delta \tilde{g} = S_{\delta g} [-\pmb{\gamma}^\times S_{\delta\pmb{\alpha}} \pmb{\gamma}^\times + S_{q_4} + (u_1 V_0)^2 S_{q_1}]^{-1} (y'_1 - \pmb{\gamma}^\times \tilde{\pmb{\alpha}}) \\ S_{\delta g}^{-1} = S_{\Delta g}^{-1} + [-\pmb{\gamma}^\times S_{\delta\pmb{\alpha}} \pmb{\gamma}^\times + S_{q_4} + (u_1 V_0)^2 S_{q_1}]^{-1} \end{cases} \quad (5.2.24)$$

与前文给出的将二维重力扰动功率谱密度变换为一维的方法类似,测量航路上重力扰动估计误差的功率谱密度可以通过将功率谱密度 $S_{\delta g}(u_1, u_2)$ 关于 $u_2$ 进行积分来求得。

5. 垂向异常变换方法误差

在垂向异常变换法中:首先估计重力扰动的垂向分量 $\Delta g_3$;然后根据相应转换公式求解水平分量的估计值[390]。如果认为 $\Delta g_3$ 在式(5.2.24)中与重力扰动水平分量不相关,且功率密度谱 $\Delta g_3$ 已知时,可以在频域中写出重力扰动垂向分量的最优估计 $\Delta \tilde{g}_3(u_1, u_2)$ 以及估计误差的功率谱密度为

$$\begin{cases} \Delta \tilde{g}_3 = \pmb{S}_{\delta g_3} \pmb{H}^{\mathrm{T}} [-\pmb{\gamma}^\times \pmb{S}_{\delta\pmb{\alpha}} \pmb{\gamma}^\times + \pmb{S}_{q_4} + (u_1 V_0)^2 \pmb{S}_{q_1}]^{-1} (y'_1 - \pmb{\gamma}^\times \tilde{\pmb{\alpha}}) \\ \pmb{S}_{\delta g_3}^{-1} = \pmb{S}_{\Delta g_3}^{-1} + \pmb{H}^{\mathrm{T}} [-\pmb{\gamma}^\times \pmb{S}_{\delta\pmb{\alpha}} \pmb{\gamma}^\times + \pmb{S}_{q_4} + (u_1 V_0)^2 \pmb{S}_{q_1}]^{-1} \pmb{H} \end{cases}$$

$$(5.2.25)$$

式中: $\pmb{H} = [0 \quad 0 \quad 1]^{\mathrm{T}}$。

在近似平坦的地球表面,根据下述频域中的变换公式可计算频域中水平分量的估计和估计误差的功率密度谱,即

$$\begin{cases} \Delta \tilde{g}_1 = iu_1 |u|^{-1} \Delta \tilde{g}_3, \ S_{\delta g_1} = u_1^2 |u|^{-2} S_{\delta g_3} \\ \Delta \tilde{g}_2 = iu_2 |u|^{-1} \Delta \tilde{g}_3, \ S_{\delta g_2} = u_2^2 |u|^{-2} S_{\delta g_3} \end{cases} \quad (5.2.26)$$

式中: $|u| = \sqrt{u_1^2 + u_2^2}$。

6. 数字示例精度频谱估计

式(5.2.17)、式(5.2.24)和式(5.2.25)是对近似分解与非相关方法(ПДД)、局域谐波仿真方法(ЛГМ)和垂向异常变换法(TBA)进行比较的基础。正如我们注意到,对于平稳飞行的情况,可以取 $\tilde{\pmb{\alpha}} = 0$ 时的 $S_{\pmb{\alpha}}$ 并代替式(5.2.24)中的 $S_{\delta\pmb{\alpha}}$。

在给定具体重力扰动功率谱密度和噪声参数的条件下,对以近似分解与非相关法、局域谐波仿真法和垂向异常变换法得到的重力扰动估计误差的频谱组成进行比较。下面以单层质量模型的形式介绍异常重力场的统计模型[37],即

$$S_T(u_1,u_2,h) = \pi L_g^2 \sigma_g^2 |u|^{-2} e^{-2(h+L_g)|u|} \tag{5.2.27}$$

式中:$T$ 为重力异常场势能;$h$ 为参考椭球体表面上方高度;$\sigma_g$ 为异常强度;$L_g$ 为异常场相关半径。重力扰动的功率谱密度表达式为[37]

$$\boldsymbol{S}_{\Delta g}(u_1,u_2,h) = \begin{bmatrix} u_1^2 & u_1 u_2 & -u_1|u| \\ u_1 u_2 & u_2^2 & -u_2|u| \\ -u_1|u| & -u_2|u| & |u|^2 \end{bmatrix} S_T(u_1,u_2,h) \tag{5.2.28}$$

下面研究以下情况。

(1) 平稳飞行。在这种情况下,速度的高频分量 $V_1$ 接近于零,其协方差矩阵 $\boldsymbol{P}_V = 0$(请注意,在这种情况下无须引入滤波器 $\Theta$ 就可以将航空重力测量方程式(5.2.3)和式(5.2.4)视为定常的)。

(2) 动态飞行。在这种情况下,可根据一次实际飞行的数据计算出速度 $V_1$ 波动的功率密度谱 $S_V$ 和协方差矩阵 $\boldsymbol{P}_V$,协方差矩阵为 $(m/s)^2$

$$P_V = \begin{bmatrix} 8.2 & 0 & 0 \\ 0 & 3.4 & 0 \\ 0 & 0 & 3.8 \end{bmatrix} \tag{5.2.29}$$

(3) 低强度重力扰动先验模型。重力扰动模型参数的选取与典型测绘区域相对应。这里取 $L_g = 5000\text{m}, \sigma_g = 20\text{mGal}$,如图 5.2.3 所示。

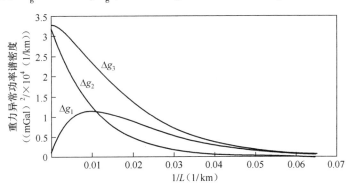

图 5.2.3 测线上重力扰动先验模型
(水平分量 $\Delta g_1$、$\Delta g_2$ 和垂向分量 $\Delta g_3$ 的功率谱密度)

(4) 高强度重力扰动先验模型。比较 3 种重力扰动统计模型的精度,它们的特点分别为具有较大的均方差、较宽频谱和较大重力扰动强度,比较过程中在保留

了重力场谐波特性的基础上,模拟了无重力扰动的情况。这里取 $L_g$ = 70m、$\sigma_g$ = 1400mGal。

计算中选取航路间距 $\Delta L_2$ = 1000m,航路上飞行器的飞行速度 $V_0$ = 50m/s,飞行高度 $h$ = 1000m。选择截止频率为 $u_v = 2\pi/T_V$ ($T_V$ = 20s) 的理想低通滤波器作为滤波器 $\Theta$。加速度计、角速度传感器、卫星导航系统位置信息等测量误差的均方差为

$$\sigma_f = 0.2 T_f^{1/2} \text{mGal} \cdot \text{s}^{1/2}, \quad T_f = 60\text{s}$$

$$\sigma_v = 0.01° T_v^{1/2} \text{s}^{-1/2}, \quad v_s \text{ 为白噪声时}, T_v = 3600\text{s}$$

$$\sigma_P = 0.005 T_{\Delta V}^{1/2} \text{m} \cdot \text{s}^{1/2}, \quad T_{\Delta V} = 1\text{s}$$

通常情况下,由于垂直分量可以被很好地估计出来,因此只需考虑水平分量。

(1) 低强度重力扰动下的平稳飞行与动态飞行。图 5.2.4 至图 5.2.7 给出了使用近似分解与非相关法和局部谐波仿真法获得的测线航路上重力扰动估计误差的功率谱密度(在频率 $u_2$ 上对功率谱密度积分后),其频率范围 $u_1$ 从零到理想滤

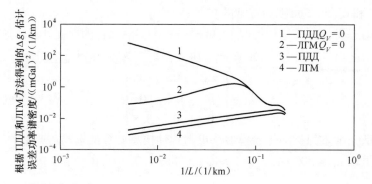

图 5.2.4 在平稳飞行和 ($Q_V$ = 0) 和动态飞行 ($Q_V$ > 0) 条件下利用 ПДД、ЛГМ 方法得到的重力扰动东向分量估计误差的功率谱密度

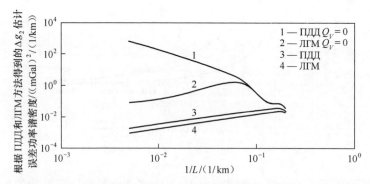

图 5.2.5 在平稳飞行和 ($Q_V$ = 0) 和动态飞行 ($Q_V$ > 0) 条件下利用 ПДД、ЛГМ 方法得到的重力扰动北向分量估计误差的功率谱密度

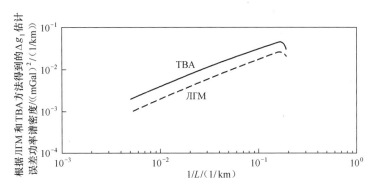

图 5.2.6 在动态飞行条件下利用 ЛГМ、TBA 方法
得到的重力扰动东向分量估计误差的功率谱密度

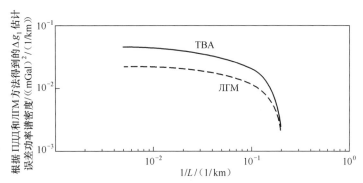

图 5.2.7 在动态飞行条件下利用 ЛГМ、TBA 方法
得到的重力扰动北向分量估计误差的功率谱密度

波器的截止频率 $u_v V_0$。在平稳飞行和动态飞行条件下,使用局域谐波仿真方法获得的重力扰动水平分量估计精度明显高于使用近似分解和非相关法获得的精度。在动态飞行条件下,使用局域谐波仿真方法的估计精度也高于使用垂向异常变换法的估计精度,表 5.2.1 给出了误差估计的均方差。垂向异常变换法几乎不受飞行方式的影响,对于平稳飞行状态,通过局部谐波仿真法和垂向异常变换法可得到精度相近的估计结果。

表 5.2.1 对于重力扰动低强度先验模型时重力扰动估计误差的均方差

| 重力扰动分量 | 飞行方式 | 重力扰动估计误差均方差/mGal | | |
|---|---|---|---|---|
| | | ПДД 方法 | ЛГМ 方法 | TBA 方法 |
| 东向分量 | 平稳飞行 | 4.51 | 0.10 | 0.10 |
| | 动态飞行 | 0.45 | 0.08 | |
| 北向分量 | 平稳飞行 | 10.59 | 0.09 | 0.09 |
| | 动态飞行 | 0.62 | 0.07 | |

(2) 高强度重力扰动先验模型下的平稳飞行和动态飞行。在这种情况下，$S_g^{-1}$接近于零。在图5.2.8至图5.2.10中给出了重力扰动水平分量估计误差的功率密度谱。在估计重力扰动水平分量时，无论是平稳飞行还是动态飞行，近似分解与非相关法和垂向分量异常变换法在整个频率范围内的方法误差均比局域谐波仿真法大，数据见表5.2.2。

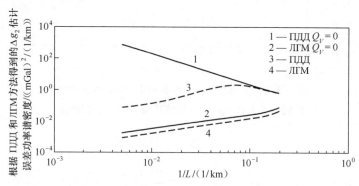

图5.2.8 在平稳飞行和($Q_V = 0$)和动态飞行($Q_V > 0$)条件下利用ПДД、ЛГМ方法得到的重力扰动东向分量估计误差的功率谱密度

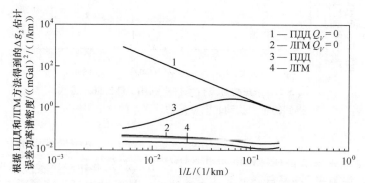

图5.2.9 在平稳飞行和($Q_V = 0$)和动态飞行($Q_V > 0$)条件下利用ПДД、ЛГМ方法得到的重力扰动北向分量估计误差的功率谱密度

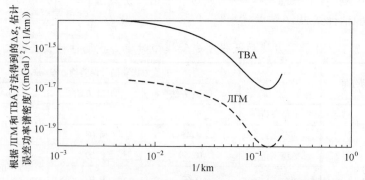

图5.2.10 在动态飞行条件下利用ЛГМ、TBA方法得到的重力扰动北向分量估计误差的功率谱密度

表 5.2.2　对于重力扰动高强度先验模型时重力扰动估计误差的均方差

| 重力扰动分量 | 飞行方式 | 重力扰动估计误差均方差/mGal | | |
|---|---|---|---|---|
| | | ПДД 方法 | ЛГМ 方法 | ТВА 方法 |
| 东向分量 | 平稳飞行 | 5.22 | 0.11 | 0.12 |
| | 动态飞行 | 0.68 | 0.08 | |
| 北向分量 | 平稳飞行 | 20.07 | 0.10 | 0.10 |
| | 动态飞行 | 0.74 | 0.07 | |

因此,在使用选定的仿真参数时,同近似分解与非相关法相比,局域谐波仿真法对重力扰动的估计要精确得多,并且与垂向异常变换方法的精度相当。同时,与垂向异常变换方法不同,该方法不需要大片区域的重力扰动垂直分量分布图。如果仅在较小区域中具有高分辨率的重力扰动的垂直分量已知,则垂向异常变换方法的精度肯定比较低。

在航路上进行机动飞行会对重力扰动水平分量的估计精度产生明显影响。最后的结果证实了这一结论[297]。应该指出,对于最终结论,有必要在参数变化较大范围内进行仿真,并根据实际数据进行解算。

### 5.2.6　基于局部谐波模型的重力扰动矢量估计算法

本节以按照文献[38]中提出的阿贝尔-泊松径向基尺度函数(Abel-Poisson)对重力扰动矢量进行分解为基础,简要地介绍了用于求解航空重力矢量测量基本方程式(5.2.3)、式(5.2.4)的局域谐波仿真算法。假设异常重力场的势能 $T$ 是比尔哈默球(сфера Бьерхаммер)外层空间中的谐波函数,可以将 $T$ 表示为某个具有最大层级 $J$ 的尺度函数和尺度系数的积分卷积离散方程[356],即

$$T(r_x) = \sum_s w_s \Phi_J(r_x, y_s) a_J(y_s) \tag{5.2.30}$$

式中:$a_J(y_s)$ 为半径为 $R$ 的比尔哈默球 $\Omega_R$ 上沿球面经度、纬度均匀分布格网节点 $y_s$ 处重力异常场势能的尺度系数;$w_s$ 为积分权重;$\Phi_J(r_x, y_s)$ 为层级为 $J$ 的阿贝尔-泊松径向基函数,其在 2.5 节中被引入,而球半径 $R$ 的选取也在 2.5 节中讨论过。

从式(5.2.30)可知,作为异常重力场势能梯度 $\Delta g_x(r_x) = \nabla_r T(r_x)$ 在地理坐标系中投影的重力扰动矢量可表示为

$$\Delta g_x(r_x) = \sum_s w_s a_J(y_s) \nabla_r \Phi_J(r_x, y_s) \tag{5.2.31}$$

下面研究某次测绘飞行轨迹 $r_x(t)$ 上的航空重力测量值。根据 2.5 节中描述的径向基函数的属性,在式(5.2.30)中求和时,仅从点 $r_x(t)$ 的某个邻域内考虑节

点 $y_s$ 就足够了。

下面引入一个 $N\times 1$ 维向量 $\boldsymbol{a}_J$,它由一次飞行测绘过程中所有测量点 $r_x(t)$ 生成的 $N$ 个节点处确定的重力势尺度系数组成,如图 5.2.11 所示。此时,可将重力扰动表达式(5.2.31)重写为

$$\Delta\boldsymbol{g}_x(r_x(t)) = \boldsymbol{\Pi}(t)\boldsymbol{a}_J \tag{5.2.32}$$

式中:$\boldsymbol{\Pi}(t)$ 为 $3\times N$ 维矩阵,它由积分权重值 $w_s$ 与节点 $y_s$ 处的阿贝尔-泊松径向基尺度函数值的乘积构成,即满足

$$\boldsymbol{\Pi}(t) = (w_1 \nabla_r \Phi_J(r(t),y_1), \cdots, w_N \nabla_r \Phi_J(r(t),y_N))$$

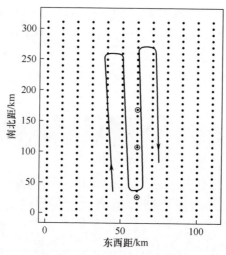

图 5.2.11 载体飞行轨迹及球面纬度南北距和经度东西距平面上异常重力场势能节点集

假设某未知的重力势尺度系数是不随时间变化的,即满足

$$\dot{\boldsymbol{a}}_J = 0 \tag{5.2.33}$$

将重力扰动矢量表达式(5.2.32)代入误差方程式(5.2.3)。假设,式(5.2.3)和式(5.2.4)中的加速度计测量误差 $\Delta f_z$ 是均值为零、均方差为 $\sigma_f$ 的白噪声。角速度传感器的测量误差 $v_z$ 可表示为 $v_z = v_z^0 + v_z^s$,其中,$v_z^s$ 为均值为零、均方差为 $\sigma_v$ 的白噪声;$v_z^0$ 为信号常值零位偏移,即满足

$$\dot{v}_z^0 = 0 \tag{5.2.34}$$

在假设白噪声均值为零、均方差为 $\sigma_P$ 的情况下,卫星导航系统的速度测量误差 $\Delta V_x^{\text{CHC}}$ 可表示为卫星导航系统位置测量误差 $\Delta r_x^{\text{CHC}}$ 对时间的导数。

下面分析表达式(5.2.3)至式(5.2.5)、式(5.2.33)和式(5.2.34)的离散形式,并针对速度测量误差 $\Delta V_x^{\text{CHC}}$ 引入一个合成滤波器,将其表示为

$$\Delta V_x^{\text{CHC}}(t_k) = \frac{1}{\Delta t}(\zeta_k - \zeta_{k-1}) \tag{5.2.35}$$

式中：$\zeta_k$ 为均值为 0、均方差 $\sigma_q = \sigma_P \Delta t^{-\frac{1}{2}}$ 的离散白噪声，$\Delta t$ 为卫星导航系统数据离散化步长。

根据前面对功率谱密度所做的假设，$\Delta V_x^{CHC}$ 可表示为

$$S_{\Delta V}(u) = \frac{1}{2\pi \Delta t^2} |e^{iu\Delta t} - 1|^2 \sigma_P^2 \approx u^2 \sigma_P^2 / 2\pi \qquad (5.2.36)$$

在式(5.2.3)、式(5.2.4)、式(5.2.33)、式(5.2.34)、式(5.2.36)和测量校正方程式(5.2.5)的约束下，以标准卡尔曼滤波问题的形式提出重力势尺度系数和惯性导航系统仪表误差参数的估计问题。状态向量 $x(t_k)$ 包括 3×1 维的动态速度误差向量 $\delta V_x(t_k)$、3×1 维角度误差向量 $\alpha_\xi(t_k)$、3×1 维角速度传感器常值漂移向量 $v_z^0$、$N \times 1$ 维异常重力场势能尺度系数向量 $a_J$、3×1 虚拟噪声向量 $\zeta_k$。

在给定状态向量和误差估计协方差矩阵的初始条件下，可以利用卡尔曼滤波算法估计状态向量。为了获得假设为常值的重力势尺度系数估计值，平滑滤波不是必需的。由于尺度系数向量初始值和误差协方差矩阵均是完全未知的，因此，对于初始时刻的尺度系数需要利用具有零信息的卡尔曼滤波的信息形式[398]。

### 5.2.7 小结

本节从惯性、卫星和重力测量 3 个方面叙述了矢量重力测量数据综合处理的部分方法，可得出以下结论。

(1) 航空重力测量问题可在后处理模式下解决。因此，捷联式惯性导航系统不需要工作在惯性解算模式下，可以将其看作惯性传感器测量值的记录仪。卫星导航系统随时都能提供高精度位置、速度信息。因此，在建立惯性解算模型方程时，可以最大程度地利用卫星导航系统提供的位置和速度信息，从而明显简化航空重力测量中的校正模型。

(2) 捷联式惯性导航系统一般在数字地理坐标系进行惯性解算，当然也可以在其他坐标系下进行，如惯性坐标系。惯性导航系统误差方程写成动态误差形式，以便简化计算。

(3) 在估计重力扰动矢量时必须使用附加信息。本节讨论了两种类型的附加信息，以及两种获得附加信息的方法——重复飞行测量法和利用扰动势谐波特性的方法。利用频谱分析对上述两种方法进行了比较。此时，将时变误差方程简化为定常形式需要引入专门的平均处理方法。数值结果证实，利用扰动势谐波特性的方法具有明显优势，可见，在考虑重力扰动谐波特性的情况下可明显提高其估计精度。

(4) 在不应用矢量重力测量方法的情况下，重力扰动矢量可通过将利用标量重力测量法得到的垂向重力扰动分布图进行变换的方法来建立。与变换法相比，

航空重力矢量测量法可将与传感器精度有关的垂线偏差估计精度提高 10%～30%。此外,为确定垂线偏差,分布图变换方法需要大范围的重力扰动垂向分量分布图,在实践中这并不总是可满足。

(5) 在假设重力扰动具有通用统计特性的前提下,本节给出了几种航空重力矢量测量方法的精度评估结果。由于这些前提假设中包含了附加信息,故其精度的数值估计结果偏高。因此,只能将这些结果看作对精度的相对估计。

(6) 在测绘航路上进行动态飞行的限制是十分重要的约束条件,其状态会显著影响重力扰动水平分量的估计精度。因此,对于飞行"动态性"的必要要求需要单独进行研究。

## 5.3 重力位二阶导数动态测量设备发展现状及前景

目前,在测量单位为角加速度($1/s^2$)的重力位二阶导数(ВПГП)各分量的移动式测量设备(如重力梯度仪)的研制和应用领域取得了重大进展。重力位二阶导数二阶张量各分量的单位是厄缶(用 E 表示,$1E = 10^{-9}/s^2 = 10^{-4} mGal/m$)。在地球表面上,重力位二阶导数张量各分量的大小为 100～3000E,其重力位二阶导数异常值小几个数量级。

在重力勘探与导航过程中,为了解算所用参数需要用到重力位二阶导数异常张量场的大量信息,为此,必须测量重力位二阶导数。运动基座重力位二阶导数的测量能够有效解决现代和未来地球物理、地质和大地测量等基础研究问题[48,55,337,451]。

重力梯度仪是测量重力位二阶导数的主要设备,其作用原理以测量沿固定方向上分布至少两个相距固定距离的试验体的加速度为基础[89]。根据与间距有关的加速度差值即可确定地球重力场梯度分量或重力位二阶导数分量。在地球物理学中,通常根据被确定的重力位二阶导数张量分量将测量仪表分为第 1 类重力偏差计、第 2 类重力偏差计、水平重力梯度仪和垂直重力梯度仪等。由于这些仪表的敏感轴可具有任意角位置,故本节中可将这些仪表均作为重力梯度仪进行评定。

重力梯度仪的研制历史已经历了一个多世纪的时间。重力梯度仪概念最初由匈牙利物理学家 Eötvös(Eotvos,Р. Этвешем,厄缶)提出,并于 19 世纪末作为研究地球重力场的仪器,成功研制世界上首台设备。该设备基于扭称(天平)原理设计,记录两个哑铃或摇臂型试验体重心位置的重力矢量投影差(地球物理学中通称)。Eotvos 的这种设计思想在固定式重力偏差计和 20 世纪 50 年代研制的重力梯度仪结构中得到实现,经过完善后的重力梯度仪成为当时地质勘探的有效工具[389,448]。

地球重力场参数动基座测量问题开始于 20 世纪 80 年代,当时主要以国防为目的对自主惯性导航系统进行修正。在运动过程中测量重力位二阶导数张量分量的梯度仪称为舰载(或随航式)重力梯度仪,目前,国际上多家公司或研究机构进行这种设备的研制[235,336]。在图5.3.1中比较直观地给出重要应用领域内所需重力梯度仪的指标范围。

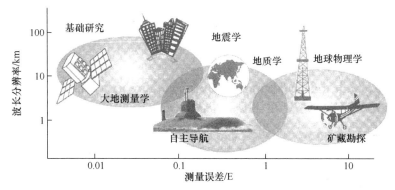

图5.3.1 重力梯度仪的应用领域

重力梯度仪的应用领域可分类如下。

(1) 自主导航。虽然卫星导航系统的发展和精密陀螺仪表的完善,降低了为弥补水下导航不足而利用重力梯度仪的迫切性,可参见文献[209]及6.3节、6.4节内容。但是,军用导航系统对自主性要求较高,还是亟须研制能够测量重力位二阶导数全维分量的重力梯度测量模块,即全张量重力梯度仪。

(2) 地球物理学和地质学。在该领域应用主要是研究地壳的地质构造和地表以下质量深层分布状态。重力梯度仪的商业化应用正逐渐推动解决地球物理勘探等问题[341]。

(3) 大地测量学。在大地测量中的应用主要包括研究精确地球形状、在陆地和卫星测量中探测重力异常和制图。利用重力梯度仪测得的信息能够确定大洋平面长时间内非常缓慢地变化,也可应用于各类物理研究中。美国和欧洲航天局制定了一系列全球性研究项目,研制和使用重力梯度仪进行海洋学和气象学研究,以绘制地球表面高分辨率气候分布图,详情可见文献[282,357,478,505]以及5.1节。

(4) 基础研究。目前,正在利用重力梯度仪进行验证基本等价原理、测量万有引力常数、探索未知的物理作用、测量引力波等基础研究工作,既要在静基座上进行,也要在空间飞行器上进行[383,402,460]。

对于重力位二阶导数的大部分动态测量问题,必须通过静态和动态特性将仪表误差的噪声分量水平进行附加的标准化。对于所测重力位二阶导数有用信号随机分量频谱的要求水平不应超过 $1\sim10\ \mathrm{E}/\sqrt{\mathrm{Hz}}$,而对于基础物理研究而言,必须保证该值不高于 $0.1\sim0.001\mathrm{E}/\sqrt{\mathrm{Hz}}$。在正常温度下,保证上述要求值不可能实现,因为温度噪声水平相当高。原则上,可以利用低温技术实现上述要求,这样会明显提高仪器灵敏度,进而提高传感器的潜在精度,但研制成本预算会明显增加。

目前,动基座条件下重力梯度仪样机表现出的高灵敏度,以及其噪声谱已达到 $0.02\sim5E/\sqrt{Hz}$ 水平,使得可以利用这种仪表解决更加广泛的问题。本节主要是对移动式重力梯度仪的研制现状进行综述。

### 5.3.1 重力位二阶导数的测量原理及主要问题

重力位二阶导数的合量是地球重力场和离心力场的一种特性,可以构成二阶对称张量 $W$ ,其在数学上是重力加速度向量沿任意矢径方向的导数。张量 $W$ 可以确定空间各点处相互正交的特征向量的合量,这些特征向量相对地球的姿态可测。根据运动载体(按照)地球物理场导航的通用原理,在测得沿载体运动轨迹方向上重力位二阶导数张量 $W$ 的全部分量后,即可确定各特征向量的大小和方向,进而可精确载体的位置和航向。张量 $W$ 的各分量均有正常分量和异常分量,其中,正常分量与所选重力场模型对应,而异常分量中包含有用信号,也恰是对其进行测量目的所在。

正如前文所述,为了测量重力位二阶导数张量各分量,需要利用专用仪器——重力偏差计和重力梯度仪。按照通用术语[196],重力偏差计仅测量张量 $W$ 的单个分量,而同期的重力梯度仪也仅是测量描述3个分量沿 $z$ 向变化的重力模型(模数)梯度分量 $W_{xz}$、$W_{yz}$、$W_{zz}$,或者垂向分量沿正交坐标3个方向上的变化。这里及后续叙述中,张量分量符号 $W_{ij}$ 中,下标 $i$ 表示进行运算的分量,可取 $x$、$y$、$z$。下标 $j$ 表示进行求导的坐标轴,可取 $x$、$y$、$z$。目前,可进行以下区分:第一代重力偏差计用于确定大地水准面截面曲率差向量各分量 $W_\Delta - W_{xx}$ $W_{yy}$ 和 $W_{xy}$,第二代重力偏差计用于确定 $W_\Delta$、$W_{xy}$、$W_{xz}$、$W_{yz}$。水平重力梯度仪用于确定 $W_{xz}$、$W_{yz}$,垂向重力梯度仪用于确定 $W_{zz}$。张量 $W$ 是地球椭球体原点处重力位二阶导数在地平坐标系内的分量。

重力位二阶导数张量 $W$ 包含6个未知分量,即 $W_{xx}$、$W_{yy}$、$W_{zz}$、$W_{xy}$、$W_{xz}$、$W_{yz}$,其中5个分量是相互独立的。需注意到本身是主对角线分量之和的第一个不变量 $I_1$ 的重要特性,即对于重力位二阶导数这部分受到离心力制约的分量,满足

$$I_1 = W_{xx} + W_{yy} + W_{zz} = 2\omega_e^2$$

式中:$\omega_e$ 为地球旋转角速度。

可以合理地利用第一不变量 $I_1$ 监测重力梯度仪的精度。由于重力(引力)场的潜在特性,重力位二阶导数对角线元素中的重力分量与拉普拉斯方程(或泊松方程)有关,相应地,对于重力和离心力合成场而言,上式条件依然成立。

为了通过重力梯度积分来确定地球重力场异常,要求张量重力梯度仪必须测量重力位二阶导数张量 $W$ 的所有分量[211,445]。为了测量张量 $W$ 的所有分量,

可以将具有分布在四面体各定点上共4个试验体的结构方案作为张量重力梯度仪数学模型的基础。每个试验体通过专用弹性支架保持在平衡位置,并测量在外力作用下试验体的位置变化。

在重力梯度仪的研制历程中出现了几十种不同功能的仪表设计方案。可以将重力梯度仪比较著名的设计方案分为两类:基于加速度计的设计方案(也称为加速度计式重力梯度仪)和基于扭称原理的设计方案(也称为扭称式重力梯度仪)。在加速度计式重力梯度仪中,考虑惯性力的表观加速度之差由两个加速度计确定,而在扭称式重力梯度仪中,表观加速度之差直接以作用在扭称(或试验体)上的旋转力矩的形式表现出来,而测量此时的旋转力矩,进而确定加速度之差,是这种仪表解决的主要问题。

为了研制可测量重力位二阶导数所有分量的张量重力梯度仪,必须有4个三轴线性加速度计(根据四面体的面数确定),或者12个单轴加速度计,或者6个测量哑铃式试验体(根据四面体的边缘数确定)。

扭称式重力梯度仪和加速度计式重力梯度仪可以按照静态测量方案设计,此时,加速度计敏感轴或哑铃式试验体敏感轴定向在固定坐标系中不变,这种仪表称为静态重力梯度仪。或者是按照调制测量方案设计,此时,重力梯度仪在空间上以固定角速度强制旋转,这种仪表称为旋转重力梯度仪。

匀速旋转可以将频率为旋转频率2倍频的重力作用进行调制,并在扭转振动时充分利用机械系统的共振特性。例如,高的机械品质因数,在变换位移信号时,为分离有用信号进行了同步检波等。此时,垂直于旋转轴的基座惯性加速度将被按照与旋转频率相同的频率进行调制,而重力梯度将被按照旋转频率2倍的频率进行调制,因此可以有效将二者进行分离。

用于动基座测量重力位二阶导数的移动式重力梯度仪的研制问题主要包括以下内容。

(1) 必须在仪表安装处惯性加速度梯度较大的背景下分离出重力位二阶导数张量分量。1E 的重力梯度测量误差在与移动式重力梯度仪实际尺寸相称的基座尺寸为 0.1m 的条件下对应重力加速度的变化为 $10^{-10}$ m/s$^2$(约为 $10^{-11}g$)。对于大多数运动载体而言,此时会存在幅值小于 $1g$ 的明显线振动加速度和 $10^{-1}g \sim 10^{-2}g$ 载体运动加速度。在这种条件下,测量误差应是比被测值的 11 阶次更小。降低这些要求的方法途径也很明确,由上述比值关系可知,必须利用有效的阻尼系统将惯性作用降低至 $10^{-2}g$ 以下。

(2) 在保证最小动态误差的情况下,利用高精度角度稳定系统降低重力梯度仪中张量分量表观变化值。比如,振幅为 2″、频率为 10Hz 的稳定平台动态误差会在重力梯度仪输入端产生约 400 E 的附加信号,而在这种振荡参数的情况下,稳定平台的角加速度的幅值会达到 $4 \times 10^7$ E。在要求重力梯度测量精度为 1E 的情况下,上述动态误差是不满足要求的[236]。

(3) 为了在惯性加速度扰动条件下测量重力位二阶导数全维张量(其中包括垂向重力梯度),对于旋转加速度计式重力梯度仪而言,需要研制优于 $10^{-11}g$ 超高灵敏度的加速度计才能保证相应参数(标度因数、敏感轴平行度等)的可辨识性。对基于扭称的哑铃式重力梯度仪而言,则需要研制静态和动态平衡度为 $10^{-11}$(相对比值)的弹性支承杆系统[337]。

(4) 保证重力梯度仪安装位置附近温度场稳定。对于温度分布系数为 $10^{-5}/℃$ 的金属结构扭称而言,结构上的温度变化不应超过 $10^{-6}℃$,这就要求必须研制高精度温控系统,这将是研制重力梯度仪静态方案中的主要问题。利用超导工艺解决上述问题比较容易实现,但是,低温系统在运动载体,特别是在小型载体上(如小功率飞机)应用比较困难。

(5) 研制在重力梯度场作用下测量试验体位移的高精度位置传感器,要求其精度为 $10^{-12} \sim 10^{-13} m$ 的级别。对于具有正交双扭称的重力梯结构度仪而言,以 1E 的精度测量重力位二阶导数需要研制灵敏度为 $10^{-5}'' \sim 10^{-6}''$ 的扭杆逆相角振荡动态测量设备。

(6) 无论是加速度计式重力梯度仪,还是基于扭称的哑铃式重力梯度仪,对于旋转方案而言均需研制转速稳定性为 $10^{-6} \sim 10^{-7}$ 等级的超低速电机。在 2 倍旋转频率速度均匀性上的特殊要求可以减小仪表误差,并降低对加速度计参数或扭称支承框架固有频率可辨识性的要求。

(7) 为保证要求的测量精度,必须在运动基座上测量重力位二阶导数的过程中对惯性加速度干扰进行滤波,该过程不会明显降低重力梯度测量的空间分辨率。为了能以优于 0.1E 的精度检验和调整给定的测试信号,必须研制高精度计量和标校设备。

解决重力位二阶导数动基座测量设备研制过程中存在的上述问题,必须具备现代仪表设计超高工艺水平和技术能力,还需要利用所有现有科技潜力来完成相应超高精度设备的研制。

### 5.3.2 用于高精度自主导航的重力梯度仪

为了保证海上运动载体的高精度导航,需要利用一系列技术设备,其中,惯性导航系统是主要设备之一。地球重力场异常(特别是垂线偏差)会引起附加的系统误差,对于未来高精度惯性导航系统而言,这些附加误差已经与系统仪表误差的大小相当,会从原理上影响惯导系统精度的提高[130,211]。对于高精度惯性导航系统而言,允许的系统误差等价描述为垂线偏差最大确定误差约为 1″,这要求重力位二阶导数张量所有分量的测量误差最大值不超过 1E[191],在组合导航系统中引入张量重力梯度仪可以达到上述精度。这样除了可以实时确定垂线偏差值外,还可以利用重力梯度仪输出信息测量科里奥利加速度的垂向分量,修正惯性导航系统解算速度误差中舒勒振荡分量、探测海底地形地貌的局部异常等[166]。

20世纪70年代,美国国防部开始组织研制应用于潜艇的重力梯度仪,以保障三叉戟Ⅱ(Trident-Ⅱ)型潜地弹道导弹系统的使用[360]。美国贝尔航空航天/特克斯特隆公司(Bell Aerospace Textron)、美国休斯飞机公司(Hughes Aircraft)、美国麻省理工学院德雷伯实验室(Draper Laboratory)等多家公司及科研机构均参与了移动式重力梯度仪原理样机的研制。下面简述一些堪称经典的设计,这些设计过程对未来项目发展指明了方向。

美国贝尔航空航天/特克斯特隆公司研制出一种旋转加速度计式重力梯度仪方案,其中包含均匀分布在旋转平台上4个相同的加速度计,如图5.3.2(a)所示。每对加速度计的敏感轴相互平行,但方向相反,并沿平台平面的切线方向定向,如图5.3.2(a)中A1和A2、A3和A4所示。当加速度计的安装半径为10cm(如$R=10$cm)、重力梯度值为1E时,每对加速度计的示数差值应为$10^{-11}g$。旋转频率为$5\sim10$Hz时的转速稳定性相对误差要达到$10^{-7}$。

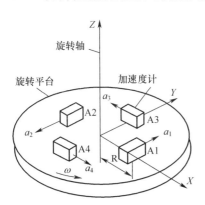

(a) Bell Aerospace/Textron 旋转加速度计式方案

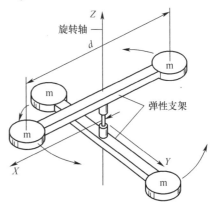

(b) Hughes Aircraft 旋转扭称式方案

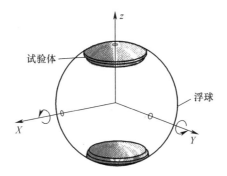

(c) Draper Laborary 静态浮子式方案

图5.3.2 重力梯度仪的经典设计方案

美国休斯飞机公司也研制出一种旋转式重力梯度仪,由两个正交分布在弹性框架上的扭秤(或称为哑铃)组成,如图5.3.2(b)所示。这种仪表以其设计者罗伯特·L·弗沃德(Robert L. Forward)的名字命名为弗沃德重力梯度仪。两个扭秤之间通过带有测量扭秤相互间扭转角的内置压电传感器的扭力杆相连。当重力梯度值为1E时,扭转角幅值约为$10^{-5}''$。为了对信号进行谐波放大,弹性支承部件的固有频率(35Hz)要等于旋转频率的2倍。应该注意,两个扭秤及其弹性支承部件被设计在一个铝制毛坯(半成品)中,这样可使机械品质因数优于9000(不考虑压电传感器的损耗)。

美国麻省理工学院德雷伯实验室成功研制了测量垂向梯度的静态重力梯度仪(是一种液浮重力梯度仪)[506]。在这种重力梯度仪中,被设计成掺入金属钨的铍球形式的扭秤置于专门的液体中以保证零浮力。铍球的定中通过静电传感器实现,而平衡则通过在铍球上溅射金属的方式实现。这种仪表在测量原理上必须保持平衡,当存在液体形式的载热体时,必须研制精度为$10^{-7} \sim 10^{-6}$℃的特殊温控系统。尽管在这方面已经取得一定成绩,但是还未研制出完全符合要求的仪表。

有一批俄罗斯学者主要研究移动式重力梯度仪的研制问题和精度分析问题,其中包括А. А. Красовский、В. Г. Пешехонов、Г. Б. Вольфсон、А. И. Сорок等(见文献[54,155,212,235])。

在俄罗斯重力梯度仪的研制方面,应该重点关注中央科学电气研究所(ЦНИИ《Электроприбор》)建立的科技储备及经验积累。在根据第一代重力偏差计(重力仪)设计方案设计的海洋重力梯度仪的研制过程中,需要研制能够保证技术性能比传统地球物理梯度测量设备精度明显提高的敏感元件结构组件和部件[54]。第一代重力梯度仪的外形尺寸为$\phi 270 \times 170$mm、质量为16kg,如图5.3.3(a)所示。对该设备进行了摇摆试验,其对重力梯度变化的灵敏度估计值约为0.4E。

从2001年开始,俄罗斯拉明斯克仪表设计局(РПКБ)和Н. Е. 茹科夫斯基(Н. Е. Жуковский)航空学院共同开展了旋转加速度计式重力梯度仪(ЧЭ РГВ-а)和扭秤式旋转重力梯度仪(ЧЭ РГВ-r)的研制。扭秤由非磁性重合金制成,旋转频率为2.3Hz。信号测量系统被设计成包含1个光纤通道和3个能保证微位移测量精度达到$10^{-4}$μm的环形光纤收集器的形式,如图5.3.3(b)所示。按照弗沃德重力梯度仪设计方案研制了扭秤式旋转重力梯度仪试验样机,根据试验台试验结果可知,样机测量误差为13~16E,暂时还不能满足自主导航的要求[4]。

美国贝尔航空航天公司(现已并入洛克希德·马丁公司Lockheed Martin)研制了装备在俄亥俄(Ohio)级战略核潜艇上的张量重力梯度仪以实现高精度自主导航。特别强调,重力梯度仪的研制和应用已经被列入美国(США)国防部关键军事技术清单(Militarily Critical Technology List)[143]。

美国国防高级研究计划局(Defense Advanced Research Projects Agency,

 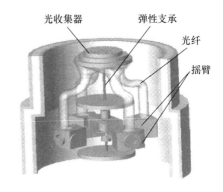

(a) ЦНИИ《Электроприбор》研制的静态重力梯度仪　　(b) РПКБ和ВВИА研制的旋转重力梯度仪

图 5.3.3　俄罗斯研制的重力梯度仪

DARPA)研究中心计划研制定位精度接近 GPS 精度的自主抗干扰高精度惯性导航系统(Precision Inertial Navigation System,PINS)。在这种系统中计划利用重力梯度仪实时测量重力梯度的全维张量和垂线偏差。

众所周知,在重力测量技术兴起的最初几年,出于保密原因,关于重力梯度仪在自主导航中应用的公开资料非常有限,主要是介绍基于重力梯度仪、惯性导航系统和卫星导航系统的组合系统方面的文章[333,475]。在 20 世纪末,张量重力梯度仪(TTT)的研制技术工艺逐渐解密,这为重力梯度仪完全市场化创造了条件[298]。

### 5.3.3　用于勘探矿藏的重力梯度仪

始于 20 世纪 70 至 80 年代的军用重力梯度仪的研制工作,促进研制出一系列在卫星、飞机和舰船上试验时均表现出优异性能的测量设备。特别是在从事地球物理勘探和矿藏搜寻的公司对重力梯度仪的应用极为关注。

重力梯度仪获得广泛应用主要取决于重力梯度信息比重力仪测得重力异常含有的信息量更多(本书见 6.4 节),因此测量重力位二阶导数分量可以建立对比明显的重力异常图,比较准确地分离出用于确定矿藏位置的高密度区域(油气勘探的盐碱区域、寻找钻石的金伯利岩管等),会明显降低钻井和开采的成本[285,435,441]。

美国洛克希德·马丁公司在提高重力梯度仪精度方面进行了明显的改进工作,在 1994 年美国贝尔航空航天公司获得研制名为三维全张量重力梯度仪(Full Tensor Gradiometer,FTG)的商业权,用于进行海洋条件下的重力梯度测量。3D FTG 全张量重力梯度仪由 3 个正交安装的敏感部件构成,每个敏感部件包括安装在直径为 15cm 旋转平台上的 4 个高精度加速度计[335]。转台旋转速度较小,转动频率为 0.25Hz。重力梯度仪中采用 3 个敏感轴相互正交配置,这样可以在动基座上确定重力位二阶导数张量全维分量,这种仪表的噪声密度为 $10E/\sqrt{Hz}$。美国贝尔航空航天公司利用其研制的这种海用全张量重力梯度仪在墨西哥湾进行了首次测量[445]。美国贝尔航空航天公司于 2003 年对该设备进行了现代化改进,研制出可利用飞行载体进行测量的航空重力梯度仪 Air-FTG[447]。在 2010 年利用航空重力梯度仪在 BT67 飞机上进行了重力梯度测量,在波长为 200m 的情况下,误差为 2~3E,在利用齐柏林现代飞艇(Zeppelin NT,NT 即为 New Technology 的缩写)进行测量时,波长为 100m 的情况下误差约为 1.7E。

根据与洛克希德・马丁公司签署的协议,澳大利亚必和必拓公司(BHP Billiton)为了进行石油和矿产勘探工作,引进美国贝尔航空航天公司重力敏感器 GGI(Gravity Gradient Instrument),研制一款航空重力梯度仪样机 Falcon AGG(Falcon Airborne Gravity Gradiometer,猎鹰航空重力梯度仪),该仪器具有一个沿边缘均匀分布 8 个加速度计、直径增大至 30cm 的旋转平台,如图 5.3.4 所示,图中,直径较小的设备主要用于海洋测量,3 个相同的部件可以构成一台张量重力梯度仪。直径较大的设备即是用于航空测量的 Falcon AGG 重力梯度仪。这种配置能提高仪器的分辨率,可以在飞行高度约为 100m 的飞机上进行测量,提高地球物理研究的工作效率[330,342,343]。同时,将平台旋转轴保持铅垂定向,可以确定重力位二阶导数张量的分量 $W_\Delta$ 和 $W_{xy}$。由于增大了外形尺寸和比较舒适的运行条件(平台旋转轴保持铅垂定向),Falcon AGG 重力梯度仪的测量噪声水平为 2~3E/Hz。

图 5.3.4　洛克希德・马丁公司的重力梯度仪

在进行航空测量时,希望获得的分辨波长小于 50m,而实际得到分辨率达到了 200~300m 的水平,这主要与飞机的安全飞行高度和飞行速度有关。此外,在进行重力梯度测量时应该考虑重力梯度仪相对飞机的偏差、飞行期间机组人员的走动等,为了得到修正后的重力位二阶导数,必须在预定零点(或基准点)处引入改正项对测量结果进行不定期的精确修正[385,387]。

Falcon AGG 重力梯度仪的缺点是,在轻型飞机上使用时其外形尺寸和质量相对较大。目前,通过应用小型数字电子线路已经使设备的外形尺寸和质量明显降低,能够研制出可以安装在直升机上的 HeliFalcon 重力梯度仪,以满足测量波长要求[340]。已经被法国地球物理公司(Compagnie Générale de Géophysique,CGG)收购的加拿大福格罗航空调查公司(Fugro Airborne Surveys)获得了利用按照 Falcon 技术研制重力梯度仪进行重力测量的许可。

英国剑桥 ARKeX 航空地球物理公司根据欧洲航天局的订购合同,研制了工作在 4K 绝对温度下用于勘探的低温垂向超导重力梯度仪(Exploration Gravity Gradiometer,EGG),该仪表是专门为了在高动态条件下测量垂向重力梯度 $W_{zz}$ 而设计的[334,428]。在研制超导重力梯度仪 EGG 过程中利用了能保证试验体无接触悬浮的迈斯纳效应(Мейснер)和允许利用 СКВИД-磁强计以保证试验体位移高精度、稳定测量的超导原理。

在该重力仪中应用沿垂线分布的两个敏感轴均沿垂向定向的加速度计方案,仪表包含两个具有 H 形截面的悬浮试验体(中间带有法兰的中空圆柱体)。试验体由金属铌制成,质量为 100g,直径为 50mm。一个试验体位于另一个试验体上方距离 150mm 处。带有两个试验体的结构件被置于安装在陀螺稳定平台上的低温恒温器中。设计的噪声谱强度为 $1E/\sqrt{Hz}$,实际测量值为 $7\sim10E/\sqrt{Hz}$。

英国 ARKeX 航空地球物理公司利用这种超导重力梯度仪在世界各国完成了一系列地球物理测量工作,并且在 2008 年宣布其重力测量工作实际收入已达到 3000 万美元。随后,ARKeX 公司与洛克希德·马丁公司签署协议,获得利用后者全张量重力梯度仪(FTG)技术。由于超导重力梯度仪(EGG)中所用低温恒温器在飞机上使用复杂(因制冷剂蒸发,必须定期为恒温器补充制冷剂),并且全张量重力梯度仪与超导重力梯度仪相比,信息量更大。ARKeX 公司根据用户的需求将全张量重力梯度仪技术进行适应性改进研制了重力梯度仪 FTGeX。并在共同努力下,改进研制出增强型全张量重力梯度仪(enhanced FTG,eFTG),其中,对其精度特性部分进行了完善,提高了阻尼品质和热稳定性,将噪声等级降低 1/4~1/3,达到 $2E/\sqrt{Hz}$,图 5.3.5 中给出了 eFTG 的外形。因财务原因,2015 年 11 月开始 ARKeX 公司终止其测量业务。

西澳大利亚大学(University of Western Australia,UWA)与加拿大 Gedex 公司共同研发了一款航空低温(深冷)扭称式重力梯度仪,用于矿藏勘探等商业应用。奥地利 Rio Tinto. 公司是该项研究工作产品的主要订购方[434,507,510]。该型低温超导重力梯度仪由两个正交配置安装在弹性支架上的哑铃形扭称式组件构成,这种系统被其设计者称为正交四极传感器(Orthogonal Quadrupole Responder,OQR)。在每个扭称式组件中,由尺寸为 30mm×30mm×90mm 的金属铌按照专门的形状制

图 5.3.5 带有陀螺稳定平台的 eFTG 重力梯度仪

成的截面可变的弹性元件作为弹性支承部件,其外形尺寸为 0.03mm×0.2mm× 20mm。置于支承部件中扭称式组件的固有振荡频率解算值为 1Hz,而由于加工过程中的工艺限制,实际的固有振荡频率接近 3Hz。组件支承部件的品质因数为 1500~2500,而整个结构部件的品质因数约为 80。在扭称式组件上安装专用线圈是利用高灵敏度的超临界磁强计(СКВИД)设计的信号测量部件。由于存在较大的公差,线圈同时起到能实现扭称组件固有频率机械调谐作用的磁性弹簧功能。为了提高热绝缘性,将两个扭称组件置于残余压强为 $10^{-11}$ atm 的真空腔室内,将真空腔室安装在温度控制精度为几微开($\mu K$)的低温箱内。将上述整个结构部件安装在利用光纤陀螺仪设计的陀螺稳定平台上。

加拿大航天局(Canadian Space Agency,CSA)研制出用于上述扭称式重力梯度仪的减振技术,可以保护设备免受线振动和角振动的影响。在引入减震之前该型重力梯度仪的测量误差约为 150E(在低于 1Hz 的同频带内),在利用研制的减震装置后,测量误差降低至 1E 以下,引入减震技术后,作用在设备上的线振动加速度约为 $10^{-2}g \sim 10^{-3}g$。该型重力梯度仪以其研发团队的组织及领导者、以来自西澳大利亚大学的 Frank Van Kan 教授名字命名为 VK1 型重力梯度仪[287]。

为了测量全维张量,加拿大 Gedex 公司研制(已申请发明专利)一款低温高精度航空重力梯度仪 Gedex HD-AGG,该仪表由 3 对正交分布的角加速度计构成,可以测量重力位二阶导数的全维张量。这种航空重力梯度仪是根据马里兰大学(University of Maryland)提出的原理设计而成的[327]。在基座角加速度作用下,每对角加速度计均测量绕其共同敏感轴进行的同相位振荡(普通态),而同时在重力位二阶导数作用下,每对加速度计均测量绕其共同敏感轴进行的反相位振荡(差分态)。这样,根据敏感轴角位置的关系即可确定 $W_{xx}-W_{yy}$ 和 $W_{xy}$、$W_{yy}-W_{zz}$ 和 $W_{yz}$、$W_{xx}-W_{zz}$ 和 $W_{xz}$ 等各分量。

为了保证角加速度计特性相同,必须对其进行精确控制和标定。在计算重力位二阶导数各分量时,残余的静态和动态不平衡误差、敏感轴偏斜(不正交)以及其他工艺缺陷均需进行测量,并在重力梯度仪的误差模型中予以考虑。为了减小载体振动的影响,加速度计组件被安装在六自由度的减振平台上。在低温恒温器中的温度控制精度保持在 $\pm 20\mu K$ 的水平上。在加拿大 Gedex 公司网站上对外宣称,这种重力梯度仪在 $0.001\sim 1Hz$ 通频带上的测量噪声均方差不超过 $1E/\sqrt{Hz}$[323]。

尽管利用重力梯度仪进行重力勘探应用发展迅速,但近几年重力梯度仪研制人员和经营的公司数量并未增加。值得关注的是,在 2016 年航空重力测量(Airborne Gravity)会议材料中公布了美国洛克希德·马丁公司(Lockheed Martin)、法国地理物理公司(CGG)、加拿大 Gedex 公司、奥地利 Rio Tinto 公司、美国贝尔航空航天公司(Bell Geospace)的论文,并简要介绍了上述公司的研究人员。

### 5.3.4 用于航天任务的重力梯度仪

卫星大地测量学的快速发展以及对全球重力场模型精确的迫切需求,要求必须研制确定地球异常重力场不同参数的设备,其中包括测量重力位二阶导数(ВПГП)的设备。20 世纪 80 年代由美国马里兰大学 H. J. Paik 博士带领的研发团队成功研制最初用于航天任务的一款低温(深冷)重力梯度仪[327]。该设备的研制初衷是根据美国航天局 NASA 的订购合同,用于在大地测量学和地球基础科学领域进行航天预研。由于来自 NASA 的拨款中断,该设备转由英国牛津仪器设备(Oxford Instruments Device)公司按照欧洲航天局(ESA)的订购合同继续研制。上述两家设计单位在重力梯度仪结构上均采用包含两个试验体的类似于旋转加速度计式重力梯度仪的设计方案,只是在由英国牛津仪器设备公司研发的第二种情况中将试验体的机械弹性支承部件替换为无接触的磁场支承方案。

根据公开的报道可知,这种重力梯度仪在测量时间为 1s 的情况下测量精度可达到 $10^{-4}E$。Oxford 公司研发团队技术人员表示,他们研发的设备可以用于地球物理研究,但是测量精度仅能在惯性加速度比飞机上小很多的无扰卫星条件下实现。对飞机条件进行最简单的线性外推得到的测量噪声水平约为 100 E,表明该设备不适合航空应用。然而,设计该仪器时所遵循的原则同样在其他重力梯度仪样机的研制中得到应用,如 ARKeX 公司的超导重力梯度仪。

为了在宇宙空间中进行实际物理试验,研究人员提出研制包含 9 个加速度计(6 个线加速度计和 3 个角加速度计)的三轴重力梯度仪。这种设备可以测量载体沿所有六自由度的线加速度和角加速度,进而确定重力位二阶导数张量的对角线分量。根据计算结果可知,这种设备的测量噪声约为 $0.02E/\sqrt{Hz}$[442]。

在 5.1 节中介绍的 GOCE 卫星计划是欧洲航天局领导实施的一项用于大地测量和科研任务的工程。在 GOCE 计划中利用了两项关键技术,即卫-卫跟踪技术(Satellite-to-Satellite Tracking)和静电重力梯度仪(Electrostatic Gravity Gradiometer)。

为了实现该计划,研制了三轴张量重力梯度仪,该梯度仪中利用 3 对正交分布的高精度三轴静电加速度计[282,478-479]。测量每对加速度计试验体的加速度之差,即可确定重力位二阶导数全张量分量。每对加速度计相互间距离为 50cm,安装在由高稳定加强碳纤维制造的基座上,这种碳纤维具有蜂窝状结构、所有方向上性能的各向同性特性。加速度计试验体位置间距离在 3min 内的测量精度为 $0.01\text{Å}(1\text{Å}=10^{-10}\text{m})$。安装有加速度计的基座角位置被严格监控,无论是线加速度还是角加速度的监控,均利用所有 9 个加速度计测量值实现。基座被固连在专用等刚度支承部件上,如图 5.3.6 所示。带有 9 个加速度计的整个组件质心应尽量与卫星质心一致,以降低角加速度的影响。基座温度稳定性应在 200s 时间内应达到 10μK。带有 3 对加速度计装配完成的平台质量为 150kg,整个 GOCE 卫星质量为 1t。三轴重力梯度仪的功耗为 75W。

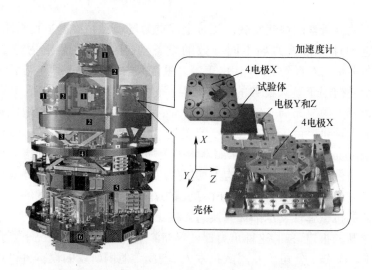

图 5.3.6 GOCE 卫星计划中的重力梯度仪和加速度计
1—每对加速度计;2—高稳定性基座;3—等刚度支承部件;4—调温板(温度控制板);
5—中间(过渡)支架(骨架);6—电子部件。

三轴静电加速度计的单体结构由法国 Alcatel Space Industries 公司设计,而由 6 个加速度计及相应电子线路的整个结构部件装配由法国国家航空航天研究局(ONERA)完成。三轴张量重力梯度仪测量的频率范围为 0.005~0.1Hz,单个加速

度计的测量噪声为 $2\times10^{-13}\text{g}/\sqrt{\text{Hz}}$,在相距 50cm 时,得到的分辨率为 0.002E。根据 GOCE 卫星提供的数据可知,测量重力位二阶导数 $W_{xx}$、$W_{yy}$ 分量时噪声水平为 $0.01\text{E}/\sqrt{\text{Hz}}$,测量 $W_{zz}$、$W_{xz}$ 分量时噪声水平为 $0.02\text{E}/\sqrt{\text{Hz}}$。上述测量精度是在卫星上惯性扰动最小和失重状态下获得的。

在每个加速度计中均有一个由铂铑合金制成的矩形试验体,尺寸为 4cm×4cm×1cm,质量为 320g。试验体悬浮于无接触的静电场中,其位置利用 8 对电极进行控制。应该注意,在已经实施的 GHAMP 卫星计划(STAR 加速度计)、GRACE 卫星计划(Super STAR 加速度计)中利用了试验体尺寸相同的类似结构的加速度计,但是试验体所用材料为钛合金。在表 5.3.1 中给出 3 种卫星计划中所用加速度计的特性对比分析结果。

表 5.3.1 不同卫星计划中所用加速度特性的对比

| 序号 | 加速度计特性 | 卫星计划 | | |
| --- | --- | --- | --- | --- |
| | | CHAMP | GRACE | GOCE |
| 1 | 试验体材料 | TA6V(钛合金) | TA6V(钛合金) | RtRh10(铂铑合金) |
| 2 | 试验体质量/g | 72 | 72 | 320 |
| 3 | $X$ 轴向间隙/μm | 60 | 60 | 32 |
| 4 | $Y$、$Z$ 轴向间隙/μm | 75 | 175 | 299 |
| 5 | 电压/V | 20 | 10 | 7.5 |
| 6 | $Y$、$Z$ 通道测量范围/g | $\pm 10^{-5}$ | $\pm 5\times 10^{-6}$ | $\pm 6.5\times 10^{-7}$ |
| 7 | $Y$、$Z$ 通道噪声谱水平/($\text{g}/\sqrt{\text{Hz}}$) | $<10^{-9}$ | $<10^{-11}$ | $<2\times 10^{-13}$ |
| 8 | 通频带/Hz | 0.0001~0.1 | 0.0001~0.1 | 0.005~0.1 |

在 GOCE 计划所用三轴静电重力梯度仪与低温超导重力梯度仪(如 VK1 型重力梯度仪)在电路部分设计上的主要差异是,在静电重力梯度仪中利用电容(根据电极上的电压)测量试验体的位移,而在超导重力梯度仪中利用电感(根据电流)来测量试验体的位移。这就与超精密的静电陀螺仪类似,可以将干扰源的势能降至最低,提高三轴张量重力梯度仪(TTΓ)中加速度计的稳定性。

## 5.3.5 比较有发展前景的重力梯度仪样机

重力梯度仪应用领域的扩展和重力位二阶导数(ВПГП)张量各分量高精度测量的需求迫使设计人员积极研发利用不同物理原理设计重力梯度仪的新技术及新方法。研究发现,利用超导效应可以达到极高的测量灵敏度,同时对结构设计提出特别严格的要求,进一步提高精度必须利用原子干涉技术。

美国 AOSense 公司和斯坦福大学(Stanford University)均在利用原子干涉仪研发新一代重力梯度仪。在这种仪器中,试验体是独立的原子团,与经过高精度加工处理的机械试验体相比,原子束具有非常稳定的尺寸和质量。利用原子干涉仪测量两束自由下落的原子团之间的相对加速度,如图 5.3.7 所示,并于 1998 年利用这种原子干涉重力梯度仪成功测得重力梯度值。原则上,利用原子干涉技术设计的这种重力梯度仪可以获得非常低的测量噪声分量,为 $0.001\text{E}/\sqrt{\text{Hz}}$(此时,加速度计的潜在分辨率要达到 $10^{-15}g$),但是这种噪声水平目前还没达到。在基座约为 1m 长的原理样机上试验研究得到的噪声水平为 $38\text{E}/\sqrt{\text{Hz}}$[313,431,436,526]。对于潜艇条件下使用的重力梯度仪,近期目标是减小质量、尺寸特性,并使噪声水平达到 $2\text{E}/\sqrt{\text{Hz}}$。

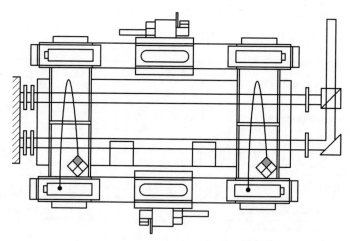

图 5.3.7　具有原子干涉仪的重力梯度仪方案

为了提高原子重力梯度仪的性能,需要利用特殊方法(如磁光阱和激光冷却)来降低原子团的热运动速度,并提高原子干涉仪的工作精度。研究人员将这些低速运动的原子称为冷原子,其温度可达到 $2\mu\text{K}$,其运动速度由通常状态下 300cm/s 降低到 2cm/s[527]。这可以增加作为试验体的原子团位置测量时间,提高重力梯度仪精度。

美国喷气推进实验室(Jet Propulsion Laboratory,JPL)研究人员正在研制能够利用原子干涉仪测量各独立原子团之间距离的量子重力梯度仪(Quantum Gravity Gradiometer,QGG)[321]。已设计研制出 10m 基座长的干涉仪试验样机,每台干涉仪就是一个加速度计,而每对这种加速度计就构成了一台重力梯度仪。美国航空航天局 NASA 向 JPL 实验室的这项 3 年期计划每年拨款 4 亿美元用于研制量子重力梯度仪。

基于原子干涉技术研制的重力梯度仪的优点可总结如下。

(1) 自由下落的原子团是特性严格一致的理想试验体。

(2) 整个仪表没有活动的机械结构部件。

(3) 原子团的激光冷却技术可以在不利用昂贵的低温深冷技术的情况下达到单位为 μK 的低温冷却效果。

(4) 在设计原子重力梯度仪时同样也利用了在研制高精度原子钟过程中利用的测量技术及方法,这能够达到极高的稳定性。

(5) 通过测出自由下落原子团的加速度即可测量重力位二阶导数分量的绝对值。因此,利用这种量子重力梯度仪研究不同行星(月亮、火星等)重力场的航天工程非常有诱惑力[369]。

美国 Micro-g Solutions 公司研制出(提出)另一款绝对式重力梯度仪,该梯度仪由安装位置相距 60cm 的两台 FG5 绝对式重力仪构成,利用激光干涉仪测量两个同步自由落体的加速度之差,根据长度和时间标准进行标定。由于商业保密原因,该型产品研制结果没有公开报道,其广告材料宣称,在静基座积分时间为 1min 的情况下,该重力梯度仪的测量精度约为 20E,但是用于航天器或航空重力梯度仪使用时灵敏度还不满足要求。2006 年,美国 Micro-g Solutions 公司与 LaCoste Romberg 公司合并成为 Micro-g LaCoste 公司,但在新公司的网站上并未发布继续研制上述绝对式重力梯度仪的相关信息。

英国 Gravitec Instruments 公司的重力梯度仪的结构按照 Alexey Veryaskin 博士于 1996 年在新西兰提出的一种新颖的原理设计而成。这种仪表是一种被拉伸成丝带或琴弦式的部件,其横截面尺寸(长、宽)远小于其长度。这种仪表称为重力带状传感器(Gravitec Ribbon Sensor,GRS)或弦式重力梯度仪(String Gravity Gradiometer,SGG)。在加速度作用下,其弦杆可同时进行两种不同标准振型的振荡运动。第一种为主振型(记为 C-mode),是在基座线加速度作用下弦杆进行弯曲运动,第二种振型(记为 S-mode)是与沿弦杆轴向的重力梯度成比例的振荡运动。由信号测量系统的差分传感器测量第二振型的振荡运动,即可计算求得重力位二阶导数(ВПГП)各分量。可以通过强迫弦杆运动的方式提高这种重力梯度仪的灵敏度,这与在旋转加速度计式重力梯度仪中应用的旋转调制原理类似。对频率调整和标度系数标定的严格要求,可以通过弦杆轴向均匀性和传感器的对称安装得以保证,但这在新结构实现中会有一定难度。

这种弦式重力梯度仪主要适用于军用、航空及地质勘探等应用领域,同样也可作为钻井重力梯度仪在矿藏勘探时监测钻井孔的信息。弦式重力梯度仪敏感元件的特性如下[365,511]:外形尺寸 400mm×30mm×30mm、质量 500g、调制频率 5~10Hz,原理样机如图 5.3.8 所示。在频带低于 1Hz 的情况下,测量分量 $W_{xy}$、$W_{xz}$、$W_{xx}$ 要求的噪声应小于 $5E/\sqrt{Hz}$。已经研制出的原理样机在温度 77K(液氮沸点)时的仪表估计值为 $8E/\sqrt{Hz}$。

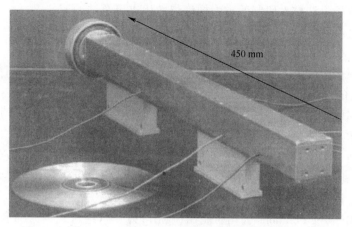

图 5.3.8　Gravitec 公司的弦式重力梯度仪

荷兰特温特大学(University of Twente)的专家提出基于微机械传感器工艺研制用于后续卫星测量工程的重力梯度仪的计划。这种微机械传感器是两个带有能在薄硅板(片)上运动的试验体的线加速度计。这种仪表的优点是,可实现以很高精度(微机成型精度达到 0.1μm)加工制造试验体及其弹性支撑部件。利用低温技术也可以降低测量噪声水平。

在这种梯度仪的研制方案中,质量为 1.34g 的两个试验体被悬吊在 4 个尺寸为 0.05mm×0.5mm×60mm 的弹性部件上。试验体本身及其支撑部件利用深反应离子刻蚀(Deep Reactive Ion Etching,DRIE)工艺加工完成。为了提高灵敏度,在每个试验体上距离传感器质心 3.25cm 处均安装一个由黄金制成的、体积 1cm³ 的配重。根据设计人员的计算结果可知,在机械振荡支承回路的品质因数为 $10^5$、温度为 77K 时,可得到的仪表测量噪声水平为 $0.1E/\sqrt{Hz}$ [349,425]。现代重力梯度仪的研制阶段及应用现状如表 5.3.2 所列。

表 5.3.2　重力梯度仪研制历程及应用现状

| 序号 | 重力梯度仪 | 研制单位(国家) | 噪声水平 /($E/\sqrt{Hz}$) | 研制阶段 |
|---|---|---|---|---|
| 1 | 旋转加速度计式 | Bell Aerospace(美国) | 10 | 完成 |
| 2 | 旋转扭秤哑铃式 | Hughes Aircraft(美国) | 5 | 完成 |
| 3 | 静态悬浮式 | Draper Laboratory(美国) | 1 | 完成 |
| 4 | FTG | Lockheed Martin(美国) | 3~5 | 试验 |
| 5 | 3D FTG | Bell Aerospace(美国) | 5 | 测量试验 |
| 6 | Falcon AGG | Lockheed Martin(美国)<br>BHP Billiton(澳大利亚) | 3 | 测量试验 |

(续)

| 序号 | 重力梯度仪 | 研制单位(国家) | 噪声水平 /(E/$\sqrt{Hz}$) | 研制阶段 |
|---|---|---|---|---|
| 7 | EGG | ARKeX(英国) | 7 | 测量完成 |
| 8 | eFTG、FTGeX | Lockheed Martin(美国) ARKeX(英国) | 2 | 完成 |
| 9 | VK1 | UWA/Rio Tinto(澳大利亚) Gedex(加拿大) | 1~2 | 原理样机 |
| 10 | HD-AGG | Gedex(加拿大) | 1 | 原理样机 |
| 11 | 低温(深冷原子) | University of Maryland(美国)/ Oxford Instruments Device(英国) | 0.02 (估计值) | 实验室试验 |
| 12 | 静电式 ESA/GOCE | Alcatel/ONERA(法国) | 0.02 | 测量试验 |
| 13 | 原子干涉仪 | AOSense/stanford University/PL(美国) | $10^{-3}$ (估计值) | 实验室试验 |
| 14 | 双重力仪 | Micro-g Solutions(美国) | 20 | 完成 |
| 15 | 弦式(弹簧式) | Gravitec(英国) | 5 | 原理样机 |
| 16 | 微机械式 | University of Twente(荷兰) | 0.1 (估计值) | 方案设计 |

## 5.3.6 重力梯度仪应用领域的扩展

随着现代科技进步、科研实践深入以及对一系列经济发展的重要意义等决定发展重力梯度测量技术的迫切性。解决地质学、大地测量学、地球物理学、高精度导航及重大物理研究等问题均需要利用有关地球和其他星球比较详细的异常重力场信息。其中,重力梯度仪应用领域的不同发展方向可以分类如下。

(1) 用于进行重力常数精确、相对论理论的基本论证、引力波测量等基础研究[383,402,460]。

(2) 在陆上和卫星测量时研究地球的构造和形状,揭露重力异常,绘制地球重力场的分布图。为了提高测量精度、实现卫星测量计划 MicroSCOPE、GRACE Follow-On 等项目,法国国家航空航天研究中心(Office National Etudes et de Recherches Aerospatiales,ONERA)研制了噪声等级为 $10^{-13}$ g/$\sqrt{Hz}$ 的新一代加速度计 MicroSTAR,其噪声比 GOCE 卫星测量计划所用加速度计噪声小 2 倍[420]。

(3) 工业勘探。利用重力梯度仪进行矿床勘探技术发展迅速。实践证明,从 1999 年到 2008 年的近 10 年的时间内利用重力梯度仪进行重力测量勘探总里程增加到 20 倍[451]。

(4) 探测地下设施。美国国防高级研究计划局(Defense Advanced Research Projects Agency,DARP)办事处正在推进 GATE(Gravity Anomaly for Tunnel Exposure,地下隧道破袭重力异常仪)计划,已经与洛克希德·马丁公司签订了总价为 480 万美元的合同,以基于重力梯度仪研发利用直升机侦测地下建筑物、堡垒、防御工事的专用设备,用于打击恐怖组织[426]。

(5) 钻井重力梯度测量。研制用于电测法钻井工作的重力梯度仪迫在眉睫,这是因为在利用新型水上钻井技术(水力开采技术)时,搜集矿床信息尤为重要。由于具有重要经济、生态及社会优势,这种新型水上钻井技术正逐渐取代传统矿产(矿井、矿山等)开采方法。此时,进行重力梯度测量的意义是由于粗厚的钻井管路具有屏蔽性能,除重力梯度测量以外,没有其他用于进行地球物理研究的有效设备,特别是在开采包含有金刚石的矿石时,不能应用工业勘探方法[450]。

(6) 确定封闭空间内部布局。由于重力作用不能被屏蔽,所以重力梯度仪是确定舱室、车厢、集装箱等封闭空间内部质量分布情况的理想设备。这就可以在检查重型金属物件时进一步完善海关安检系统。实践表明,精度为 1E 的重力梯度仪可以确定出船用集装箱内部体积为 $15cm^3$ 的重型合金[407]。

(7) 有效预测强烈地震。在对仪表进行专门调整的情况下,重力梯度仪能够对低频脉动做出反应的独一无二性能决定了其相比地震计具有重要优点,可以测量距离达到 11000km 的地震源[115,514]。

(8) 研制测量重力位三阶导数的新一代重力梯度仪。这种仪表能够建立比较详细的重力场异常图,并能得到大量关于地球构造的信息。测量重力位三阶导数的仪表可以基于重力梯度仪组合配置设计(如利用两个或多个重力仪设计的梯度仪),或者可以采用新颖的结构设计方案。

### 5.3.7 小结

本节主要研究了作为重力位二阶导数主要测量设备的重力梯度仪的研制现状。重力梯度仪的研制历史相当漫长,其中研制用于运动载体的重力梯度仪难度最大。军工装备的需求使得在这项技术领域实现突破,并在 1980—1995 年的 15 年时间内研制了移动式重力梯度仪实用样机。

叙述了重力梯度仪在自主导航、矿床勘探及航天工程方面的应用。实践表明,重力梯度仪的研制、生产及应用属于现代仪表设计最复杂的工艺技术范畴。重力梯度测量不仅是在重力勘探和根据卫星重力测量结果建立全球重力场模型过程中取得令人印象深刻的成就,同时也是测量重力位二阶导数独一无二的重要方法。应该注意,目前已有共 11 台重力梯度仪进行了航空重力勘探[532]。

分析了专门用于确定重力位二阶导数张量全部分量的张量重力梯度仪的设计

特点。研究了重力梯度仪及其用于降低外界惯性扰动和温度扰动子系统的设计难点。研究了利用原子干涉仪、利用冷原子设计重力梯度仪的方案。列举了这类仪表的众多优点,结果表明,这种重力梯度仪是最有希望达到 $10^{-4}$ E 超高精度的仪表。目前,这种重力梯度仪正处于实验室试验阶段,暂时其精度性能与其潜在精度相差甚远。给出了用于不同领域的重力梯度仪的发展前景。

## 5.4 冷原子重力仪研制现状及发展前景

为了测量试验体(运动质量块)的空间位置,在现代弹道式绝对重力仪(АБГ)中利用了激光干涉仪,其通过激光辐射的干涉信号确定到物体的距离变化,测量误差不超过辐射的波长。

减小所用电磁辐射光源的波长是提高激光干涉仪精度和灵敏度比较自然的途径。但是,可见光的波长在 400~800nm 相对较窄的范围内,波长更小的区域首先是紫外线,然后是 X 射线。虽然在此波段内建立相干辐射源是可能的,但至今实现起来也相当困难[172]。然而,在电磁辐射领域内,干涉仪的替代方案是存在的。众所周知,任何粒子,包括在弹道式绝对重力仪中作为移动质量的那些原子,都具有波动特性。因此,在某些条件下均会发生干涉。对应于重粒子的波包波长(德布罗意波长)满足 $\lambda = h/mv$,其中 $h = 2\pi\hbar$ 为普朗克常数 ($h = 6.62607 \times 10^{-34}$ J·s),$m$ 为粒子质量,$v$ 为粒子运动速度。原子的运动速度越低,波长越长。即使对于冷却至 $10^{-3}$ K 量级,且相应的平均热速度为 $v \approx 1$m/s 的原子,其德布罗意波长也显著小于光的波长。例如,激光冷却试验中最常用的铷原子,在其平均热速度为 1m/s 时,其波长为 4.5nm。

1963 年 Е. Б. Александров 通过试验证明了观测原子态干涉的可能性[6]。9 年以后,即 1972 年 Ю. Л. Соколовым 研制一台氢原子状态干涉仪[234]。1991 年在该领域公布了多种原子干涉仪(АИ)方案。在德国康斯坦斯大学已经实现了在薄金箔上切出的狭缝上进行的氦原子的衍射和干涉[319]。在美国麻省理工学院(MIT)以热速度约为 $10^3$ m/s 钠原子研制了干涉仪[404,419],在这种干涉仪中,利用周期为 100nm 的衍射纳米光栅作为其半透明"反射镜"。第一个光栅将光束分成两路,第 2 个光栅使分开的光束转向,第 3 个光栅将它们聚集在一起,这使得穿过干涉仪不同臂内的波包出现了干涉现象,可通过热导线检测器进行检测(如光束频率标准)。

下面介绍不同配置的原子干涉仪既可以敏感旋转运动,也可以敏感加速度信息,因此,原子干涉仪可用作陀螺仪、加速度计或重力计使用。美国麻省理工学院研制的原子束在水平面上扩展原子干涉仪作为陀螺仪进行了测试,其旋转灵敏度为 $(3 \times 10^{-6}$ rad/s/$\sqrt{\text{Hz}})$、$3 \times 10^{-6}$ rad/s/$\sqrt{\text{Hz}}$ 或 $0.004(°)/$h。

这些研究成果证明了原子干涉仪的巨大潜力,但实际上,这些成果的成功研制使得热原子干涉仪时代就此终结,与此同时,研制出使用最现代化的光与物质相互作用技术的干涉方案。1991 年,德国联邦物理技术研究院[477]和美国斯坦福大学[401]提出了使用相干激光束作为半透镜和钝镜的方案。这种方案的巧妙之处在于:如果在传统的激光干涉仪中,光子在由原子组成的半透镜或钝镜等镜间移动,那么在原子干涉仪中,一切恰好相反,即原子在由光子组成的镜之间移动。

在叙述用于研制基于自由下落冷原子干涉重力仪的物理方法之前,首先阐述其工作算法对应的基本工作过程。

(1) 制备处于某个"内部"(如超精细)的状态,且具有极低速度和不确定性(激光捕获和原子冷却)的原子集合。

(2) 关闭保持场和冷却场是自由落体的开始。原子可能开始下落,可能垂直速度为零,或者垂直向上具有较小的固定速度("原子喷泉"配置)。

(3) 在激光半透"镜"内原子云发生纵向分裂,使得一半原子产生 $+ \nabla k$ 的动量变化,其中,$\nabla k$ 为光子动量。下面将会介绍这样的动量变化必须伴随着原子内部状态的改变,即原子从一种超精细状态转变为另一种超精细状态,或者转变为两种状态的叠加状态。

(4) 持续时间为 $T$ 的自由落体过程。

(5) 原子云在激光半透"镜"上的反射,即占原子数 1/2 的"慢"原子动量改变 $+ 2 \nabla k$,而占总原子数另一半的"快"原子动量改变 $- 2 \nabla k$,并伴随其内部状态的变化。

(6) 持续时间为 $T$ 的自由落体过程。

(7) 在激光半透"镜"内原子云进行重组。

(8) 测量相位,即测量每个内部状态下原子的相对数量。最终结果是存在相移 $\Delta \varphi = k_{eff} g \cdot T^2$,其中,$k_{eff}$ 为构成半透"镜"的激光有效波矢量。

### 5.4.1 冷原子重力仪基本原理

下面详细分析原子干涉仪的基本物理原理,假设读者对原子的能量结构有所了解(见文献[92])。这里主要讨论最外层只有一个电子的碱原子。这种原子的特征是具有相似的能量结构:它们具有最低能量的基态被分为两个所谓的超精细状态或子级,由 $|1>$ 和 $|2>$ 表示,它们在核矩上的电子矩或自旋的投影相反,如图 5.4.1 所示。$^{87}$Rb 原子的这些能级的光谱学名称分别为 $|5^2S_{1/2}, F = 1 >$、$|5^2S_{1/2}, F = 2 >$,其中 $F$ 是由电子矩和核矩组成的总原子矩值。

这些状态的明显特征是,与原子热能和光学跃迁能量相比(注:$|1> \leftrightarrow |2>$ 跃迁频率 $\omega_{12}^0$ 处于高频或超高频范围,$^{87}$Rb 的跃迁频率等于 6834.681MHz),它们的能量之差很小,但它们的寿命非常长,并且对于一个孤立的原子来说可能超过数

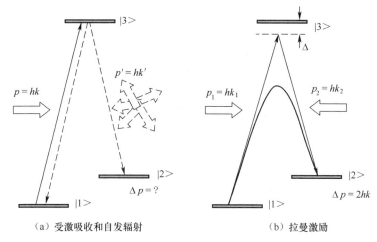

(a) 受激吸收和自发辐射    (b) 拉曼激励

图 5.4.1 碱原子简化能量结构及其与光相互作用示意图

十秒,因此可以进一步忽略引起这些状态之间转换的缓慢弛豫过程。

对于原子的光抽运和冷却问题,还必须将磁场中的每个超精细能级分成 $2F+1$ 个塞曼子能级 $m_F = -F..+F$,它们之间一阶近似的能隙与场值成比例。

除了基态外,原子还有无限多个激发态。有一些选择规则可以确定在与偏振光相互作用时从一种状态转换为另一种状态的可能性。假设 |3> 为与基态最接近的碱金属原子激发态(对于 $^{87}$Rb,此态为 $|5^2P_{1/2}>$ ),从 |1> ↔ |3> 和 |2> ↔ |3> 的跃迁频率 $\omega_{13}^0$ 和 $\omega_{23}^0$ 在光学范围内,而处于 |3> 状态的原子一般寿命为 30ns。原子可以通过频率为 $\omega_{13} \approx \omega_{13}^0$ 和 $\omega_{23} \approx \omega_{23}^0$ 的偏振)从状态 |1> 和 |2> 转移到状态 |3>。

如果处于状态 |1> 的原子受到频率为 $\omega_{13}$ 的辐射(偏振光)的影响,那么它可以吸收一个光子并进入激发态 |3>,从那里它又会瞬间(与基态寿命进行比较,本过程瞬间完成)变为较低能量状态之一 |1> 或 |2>。在这个过程中伴随着光子沿任意方向的自发辐射现象,如图 5.4.1(a)所示。如果频率 $\omega_{13}$ 的激发过程重复多次,则所有原子最终将处于 |2> 的状态,该过程称为向能级 |2> 的光抽运过程。以相同的方式,能级 |2> 的原子可以通过频率为 $\omega_{23}$ 的辐射激发转换为能级 |1>。因此,偏振辐射可用于"制备"处于 |1> 或 |2> 能级状态的原子。

在激发-自发辐射循环中,原子动量首先沿光的传播方向变化相当于一个吸收光子的动量,然后沿任意方向变化一个自发辐射光子的动量。显然,如果想以一定的方式改变原子的动量,那么必须完全抑制该过程中的自发辐射现象。当使用两束射线同时激发原子的拉曼激励时,抑制自发辐射是可能的,其频率差 $\omega_{12} = \omega_{13} - \omega_{23}$ 等于能级 |1> 和 |2> 之间跃迁的固有频率 $\omega_{12}^0$,如图 5.4.1(b)所示。同时受到两束射线的作用可视为一个同时进行激发吸收频率为 $\omega_{13}$ 的辐射和激励辐

射第二频率为 $\omega_{23}$ 的过程;反之亦然。这取决于原子的最初状态。

与自发辐射相反,在拉曼激发下的原子动量严格按量值 $\nabla k_{\text{eff}}$ 改变,且 $k_{\text{eff}} = k_1 - k_2$,其中,$k_1$ 和 $k_2$ 是拉曼射线的波矢量。在辐射射线方向相反情况下,$\nabla k_{\text{eff}} = \nabla(k_1 + k_2) \approx 2\nabla k_1$。从相应光学跃迁的频率中为拉曼射线选择足够大的整体频率调整,即 $\Delta = \omega_{13} - \omega_{13}^0 = \omega_{23} - \omega_{23}^0$,如图 5.4.1(b)所示。此时,普通的单光子激发过程以及与之相关的自发辐射过程在拉曼激发过程的背景下不会发挥明显作用。

可将这种系统看作二能级系统,其在能级|1>和|2>之间的跃迁共振频率为 $\omega_{12}^0$。在该定义中的一对拉曼射线被视为具有频率 $\omega_{12}$ 和波矢量 $k_{\text{eff}}$ 的单个光波。

下面分析一种准二能级系统,考察其在拉曼辐射作用下由制备状态|1>转变为制备状态|2>的可能性,如图 5.4.2 所示。当在 $t = 0$ 时刻开启频率为 $\omega_{12}$ 的"有效"辐射时,系统总粒子开始以特征频率 $\Omega_R$ 振荡,该特征频率由谐振辐射与跃迁偶极矩 $d$ 的相互作用能量确定,被称为拉比频率: $\Omega_R = (d \cdot E)/h$,其中,$E$ 为辐射的电场强度。如果在 $\tau$ 时刻关闭辐射,在没有弛豫现象的假设下几乎所有原子将处于状态|2>,并获得一个额外的动量 $2\nabla k$。如果 $\Omega_R \cdot \tau = \pi/2$,那么几乎有一半原子应该处于状态|2>,并获得额外的动量 $2\nabla k$,而另一半的原子状态根本不应该改变。

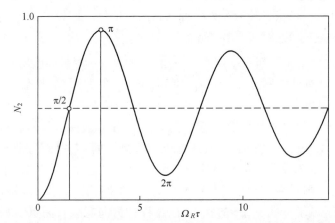

图 5.4.2 拉比振荡——接通偏振光时二能级系统粒子运动动态

但是,量子力学理论对上述情况给出了不同的解释:在 $\pi/2$ 脉冲(持续时间 $\tau = (\pi/2)/\Omega_R$ 的共振辐射段)作用后,每个原子处于制备状态|1>和状态|2>的相互叠加的状态,并且每个原子同时沿着具有原始力矩的轨迹和变化力矩轨迹(速度轨迹)两条轨迹运动。对我们来说,量子力学解释与经典解释之间的区别在于,从量子力学的角度来看,原子束的这两部分能够相互干涉。应该注意,$\pi/2$ 脉冲对原子的作用相当于半透镜对光子的作用。

最简单的原子干涉仪是根据马赫-曾德(Mach-Zehnder)光学干涉仪方案设计

的,如图5.4.3(a)所示。在图5.4.3(b)给出了原子干涉仪设计方案,图中,原子云被 π/2 脉冲 A 分解成具有不同垂直速度投影的 $a$ 和 $b$ 两部分。当轨迹 $a$ 和 $b$ 相距足够远时,将 π 脉冲 B 作用于它们上。此时,会发生状态"交换":具有额外动量 $2\nabla k$ 的那部分原子将失去这些动量;反之亦然。这部分动量将被附加到另一部分原子上。分开的轨迹开始汇集;第二个 π/2 脉冲 C 在其作用区域将轨迹聚集在一起,光束 $a$ 和 $b$ 各自分成两束,$a$ 和 $b$ 分开的两束中的各一束光束合并,从干涉仪中射出两路原子束 $c$ 和 $d$,其中每一束都包含通过其两臂腔的原子。图中,遮挡区表示拉曼脉冲辐射,点线表示无重力状态原子轨迹,实线表示有重力状态原子轨迹。

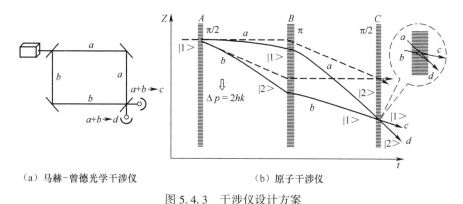

(a) 马赫-曾德光学干涉仪　　　　(b) 原子干涉仪

图 5.4.3　干涉仪设计方案

应该注意,该物理意义被法国物理学家 K. Borde 首次解释[310]:在上述原子干涉仪方案中,原子的"外部"状态与其"内部"状态之间存在明确的对应关系,因此,内部状态可作为外部状态一个独特的标签(原子状态标记法)。其中包括,德布罗意波的干涉以光束 $c$ 和 $d$ 中制备态 |1> 和制备态 |2> 粒子混合振荡形式表现出来,这使得可以利用高效的光学方法检测干涉单元。

### 5.4.2　冷原子重力仪精度及灵敏度

本节将区分测量的绝对精度和相对灵敏度(也称为分辨率、变化灵敏度或简称为灵敏度)。根据计量学中采用的标准(见 РМГ 29-99 ГСИ),精度是测量品质的特征,反映了测量结果误差接近零的程度。而相对灵敏度是由某测量装置可记录的测量值最小变化量确定的特征。因此,相应地将测量装置分为两类:第一类为绝对测量装置,此类装置包括系统误差在内的总误差不超过某固定值;另一类为非绝对测量装置,此类装置具有较高的可变灵敏度,因此称为变差仪。

在物理学中,也可以区分精度和绝对精度的概念。在这种情况下,绝对性是指仅基于基本常数进行测量的能力,或者基于那些利用基本常数(如频率)进行测量的变量进行测量的能力。或表述为:绝对测量不需要考虑那些与测量装置实现有关且需要校准的参数。从后续叙述中可以看出,严格意义上讲,弹道式原子干涉仪恰好属于绝对测量装置类。

原子干涉仪的输出信号,即干涉仪两臂腔内的相位差,是以下两项的总和[284]:第一项是德布罗意波的固有相位差,当原子团自由落入均匀场时,固有相位差等于零;第二项实际上是原子干涉仪信号,这是与光相互作用时(印封在原子中)产生的相位差的总和 $\Delta\Phi$,等于局域(在与原子相互作用处直接测量的)光波相位。原子在重力场中相对于光波的位置按照下式变化,即

$$z(t) = \frac{gt^2}{2} \tag{5.4.1}$$

相应地,在脉冲 $i = A、B、C$ 作用期间"封"在原子中的激光相位为

$$\phi_i = k_{\text{eff}} \cdot z(t_i) \tag{5.4.2}$$

求得总相移 $\Delta\Phi$ 为

$$\Delta\Phi = \phi_A - 2\phi_B + \phi_C \tag{5.4.3}$$

将第一个脉冲的作用时刻作为参考原点,并用 $T$ 表示相邻两个脉冲之间的时间,可得 $\phi_A = 0、\phi_B = k_{\text{eff}}gT^2/2、\phi_C = k_{\text{eff}}g(2T)^2/2$。此时,总相移为

$$\Delta\Phi = k_{\text{eff}} \cdot g \cdot T^2 \tag{5.4.4}$$

此时,在干涉仪输出端,处于状态 $|2>$ 的原子数相对于总原子数量的密度为

$$N_2 = \frac{1}{2}[1 - \cos(\Delta\Phi)] = \frac{1}{2}[1 - \cos(k_{\text{eff}} \cdot g \cdot T^2)] \tag{5.4.5}$$

细心的读者会注意到,在式(5.4.4)中不包括原子的德布罗意波长,而是拉曼辐射的有效波矢量,因此,拉曼波长决定了干涉图谱周期。另外,在式(5.4.4)中不包括描述原子质量位置项和与之相关的扰动项。这是因为在这种条件下,德布罗意波长明显小于光的波长。

一般情况下,可以通过将干涉图的周期除以信噪比来估计干涉仪的极限空间灵敏度。考虑到,在原子的非相干集合 $N = N_1 + N_2$ 上进行测量时的最大信噪比为 $\sqrt{N}$(原子投影噪声),对原子干涉仪进行一次测量可得

$$\Delta g_{\min} \approx \frac{2\pi}{(N^{1/2} \cdot k_{\text{eff}} \cdot T^2)} = \left(\frac{\lambda}{2}\right) \cdot N^{-1/2} \cdot T^{-2} \tag{5.4.6}$$

将 $N = 10^8$、$\lambda = 0.8 \times 10^{-6}$、$T = 1s$ 代入式(5.4.6)可得 $\Delta g_{\min} = 4 \times 10^{-11}$ m/s² = 4nGal。因此,原子干涉仪的潜在灵敏度极高,但其实际应用至今还有很多无法超越几百纳米限制的技术难题。这些困难主要与稠密均匀的原子云形成有关,特别是与具有完全平坦且稳定前沿的拉曼射线的产生有关,因为从上述叙述可知,拉曼波的相位误差 $\delta\varphi$ 直接与式(5.4.4)所示的干涉仪信号相加。

除了对原子干涉仪敏感度的限制外,还有导致其系统误差的其他因素。假设干涉仪静止且其受轨迹 $a$ 和 $b$ 限制的实际面积为零,则可推导出式(5.4.4)、式(5.4.5)。如果原子干涉仪是运动的,则其会敏感旋转运动,这使得可以此为基础

研制高灵敏度陀螺仪。在一般情况下,原子干涉仪的相移由下式表示,即

$$\Delta\Phi = 4\pi m\boldsymbol{\Omega} \cdot \boldsymbol{S} + \boldsymbol{k}_{\text{eff}}gT - \boldsymbol{k}_{\text{eff}}(\boldsymbol{\Omega}\times g)\cdot T^3 \qquad (5.4.7)$$

式中:$S$ 为垂直于原子干涉仪平面的矢量,其在数值上等于干涉仪的面积;$\boldsymbol{\Omega}$ 为角速度伪矢量。

式(5.4.7)中第一项被加数对应本方案对旋转的敏感度;第二项被加数描述重力测量灵敏度;第三项被加数是交叉项,只有在没有旋转或旋转轴平行于重力矢量(在地球极点处)时才清零。

式(5.4.7)中的第二项是原子陀螺仪的主要误差源。将两个原子束彼此相对发射,并减去它们的信号后可以消除该项影响。同样,式(5.4.7)中第一项也会引起重力仪误差。为了避免这种情况发生,拉曼射线的波矢量必须与重力矢量完全平行,并且原子云应具有平均零速度投影。式(5.4.7)中第三项既是原子陀螺仪误差源,也是原子重力仪误差源,它不能得到补偿。在赤道处,当 $T=1$s 时,测量相对偏移为 $0.7\times10^{-5}$,即 7mGal。

重力梯度是干涉仪的另一个系统误差源。在地球表面上的重力梯度值约为 $3\times10^{-6}\text{s}^{-2}$。它的存在会使原子重力仪产生测量值有约 30nGal 的测量误差。

在本节中还假设,拉曼脉冲的持续时间与通过干涉仪的跨度时间相比很短,并且入射原子的共振频率不会随其加速而改变,这样就忽略了多普勒效应。在文献[401]中提到,使用 $\pi/2\to\pi\to\pi/2$ 的脉冲序列可确保总相移与初始速度无关。因此,相移对于原子云中的所有原子都是相同的。然而,单个原子速度垂向投影与其速度平均值的任何差异都会降低其与拉曼射线相互作用的效率,而速度水平投影不为零会导致原子云的发生扩散。这两种情况都会导致信号对比度降低。因此,研制原子干涉仪的必要条件是研发设计深度冷却方案。

### 5.4.3 原子的激光冷却方法

1997 年,美籍华人朱棣文(S. C. chu)、法国人 C. 科昂 – 塔努吉(C. C. Tanoudji)、美国人 W. D. 菲利普斯(W. D. Phillips)因为发明用激光冷却和俘获原子的方法而获得诺贝尔物理学奖[520]。

但是激光冷却技术的思想早在 20 世纪 70 年代就由德国物理学家汉斯(T. W. Hansch)和美国物理学家肖洛(A. L. Schawlow)以及苏联科学家 B. C. Летохов、В. Г. Миногин 等提出[16]。А. М. Шалагин、В. П. Чеботаев 等科学家成功地进行了通过光辐射控制原子速度的试验。

对处于室温下的原子,大部分速度是 200~500m/s。如果用频率 $\omega$ 略低于共振跃迁某级频率($|1>\leftrightarrow|3>$ 或 $|2>\leftrightarrow|3>$ 的频率)的光照射原子晶胞,如图 5.4.1 所示,则原子吸收光子的可能性会很小。但是,如果原子以速度 $v$ 迎着激光束移动,则由于多普勒效应,该原子受到的辐射频率 $\omega'$ 按照下式增加,即

$$\omega' = \omega\left[1 - \left(\frac{v}{c}\right) \cdot \cos\alpha\right] \tag{5.4.8}$$

式中：$c$ 为光速；$\alpha$ 为原子的运动方向与光束之间的夹角。

相应地，对于这样的原子，辐射的频率失调减小，而吸收光子的概率增加。在吸收光子过程中，原子获得与运动方向相反的动量，然后沿任意方向发射光子，如图 5.4.1(a) 所示。因此，如果使用低频(向光谱的红光一侧调整频率)的辐射同时从各个方向照射原子，则可以对原子进行制动和冷却，从而获得非常低的温度。如果冷却射线与跃迁过程 $|1>\leftrightarrow|3>$ 相互作用，则在激发和衰变的多个循环之后，所有原子将在能级 $|2>$ 聚集；反之亦然。为了防止该过程发生，可将与跃迁过程 $|2>\leftrightarrow|3>$ 共振调谐的泵浦射线混合到冷却射线中。

由于原子吸收线受其激发态寿命的限制，不可能无限窄，大约为 5MHz，使得这种冷却方案有阈值。因此，原子"不会区分"明显小于该值的激光辐射失调。如果利用式(5.4.8)将频率失调转换为原子速度，并进一步将原子速度转换为温度，则发现多普勒冷却方法的极限温度约为 $2\times10^{-4}$K。由于"刹车区"中原子的运动由类似于黏度方程的方程式描述，因此，该冷却方案装置也称为"光学糖浆(optical molasses)"。"糖浆"只是减慢了原子的运动，但并没有将原子固定在原地。由于重力的影响和剩余速度的存在，"糖蜜"中原子的寿命一般不超过几十毫秒。

1987 年，W. 菲尔普斯提出将激光冷却与原子的激光捕获在磁光阱(Magneto-Optical Trap, MOT)中结合的方案谱[469]。在磁光阱中利用了上述在磁场中的原子能级分裂效应，即塞曼效应。如图 5.4.4 所示，两个电流环形成一个球形磁四极管。光学场由 3 对逆行、循环极化激光束组成。冷却后的原子被放置在称为反亥姆霍兹形状的线圈中，它产生较强的不均匀磁场 $B$，并使得最小电场模($B=0$)处于陷阱的中心。塞曼子能级之间的距离与磁场强度成正比，并且在陷阱的中心也等于零。原子磁性子级向陷阱的边缘呈扇形散开。随着塞曼频移为负的那些光学跃迁的频率离陷阱中心越来越远时，频率下降幅度很大，以至于激光辐射变得与之共振，原子开始与其进行强烈的相互作用。通过设定激光束的偏振参数，如图 5.4.4 所示的弧形箭头，可以确保飞到陷阱边缘的原子与使其向陷阱中心产生脉冲的光束精确地相互作用。通过这种方案，所有原子都移动到最小场区，聚集在特征直径为几十毫米的密集云中。

在磁光阱中对原子进行冷却的最初试验表明，可以将一组原子冷却到大大低于多普勒极限的温度(几十分之一甚至千分之一微开尔文)。1989 年，法国人 C. 科昂-塔努吉(C. C. Tanoudji)建立了"西西弗斯"冷却理论，并对此进行了解释。简而言之，这种效应可以描述如下：两束相向照射的偏振激光束在磁光阱中形成驻波，该驻波在空间上"调制"了"原子+光场"系统的能量，用交替的"波峰"和"波谷"代替系统的水平面。当沿着磁光阱移动时，原子要么上升到场势的"波峰"，失去动能，要么掉入"波谷"。事实证明，当原子处于场势的顶部时，与光子相互作用的概率最大。因此，

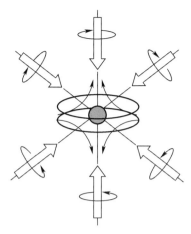

图 5.4.4 磁光阱原理示意图

多次重复此过程后,原子被冷却到明显低于多普勒极限点的温度。

随后,发现了原子冷却的新极限点,这与原子发射光子过程的随机性有关,也与原子反冲动量的不可预测性有关。相应的反冲极限是几微开尔文。为克服该极限温度,已设计出多种方法,如拉曼冷却法、强磁场冷却法、偏振梯度法、蒸发法等。结果已经达到了对应于小于 1mm/s 的原子速度的纳米开尔文量级、甚至数百皮开尔文的温度。

### 5.4.4 原子干涉重力仪物理实现

用于重力测量的原子干涉仪外形上是一个具备用于冷却射线、拉曼射线和检波射线窗口的垂直真空腔室。如图 5.4.5(a)所示,在标准原子干涉仪结构中,磁光阱(MOT)腔位于顶部,原子云聚集在腔室中心,关闭冷却射线和磁场后,原子开始自由下落。在下降过程的初期和结束阶段,它们会受到拉曼 $\pi/2$ 的脉冲作用,而当它们到达下落中点时会受到 $\pi$ 脉冲作用。图 5.4.5(b)所示的"原子喷泉"结构原子干涉仪的不同之处在于,磁光阱位于底部,在冷却过程结束时,原子向上"喷射"。为此,引入了向上光线相对向下光线频率的非零失谐,从而由它们形成的驻波开始以几米每秒的速度向上移动。同时,原子继续冷却,但已经处于运动坐标系中,因此速度分布不会被破坏。图中,斜向射线表示冷却射线,垂向射线表示拉曼射线,水平射线表示检波射线。

在冷却结束后,原子以某种内部态被制造出来,如 $|5^2S_{1/2}, F=1, m_F=0>$。以特定的顺序关闭冷却射线和泵浦射线,同时使用其他射线"吹走"除了处于所需状态原子之外的其他所有原子是可以实现的。使用的所有激光器都应具有稳定的原子跃迁,或按频率与稳定的激光器相连。所有有关其频率和幅度的操作均直接

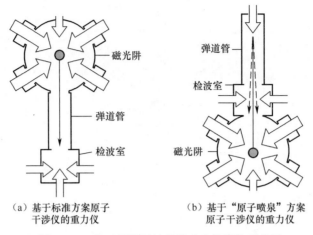

(a) 基于标准方案原子
干涉仪的重力仪

(b) 基于"原子喷泉"方案
原子干涉仪的重力仪

图 5.4.5 基于原子干涉仪的重力仪结构示意图

使用声光和电光调制器执行。

在这种配置下,与 π 脉冲的相互作用发生在轨迹的上部,而检测区域可以位于磁光阱 MOT 的上方和下方。对产生拉曼频率的激光器有特殊要求:由它们产生的波前必须彼此相对稳定,并具有亚角度误差。为此,将它们的差频与具有约 6834MHz 频率的超稳定原子频率发生器(原子频率标准)的频率联系在一起。在 0.5W 功率下,两个拉曼激光器的差拍信号频谱的典型宽度为 10kHz。为了补偿加速原子共振频率的多普勒频移,差频必须按照线性规律随时间变化。在频率变化率与原子加速度精确对应的情况下,原子干涉仪相移为零。

对干涉仪信号的检测是利用光学方法实现的。首先,测量处于一种超精细状态(如状态|2>)的原子数量,然后利用 π 脉冲将处于状态|1>的原子转换为状态|2>,并重复进行测量。接下来测量背景光强度(本底照度)。实际上,测量原子数的过程是以利用循环跃迁为基础的,也就是说,使原子跃迁到只能由此自发地衰变回初始状态某种激发态。在循环跃迁过程中原子被多次激发,并在自发衰变过程中记录荧光,可检测到一个原子发射数千个光子。该方法可以增加信号幅值,以使原子投影噪声大小开始超过光的散粒噪声大小,从而实现原子干涉仪的极限灵敏度。

### 5.4.5 原子干涉仪现代方案

迄今为止,世界上已有数十种冷原子重力仪。原子干涉仪也在航天应用中发挥作用,如由 7 个欧洲国家的 16 个实验室合作研制的基于 Rb 的两种同位素($^{85}$Rb 和 $^{87}$Rb)的原子干涉仪[484]。该仪器可在卫星上运行,其工作原子可被冷却到玻色-爱因斯坦冷凝状态(见 5.4.7 节)。利用两种工作物质不仅可以消除原子干涉仪的部分系统误差,还可以进行大量科学试验来研究基本规律,如等效原理。带有外部谐振器的半导体激光器、激光放大器、声光和电光调制器可以从地球进行远程控制。玻色-爱因斯坦冷凝物的制备需要9s,其结果可使每种物质约 $n_a \approx 10^6$ 个原子处于70pK的温度下。在12cm的行程中原子询问时间为10s。反射镜表面的制作精度 $\lambda/50$。整个设备由9个单元组成,总质量为221kg,能耗为608W,体积为470L。

下面以在中国武汉大学组装的一台重力仪为例,研究现代固定式重力仪[529,531]。在这种重力仪中,原子在两个磁光阱中按顺序冷却,这样可以获得由大约 $n_a \approx 3 \cdot 10^9$ 个被冷却至7μK的原子组成的原子云。这些原子以3.83m/s的速度向上射出,相应地到达轨迹顶部0.75m的距离。当原子接近干涉仪的入口时,将开启按照速度选择的π脉冲,这将从速度分布中"切出"纵向温度为300nK的相对小部分原子(约5×10$^7$ 个),并将它们转变到初始能级状态 $|5^2S_{1/2}, F=1, m_F=0>$,然后再对原子施加标准的π/2-π-π/2脉冲序列。试验证明,重力仪的灵敏度为 $4.2\mu Gal\sqrt{Hz}$,当平均时间为1000s以上时,该重力仪的分辨率可达到0.1μGal。

### 5.4.6 基于光学偶极阱捕获冷原子设计的重力仪

我们暂且不详细讨论与弹道式重力仪有根本区别的冷原子重力仪的设计方案,如基于光学偶极阱捕获冷原子的重力仪设计方案[470]。以最简单的方案设计的这种设备与经典的弹簧重力仪以及具有悬浮质量的超导重力仪相似。如果说基于经典力学原理设计的重力仪没有绝对精度属性,那么由意大利佛罗伦萨大学研制的冷原子重力仪方案已经证明,这种重力仪能够以10$^{-7}$的相对误差测量重力加速度 $g$[470],而这主要归功于纯量子效应的应用。

对基于光学偶极阱捕获冷原子的重力仪可以简述如下:使用多级激光将原子冷却至小于1μK的温度。除了常规的冷却场外,由固态激光器的两个垂直光束以大约1W的功率形成的强驻波场也会作用在原子上。该激光器的辐射波长与原子跃迁的共振频率相差很远(数百纳米),因此它不会被原子吸收,也不会影响整个冷却过程。但是随着冷却场的关闭,由于其电子层的非零极化率,一部分原子将被捕获在驻波的波腹中,如图5.4.6(a)所示。

根据布洛赫定理[301],这种系统的波函数由具有与晶格相同周期的伪周期关系。原子与驻波相互作用势与重力叠加导致相邻波腹中相距λ/2原子的势正好相差 $\Delta E = mg\lambda/2$(也称为瓦尼埃-斯托克斯阶梯"Wannier-Stokes 阶梯"),如图5.4.6(b)所示,相应地,系统谐振频率(亦称为布洛赫频率)等于

$$\omega_B = \frac{\Delta E}{\nabla} = mg\frac{\lambda}{2}\nabla \quad (5.4.9)$$

如果将频率为 $\omega = \omega_B$ 的扰动作用在这种系统上,则会引发原子从一种状态到另一种状态的转移,即原子在驻波的相邻波腹上的转移。可以通过测量原子云的垂直尺寸大小来记录此过程,即当进入共振时,垂直尺寸会增加。此时,可以根据

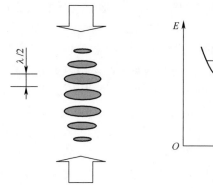
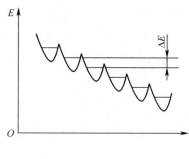

（a）沿驻波波腹分布的冷原子云　　（b）对应光波不同波腹的电势和低能级（瓦尼埃-斯托克斯阶梯）

图 5.4.6　基于光学偶极阱捕获冷原子的重力仪

式(5.4.9)计算重力加速度 $g$ 的值。在文献[470]中通过周期性地调制布洛赫频率为 $\omega = 5\omega_B$ 的 5 次谐波处偶极阱势的深度来激发布洛赫共振,这对应于一个原子穿过 4 个波腹的转移过程。$140 \times 10^{-9}$ 的相对测量误差是由于大功率激光器的波长不稳定而引起的。研究人员认为,通过稳定激光器可使误差减少两个数量级。

在文献[296,531]中叙述了在上述方案引入拉曼射线,将原子转移到分布在驻波不同波腹上的相干叠加状态,然后将它们重新聚在一起。从本质上讲,这种装置就是一种原子干涉仪,其中原子的沿轨迹进行分布状态被沿驻波波腹分布所取代,而引入拉曼射线使得可以利用状态"标记"法来检测原子的干涉信号(参见5.4.2 节),从而提高仪器灵敏度。在这种情况下,信号在布洛赫频率及其谐波频率上被调制。

然而,在文献[530]中认为,灵敏度和精度受到与拉曼脉冲相互作用后残留在光学偶极阱中约为 $n_a \approx 4 \times 10^4$ 个少量原子的限制,处于 $\Delta g/g \approx 10^{-5}$ 的水平。改善此类系统特性的自然方法是增加在磁光阱中冷却并在偶极阱中捕获的原子数。

## 5.4.7　冷原子重力仪发展前景

原子干涉仪的灵敏度不仅受到如振动、干涉路径上磁场和电场均匀性、拉曼射线的波前稳定性等技术因素限制,而且还受到原理因素的限制,其中主要是同时冷却的原子数(注:在经典弹道式方案原子数为 $n_a = 10^7 \sim 10^9$,在光学偶极阱方案中原子数 $n_a = 10^4 \sim 10^6$)。该原子值比普通光学干涉仪(ОИ)在 1s 内检测到的光子数 $n_{ph}$ 小 8~12 个数量级。因此,原子干涉仪的极限信噪比比光学干涉仪小 $\sqrt{n_{ph}/n_a} = 10^4 \sim 10^6$ 倍。然而,光学干涉仪的这种巨大优势,由于其本身特有的局限性而无法完全实现。另外,上述给出的原子干涉仪的优势部分弥补了光纤干涉仪的不足,因此,基于原子干涉仪设计的弹道式重力仪并不逊色于传统的同类产品。然而,在某些方面灵敏度的进一步提高将需要使用从根本上革新的新技术。下面简要列出目前看来最有应用前景的技术方向。

(1) 玻色-爱因斯坦冷凝技术的应用。这种冷凝物是原子集合体,这些原子被冷却到其波函数重叠并且所有原子都是一个宏观量子力学对象的程度。迄今为止,已经进行了大量关于玻色-爱因斯坦冷凝物的分离和混合,以及一种或多种独立制备的冷凝物的部分干涉试验,如 5.4.5 节中介绍的适用于航天空间的原子干涉仪[484]。

(2) 量子无损测量。量子力学对非交换量值乘积的测量精度施加了限制。这就意味着,在每对这样的量值中,可以减少一个值的测量不确定度,而增加另一个值的测量不确定度。对于原子干涉仪,这些量值是振幅和相位。前期针对激光冷却方案,已经研究出通过增加幅度不确定度来减小相位不确定度的技术(见文献[457])。在极限情况下,当在从 $\sqrt{N}$ 到 $N$ 的 $N$ 个原子处进行测量时,该技术可以提高信噪比。

(3) 高扭矩传递。拉曼辐射的作用使原子动量变化了 $2\nabla k$,即两个光子的动量。多光子激发技术可以将单次动量增量提高数倍。因此,如果选择拉曼频率 $\omega_{12} = \omega_{12}^0/3$,那么原子一次将只能吸收 3 对(不多也不少)拉曼光子。这样,每个 π 脉冲将使光子动量改变 $6\nabla k$。通过用 3 个这样的 π 脉冲代替一个 π 脉冲作用于原子上,可以使干涉仪中的速度间隔达到 $18\nabla k$。迄今为止,已经实现了将 102 个光子动量向一个原子上的转移过程[329]。

### 5.4.8 小结

迄今为止,科学家已经研制出多种冷原子重力仪,其中最精确、最灵敏的重力仪利用了德布罗意波干涉效应。特别是,基于自由下落冷原子干涉仪设计的重力仪已成为经典,其中冷原子云作为落体质量,而输出信号是经过两个不同时空轨迹的粒子相互干涉的结果。他们继承了经典弹道式绝对重力仪的测量绝对性,这使其与其他现代有前景的方案(如具有悬浮质量的超导重力仪)有明显的区别。同时,基于原子干涉仪的重力仪灵敏度已经超过了经典弹道式重力仪的灵敏度,并且每年都在不断提高。因此,在文献[363]中介绍了巴黎 LNE-SYRTE 实验室所开发的原子干涉仪与经典的 Micro-g LaCoste FG5-X(卢森堡)绝对弹道式重力仪的对比测试,结果表明,FG5-X 在 86s 平均的情况下可以达到 1μGal 的误差水平,而原子干涉仪仅需 36s 平均。同时,正在开发光学偶极阱冷原子捕获重力仪,它们也有望在基本计量特性方面超越传统的测量设备。尽管基于原子干涉仪的重力仪设计原理复杂、成本高昂,但其根本不受那些影响传统重力仪测量误差因素的影响,无疑仍是值得持续研发的。因此,基于冷原子干涉仪设计的弹道式重力仪将是当代十分有前景的重力测量设备。

# 第6章
# 地球重力场模型及其应用

本章主要介绍地球重力场现代模型、精度估计问题及其在解决某些实际问题中的应用,共分4节。

6.1节讨论地球重力场模型精度估计问题。分析解决模型精度估计问题的主要方法,其中包括以先验估计和后验估计方法为基础解决模型精度估计的问题。在这些方法中,利用飞行器测得的地球重力场数据发挥重要作用,特别是在包括北极和南极等难以采用其他方法独立监测地球重力场模型的区域特别重要。给出对地球各区域进行重力测量的研究结果,利用航空重力测量数据对比分析俄罗斯联邦境内和周边海域现代重力场模型的数据,给出最新试验研究结果。

6.2节结合全球重力场模型数据研究海上重力相对测量品质的实时监控问题。利用大量的实际数据材料对全球超高阶地球重力场模型EGM-2008和通过计算模型和测量值之差得到的直接测量值进行对比分析。结果证明,波长超过50~100km的重力场谐波可以真实地反映在重力场模型中。那些具有较短波长的重力场谐波的波长越短,其失真越严重,当波长小于20km时,谐波与噪声没有区别。特别强调,所得结果可用于记录测量仪表示数的突变、对仪表零位的精确修正以及在无基准值的情况下将测量值与绝对值绑定。给出了上述方法在印度洋上野外作业过程中的应用实例。

6.3节主要介绍最近广泛应用的利用多地球物理场(ГФП)分布图进行导航的方法,重力场就是这些典型物理场之一。讨论地球物理场导航算法方面的研究现状,简述并对比了在贝叶斯方法框架内根据地球物理场解决运动载体导航参数精确修正问题时利用的滤波算法。特别强调,这种方法为传统上用于处理导航信息时的随机滤波方法应用奠定了基础,该方法不仅能设计(建立)并解决算法综合问题,也为正确分析这些算法的准确性提供了先决条件。

6.4研究利用地球重力场进行导航的有效性分析。以垂线偏差场和扰动位二次导数为例,分析根据鄂霍次克海海域地球异常重力场估计导航信息量的研究结果,该结果是利用2190阶的全球重力场模型EGM-2008得到的。

## 6.1 地球重力场现代模型的精度估计

在解决与地球重力场有关的各种导航、大地测量和地球物理学等一系列问题时,均是通过数学模型的方式给出地球重力场信息[59]。随着上述问题解决精度要求的提高,对地球重力场数学模型的精度要求也随之提高。估计地球重力场模型精度广泛应用的方法之一是以将重力场模型与建立模型时未利用的大量监测数据进行比较为基础[64]。过去 20 年,通过卫星测高技术获得的大地水准面高度作为传统的监测数据。然而,要能有效地实施这种估计方法,就必须有一个足够密集的水准点网络,这并非总是能实现的,另外,这种估计方法只能在地面上使用。因此,近年来随着航空重力测量的范围扩大和精度提高,人们对根据利用飞行器测量的重力数据估计地球重力场模型精确性的可行性研究兴趣浓厚[183]。特别是在那些难以对地球重力场模型进行独立监测的地区更为迫切,如北极和南极地区。本节主要分析目前估计地球重力场模型精度的各种方法,研究估计地球重力场精度的基本先验方法和后验方法;强调了新型空间大地测量技术对改善全球地球重力场模型精确性所做的贡献;基于对比北极地区航空重力测量数据和异常重力模型提出一种估计重力场模型精度的新方法;结合水准面测量技术发展向卫星技术过渡的需要,专门讨论根据大地水准面高度对全球和区域地球重力场模型精确性进行后验估计的问题,给出能够描述当前区域和国家大地水准面高度数字模型精度的实际数据,其中包括俄罗斯境内的大地水准面模型。

考虑北极地区的战略意义,俄罗斯国内学者重点对各种全球重力场现代模型进行了比较研究,其中包括一部分俄罗斯国内使用的高纬度地区模型。

按照球面函数进行地球重力位分解的全球模型(下面称为全球重力场模型)广泛用于描述上述外部地球重力场。目前,以均匀分布的子午线和平行线交点处重力场离散值的有序集合形式给出的网状数字模型是相当常见的地球重力场模型。这种模型既可用于全球范围内的重力场,也可用于描述区域(国家)范围内的重力场。推广地球重力场数字模型的原因是,球面函数方法并不总是能够满足目前对地球重力场参数确定精度及精细度的要求。有助于推广地球重力场数字模型的另一个重要因素是其计算效率高、实用性好。在这些全球重力场数字模型中,根据重力测量数据制作的大陆区域详细的大地水准面高度数字模型(ЦМВГ)占有特殊地位。这种模型在利用卫星(GLONASS、GPS)测高技术发展高空基线测量技术时得到广泛应用[59]。

在大多数情况下,地球重力场模型的建立归结为对地球重力位的线性近似或其在给定的基本函数系中的线性变换,在实践中通常利用下述有限的逼近表达式[179],即

$$T(P) = \sum_{i=1}^{n} a_i f_i(P) \tag{6.1.1}$$

式中：$P$ 为确定点；$T$ 为异常重力位模拟值；$f_i$ 为基准函数；$a_i$ 为模型系数（参数）；$n$ 为模型维数。

对全球重力场模型而言，式(6.1.1)对应的地球重力位球形谐波（或简称球谐模型）形式的表达式为[59]

$$T(\varphi, \lambda, r) = \frac{fM_\oplus}{a} \sum_{n=2}^{n_{\max}} \left(\frac{a}{r}\right)^{n+1} \sum_{m=0}^{n} (\overline{C}_{nm} \cos(m\lambda) + \overline{S}_{nm} \sin(m\lambda)) \overline{P}_{nm}(\sin\varphi) \tag{6.1.2}$$

式中：$a$ 为参考椭球体长半轴；$\varphi$、$\lambda$、$r$ 为某点的球面地心坐标，分别为纬度、经度和矢径；$fM_\oplus$ 为万有引力常数与地球质量乘积；$\overline{P}_{nm}$ 为完全标准化勒让德函数；$\overline{C}_{nm}$、$\overline{S}_{nm}$ 为按照球面函数给出的地球异常重力位完全标准化分解系数，是式(6.1.2)的模型参数。

此时，可将主要的模型误差源分成两类，即主要由原始信息测量及处理误差决定的模型参数确定误差和方法近似误差。可以利用包括先验估计和后验估计方法在内的各种方法来评估地球重力场模型的精度特性。

### 6.1.1 模型精度先验估计

先验估计结果是利用影响地球重力场模型建立精度的各种因素统计特性的真实和假设信息分析研究得到的。通常，模型精度先验估计结果与模型参数的实际值无关。

针对两类误差源，假设方法误差的离散差为 $D_M$，模型参数确定误差的离散差为 $D_P$，并假设这些误差是固定的随机值和统计上的独立值，则可以用下述方差来描述重力场模型建立的总误差，即

$$D = D_M + D_P \tag{6.1.3}$$

数值 $D_M$ 的先验估计值可以根据形如式(6.1.1)所示的 $M$ 模型与某一标准模型之间的偏差求得[64]，即

$$M^* : T^*(P) = \sum_{i=1}^{m} a_j^* f_j^*(P) \tag{6.1.4}$$

式中：$f_j^*$、$a_j^*$ 分别为基准函数和 $M^*$ 模型参数，其中 $j = 1, 2, \cdots, m$。通常利用分辨率更高的 $M$ 模型作为 $M^*$ 模型。例如，为了评估 $N$ 阶地球重力位球谐模型，需要研究这类模型的 $N^*$ 阶表达式，并且 $N^* \gg N$。

如果 $M$ 模型和 $M^*$ 模型的输出值均为零数学期望的随机值，为了对 $D_M$ 值进行点估计，可以采用下式计算，即

$$D_M(P) = \sum_{i=1}^{n}\sum_{k=1}^{n} E(a_i a_k) f_i(P) f_k(P) + \sum_{j=1}^{m}\sum_{l=1}^{m} E(a_j^* a_l^*) f_j^*(P) f_l^*(P) -$$
$$2\sum_{i=1}^{n}\sum_{j=1}^{m} E(a_i a_j^*) f_i(P) f_j^*(P) \tag{6.1.5}$$

式中：$E$ 为数学期望算子。

显然，在一般情况下为了利用式（6.1.5），必须利用 $M$ 模型参数协方差矩阵、$M^*$ 模型参数协方差矩阵，以及二者之间相互协方差矩阵作为原始信息。

$D_P$ 值的先验估计可以通过两种方法得到：一是按照模型对其参数变化的敏感性分析结果得到[64]；二是根据线性函数误差离散差公式求得。

在第二种方法中，有

$$D_P(P) = \sum_{i=1}^{n}\sum_{j=1}^{n} E(\delta a_i \delta a_j) f_i(P) f_k(P) \tag{6.1.6}$$

式中：$\delta a_i$ 为被估计模型第 $i$ 个参数的确定误差。

为了根据式（6.1.6）求 $D_P$ 值的估计，必须有 $M$ 模型参数确定误差的协方差矩阵。

应当注意，由于所研究模型阶次的变化（即其参数数量 $n$ 增加或减小），$D_M$ 值和 $D_P$ 值也要向不同方向相应变化 $n$。通常情况下，$D_M$ 值和 $D_P$ 值变化相反，即 $D_M$ 值减小时 $D_P$ 值增加，或者 $D_M$ 值增加时 $D_P$ 值减小。因此，又出现一个寻找 $n$ 值的问题，在该值情况下重力场模型建立的总误差 $D$ 的总方差最小，或者选择这个最小可能值 $n$ 时，总误差 $D$ 值不会超过允许的公差 $D_0$。

对地球重力场球谐模型精度的先验估计可以按照下述改写后的公式得到[183]，即

$$\sigma(N) = \sqrt{\delta(N)^2 + \varepsilon(N)^2} \tag{6.1.7}$$

式中：$\sigma$ 为重力场模型均方根误差；$\delta$、$\varepsilon$ 分别为地球重力位谐波系数 $\overline{C}_{nm}$、$\overline{S}_{nm}$ 确定误差总和的均方根值和按照球面函数分解地球重力位的截断误差决定的方法误差的均方根值。

上述误差的均方根值 $\delta$、$\varepsilon$ 均按照表 6.1.1 给出的公式进行估计，其中，$\zeta$ 为大地水准面高度；$\Delta g$ 为自由空间重力异常；$\xi$、$\eta$ 分别为垂线偏差在子午圈（南北方向）和卯酉圈（东西方向）平面上分量；$R$ 为地球平均半径；$\gamma_0$ 为全球大地椭球体上标准重力平均值；$c_n^2$、$\delta_n^2$ 分别为系数 $\overline{C}_{nm}$、$\overline{S}_{nm}$ 及其均方根误差 $\delta \overline{C}_{nm}$、$\delta \overline{S}_{nm}$ 的所谓阶方差，利用下式确定[179,183]，即

$$c_n^2 = \sum_{m=0}^{n} (\overline{C}_{nm}^2 + \overline{S}_{nm}^2) \tag{6.1.8}$$

$$\delta_n^2 = \sum_{m=0}^{n} (\delta \overline{C}_{nm}^2 + \delta \overline{S}_{nm}^2) \tag{6.1.9}$$

表 6.1.1　地球重力场全球模型误差的解析估计

| 误差 | 模型参数 | | |
|---|---|---|---|
| | $\zeta$ | $\Delta g$ | $\vartheta = \sqrt{\xi^2 + \eta^2}$ |
| $\delta^2$ | $R^2 \sum_{n=2}^{N} \delta_n^2$ | $\gamma_0^2 \sum_{n=2}^{N} (n-1)^2 \delta_n^2$ | $\sum_{n=2}^{N} n(n+1) \delta_n^2$ |
| $\varepsilon^2$ | $R^2 \sum_{n=N+1}^{\infty} c_n^2$ | $\gamma_0^2 \sum_{n=N+1}^{\infty} (n-1)^2 c_n^2$ | $\sum_{n=N+1}^{\infty} n(n+1) c_n^2$ |

分解截断误差可以利用适当的阶方差模型进行估计[183]。通常情况下,重力异常的阶方差 $\Delta g_n^2$ 可以利用下式给出,即

$$c_n^2 = \frac{\Delta g_n^2}{\gamma_0^2 (n-1)^2} \qquad (6.1.10)$$

表 6.1.2 中给出了所用重力异常阶方差模型[179,203,382,455],表 6.1.3 中给出了对应不同阶次的各类阶方差模型的大地水准面高度截断误差和重力异常截断误差的相应先验估计值,最后利用各种重力异常阶方差模型对应的平均值作为截断误差最终估计值,见表 6.1.3 中最后一行。

表 6.1.2　重力异常阶方差模型

| 序号 | 模型提出者(时间) | 符号 | $\Delta g_n^2$ |
|---|---|---|---|
| 1 | 考拉 Kaula(1966 年) | K | $\dfrac{96(n-1)^2(2n+1)}{n^4}$ |
| 2 | 佩林 Pellinen(1970 年) | П1 | $166 n^{-1.12}$ |
| 3 | 佩林 Pellinen(1992 年) | П2 | $\begin{cases} 34(n-1)^2 n^{-2.68} & n \leq 180 \\ 1559(n-1)^2 n^{-3.409} & n > 180 \end{cases}$ |
| 4 | 切尔宁-拉普 Tscherning,Rapp(1974 年) | ЧР | $\dfrac{425.28 s^{n+2}(n-1)}{(n-2)(n+24)}, s = 0.999617, n > 2$ |
| 5 | 莫里茨 Moritz(1976 年) | M | $(n-1)\left(\dfrac{3.405 s_1^{n+2}}{n+1} + \dfrac{140.03 s_2^{n+2}}{n^2-4}\right),$ $s_1 = 0.998006, s_2 = 0.914232, n > 2$ |
| 6 | 杰克利 Jekeli(1990 年) | Д | $161(n-1)^2 n^{-2.898}$ |

从表 6.1.4 给出的一系列重力场现代综合模型的估计可以看出地球重力位球谐系数 $\overline{C}_{nm}$、$\overline{S}_{nm}$ 的确定误差对大地水准面和重力异常模型精度的影响,其中包括,表中给出的超高阶模型。根据表中给出的估计结果可知,从 2000 年以来,地球重力位球谐系数的确定精度就已明显提高,通过对比 20 世纪 90 年代后半期和

表 6.1.3 大地水准面高度和重力异常的截断误差
与各阶次不同阶方差模型的关系

| 模型<br>$\Delta g_n^2$ 符号 | $\varepsilon_\zeta$ /m | | | | | $\varepsilon_{\Delta g}$ /mGal | | | | |
|---|---|---|---|---|---|---|---|---|---|---|
| | 360 | 720 | 1440 | 1800 | 2160 | 360 | 720 | 1440 | 1800 | 2160 |
| К | 0.18 | 0.09 | 0.04 | 0.04 | 0.03 | 25.2 | 22.5 | 19.3 | 18.1 | 17.1 |
| П1 | 0.11 | 0.05 | 0.03 | 0.02 | 0.02 | 26.1 | 25.1 | 24.0 | 23.7 | 23.5 |
| П2 | 0.14 | 0.06 | 0.03 | 0.02 | 0.02 | 18.5 | 16.1 | 13.9 | 13.3 | 12.8 |
| ЧР | 0.22 | 0.10 | 0.04 | 0.03 | 0.02 | 25.2 | 20.1 | 14.5 | 12.7 | 11.2 |
| М | 0.30 | 0.12 | 0.04 | 0.02 | 0.01 | 28.7 | 20.1 | 9.8 | 6.8 | 4.8 |
| Д | 0.22 | 0.11 | 0.06 | 0.05 | 0.04 | 34.0 | 30.8 | 26.9 | 25.4 | 24.2 |
| 平均值 | 0.20 | 0.09 | 0.04 | 0.03 | 0.02 | 26.3 | 22.4 | 18.1 | 16.7 | 15.6 |

2000 年代初的模型可知,大地水准面高度确定精度提高 4~5 倍,重力异常确定精度提高 2~3 倍。这在很大程度上是由于在外国卫星计划中利用了新型空间大地测量技术,其中包括 CHAMP 计划和 GRACE 计划中的"卫-卫"轨迹跟踪技术,以及 GOCE 计划中的低轨卫星重力梯度测量技术[132,135],(见 5.1 节)。

表 6.1.4 地球重力位球谐系数误差对大地水准面和重力异常模型精度的影响

| 序号 | 地球<br>重力场模型 | 发布国家或组织 | 发布年份<br>/年 | N(阶次) | $\delta$ | |
|---|---|---|---|---|---|---|
| | | | | | 大地水准<br>面高度/m | 重力异常<br>/mGal |
| 1 | EGM-96 | 美国 | 1996 | 360 | 0.36 | 8.5 |
| 2 | ПЗ-2002 | 俄罗斯 | 2002 | 360 | 0.45 | 10.8 |
| 3 | EIGEN-GLO4C | ФРГ,法国 | 2006 | 360 | 0.15 | 4.4 |
| 4 | ГАО-2008 | 俄罗斯 | 2008 | 360 | 1.11 | 1.9 |
| 5 | EIGEN-5C | ФРГ,法国 | 2008 | 360 | 0.13 | 3.8 |
| 6 | EGM-2008 | 美国 | 2008 | 2190 | 0.08 | 4.2 |
| 7 | GIF48 | 美国 | 2011 | 360 | 0.08 | 2.4 |
| 8 | EIGEN-6C | ФРГ,法国 | 2011 | 1420 | 0.10 | 3.6 |
| 9 | EIGEN-6C2 | ФРГ,法国 | 2012 | 1949 | 0.08 | 3.3 |

模型精度先验估计的主要优点是比较容易获得的,但这同时也需要利用各种简化的假设。因此,关于地球重力场全球模型精确性的最终结论还应该利用后验估计方法确定。

### 6.1.2 模型精度后验估计

模型精度后验估计通常可以得到模型参数的具体值,在后验估计的传统组成上包括内部估计值和外部估计值。

内部估计或称内部收敛性评估,主要描述与基于原始信息和被确定值之间明显的功能关系获得的原始数据的具体组成、精度、数量和分布情况有关的模型参数确定误差,通常利用最小二乘法进行处理[40]。但这种估计方法不能完全考虑模拟地球重力场的方法误差的影响。

外部估计主要描述被估计模型与条件假设的独立监测数据之间的相近程度,通常利用二者差值的统计特性作为这种接近程度的度量,包括差值极值(最小值min、最大值max)、算术平均值$\mu$和标准差值$\sigma$。为了分析被估计模型与独立监测数据之间的相近程度,同样也可以利用地球重力场模型值与监测数据之间的方差直方图。根据监测数据的类型,可以将模型精度后验估计方法分为3类。

第一类估计方法,利用按照某种具有较高精度和标准化应用条件的参考模型解算的地球重力场特征值,包括大地水准面高度、重力异常、垂线偏差等作为独立监测数据(信息)。目前,常用的解算模型是2190阶的地球重力场全球模型EGM-2008[453]。可以将模型EGM-2008与表6.1.4中列出的其他模型之间的对比结果作为这种估计方法的应用实例,得到的对比差值可以作为大地水准面高度和重力异常模型值相对2190阶标准模型EGM-2008的误差值进行分析,如表6.1.5所列。

表6.1.5 部分重力场模型与2190阶EGM-2008标准模型的
大地水准面高度偏差、重力异常偏差的统计特性

| 序号 | 地球重力场模型 | 阶次 $n_{max}$ | 大地水准面高度/m | | | | 重力异常/mGal | | | |
|---|---|---|---|---|---|---|---|---|---|---|
| | | | min | max | $\mu$ | $\sigma$ | min | max | $\mu$ | $\sigma$ |
| 1 | EGM-96 | 360 | -10.43 | 11.98 | 0.00 | 0.72 | -478.8 | 461.1 | 0.2 | 29.9 |
| 2 | ПЗ-2002 | 360 | -10.66 | 10.60 | 0.01 | 0.74 | -480.0 | 437.8 | 0.2 | 29.7 |
| 3 | EIGEN-GLO4C | 360 | -6.01 | 7.22 | 0.01 | 0.36 | -492.1 | 430.1 | 0.3 | 28.9 |
| 4 | ГАО-2008 | 360 | -8.56 | 8.45 | 0.01 | 0.58 | -491.3 | 400.8 | 0.3 | 32.8 |
| 5 | EIGEN-5C | 360 | -6.31 | 7.04 | 0.00 | 0.33 | -521.8 | 415.9 | 0.3 | 28.7 |
| 6 | GIF48 | 360 | -3.91 | 4.13 | -0.01 | 0.19 | -465.9 | 388.1 | 0.2 | 27.4 |
| 7 | EIGEN-6C | 1420 | -2.51 | 3.49 | 0.00 | 0.14 | -334.1 | 315.0 | 0.2 | 24.0 |
| 8 | EIGEN-6C2 | 1949 | -2.45 | 3.64 | 0.00 | 0.13 | -220.5 | 231.4 | 0.2 | 23.0 |

在空间区域内对地球重力位球谐形式的各类重力场模型进行对比,使得可以

分析这些模型在频域内的差异,进而可以根据通过第一个和第二个模型的系数 $\overline{C}_{nm}$、$\overline{S}_{nm}$ 之差表示的大地水准面高度 $\zeta$ 和重力异常 $\Delta g$ 的模型差 $\delta\zeta$、$\delta g$ 的阶方差 $\delta\zeta_n^2$、$\delta g_n^2$,来确定各类模型在不同频率的接近程度,在图 6.1.1 中以图示的方式给出了模型 EGM-96、ГAO-2008、GIF-48 之间的曲线差异图,其中,$n$ 为频率值。通过详细对比差异,可以分离出相应频率范围,其中描述所研究模型误差频谱特性的模型差 $\delta\zeta_n(\delta g_n)$ 不超过某项显著指标。

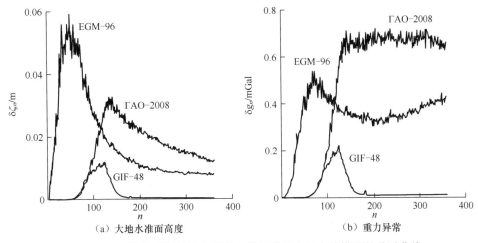

图 6.1.1 参数模型误差谱与所研究的地球重力场全球模型的关系曲线

第二类估计方法,按照利用人造地球卫星星历表的卫星轨道法获得估计值,其中,星历表根据所研究的全球重力场模型解算求得。根据轨迹测量的残差估计模型精度,而对于具有高度计的卫星(或称为卫星测高法)来说,则是根据测高线交点处测得的海平面高度残差来估计模型精度。可以利用通过互联的地面基准站获得的激光测距和无线电测距系统(如法国 DORIS 系统、德国 PRARE 系统)高精度观测数据作为卫星轨迹测量值,也可利用通过航天导航系统高精度确定卫星轨道的数据。表 6.1.6 给出了根据对人造地球卫星 Envisat、Jason-1、Lageos-1、Ajisai、Starlette、Stella、ERS-2 激光观测值利用轨道法确定的全球重力场模型精度估计值[320,345,363]。这类评估方法能够给出地球重力场全球模型的精确特征,主要表现在卫星轨道参数解算值与实际测量值之间偏差,在这种情况下,必须利用高精度激光测距观测值。全球性是这种卫星轨道法估计方法的优点。这种估计方法的不足是,人造地球卫星轨道对局部重力异常的灵敏度相对较低,同时必须消除卫星在轨运动的非重力扰动。

第三类估计方法,将大地水准面高度、重力异常、垂线偏差分量及其他扰动位变换分量的具体值与研究重力场模型参数对比的结果作为后验估计值。上述参数的具体值可以利用不同的研究地球重力场的方法获得,其中包括重力测量法、天文大地测量法、卫星高度反演法、卫星重力梯度测量法、卫星水准测量法。

表 6.1.6 按照轨道弧平均值解算的卫星距离相对实际测量值的标准差

| 卫星 | 轨道高度/km | EGM-96/m | EIGEN-GLO4/m | EGM-2008/m | EIGEN-5/m |
|---|---|---|---|---|---|
| Envisat | 800 | 0.087 | 0.058 | 暂无数据 | 暂无数据 |
| Jason-1 | 1340 | 0.042 | 0.041 | 暂无数据 | 暂无数据 |
| Lageos-1 | 5900 | 0.015 | 0.046 | 0.015 | 0.014 |
| Ajisai | 1480 | 0.056 | 0.014 | 0.053 | 0.047 |
| Starlette | 810 | 0.050 | 0.031 | 0.046 | 0.031 |
| Stella | 810 | 0.091 | 0.026 | 0.029 | 0.026 |
| ERS-2 | 800 | 暂无数据 | 暂无数据 | 暂无数据 | 暂无数据 |

在俄罗斯及其他国家文献中有许多利用第三类估计方法估计各类地球重力场全球模型的应用实例。这样,按照文献[281]可得到在世界各区域内不同重力场模型中的重力异常值与陆上重力测量实际值之间的差异,如表 6.1.7 所列。在最近 20 年间,为了监控估计地球重力场精度,相当广泛地利用卫星水准测量方法得到大地水平面高度。但这种卫星水准测量方法的有效应用,必须有足够密集的水准测量网,这不是总能满足的,同时该估计方法只能在陆地上使用。因此,近年来随着航空重力测量规模的扩大和精度的提高,根据利用飞行器进行的航空重力测量值来估计地球重力场全球模型精度的可行性研究引起了极大兴趣,特别是在那些难以利用其他方法对全球重力场模型进行独立监测的地区,其中包括北极地区。

表 6.1.7 世界各区域的重力异常测量值与模型值之间偏差的统计特性

| 模型 | $n_{max}$ | 区域 | 测点数量 | 偏差/mGal | | | |
|---|---|---|---|---|---|---|---|
| | | | | min | max | $\mu$ | $\sigma$ |
| EGM-96 | 360 | 奥地利 | 1117054 | -194.7 | 219.9 | -0.3 | 12.1 |
| | | 北极 | 56878 | -193.3 | 195.9 | -1.0 | 18.0 |
| | | 南极 | 57140 | -355.5 | 279.9 | 4.3 | 22.1 |
| | | 加拿大 | 14177 | -124.9 | 114.2 | -0.1 | 13.4 |
| | | 北欧 | 66904 | -47.4 | 76.7 | -0.4 | 8.9 |
| EIGEN-GLO4C | 360 | 奥地利 | 1117054 | -192.1 | 218.3 | 0.3 | 12.1 |
| | | 北极 | 56878 | -191.5 | 193.4 | -1.2 | 15.9 |
| | | 南极 | 57140 | -356.4 | 282.2 | 4.4 | 23.2 |
| | | 加拿大 | 14177 | -124.1 | 105.9 | -0.1 | 13.6 |
| | | 北欧 | 66904 | -50.9 | 83.9 | -1.1 | 8.5 |

(续)

| 模型 | $n_{max}$ | 区域 | 测点数量 | 偏差/mGal | | | |
|---|---|---|---|---|---|---|---|
| | | | | min | max | $\mu$ | $\sigma$ |
| EGM-2008 | 2190 | 奥地利 | 1117054 | -200.2 | 238.7 | -0.3 | 5.4 |
| | | 北极 | 56878 | -193.6 | 103.5 | -1.0 | 10.9 |
| | | 南极 | 57140 | -349.9 | 268.3 | 4.3 | 18.6 |
| | | 加拿大 | 14177 | -100.7 | 85.7 | -0.9 | 8.2 |
| | | 北欧 | 66904 | -47.8 | 49.4 | -0.8 | 3.6 |

本节提出一种估计地球重力场全球模型精度的新方法,该方法以对比各类重力场模型的重力异常值与2011年由俄罗斯科学院地球物理研究所的专家们利用俄罗斯国产重力测量设备完成的北极地区的航空重力测量数据为基础。在飞行测量过程中共选择了14条测线,总航程超过2430km。已收到的目录包含23000多个重力测量点。在各条测线上的测量精度和长度均符合对比重力测量比例尺为1:200000的要求。在表6.1.8中给出了重力异常模型值与俄罗斯科学院地球物理研究所在北极地区进行的航空重力测量实际数据偏差的统计特性。

表6.1.8 重力异常模型值与俄罗斯科学院地球物理研究所在北极进行的航空重力测量实际数据偏差的统计特性

| 序号 | 模型 | 阶次 $n_{max}$ | 偏差/mGal | |
|---|---|---|---|---|
| | | | $\mu$ | $\sigma$ |
| 1 | EGM-2008 | 2190 | -2.58 | 2.01 |
| 2 | EIGEN-GLO4C | 1420 | -3.04 | 2.25 |
| 3 | ПЗ-2002 | 360 | -4.06 | 4.67 |

根据表6.1.7和表6.1.8给出的估计值可知,由对比重力测量数据得到的现代地球重力场全球模型精度的后验估计与上节中给出的先验估计在诸如精确地球重力位谐波系数、提高模型分辨率对估计精度上相当一致。基于公开的重力场全球模型与包括大地水准面高度、重力异常等卫星高度反演测量数据对比结果,也可得出上述类似结论,即

$$c_n^2 = \frac{\Delta g_n^2}{r_n^2 (n-1)^2} \tag{6.1.11}$$

## 6.1.3 大地水准面高度模型精度估计

由于地球重力场现代模型的一个主要功能是确保高程系统传递,也就是利用已知点的高程采用水准测量或三角高程测量等高程测量方法解算出待定点的高

程。因此,特别重视根据卫星反向水准测量法(即卫星大地测量高度与水准高度之差)获得的大地水准面高度来测试这些重力场模型。

通常仅限于根据多个单独大地测量点处的绝对高度对所调查模型的准确性进行估计。表6.1.9给出了根据大地水准面水准高度对地球重力场全球模型精度进行绝对估计的实例。

表6.1.9 俄罗斯境外大地水准面高度模型与测量值之间偏差的统计特性

| 模型(N) | 区域 | 测点数量 | 偏差/m | | | |
|---|---|---|---|---|---|---|
| | | | min | max | μ | σ |
| EGM-96 (360) | 土耳其 | 313 | -2.19 | 0.82 | -0.81 | 0.46 |
| | 希腊 | 1542 | -1.06 | 1.58 | -0.45 | 0.42 |
| | 澳大利亚 | 1013 | -2.44 | 3.54 | 0.02 | 0.50 |
| | 波兰 | 360 | -0.54 | 0.57 | -0.04 | 0.19 |
| | 阿尔及利亚 | 71 | -0.90 | 0.78 | -0.03 | 0.34 |
| | 南非 | 79 | -0.95 | 0.68 | -0.24 | 0.35 |
| | 南美洲 | 1190 | -3.30 | 3.70 | 0.24 | 0.80 |
| | 格陵兰岛 | 78 | -0.52 | 2.62 | 0.71 | 0.52 |
| | 白俄罗斯 | 196 | -0.52 | 0.47 | 0.01 | 0.22 |
| EIGEN-GLO4C (360) | 希腊 | 1542 | -1.17 | 1.77 | -0.28 | 0.45 |
| | 阿尔及利亚 | 71 | -0.63 | 0.64 | -0.02 | 0.33 |
| | 南美洲 | 1190 | -2.90 | 3.10 | 0.22 | 0.70 |
| | 中国 | 652 | -2.26 | 1.80 | -0.25 | 0.43 |
| EIGEN-5C (360) | 土耳其 | 313 | -3.33 | 0.75 | -0.87 | 0.66 |
| | 波兰 | 360 | -0.22 | 0.52 | 0.10 | 0.11 |
| 0EGM-2008 (2190) | 十耳其 | 313 | -0.29 | 0.71 | 0.29 | 0.16 |
| | 希腊 | 1542 | -0.44 | 0.54 | -0.38 | 0.14 |
| | 韩国 | 500 | -0.54 | 1.17 | 0.10 | 0.18 |
| | 波兰 | 360 | 0.04 | 0.26 | 0.12 | 0.04 |
| | 捷克 | 1024 | -0.52 | -0.33 | -0.42 | 0.04 |
| | 意大利 | 977 | -0.33 | 0.34 | 0.00 | 0.10 |
| | 阿尔及利亚 | 71 | -0.67 | 0.61 | -0.08 | 0.21 |
| | 南非 | 79 | -0.84 | 0.02 | -0.42 | 0.24 |
| | 南美洲 | 1190 | -3.30 | 3.40 | 0.22 | 0.68 |
| | 格陵兰岛 | 78 | -0.43 | 1.60 | -0.19 | 0.40 |
| | 加拿大 | 2579 | -0.92 | 0.09 | -0.38 | 0.13 |
| | 中国 | 652 | 1.89 | 1.64 | -0.12 | 0.26 |
| | 白俄罗斯 | 196 | -0.16 | 0.11 | 0.05 | 0.05 |

为了获得关于精确性能的更完整信息,不仅按照绝对高度实际测试模型,也要按照相对高度对模型进行测试,也就是说,根据相距一定距离范围内(如0~50km、

50~100km等)的两个测点之间的大地水准面高度差测试地球重力场模型[187]。

目前,获得在大陆地区大地水准面高度数字模型精度的类似外部估计同样也引起科研人员的极大兴趣,首先是研究大地水准面重力测量高度的解算精度。表6.1.10给出了俄罗斯境外大地水准面高度现代数字模型的精度特性及细节与地理位置及国籍有关的估计值[186]。

表6.1.10 俄罗斯境外大地水准面高度现代数字模型精度特性

| 区域、国家 | 模型名称 | 网格长度/(′) | 地球重力场模型(阶次) | 精度特性 μ | 精度特性 σ |
|---|---|---|---|---|---|
| 欧洲 | EGG08(欧洲重力测量大地水准面2008) | 1×1.5 | 约1400 | -0.06 | 0.08 |
| 非洲 | AGP2007(非洲大地测量计划2007) | 5×5 | 暂无数据 | 暂无数据 | 0.21 |
| 南美洲 | GEOID2014 | 5×5 | 约1800 | 0.17 | 0.52 |
| 澳大利亚 | AUSGeoid09 | 1×1 | 大于6500 | 暂无数据 | 0.05 |
| 美国 | USGG2012(美国重力测量大地水准面2012) | 1×1 | 大于18000 | 0.01 | 0.06 |
| 加拿大 | CGG2013(加拿大重力测量大地水准面2013) | 2×2 | 大于2500 | -0.19 | 0.13 |
| 墨西哥 | CGM05(墨西哥重力测量大地水准面2005) | 2.5×2.5 | 约1400 | 暂无数据 | 0.20 |
| 中国 | CNGG2011(中国国家重力大地水准面2011) | 2×2 | 650 | -0.16 | 0.13(西藏-0.22) |
| 哈萨克斯坦 | KazGM2010 | 5×5 | 20 | 暂无数据 | 0.18 |
| 蒙古 | 国家重力大地水准面2007 | 5×5 | 58 | -1.14 | 0.20 |
| 伊朗 | IRQG09(伊朗准大地水准面2009) | 1.5×1.5 | | 暂无数据 | 0.28 |
| 土耳其 | TG09(土耳其大地水准面-2009) | 3×3 | 30 | 0.113 | 0.107 |
| 乌克兰 | UGG2013(乌克兰重力大地水准面2013) | 1.5×1.5 | 4 | 暂无数据 | 0.10 |
| 波兰 | GDQM-PL13(波兰重力测量准大地水准面-2013) | 1.5×3.0 | 360 | 0.10 | 0.02 |
| 匈牙利 | HG2013(匈牙利重力测量大地水准面-2013) | 1.5×1.5 | 18 | 0.01 | 0.04 |
| 德国 | GCG11(德国准大地水准面-2011) | 1.0×1.5 | 675 | <0.01 | 0.02 |

俄罗斯在近20年间建立了其领土内两个大地水准面高度数字模型。其中之一是俄罗斯重力测量水准面模型 PГГ-2000,于2000年在俄罗斯基础研究基金会的支持下以试验目的建立,如图 6.1.2 所示。PГГ-2000 模型的主要特点如下。

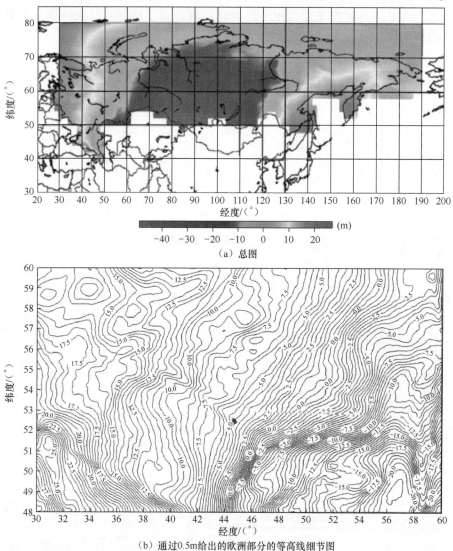

(a) 总图

(b) 通过0.5m给出的欧洲部分的等高线细节图

图 6.1.2 (见彩图)根据 PГГ-2000 模型数据确定的俄罗斯大地水准面高度

（1）原始信息为地球重力场全球基准模型 EGM-96(360 阶)、基于比例尺为 1∶1000000的重力测量图按照 5′×5′的梯形给出的重力异常和高度的平均值。

（2）固定间距(步长)为 5′。

（3）边界为北纬 40°~80°,东经 26°向东至西经 168°。

大地水准面高度节点值利用"消除-恢复"技术按照斯托克斯公式计算求得。

俄罗斯重力测量水准面模型 РГГ-2000 与 1997 版欧洲重力测量大地水准面相似模型之间误差的平均值为 0.40m、标准偏差为 0.42m。模型 РГГ-2000 相对大地水准面水平高度的偏差由平均值和标准差描述,其分量与区域相关的部分从 1dm 到 3~4dm[186]。

俄罗斯建立的另一个大地水准面高度数字模型(ЦМВГ)是在 Г. В. Демьянов 领导下由俄罗斯大地测量、航测与制图中央研究院(ЦНИИГАиК)于 2012 年建立。该模型中的原始信息包括俄罗斯最新的全球重力场模型 ГАО2012、使用比例尺为 1∶200000 重力测量图绘制的地形重力异常和高度的平均值。该水准面高度数字模型由 3 个模块构成,如图 6.1.3 所示。

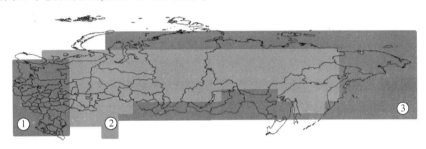

图 6.1.3 (见彩图)俄罗斯国土最新大地水准面高度数字模型的分布

在模块 1 和模块 2 中,大地水准面高度网的分辨率(步长)为 5′×7.5′,而在模块 3 中的分辨率为 5′×5′。该数字模型与大地水准面水平高度的偏差分布如图 6.1.4 所示,其中,利用了俄罗斯领土内基本天文大地测量网(ФАГС)、高精度测地网(ВГС)和一级卫星大地测量网(СГС-1)共计 835 个测点用于监测。

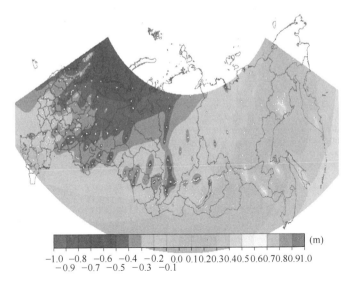

图 6.1.4 (见彩图)由 ЦНИИГАиК 建立的水准面数字模型和大地水准面水平高度差的分布

273

### 6.1.4 北极地区全球重力场模型精度估计

鉴于北极地区的开发计划及其相对较低和不均匀的地球物理研究水平,有必要弄清楚现代全球重力场模型能在多大程度上描述高纬度地区(从北纬70°到北极点)异常地球重力场。目前,对各类模型的大地水准面高度 $\zeta$、重力异常 $\Delta g$、垂线偏差在子午圈平面分量 $\xi$ 和卯酉圈平面分量 $\eta$ 对比分析结果提供了对这方面的认识情况[136,137]。计算结果是利用不同的模型在全球(地球)椭球体模型 ПЗ-90.11 上以 5′ 的步长逐步实现的。同时考虑北极地球物理的特点,模型分析是在极帽区域 $\Omega_0$(纬度大于 85°)和研究区域的其余部分区域 $\Omega_1$ 内进行的。

表 6.1.11 给出的所研究模型的组成部分充分反映了目前在研究地势方面取得的成就。一方面,这是俄罗斯国内外众多专家学者的研究成果;另一方面,这些模型在原始数据(如卫星数据、综合数据等)构成、研究获得方法、考虑到的球面谐波阶次等方面各不相同。研究工作按照不同方向同步开展,其中包括对比俄罗斯国内模型与其他各国模型、对比卫星系统模型和组合模型以及对比利用航天大地测量新方法(包括卫星间测量、卫星重力梯度测量)的模型和不利用上述新方法的模型等。

在分析过程中,对每个模型解算的大地水准面高度 $\zeta$、重力异常 $\Delta g$、垂线偏差在子午圈平面分量 $\xi$ 和卯酉圈平面分量 $\eta$ 的统计特性进行了估计,并对这些参数相对其标准值的偏差 $\delta\zeta$、$\delta g$、$\delta\xi$、$\delta\eta$ 进行了估计。利用普遍被认为是高精度模型 EGM-2008 的数据作为上述各参数的标准值[453],利用参数平均值 $\mu$、标准差 $\sigma$、最小值(min)和最大值(max)作为被估计参数的统计特性。

表 6.1.11 目前研究的地球重力场全球模型

| 序号 | 模型名称 | 发行年份/年 | 国家(机构) | 阶次 $N$ | 原始数据 |
|---|---|---|---|---|---|
| 1 | EGM-96 | 1996 | 美国 | 360 | C,Γ,A |
| 2 | ГАО-98 | 1998 | 俄罗斯(ЦНИИГАиК) | 360 | C,Γ,A |
| 3 | GPM-98 | 1998 | 法国(ФРГ) | 1800 | C,Γ,A |
| 4 | ПЗ-2002/360 | 2002 | 俄罗斯(29НИИ МО) | 360 | C,Γ,A |
| 5 | EIGEN-CG03C | 2005 | 法国(ФРГ) | 360 | C(CHAMP,GRACE),Γ,A |
| 6 | EIGEN-GLO4C | 2006 | 法国(ФРГ) | 360 | C(GRACE,LAGEOS),Γ,A |
| 7 | ГАО-2008 | 2008 | 俄罗斯(ЦНИИГАиК,2929НИИ МО) | 360 | C(CHAMP,GRACE),Γ,A |
| 8 | EGM-2008 | 2008 | 美国 | 2190 | C(GRACE),Γ,A |

(续)

| 序号 | 模型名称 | 发行年份/年 | 国家(机构) | 阶次 $N$ | 原始数据 |
|---|---|---|---|---|---|
| 9 | EIGEN-5C | 2008 | 法国(ФРГ) | 360 | C(GRACE,LAGEOS),Γ,A |
| 10 | GGM-03C | 2009 | 美国 | 360 | C(GRACE),Γ,A |
| 11 | GOCE-DIR | 2010 | 法国(ФРГ) | 240 | C(GOCE) |
| 12 | GOCE-TIM | 2011 | 奥地利(ФРГ) | 250 | C(GOCE) |
| 13 | GOCO02S | 2011 | 奥地利(ФРГ)瑞士 | 250 | C(GOCE、GRACE、CHAMP等) |
| 14 | EIGEN-6C | 2011 | 法国(ФРГ) | 1420 | C(GOCE、GRACE、LAGEOS),Γ,A |
| 15 | GIF48 | 2011 | 美国 | 360 | C(GRACE),Γ,A |
| 16 | ГАО-2012 | 2012 | 俄罗斯(ЦНИИГАиК) | 360 | C(GOCE),Γ,A |
| 注:C—卫星测量、Γ—重力测量、A—(卫星)高度反演测量、N—重力势球谐最大阶次 | | | | | |

在表 6.1.12 至表 6.1.15 中给出了利用各种模型解算的大地水准面高度 $\zeta$、重力异常 $\Delta g$、垂线偏差在子午面内分量 $\xi$、垂线偏差在卯酉圈内分量 $\eta$ 的统计特性，在表 6.1.16 至表 6.1.19 中给出了利用各种模型解算得到的大地水准面高度模型值与标准值偏差、重力异常模型值与标准值偏差 $\Delta g$、垂线偏差分量 $\xi$ 模型值与标准值偏差、垂线偏差分量 $\eta$ 模型值与标准值偏差。其中包括按照俄罗斯国内模型和国外模型，卫星模型和组合模型，低阶模型($N \leqslant 360$)和高阶模型($N \geqslant 1420$)，2005 年以前发行模型和 2005 年后发行模型等分类得到的平均值。事实上，最后两类模型分别对应在建立过程中利用和不利用在 CHAMP、GRACE 和 GOCE 计划中实施的新型空间大地测量技术。

上述给出的 $\zeta$、$\Delta g$、$\xi$、$\eta$ 的统计特性可以作为异常地球重力场的结构特征进行研究。首先，应该注意，根据不同模型得到同一参数的估计值基本一致，这就证明可将整个北极地区列为中等异常区域。对于大地水准面高度而言，长波变化是其最显著特征。对于重力异常而言，多半定向在子午线方向的较长区段的短波变化相当明显。对于垂线偏差而言，同样也发现在较长线性区段上的短波效应，其中包括部分沿子午线方向(即纵向)定向区段、部分沿横向定向区段，如格陵兰地区、新地群岛、法兰士约瑟夫地群岛等区域。

表 6.1.12 大地水准面高度 $\zeta$ 统计特性　　　　　　　　单位:m

| 序号 | 模型代号 | $\Omega_0$ | | | | $\Omega_1$ | | | |
|---|---|---|---|---|---|---|---|---|---|
| | | min | max | $\mu$ | $\sigma$ | min | max | $\mu$ | $\sigma$ |
| 1 | EGM-96 | 6.21 | 26.64 | 15.37 | 3.70 | −28.19 | 60.04 | 10.72 | 16.84 |
| 2 | ГАО-98 | 7.61 | 25.05 | 14.88 | 3.13 | −27.64 | 59.19 | 10.47 | 16.36 |

(续)

| 序号 | 模型代号 | $\Omega_0$ | | | | $\Omega_1$ | | | |
|---|---|---|---|---|---|---|---|---|---|
| | | min | max | $\mu$ | $\sigma$ | min | max | $\mu$ | $\sigma$ |
| 3 | GPM-98 | 5.97 | 25.70 | 15.48 | 3.73 | −28.77 | 59.83 | 10.71 | 16.83 |
| 4 | ПЗ-2002/360 | 7.25 | 27.58 | 15.87 | 3.70 | −28.34 | 60.24 | 10.65 | 16.78 |
| 5 | EIGEN-CG03C | 7.01 | 26.27 | 15.58 | 3.77 | −28.11 | 60.28 | 10.73 | 16.85 |
| 6 | EIGEN-GL04C | 7.07 | 26.17 | 15.58 | 3.74 | −28.17 | 60.33 | 10.73 | 16.85 |
| 7 | ГАО-2008 | 6.77 | 26.47 | 15.58 | 3.78 | −28.26 | 61.01 | 10.72 | 16.86 |
| 8 | EGM-2008 | 6.83 | 26.86 | 15.55 | 3.75 | −28.24 | 60.25 | 10.73 | 16.85 |
| 9 | EIGEN-5C | 7.15 | 26.25 | 15.56 | 3.74 | −28.28 | 60.33 | 10.73 | 16.85 |
| 10 | GGM-03C | 7.16 | 26.24 | 15.49 | 3.74 | −28.03 | 60.12 | 10.67 | 16.85 |
| 11 | GOCE-DIR(3) | 7.43 | 25.87 | 15.63 | 3.77 | −28.37 | 59.98 | 10.72 | 16.85 |
| 12 | GOCE-TIM(3) | 7.46 | 26.02 | 15.38 | 3.90 | −28.16 | 60.10 | 10.72 | 16.85 |
| 13 | GOCO02S | 7.50 | 26.94 | 15.53 | 3.74 | −28.27 | 60.17 | 10.73 | 16.85 |
| 14 | EIGEN-6C | 7.22 | 26.53 | 15.55 | 3.74 | −28.15 | 60.05 | 10.72 | 16.85 |
| 15 | GIF48 | 7.25 | 26.17 | 15.49 | 3.74 | −28.24 | 60.20 | 10.67 | 16.85 |
| 16 | (俄)国内模型 | 7.21 | 26.37 | 15.44 | 3.54 | −28.08 | 60.15 | 10.61 | 16.67 |
| 17 | (俄)国外模型 | 7.50 | 26.30 | 15.52 | 3.76 | −28.25 | 60.14 | 10.72 | 16.85 |
| 18 | 卫星模型 | 7.46 | 26.28 | 15.51 | 3.80 | −28.27 | 60.08 | 10.72 | 16.85 |
| 19 | 组合模型 | 6.96 | 26.33 | 15.50 | 3.69 | −28.20 | 60.16 | 10.69 | 16.80 |
| 20 | 低阶模型 | 7.16 | 26.31 | 15.50 | 3.70 | −28.17 | 60.17 | 10.69 | 16.80 |
| 21 | 高阶模型 | 6.67 | 26.36 | 15.53 | 3.74 | −28.39 | 60.04 | 10.72 | 16.84 |
| 22 | 2005年前模型 | 6.76 | 26.24 | 15.40 | 3.56 | −28.24 | 59.82 | 10.64 | 16.70 |
| 23 | 2005年后模型 | 7.17 | 26.34 | 15.54 | 3.76 | −28.21 | 60.26 | 10.72 | 16.85 |

表 6.1.13 重力异常 $\Delta g$ 统计特性  单位:mGal

| 序号 | 模型代号 | $\Omega_0$ | | | | $\Omega_1$ | | | |
|---|---|---|---|---|---|---|---|---|---|
| | | min | max | $\mu$ | $\sigma$ | min | max | $\mu$ | $\sigma$ |
| 1 | EGM-96 | −65.67 | 105.86 | 4.95 | 20.10 | −142.30 | 147.87 | 3.14 | 26.45 |
| 2 | ГАО-98 | −39.56 | 38.57 | 6.61 | 10.61 | −126.97 | 100.76 | 3.04 | 21.74 |
| 3 | GPM-98 | −88.45 | 130.51 | 5.20 | 24.50 | −190.62 | 239.125 | 3.04 | 27.87 |
| 4 | ПЗ-2002/360 | −59.64 | 96.22 | 6.66 | 18.17 | −132.46 | 137.80 | 2.96 | 24.40 |
| 5 | EIGEN-CG03C | −60.44 | 79.21 | 7.63 | 17.19 | −138.38 | 153.62 | 3.08 | 25.65 |

(续)

| 序号 | 模型代号 | $\Omega_0$ | | | | $\Omega_1$ | | | |
|---|---|---|---|---|---|---|---|---|---|
| | | min | max | $\mu$ | $\sigma$ | min | max | $\mu$ | $\sigma$ |
| 6 | EIGEN-GLO4C | -58.25 | 79.04 | 7.69 | 16.99 | -136.49 | 147.03 | 3.08 | 25.52 |
| 7 | ГАО-2008 | -114.60 | 133.35 | 7.90 | 24.65 | -211.52 | 248.97 | 3.03 | 34.38 |
| 8 | EGM-2008 | -258.77 | 274.97 | 7.18 | 64.91 | -270.82 | 293.44 | 3.08 | 50.94 |
| 9 | EIGEN-5C | -57.00 | 78.04 | 7.35 | 16.26 | -139.21 | 147.44 | 3.08 | 25.52 |
| 10 | GGM-03C | -55.73 | 74.80 | 7.07 | 16.95 | -130.99 | 143.56 | 3.08 | 25.24 |
| 11 | GOCE-DIR | -47.06 | 65.07 | 9.20 | 18.88 | -133.94 | 135.83 | 3.08 | 24.01 |
| 12 | GOCE-TIM | -31.58 | 44.73 | 6.12 | 14.85 | -127.03 | 138.16 | 3.07 | 24.24 |
| 13 | GOCO02S | -48.96 | 61.95 | 6.70 | 15.62 | -130.65 | 142.01 | 3.02 | 24.51 |
| 14 | EIGEN-6C | -94.30 | 146.72 | 7.32 | 24.86 | -191.50 | 236.64 | 3.07 | 29.65 |
| 15 | GIF48 | -62.66 | 76.71 | 6.93 | 17.22 | -137.81 | 147.14 | 3.07 | 25.60 |
| 16 | (俄)国内模型 | -71.27 | 89.38 | 7.06 | 17.81 | -156.98 | 162.51 | 3.01 | 26.84 |
| 17 | (俄)国外模型 | -77.41 | 101.47 | 6.94 | 22.36 | -155.81 | 172.66 | 3.07 | 27.93 |
| 18 | 卫星模型 | -42.53 | 57.25 | 7.34 | 16.45 | -130.54 | 138.67 | 3.06 | 24.25 |
| 19 | 组合模型 | -84.59 | 109.50 | 6.87 | 22.70 | -162.42 | 178.62 | 3.06 | 28.58 |
| 20 | 低阶模型 | -58.43 | 77.80 | 7.07 | 17.29 | -140.64 | 149.18 | 3.06 | 25.60 |
| 21 | 高阶模型 | -147.17 | 184.07 | 6.57 | 38.09 | -217.65 | 256.40 | 3.06 | 36.15 |
| 22 | 2005年前模型 | -63.33 | 92.79 | 5.86 | 18.34 | -148.09 | 156.39 | 3.04 | 25.11 |
| 23 | 2005年后模型 | -80.85 | 101.33 | 7.37 | 22.58 | -158.94 | 175.80 | 3.08 | 28.66 |

表 6.1.14 垂线偏差在子午面内分量 $\xi$ 统计特性    单位:(″)

| 序号 | 模型代号 | $\Omega_0$ | | | | $\Omega_1$ | | | |
|---|---|---|---|---|---|---|---|---|---|
| | | min | max | $\mu$ | $\sigma$ | min | max | $\mu$ | $\sigma$ |
| 1 | EGM-96 | -10.68 | 13.23 | 0.66 | 3.05 | -27.25 | 21.40 | -1.08 | 4.44 |
| 2 | ГАО-98 | -6.00 | 6.52 | 0.07 | 2.38 | -19.40 | 19.62 | -0.97 | 3.92 |
| 3 | GPM-98 | -13.23 | 15.20 | 0.65 | 3.72 | -26.73 | 42.65 | -1.08 | 4.59 |
| 4 | ПЗ-2002/360 | -9.44 | 10.85 | 0.41 | 2.98 | -25.08 | 19.37 | -1.10 | 4.10 |
| 5 | EIGEN-CG03C | -8.94 | 11.81 | 0.09 | 3.22 | -27.28 | 20.50 | -1.06 | 4.40 |
| 6 | EIGEN-GLO4C | -9.25 | 12.36 | 0.08 | 3.21 | -27.13 | 20.71 | -1.07 | 4.38 |
| 7 | ГАО-2008 | -11.37 | 13.11 | 0.07 | 3.53 | -38.40 | 32.21 | -1.07 | 5.34 |
| 8 | EGM-2008 | -35.42 | 37.36 | 0.20 | 9.50 | -46.73 | 46.02 | -1.07 | 8.00 |

(续)

| 序号 | 模型代号 | $\Omega_0$ | | | | $\Omega_1$ | | | |
|---|---|---|---|---|---|---|---|---|---|
| | | min | max | $\mu$ | $\sigma$ | min | max | $\mu$ | $\sigma$ |
| 9 | EIGEN-5C | -9.21 | 11.48 | 0.16 | 3.09 | -27.66 | 20.50 | -1.07 | 4.36 |
| 10 | GGM-03C | -10.32 | 11.41 | 0.24 | 3.23 | -26.23 | 19.90 | -1.07 | 4.36 |
| 11 | GOCE-DIR(3) | -9.25 | 9.73 | -0.28 | 3.74 | -26.77 | 20.10 | -1.05 | 4.18 |
| 12 | GOCE-TIM(3) | -8.06 | 9.21 | 0.40 | 3.23 | -27.36 | 19.82 | -1.06 | 4.19 |
| 13 | GOCO02S | -9.91 | 13.90 | 0.37 | 3.41 | -27.45 | 20.46 | -1.08 | 4.24 |
| 14 | EIGEN-6C | -21.24 | 20.12 | 0.17 | 4.31 | -37.43 | 35.33 | -1.07 | 4.92 |
| 15 | GIF48 | -10.03 | 11.92 | 0.24 | 3.23 | -26.71 | 21.52 | -1.07 | 4.38 |
| 16 | (俄)国内模型 | -9.52 | 10.51 | 0.15 | 3.12 | -28.79 | 24.36 | -1.05 | 4.61 |
| 17 | (俄)国外模型 | -12.96 | 14.81 | 0.30 | 3.91 | -29.56 | 25.74 | -1.07 | 4.70 |
| 18 | 卫星模型 | -9.07 | 10.95 | 0.35 | 3.46 | -27.19 | 20.13 | -1.06 | 4.20 |
| 19 | 组合模型 | -12.98 | 14.48 | 0.20 | 3.83 | -30.09 | 27.05 | -1.06 | 4.82 |
| 20 | 低阶模型 | -9.52 | 11.32 | 0.24 | 3.22 | -27.61 | 21.72 | -1.06 | 4.41 |
| 21 | 高阶模型 | -23.3 | 24.23 | 0.34 | 5.82 | -36.96 | 41.34 | -1.07 | 5.84 |
| 22 | 2005年前模型 | -9.84 | 11.45 | 0.45 | 3.03 | -24.62 | 25.76 | -1.06 | 4.26 |
| 23 | 2005年后模型 | -12.86 | 14.50 | 0.20 | 3.94 | -30.95 | 25.28 | -1.07 | 4.82 |

表 6.1.15 垂线偏差在卯酉圈内分量 $\eta$ 统计特性　　　　单位:(″)

| 序号 | 模型代号 | $\Omega_0$ | | | | $\Omega_1$ | | | |
|---|---|---|---|---|---|---|---|---|---|
| | | min | max | $\mu$ | $\sigma$ | min | max | $\mu$ | $\sigma$ |
| 1 | EGM-96 | -16.21 | 19.55 | 0.00 | 4.06 | -21.37 | 29.59 | 0.00 | 4.98 |
| 2 | ГAO-98 | -7.65 | 6.10 | 0.00 | 2.61 | -17.96 | 21.09 | 0.00 | 4.38 |
| 3 | GPM-98 | -17.70 | 20.49 | 0.00 | 4.48 | -30.79 | 33.44 | 0.00 | 5.19 |
| 4 | ПЗ-2002/360 | -14.54 | 17.71 | 0.00 | 3.84 | -21.49 | 28.10 | 0.00 | 4.80 |
| 5 | EIGEN-CG03C | -10.86 | 14.25 | 0.00 | 3.73 | -22.96 | 27.95 | 0.00 | 4.84 |
| 6 | EIGEN-GLO4C | -11.25 | 14.05 | 0.00 | 3.61 | -22.65 | 27.40 | 0.00 | 4.82 |
| 7 | ГAO-2008 | -20.95 | 25.42 | 0.00 | 4.99 | -31.22 | 43.91 | 0.00 | 6.13 |
| 8 | EGM-2008 | -42.91 | 41.01 | 0.00 | 9.87 | -44.90 | 46.16 | 0.00 | 8.00 |
| 9 | EIGEN-5C | -10.81 | 13.74 | 0.00 | 3.56 | -22.36 | 26.78 | 0.00 | 4.84 |
| 10 | GGM-03C | -10.84 | 13.51 | 0.00 | 3.53 | -21.84 | 27.72 | 0.00 | 4.78 |
| 11 | GOCE-DIR | -8.86 | 10.58 | 0.00 | 3.41 | -19.12 | 26.07 | 0.00 | 4.65 |

(续)

| 序号 | 模型代号 | $\Omega_0$ | | | | $\Omega_1$ | | | |
|---|---|---|---|---|---|---|---|---|---|
| | | min | max | $\mu$ | $\sigma$ | min | max | $\mu$ | $\sigma$ |
| 12 | GOCE-TIM | -7.87 | 9.19 | 0.00 | 3.80 | -19.14 | 26.89 | 0.00 | 4.69 |
| 13 | GOCO02S | -8.39 | 9.40 | 0.00 | 2.93 | -19.44 | 26.80 | 0.00 | 4.72 |
| 14 | EIGEN-6C | -19.25 | 24.24 | 0.00 | 4.36 | -33.79 | 33.54 | 0.00 | 5.32 |
| 15 | GIF48 | -10.38 | 13.83 | 0.00 | 3.67 | -22.26 | 28.80 | 0.00 | 4.84 |
| 16 | ГАО-2012 | -22.38 | 25.43 | 0.00 | 4.96 | -32.07 | 40.14 | 0.00 | 5.77 |
| 17 | (俄)国内模型 | -16.38 | 18.67 | 0.00 | 4.1 | -25.69 | 33.31 | 0.00 | 5.27 |
| 18 | (俄)国外模型 | -14.61 | 16.99 | 0.00 | 4.25 | -25.05 | 30.1 | 0.00 | 5.14 |
| 19 | 卫星模型 | -8.37 | 9.72 | 0.00 | 3.38 | -19.23 | 26.59 | 0.00 | 4.69 |
| 20 | 组合模型 | -16.59 | 19.18 | 0.00 | 4.41 | -26.59 | 31.89 | 0.00 | 5.28 |
| 21 | 低阶模型 | -12.38 | 14.83 | 0.00 | 3.75 | -22.61 | 29.33 | 0.00 | 4.94 |
| 22 | 高阶模型 | -26.62 | 28.58 | 0.00 | 6.24 | -36.49 | 37.71 | 0.00 | 6.17 |
| 23 | 2005年前模型 | -14.03 | 15.96 | 0.00 | 3.75 | -22.9 | 28.06 | 0.00 | 4.84 |
| 24 | 2005年后模型 | -15.40 | 17.89 | 0.00 | 4.37 | -25.98 | 31.85 | 0.00 | 5.28 |

表6.1.16 大地水准面高度模型值与标准值偏差的统计特性 单位:m

| 序号 | 模型代号 | $\Omega_0$ | | | | $\Omega_1$ | | | |
|---|---|---|---|---|---|---|---|---|---|
| | | min | max | $\mu$ | $\sigma$ | min | max | $\mu$ | $\sigma$ |
| 1 | EGM-96 | -3.12 | 4.99 | -0.18 | 0.85 | -4.66 | 4.83 | 0.00 | 0.78 |
| 2 | ГАО-98 | -6.13 | 1.84 | -0.67 | 1.05 | -6.94 | 4.12 | -0.26 | 1.07 |
| 3 | GPM-98 | -3.32 | 4.90 | -0.07 | 0.82 | -5.06 | 3.96 | -0.02 | 0.87 |
| 4 | ПЗ-2002/360 | -2.66 | 5.30 | 0.32 | 0.85 | -4.45 | 4.10 | -0.08 | 0.60 |
| 5 | EIGEN-CG03C | -1.37 | 1.46 | 0.03 | 0.34 | -2.12 | 2.08 | 0.00 | 0.25 |
| 6 | EIGEN-GLO4C | -1.33 | 1.51 | 0.03 | 0.30 | -2.22 | 1.83 | 0.00 | 0.23 |
| 7 | ГАО-2008 | -2.12 | 2.84 | 0.03 | 0.48 | -3.92 | 4.08 | 0.00 | 0.50 |
| 8 | EIGEN-5C | -1.28 | 1.30 | 0.01 | 0.29 | -1.74 | 1.92 | 0.00 | 0.22 |
| 9 | GGM-03C | -1.47 | 1.25 | -0.06 | 0.28 | -1.67 | 1.59 | -0.05 | 0.23 |
| 10 | GOCE-DIR(3) | -2.26 | 2.46 | 0.08 | 0.71 | -2.64 | 2.40 | 0.00 | 0.33 |
| 11 | GOCE-TIM(3) | -2.78 | 3.41 | -0.17 | 0.99 | -2.58 | 2.56 | 0.00 | 0.33 |
| 12 | GOCO02S | -2.53 | 2.11 | -0.02 | 0.55 | -2.53 | 2.52 | 0.00 | 0.35 |
| 13 | EIGEN-6C | -0.79 | 0.76 | 0.00 | 0.19 | -0.82 | 0.90 | 0.00 | 0.15 |

(续)

| 序号 | 模型代号 | $\Omega_0$ | | | | $\Omega_1$ | | | |
|---|---|---|---|---|---|---|---|---|---|
| | | min | max | $\mu$ | $\sigma$ | min | max | $\mu$ | $\sigma$ |
| 14 | GIF48 | −1.36 | 1.05 | −0.06 | 0.27 | −1.53 | 1.69 | −0.05 | 0.20 |
| 15 | (俄)国内模型 | −3.64 | 3.33 | −0.11 | 0.79 | −5.10 | 4.10 | −0.11 | 0.72 |
| 16 | (俄)国外模型 | −1.96 | 2.29 | −0.04 | 0.51 | −2.51 | 2.40 | −0.01 | 0.36 |
| 17 | 卫星模型 | −2.52 | 2.66 | −0.03 | 0.75 | −2.58 | 2.56 | 0.00 | 0.34 |
| 18 | 组合模型 | −2.27 | 2.47 | −0.06 | 0.52 | −3.20 | 2.83 | −0.04 | 0.46 |
| 19 | 低阶模型 | −2.06 | 2.83 | −0.04 | 0.50 | −2.94 | 2.43 | −0.01 | 0.51 |
| 20 | 高阶模型 | −2.37 | 2.46 | −0.05 | 0.58 | −3.08 | 2.81 | −0.04 | 0.42 |
| 21 | 2005年前模型 | −3.81 | 4.26 | −0.15 | 0.89 | −5.28 | 4.25 | −0.09 | 0.83 |
| 22 | 2005年后模型 | −1.73 | 1.82 | −0.01 | 0.44 | −2.18 | 2.16 | −0.01 | 0.28 |

表 6.1.17 重力异常模型值与标准值偏差 $\Delta g$ 的统计特性 单位:mGal

| 序号 | 模型代号 | $\Omega_0$ | | | | $\Omega_1$ | | | |
|---|---|---|---|---|---|---|---|---|---|
| | | min | max | $\mu$ | $\sigma$ | min | max | $\mu$ | $\sigma$ |
| 1 | EGM-96 | −242.74 | 319.76 | −2.23 | 65.05 | −229.46 | 266.02 | 0.07 | 45.80 |
| 2 | ГАО−98 | −258.24 | 260.44 | −0.57 | 64.22 | −274.18 | 237.81 | −0.04 | 45.94 |
| 3 | GPM-98 | −258.98 | 325.27 | −1.98 | 66.41 | −276.42 | 233.81 | −0.04 | 47.30 |
| 4 | ПЗ-2002/360 | −240.89 | 313.01 | −0.52 | 64.94 | −236.62 | 256.15 | −0.11 | 45.11 |
| 5 | EIGEN-CG03C | −235.69 | 227.66 | 0.45 | 62.92 | −224.34 | 232.57 | 0.00 | 44.34 |
| 6 | EIGEN-GLO4C | −239.89 | 232.37 | 0.50 | 62.85 | −222.62 | 233.73 | 0.00 | 45.32 |
| 7 | ГАО−2008 | −262.42 | 228.72 | 0.71 | 64.31 | −266.29 | 278.19 | −0.05 | 46.74 |
| 8 | EIGEN-5C | −240.34 | 231.87 | 0.16 | 62.85 | −224.91 | 238.50 | 0.00 | 44.26 |
| 9 | GGM−03C | −236.92 | 233.48 | −0.12 | 62.76 | −219.67 | 236.82 | 0.00 | 44.48 |
| 10 | GOCE-DIR(3) | −264.30 | 249.91 | 2.02 | 65.98 | −236.08 | 237.06 | 0.04 | 45.40 |
| 11 | GOCE-TIM(3) | −262.22 | 256.75 | −1.06 | 65.70 | −240.87 | 242.76 | 0.00 | 45.39 |
| 12 | GOCO02S | −263.74 | 277.84 | −0.48 | 65.01 | −237.57 | 241.00 | −0.05 | 45.58 |
| 13 | EIGEN-6C | −235.26 | 232.03 | 0.14 | 61.41 | −210.35 | 227.23 | −0.01 | 43.17 |
| 14 | GIF48 | −237.13 | 237.13 | −0.26 | 62.75 | −209.80 | 234.28 | −0.01 | 44.15 |
| 15 | (俄)国内模型 | −253.85 | 267.39 | −0.13 | 64.49 | −259.03 | 257.38 | −0.07 | 45.93 |
| 16 | (俄)国外模型 | −247.02 | 256.73 | −0.26 | 63.97 | −230.19 | 238.53 | 0.00 | 44.93 |
| 17 | 卫星模型 | −263.42 | 261.50 | 0.16 | 65.56 | −238.17 | 240.27 | 0.00 | 45.46 |

(续)

| 序号 | 模型代号 | $\Omega_0$ | | | | $\Omega_1$ | | | |
|---|---|---|---|---|---|---|---|---|---|
| | | min | max | $\mu$ | $\sigma$ | min | max | $\mu$ | $\sigma$ |
| 18 | 组合模型 | −244.41 | 258.34 | −0.34 | 63.68 | −235.88 | 243.19 | −0.02 | 45.06 |
| 19 | 低阶模型 | −247.12 | 278.65 | −0.92 | 63.91 | −243.38 | 230.52 | −0.02 | 45.24 |
| 20 | 高阶模型 | −248.71 | 255.74 | −0.12 | 64.11 | −235.20 | 244.57 | −0.01 | 44.13 |
| 21 | 2005年前模型 | −250.21 | 304.62 | −1.32 | 65.16 | −254.17 | 248.45 | −0.03 | 46.04 |
| 22 | 2005年后模型 | −247.79 | 240.78 | 0.21 | 63.65 | −229.25 | 240.21 | −0.01 | 44.78 |

表 6.1.18 垂线偏差分量 ξ 模型值与标准值偏差的统计特性 单位:(″)

| 序号 | 模型代号 | $\Omega_0$ | | | | $\Omega_1$ | | | |
|---|---|---|---|---|---|---|---|---|---|
| | | min | max | $\mu$ | $\sigma$ | min | max | $\mu$ | $\sigma$ |
| 1 | EGM-96 | −36.21 | 36.10 | 0.46 | 9.16 | −45.13 | 39.21 | −0.01 | 6.96 |
| 2 | ГАО-98 | −36.81 | 34.08 | −0.13 | 9.15 | −44.14 | 41.47 | 0.10 | 6.99 |
| 3 | GPM-98 | −37.73 | 39.16 | 0.45 | 9.42 | −38.66 | 45.66 | −0.01 | 7.26 |
| 4 | ПЗ-2002/360 | −36.21 | 35.39 | 0.21 | 9.17 | −44.97 | 38.93 | −0.03 | 6.85 |
| 5 | EIGEN-CG03C | −36.66 | 34.51 | −0.11 | 8.99 | −44.22 | 39.74 | 0.00 | 6.75 |
| 6 | EIGEN-GLO4C | −36.02 | 34.53 | −0.11 | 8.98 | −44.58 | 40.44 | 0.00 | 6.74 |
| 7 | ГАО-2008 | −40.26 | 37.43 | −0.12 | 9.12 | −45.93 | 46.21 | 0.00 | 7.05 |
| 8 | EIGEN-5C | −35.47 | 34.88 | −0.04 | 8.98 | −44.92 | 39.65 | 0.00 | 6.73 |
| 9 | GGM-03C | −35.47 | 34.72 | 0.04 | 8.98 | −44.77 | 40.40 | 0.00 | 6.80 |
| 10 | GOCE-DIR(3) | −38.54 | 37.13 | −0.48 | 9.45 | −48.21 | 40.11 | 0.02 | 6.89 |
| 11 | GOCE-TIM(3) | −35.71 | 34.70 | 0.20 | 9.38 | −47.90 | 40.23 | 0.01 | 6.88 |
| 12 | GOCO02S | −37.68 | 35.64 | 0.18 | 9.34 | −48.04 | 40.22 | −0.01 | 6.91 |
| 13 | EIGEN-6C | −37.60 | 35.73 | −0.02 | 8.68 | −33.90 | 36.50 | 0.00 | 6.56 |
| 14 | GIF48 | −35.34 | 35.50 | 0.05 | 8.94 | −43.84 | 38.65 | 0.00 | 6.70 |
| 15 | ГАО-2012 | −39.73 | 39.57 | −0.14 | 9.14 | −42.25 | 40.03 | 0.01 | 6.98 |
| 16 | (俄)国内模型 | −38.25 | 36.62 | −0.05 | 9.15 | −44.32 | 41.66 | 0.02 | 6.97 |
| 17 | (俄)国外模型 | −36.58 | 35.69 | 0.06 | 9.12 | −44.02 | 40.07 | 0.00 | 6.83 |
| 18 | 卫星模型 | −37.31 | 35.82 | −0.03 | 9.39 | −48.05 | 40.19 | 0.01 | 6.89 |
| 19 | 组合模型 | −36.96 | 35.97 | 0.05 | 9.06 | −43.11 | 40.57 | 0.01 | 6.86 |
| 20 | 低阶模型 | −36.93 | 35.71 | 0.00 | 9.14 | −45.3 | 40.41 | 0.01 | 6.86 |
| 21 | 高阶模型 | −37.67 | 37.45 | 0.22 | 9.05 | −36.28 | 41.08 | −0.01 | 6.91 |

(续)

| 序号 | 模型代号 | $\Omega_0$ | | | | $\Omega_1$ | | | |
|---|---|---|---|---|---|---|---|---|---|
| | | min | max | $\mu$ | $\sigma$ | min | max | $\mu$ | $\sigma$ |
| 22 | 2005年前模型 | -36.74 | 36.18 | 0.25 | 9.23 | -43.23 | 41.32 | 0.01 | 7.02 |
| 23 | 2005年后模型 | -37.13 | 35.85 | -0.05 | 9.09 | -44.41 | 40.20 | 0.00 | 6.82 |

表 6.1.19 垂线偏差分量 $\eta$ 模型值与标准值偏差的统计特性单位:(″)

| 序号 | 模型代号 | $\Omega_0$ | | | | $\Omega_1$ | | | |
|---|---|---|---|---|---|---|---|---|---|
| | | min | max | $\mu$ | $\sigma$ | min | max | $\mu$ | $\sigma$ |
| 1 | EGM-96 | -40.78 | 43.38 | 0.00 | 9.71 | -42.95 | 40.12 | 0.00 | 6.64 |
| 2 | ΓAO-98 | -40.25 | 40.65 | 0.00 | 9.49 | -36.84 | 37.59 | 0.00 | 6.65 |
| 3 | GPM-98 | -40.60 | 44.23 | 0.00 | 9.84 | -39.96 | 41.31 | 0.00 | 6.77 |
| 4 | ПЗ-2002/360 | -39.66 | 43.48 | 0.00 | 9.69 | -41.17 | 37.16 | 0.00 | 6.53 |
| 5 | EIGEN-CG03C | -37.08 | 40.34 | 0.00 | 9.25 | -37.64 | 36.75 | 0.00 | 6.40 |
| 6 | EIGEN-GLO4C | -36.86 | 40.70 | 0.00 | 9.24 | -37.33 | 37.00 | 0.00 | 6.40 |
| 7 | ΓAO-2008 | -38.85 | 42.10 | 0.00 | 9.53 | -42.16 | 37.40 | 0.00 | 6.82 |
| 8 | EIGEN-5C | -36.91 | 40.82 | 0.00 | 9.24 | -37.42 | 37.32 | 0.00 | 6.39 |
| 9 | GGM-03C | -37.34 | 40.53 | 0.00 | 9.21 | -37.41 | 36.89 | 0.00 | 6.39 |
| 10 | GOCE-DIR(3) | -38.73 | 41.62 | 0.00 | 9.67 | -36.06 | 35.54 | 0.00 | 6.58 |
| 11 | GOCE-TIM(3) | -41.00 | 42.58 | 0.00 | 9.81 | -36.52 | 36.52 | 0.00 | 6.58 |
| 12 | GOCO02S | -42.22 | 41.36 | 0.00 | 9.54 | -36.54 | 36.03 | 0.00 | 6.61 |
| 13 | EIGEN-6C | -37.19 | 39.82 | 0.00 | 9.09 | -32.12 | 33.86 | 0.00 | 6.24 |
| 14 | GIF48 | -36.61 | 39.96 | 0.00 | 9.24 | -38.32 | 37.01 | 0.00 | 6.39 |
| 15 | ΓAO-2012 | -38.46 | 40.79 | 0.00 | 9.59 | -41.69 | 37.14 | 0.00 | 6.73 |
| 16 | (俄)国内模型 | -39.31 | 41.76 | 0.00 | 9.58 | -40.47 | 37.32 | 0.00 | 6.68 |
| 17 | (俄)国外模型 | -38.67 | 41.39 | 0.00 | 9.44 | -37.48 | 37.12 | 0.00 | 6.49 |
| 18 | 卫星模型 | -40.65 | 41.85 | 0.00 | 9.67 | -36.37 | 36.03 | 0.00 | 6.59 |
| 19 | 组合模型 | -38.38 | 41.40 | 0.00 | 9.43 | -38.75 | 37.46 | 0.00 | 6.53 |
| 20 | 低阶模型 | -38.83 | 41.41 | 0.00 | 9.48 | -38.62 | 37.11 | 0.00 | 6.55 |
| 21 | 高阶模型 | -38.90 | 42.03 | 0.00 | 9.47 | -36.04 | 37.59 | 0.00 | 6.51 |
| 22 | 2005年前模型 | -40.32 | 42.94 | 0.00 | 9.68 | -40.23 | 39.05 | 0.00 | 6.65 |
| 23 | 2005年后模型 | -38.30 | 40.97 | 0.00 | 9.40 | -37.56 | 36.50 | 0.00 | 6.50 |

从极帽区域 $\Omega_0$ 到其余部分区域 $\Omega_1$，大地水准面高度 $\zeta$、重力异常 $\Delta g$ 的模型值均具有明显的正向变化趋势，其中，水准面高度模型值从 10m 变化到 16m，重力异常模型值从 3mGal 到 9mGal。此时，在 $\Omega_1$ 区域的 $\zeta$、$\Delta g$ 值的标准差和离散度明显比 $\Omega_0$ 区域大，甚至大几倍，这可能不仅是由于 $\Omega_0$ 和 $\Omega_1$ 区域面积的巨大差异，也可能是在 $\Omega_1$ 区域地势异常水平明显增加。在 $\Omega_0$ 和 $\Omega_1$ 区域内异常地球重力场统计特性的明显差异也表现出，在 $\Omega_0$ 区域内垂线偏差分量 $\xi$ 和 $\eta$ 值通常比 $\Omega_1$ 区域明显变小。这与大地水准面高度和重力异常的类似特性相符合，同样在某种程度上也可能是由于 $\Omega_1$ 区域内地势异常水平增加产生的，在这种情况下，其水平重力梯度变化也会变得更加明显。

应该注意，北极地区地球重力场参数的统计特性不仅随区域变化，也与所利用的地球重力场全球模型有关。对应的大地水准面高度 $\zeta$ 变化范围为 1.1~2.5m，重力异常 $\Delta g$ 变化范围为 144~236mGal，垂线偏差分量 $\xi$ 变化范围为 27"~30"，垂线偏差分量 $\eta$ 变化范围为 26"~35"。在 $\Omega_0$ 区域内各模型之间的差异略有增加，可认为是对极帽地区异常地球重力场研究不足引起。

从各分类方法差异角度来看，在俄罗斯国内模型和国外模型以及 2005 年前后建立的模型之间大地水准面高度差异最大，这归根到底是由于国外研究中成功地利用了新型空间大地测量技术确定了地球重力位低次谐波。这点至关重要，因为北极地区可以利用新型空间大地测量技术弥补传统测量方法（重力测量、高度测量）等原始测量信息的不足。

高阶模型和低阶模型之间重力异常差异最大，这是由于地球重力位频谱的高频率部分对重力异常值 $\Delta g$ 的重大贡献。在卫星模型和组合模型之间的重力异常差异也较大，这主要是由于在组合模型中利用了详细的重力测量信息和高度测量信息，但这些信息在北极地区的覆盖率仍然不完整。

在高阶模型和低阶模型之间以及卫星模型和组合模型之间的垂线偏差分量差异也较大。在这两种对比情况下，这些差异主要取决于详细原始信息（重力测量、高度测量）的使用程度，以及这些信息在北极地区的覆盖率不完整。在 2005 年前后建立的模型之间垂线偏差分量的差异明显不大，这可能是由于在精确地球重力位频谱高频部分方面，卫星测量数据与详细的重力测量、高度测量数据相比具有局限性，包括新的空间大地测量方法所提供的数据。至于在俄罗斯国内与国外模型之间垂线偏差分量的差异，由于在所研究的模型中引入了俄罗斯新模型 ГАО-2012，将有助于减小这种差异。

同样应该注意，在北极地区地球异常重力场参数模型值之间的明显差异不仅存在于各类模型之间，也存在于同一类模型中各模型之间。例如，ГАО-98 模型的输出特性与同一类其他模型有很大差异，无论是在同一类的俄罗斯国内模型中，还是在全球重力场组合类模型中，ГАО-98 模型给人的印象是，在准大地水准面高度和重力异常模型值的变化范围和方差方面存在不必要的平滑。若在这方面有兴趣，可以尝试利用俄罗斯较新的模型ГАО-2012，得到的对比估计值表明，ГАО-2012模型与稍早的俄罗斯国内模型ГАО-2008之间至少在垂线偏差分量方面没有明显区别。这两种模型在$\Omega_0$和$\Omega_1$区域内的差异表现在垂线偏差分量$\xi$的零均值为1.05″、标准差为1.11″，垂线偏差分量$\eta$值的零均值为1.52″、标准差为1.28″。

可以将大地水准面高度$\zeta$、重力异常$\Delta g$、垂线偏差在子午圈平面分量$\xi$和卯酉圈平面分量$\eta$相对其标准值的偏差$\delta\zeta$、$\delta g$、$\delta\xi$、$\delta\eta$作为被估计参数，来分析重力场全球模型的精度特性。显然，这些参数的估计值的变化既与区域有关（在$\Omega_0$区域内标准数据的近似误差通常大于$\Omega_0$区域近似误差），又与所用的地球重力场全球模型有关。特别是极值变化相对明显，其中，$\delta\zeta$值大约从3.9m变为6.1m，$\delta g$值大约从29mGal变为98mGal。这可被看作由于采用了新的空间大地测量技术，进而更新和完善了关于地球重力位低频谐波的基本原始信息而产生的结果，而与那些在很大程度上会影响重力异常值确定精度的重力测量数据和卫星反演测量数据相比，地球重力位低频谐波的原始信息会对准大地水准面高度的建立产生主要影响。垂线偏差分量模型值与标准值偏差$\delta\xi$、$\delta\eta$的统计特性加深了相对低阶模型，其中包括新模型ГФО-2012，可以在北极地区能很好地近似超高阶地球模型EGM-2008的认知。

对得到的相应估计值进一步分析表明，在2005年以后发布的地球重力场模型的精度特性明显提高，特别是在准大地水准面高度方面。通过与早期年代建立的模型进行对比发现，2005年以后发行的这些模型解算值与准大地水准面高度标准值之间的平均偏差减少了1/2倍多，此时，模型的标准偏差不超过0.3m，在一定程度上可以被认为是这方面最好的精度。与此相比，在重力异常和垂线偏差确定精度方面改进显得比较缓慢，其中，重力异常模型值与标准值之间偏差的极限值从几豪伽到几十豪伽、标准差从1mGal到1.5mGal，垂线偏差分量模型值与标准值之间偏差的平均极值为1.5″、标准差为0.2″。

俄罗斯国外的组合模型对精度的显著改善做出主要贡献，其中包括，达到360阶的模型EIGEN-GL04C、EIGEN-5C、GIF48，以及期待在大多数指标方面领先达到的1420阶模型EIGEN-6C。与其他组合模型的区别是，EIGEN-6C模型不仅分辨率高，而且在推导过程中利用了GOCE计划中获得的卫星梯度测量数据。而在上面给出的360阶的组合模型中，美国模型GIF48与标准差之间的偏差最小。

俄罗斯的新模型ГФО-2012稍微改善了俄罗斯国内模型的地位，但是将这种改善称为提高北极地区垂线偏差确定精度的一个重要步骤是不完全正确的，特别是与最近得到的国外模型相比。利用卫星梯度测量数据是推导模型ГФО-2012过程中的主要特点，但是由于这些数据的分辨率相对较低，不能明显提高对构建重力异常和垂线偏差模型值起主要作用的地势高阶球面谐波的精度。另外，在高纬度地区大地水准面高度近似精度方面，模型ГФО-2012比俄罗斯其他地球重力场全球模型的精度更高。

至于卫星模型和地球重力场全球组合模型的精度特性关系(精度比),由于卫星数据的对局部重力异常的完整性有限、灵敏度不足,卫星模型(如 GOCE-DIR、GOCE-TIM、GOCO02S)总体上比地球重力场全球组合模型精度差,其中包括对诸如重力异常和垂线偏差等快速变化的地球重力场参数表示精度较低,特别是在极帽区域。在其他区域,卫星模型与低阶全球组合模型之间的差异不太明显,这可以解释是利用在低轨卫星测量系统计划 GRACE 和 GOCE 中实现的新型航天大地测量方法的结果。

在卫星模型组中可以在极帽区域 $\Omega_0$ 内分离出模型 GOCO02S,而在其他区域 $\Omega_1$ 内分离出模型 GOCE-TIM。模型 GOCO02S 的优势是,在其推导过程中既利用了轨道倾角为 96.7° 的 GOCE 卫星数据,也利用了轨道倾角为 89° 的 GRACE 卫星数据,结果利用沿近极轨道运行的 GRACE 卫星测量信息对 GOCE 卫星测量信息极帽覆盖的限制得以成功补偿。

### 6.1.5 小结

根据对地球重力场模型的精度估计方法及解决,可以得出下述结论。

目前,估计球谐形式的地球重力场数字(网格)模型精度是地球重力场模型精度估计的主要问题。地球重力场现代模型的精度特性应该在综合应用多种方法基础上进行估计,其中包括先验精度估计方法和后验精度估计方法。在初步分析地球重力场精度特性时利用先验估计方法比较合理,利用后验估计方法做出最终结论是比较合理的,包括通过将模型与独立监测数据进行比较而获得的外部评估。

下面区分获得地球重力场模型精度外部估计的下述方法:一是将所研究的模型依据标准条件可接受的基准模型进行比较;二是轨道法,即针对用于计算人造地球卫星的星历表的当前研究模型的不同卫星测量误差不一致;三是将所研究的模型与利用其他研究地球重力场的不同方法得到的大地水准面高度、重力异常、垂线偏差分量和扰动位的其他变换量的检定值进行比较,研究方法包括重力测量法、天文大地测量法、卫星测高法、卫星重力梯度测量法和卫星水准测量法等。

目前,地球重力场模型中的大地水准面高度精度特性对大地测量应用特别重要。提高陆地上大地水准面确定精度可以保证通过利用详细重力测量信息精化大陆区域地球重力场全球模型的方式建立区域和国家的大地水准面高度数字模型。目前,大地水准面高度数字模型特性如下:分辨率从 5′ 到 1~2′;精度(均方根误差)从几分米(非洲、亚洲、南美洲、俄罗斯)到几厘米(欧洲、美国、加拿大)。

从地球重力场模型精度特性角度而言,北极地区仍然是需要进一步提高精度的区域,特别是极帽区域。按照与北极地区的 2190 阶参考模型 EGM-2008 的程度,可以在高阶模型中分离出最接近的模型是 1420 阶模型 EIGEN,在低阶模型中分离出最接近的模型是美国 360 阶模型 GIF48。

由于在推导建立过程中利用卫星梯度测量数据,俄罗斯新型模型 ГАО-2012 在整个北极地区接近国外同类模型最好的精度水平。

## 6.2 地球重力场模型在海上重力测量中的应用

海上重力测量值与位于停靠港口的基准重力测点上的基准测量值长期偏离。在这种情况下,实时监测由正常工作设备、基准测点的测量状态、可影响的物理因素决定的相对测量值的可靠性和精度问题迫在眉睫。为此,可以利用地球重力场全球模型连续实时跟踪测量过程。

随着卫星测量方法的出现,地球重力场研究进入一个新阶段[472]。因为重力场异常会决定大地水准面的形状,故可以根据由卫星测高法测得的世界海洋区域(包括大西洋、太平洋、印度洋、北冰洋、巴伦支海、白令海、鄂霍次克海、日本海、加勒比海等)的大地水准面高度,以及其他航天测量值来确定重力异常。显然,此时会丢失重力场的高频分量。可以将通过卫星数据计算确定的重力异常设置相应的频率范围,以便可试验性地将其用于失真程度可适当接收的方向。为此,必须将根据卫星数据计算得到的重力异常频谱成分与重力异常实际测量值进行直接对比。

### 6.2.1 卫星数据与重力异常测量值的对比

根据 GEOS-3 和 SEASAT 卫星测得的世界海洋区域高度测量值可得到误差为 10cm 的高度测量值,基于该高度值可在 15′×15′ 的格网上确定误差为 ±8mGal 的重力异常值。

隶属于美国国防部的国家地理空间情报局(National Geospatial-Intelligence Agency,NGA)在研制基于卫星测量技术计算世界海洋区域重力异常的方法中起主导作用。在俄罗斯科学院地球物理研究所对根据测高数据得到的重力异常和 1993 年完成的世界海洋区域可靠的重力测量值计算得到的重力异常首次进行了大样本对比[101]。在大西洋区域和太平洋堪察加-科曼多尔区域的两个多边形区域比较了重力异常图。结果表明,根据测高数据和重力测量值得到的重力异常在频谱的长波分量中大部分重合,并在高度测量数据中存在高强度的寄生飞溅变化。

在印度洋和太平洋的较长剖面上也作了类似的比较。在包括超过 3000 个步长为 15′ 的重测点的 38 个剖面上,计算了根据测高数据和重力测量值得到的重力异常之差。误差均值约为 0.02mGal,实际上可以忽略,而在单个测量剖面上的重力异常之差从 -2.9mGal 到 +3.5mGal。单个剖面上的均方差值为 ±4.1mGal 到 ±11.3mGal,而按照整个样本计算约为 7.2mGal。抽样测量值误差随机分量不超过 ±0.7mGal,系统分量不超过 1.0mGal[96,100]。

在下一阶段比较了加利福尼亚大学圣地亚哥海洋研究所卫星大地测量网站上公布的根据卫星测高数据计算的重力异常值和在俄罗斯第17届工会代表大会上以网格文件形式提交的由俄罗斯科学院地球物理研究所利用海洋重力测量设备于1990—1993年间完成的线测和面测异常值,如图6.2.1所示,直线表示相应序号的线测剖面,矩形表示对应的面测区域。整个对比过程利用了航程从2500km到7000km的10条线测量剖面上超过80000个测点数据和面积从400km$^2$到60000km$^2$的9块面测区域上超过73000个测点数据。线测剖面上的随机测量误差为±0.25mGal到±0.70mGal,而面测区域上的平差后的随机测量误差为±0.10mGal到±0.40mGal[96,100]。另外,重力测量值中不包含超过0.7mGal的系统误差。重力测量点之间的距离从0.3km到1km不等,而扰动加速度通常不超过200Gal。

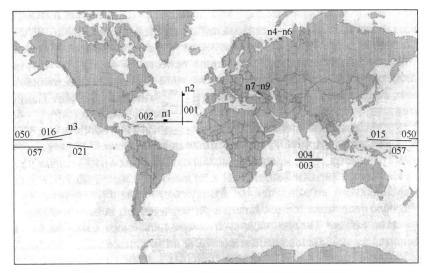

图6.2.1 用于比较重力异常的线测剖面和面测区域

表6.2.1给出直接测得的重力异常值和根据卫星测高数据计算的重力异常值之差的统计特性。除黑海海域外,重力异常之差的系统误差约为1mGal,而随机误差在梯度较小区域约为±2.1mGal,在梯度变化剧烈区域约为±6.2mGal,并且与测量地点无关,在高梯度地区,最大偏差明显超过了3倍均方根值。

表6.2.1 利用两种方法得到的重力异常之间偏差特性

| 剖面或试验场(П) | 工作区域 | 测点数量 | 系统分量/mGal | 随机分量/mGal | 最小值/mGal | 最大值/mGal |
| --- | --- | --- | --- | --- | --- | --- |
| 001 | 大西洋 | 4700 | 1.51 | 5.72 | −20.07 | 27.82 |
| 002 | 大西洋 | 4862 | 1.17 | 3.97 | −13.53 | 15.43 |
| 68П1 | 大西洋 | 427 | −3.17 | 5.70 | −19.94 | 4.72 |
| 80П1 | 大西洋 | 411 | 5.26 | 6.15 | −4.83 | 22.55 |

(续)

| 剖面或试验场(Π) | 工作区域 | 测点数量 | 系统分量/mGal | 随机分量/mGal | 最小值/mGal | 最大值/mGal |
|---|---|---|---|---|---|---|
| Π1 | 大西洋 | 4700 | 1.51 | 5.72 | −20.07 | 27.82 |
| Π2 | 大西洋 | 9725 | 1.17 | 3.97 | −13.53 | 15.43 |
| 004 | 印度洋 | 4998 | 0.53 | 5.29 | −37.97 | 17.15 |
| 003 | 印度洋 | 5243 | −0.02 | 4.75 | −24.70 | 14.90 |
| 050 | 太平洋 | 10510 | 1.89 | 5.04 | −16.13 | 24.21 |
| 057 | 太平洋 | 14440 | 0.52 | 4.48 | −20.50 | 24.56 |
| Π3 | 太平洋 | 1656 | 2.12 | 2.83 | −6.21 | 9.38 |
| Π4、Π5、Π6 | 巴伦支海 | 24325 | 1.04 | 2.06 | −11.39 | 7.54 |
| 502 | 黑海 | 816 | −14.41 | 8.43 | −17.86 | 2.44 |
| 503 | 黑海 | 956 | −5.72 | 5.01 | −21.20 | 4.84 |
| Π8 | 黑海 | 8663 | −12.47 | 6.96 | −51.84 | 1.92 |
| Π9 | 黑海 | 15155 | −17.88 | 16.16 | −101.16 | 27.72 |

在黑海海域得到的重力异常差值最大,这主要是因为这些测量剖面位于海岸附近,靠近高加索山脉。该区域为无补偿的均衡区域,其中相当大的重力质量高于大地水准面的等位面,这破坏了斯托克斯定理的条件[181]。

位于北纬 23°上横跨大西洋的 002 号测量剖面横贯两个海盆和中大西洋海脊,其剖面曲线如图 6.2.2 所示,进行了比较详细的研究。

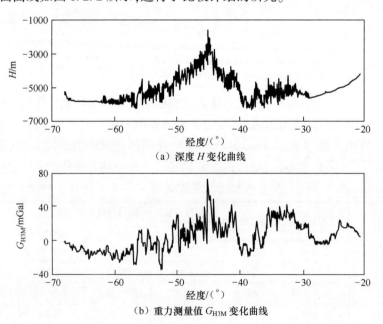

(a) 深度 $H$ 变化曲线

(b) 重力测量值 $G_{H3M}$ 变化曲线

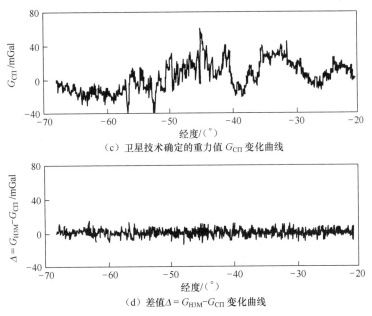

(c) 卫星技术确定的重力值 $G_{CII}$ 变化曲线

(d) 差值 $\Delta = G_{H3M} - G_{CII}$ 变化曲线

图 6.2.2　大西洋上 002 号测量剖面曲线

图 6.2.3 给出了各参数的功率谱曲线。由曲线可知，直接测得的重力异常值

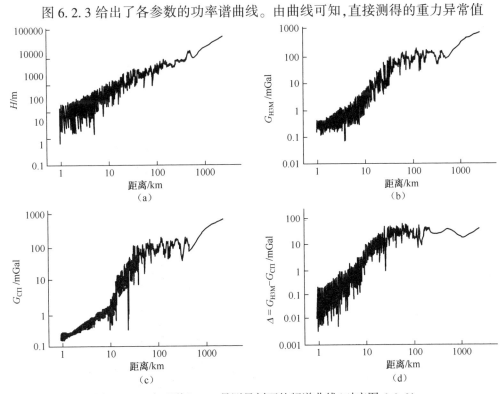

图 6.2.3　大西洋上 002 号测量剖面的频谱曲线（对应图 6.2.2）

和根据卫星测高数据计算的重力异常值之差仅包含高频分量。此外,在根据卫星测量值计算重力异常过程中也会产生高频误差。这一论点的依据是,在重力场分割极小的情况下卫星数据中的高频谐波更为强烈,正如在平底和深海海盆剖面端所看到的那样。此外,差值曲线比较平稳均衡,与沿整个测量剖面的重力场的分割性无关。对于所研究的其他彼此相似的测量剖面也可以得到类似的谱线。只有在低频部分,直接测得的重力异常和根据卫星测高数据计算的重力异常视觉上比较一致。为了定量地确定一致区域的边界,需要计算两种方法得到的重力异常数据之间相干性频谱模的平方[42],这种方法可以在两个数据组中找匹配的频率。图6.2.4给出了所有研究的测量剖面数据之间相干性频谱模的平方曲线,由图可见,除了黑海海域外,在其他世界海洋区域的曲线彼此相似。

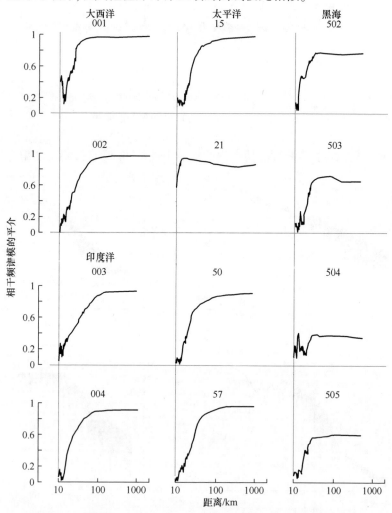

图 6.2.4 大西洋(001、002)、印度洋(003、004)、太平洋(15、21、50、57)和黑海(502~505)海洋和卫星测量数据之间的相干频谱模的平方曲线

对图6.2.4所示曲线分析表明,在波长超过50km的开阔海洋区域,相干频谱模的平方超过0.9,根据卫星测高数据计算的重力异常与直接测得的重力异常实际上是一致的。由于在高度测量值中产生了干扰,所有形式上由卫星测量值得到的波长小于20km的重力场谐波均是虚假的。在由卫星测量值得到的波长范围从20km到50km的重力场谐波,随着波长越小,其失真越大。图6.2.5给出了表6.2.1中太平洋上的Π3测量区域上直接利用海洋测量值确定的重力异常图和根据卫星测高数据计算得到的重力异常图。

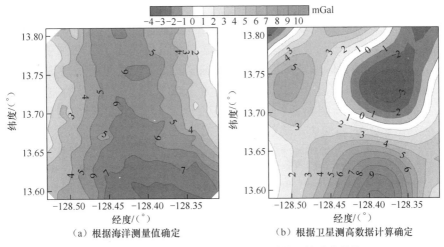

（a）根据海洋测量值确定　　　　（b）根据卫星测高数据计算确定

图6.2.5　（见彩图）太平洋上的Π3测量区域重力异常

图6.2.6给出了根据利用海洋测量值确定的重力异常曲线(实线)和根据卫星测高数据计算得到的重力异常剖面曲线(虚线),同样可见其高频部分的差异。

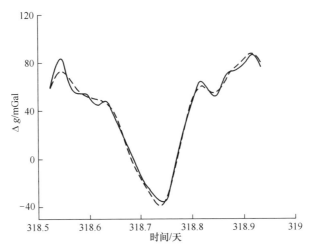

图6.2.6　海洋测量和卫星测量重力异常剖面

早在1995年就提出了将根据卫星测量数据得到的重力异常值与海洋测量值组合处理后代替岸基重力测量参考点的想法[101]。随着对地球重力场模型的不断完善及其频率特性的深入研究,这种想法的实际应用才逐渐变为可能。近年来,随着地球重力位谐波系数确定精度特性的逐渐完善和空间分辨率的提高,俄罗斯国内、外专家学者们以卫星高度测量数据、重力梯度测量数据和陆地、海洋及航空测量综合数据为基础,研究了一系列全新的地球重力场全球组合模型[135]。超高阶地球重力场全球模型EGM-2008在这些模型中占有重要地位[134],相关信息可参见美国国家地理空间情报局(NGA)网站[346],该模型目前精度最高[139]。

为了评估全球模型EGM-2008解决上述问题的适用性,1991年在大西洋中脊和凯恩变形断层交汇处,利用海洋重力测量综合设备完成了区域测量。面积为300km×200km的测量区域被步长为5km×10km的交叉测线网覆盖,该区域的海底地形和重力异常非常复杂,其海底落差为1000~6000m,相应的重力异常为-65mGal~+100mGal。图6.2.7给出了利用海洋重力测量综合设备得到的数据建立的重力异常分布,直线表示测量剖面。

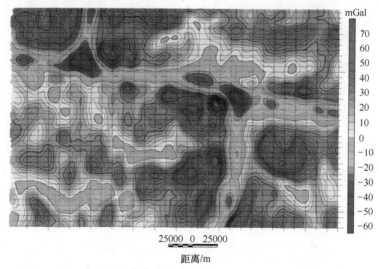

图6.2.7 (见彩图)大西洋中脊和凯恩变形断层交汇处重力异常分布

对测量剖面上1230个交叉点处的误差估计,得到平差后的测量误差约为±0.35mGal,而与岸上测点处对比精度优于±0.3mGal。在所有测量点上(步长为1min或300m)计算了重力异常测量值和EGM-2008模型值之间的差值,其平均值为0.60mGal,优于重力场且分割性较强,差值的标准偏差约为3.97mGal。

图6.2.8给出了重力异常测量值和EGM-2008模型值之间的差值分布,这是一个模型值频率失真的例子。试验研究结果表明,如果在出发的港口没有可靠的基准重力值时,可以利用EGM-2008模型监测重力测量品质或将重力测量值向模型值绑定。

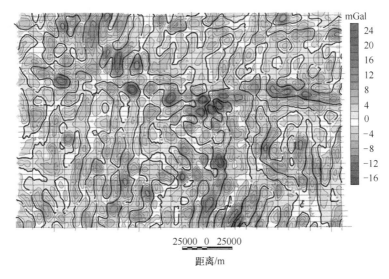

图 6.2.8 （见彩图）在凯恩变形断层区重力异常实测值与模型值的差值分布

## 6.2.2 测量值向重力场模型值的数学绑定方法

在数据后处理过程中将重力异常测量值向模型值上匹配绑定的方法规定了以下阶段。

首先必须完成重力测量值的整个处理循环,此时,在出发港口的原始重力值可以参照标准重力常值,或其他已知测点值,而重力仪零点偏移速度值需要预测;其次要计算测量区域内所有测点上测得的重力异常值与从 EGM-2008 模型得到的重力异常值之差 $\Delta$。首先将得到的所有差值按照时间分类;然后利用线性(或其他)函数近似,该函数后续将用于将测量值绑定到模型值,并对重力仪的零点偏移速度值进行精确;完成测量平差(如果可能的话)和测量精度估计[97]。

2012—2013 年,利用移动式重力仪 Chekan-AM 在印度洋上 3 个区域内完成的海洋重力测量期间,检验了测量精度监测和海洋重力异常测量值向 EGM-2008 模型值绑定的观点。图 6.2.9 给出了位于大陆架陡坡上的测量区域 Π1 内重力异常测量值与模型值之差的变化曲线。

利用标准重力值作为基准测量点的原始测量值,而且处理过程本身未引入对重力仪零位偏移速度的修正项。测量值与模型值之差的近似函数的线性项系数约为 2.199mGal/天,其物理上可表示零位偏移速度。得到近似线性函数可以在考虑重力仪零位偏移速度的情况下将重力异常测量值向 EGM-2008 模型值绑定。在这种方案中,测量剖面与切线剖面上误差的系统分量约为 0.08mGal,而误差随机分量约为±0.25mGal。经过测量剖面相互标准平差后的随机误差约为±0.17mGal,

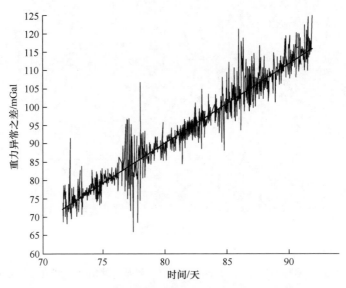

图 6.2.9 在 Π1 测量区域内重力异常测量值与模型值之差

而重力异常测量值与 EGM-2008 模型值之差的平均值约为-0.07mGal。

利用港口处基准点测量值对测量区域 Π1 内的测量值进行标准处理的结果可得重力仪零位偏移速度约为+2.184mGal/天。测量区域 Π1 内经过平差后的单位测量值随机误差约为±0.17mGal，而重力异常测量值与模型值之差的平均值约为2.12mGal。

在试验和标准处理方案中，被估计的参数除了测量值减模型值的恒定差(-0.07mGal 和2.12mGal)以外都是一致的，这可能是因为测量值向基准值绑定存在误差，以及 EGM-2008 模型在大陆架陡坡区域内不准确造成的。图 6.2.10 给出了在测量区域 Π1 内重力异常测量值与模型值之差的示意图，即表明模型存在频率失真。

在印度洋中洋海脊的裂谷区测绘了一个边长为 120km 的方形测量区域 Π2，图 6.2.11 给出了该区域内重力异常测量值与模型值之差的变化曲线。

由于其产生的性质，使得上述差值不能用线性函数近似。当重力仪输出信息中扰动加速度增大到200mGal 时，会出现因正常工作状态中断引起的偏差。此时，需要应用与上述推荐方法不同的数据处理方法。首先要完成测量区域内测量数据的平差；然后沿整个区域计算重力异常测量值与模型值之差的平均值；最后将该平均值以改正项的形式引入至所有测量值中。计算误差平均值的过程实际上是进行滤波，并分离出重力异常测量值与模型值之差的常值分量。表 6.2.2 给出了在测量区域 Π2 内不同处理阶段的测量误差估计结果。

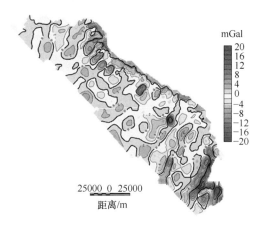

图 6.2.10 (见彩图) 在测量区域 Π1 内重力异常测量值与模型值之差曲线

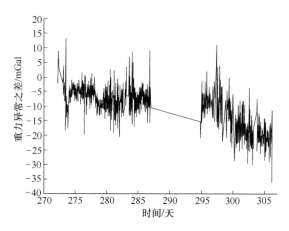

图 6.2.11 在测量区域 Π2 内重力异常测量值与模型值之差曲线

表 6.2.2 在不同处理阶段的误差估计

| 序号 | 处理阶段 | 交叉点数 | 系统分量/mGal | 随机分量/mGal | 相对模型偏差/mGal |
|---|---|---|---|---|---|
| 1 | 初步处理 | 54 | 1.17 | 5.77 | 13.6 |
| 2 | 平差后处理 | 54 | 0.02 | 1.01 | 0.00 |

图 6.2.12 给出了重力异常测量值示意图,在图 6.2.13 中给出了重力异常测量值与 EGM-2008 模型值之差示意图。由上述处理结果可知,即使在极端恶劣的天气条件下或仪器工作故障的情况下也可以取得令人满意的结果。

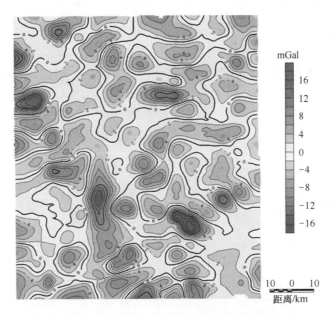

图 6.2.12 (见彩图)在 Π2 测量区域内重力异常图

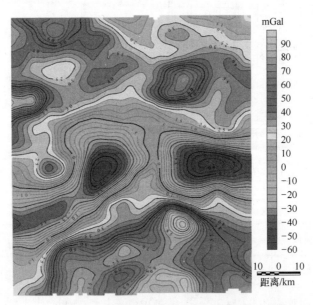

图 6.2.13 (见彩图)在 Π2 测量区域内重力异常测量值与模型值之差分布

在图 6.2.14 给出了另一个利用 EGM-2008 监测重力仪工作状态的实例。图中给出了在测量区域 Π3 内的重力异常测量值与模型值之差和重力仪示数跳变前、后记录间隔内的线性近似结果,如图 6.2.14 中红色线,该误差线可以确定跳变时间和具体数值。当由于技术原因停船或在 34 号测量剖面上的测量过程中断时，重力仪示数中会出现跳变。

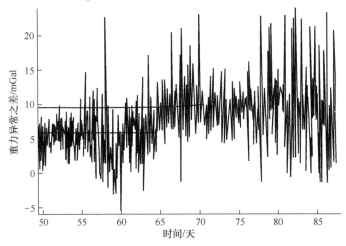

图 6.2.14　（见彩图）在 П3 测量区域内重力异常测量值与模型值之差曲线

图 6.2.15 给出了 34 号测量剖面位置（黑线）和 EGM-2008 模型给出的重力异常曲线图（蓝线），测线 34_1 表示重力仪示数跳变前的重力异常曲线（红线），测线 34_2 表示示数跳变后的重力异常曲线（品红色线）。

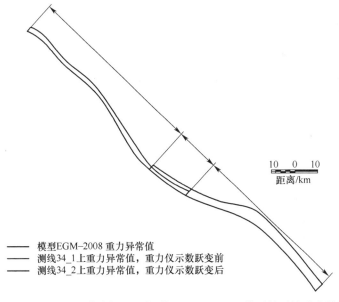

图 6.2.15　（见彩图）根据剖面上测量值和 EGM-2008 模型得到的重力异常曲线

在 34 号测量剖面上的测线重叠区域可观察到重力异常的跃变，通过对比重力异常测量值和模型值可以很容易地观察到该变化。确切地说,根据测线量剖面相交处的误差值确定的重力异常跃变值约为+3.5mGal。从第 34 号测量剖面开始考虑这种重力异常的跃变后,在测量区域 $\Pi3$ 内单位测量均方根误差约为 ±0.15mGal。

### 6.2.3 小结

本节介绍了利用比较精确地球重力场全球模型 EGM-2008 在不向岸上基准重力测量点进行绑定情况下完成对世界海洋区域边远水域进行重力测量工作的可能性,同时对非正常情况下获得的数据进行评估和必要时的修正。这种方法可以直接在舰船上完成测量数据的后处理,并在停泊港口没有重力测量基准点的情况下形成报告附件。

## 6.3 利用地球物理场精确修正运动载体导航参数

通常情况下,用于确定运动载体位置、速度等导航参数的现代导航系统设计以惯性-卫星组合导航技术为基础[49,95,80,238,368]。但近年来,研究人员对在接收 GPS 信息困难或没有 GPS 的情况下确定运动载体导航参数的方法愈发关注 (GNSS denied environment 被拒置)环境全球卫星导航系统[41,242,270,311]。

其中一种方法是利用地球物理场进行导航(或简称为地球物理场导航),这种物理场中包括重力场、地形地貌场和磁场等[15,22,49,243,300,322,400,427,456,475,501]。

地球物理场导航方法是以对比安装在运动载体上物理场传感器的测量值与根据各种地球物理场分布图或物理场模型得到的解算值为基础。

根据所用信息量,在俄罗斯(包括苏联)国内学者将这种利用地球物理场导航的系统划分为 3 类。在第一类系统中,当前时刻测量值是在沿着物理场内某条测线上的某个单独测量点处测得,也就是说,如果只利用一个地球物理场,则在每个时刻其传感器输出信号为标量。在第二类系统中,传感器会在某个短时测量周期内沿事先选择的任意线路测量输出物理场信息,这样在每个时刻可将传感器测量值视为矢量,如在海用导航系统中经常利用多路径声学探测器作为这种传感器。在第三类系统中,当前时刻测量值是在沿着物理场内某块区域内测得,也就是说,这类信息是以画面或图像的形式给出[18]。利用地球物理场解决导航问题的优势在那些能提供单点信息,且在运动过程中可累积这些信息的系统上得到充分体现,即第一类系统,这使得地球物理导航更适合进行长时间导航。本节将讨论这类系统。

在解决地球物理场导航问题时利用了不同的方法。但是,按照本节作者们的观点,在能够建立用于导航信息处理随机滤波方法应用基础的贝叶斯方法框架内研究该问题最有意义。这种方法不但可以解决算法综合问题,还可以建立正确解决算法综合精度分析问题的先决条件。

本节将给出在根据地球物理场精确修正运动载体导航参数时利用的在贝叶斯方法框架内设计的滤波算法的概述及对比。本节内容在很大程度上与相应作者发表的相关文献为基础[253-254],并重点给出各种滤波算法优点和缺点的图示说明。

### 6.3.1 基于非线性滤波理论提出的问题及解决方法

下面详细分析地球物理场导航问题的本质和主要特点。不失一般性,假设在离散时间点上运动载体在某笛卡儿坐标系内平面位置坐标精确可知(通常情况下,在根据地球物理场解决导航问题时运动载体均在三维空间内沿固定高度或深度的轨迹运动,而高度或深度信息已知,并且在解决问题时要予以考虑)。同时假设运动载体上装备了能够解算载体在第 $i$ 时刻的平面坐标测量值 $y_i^{HC} = [y_i^{(1)} \quad y_i^{(2)}]^T$ 的导航系统(HC),以及能够测量某个地球物理场参数 $y_i$ 的外部信息传感器,并且 $y_i^{HC}$ 和 $y_i$ 满足

$$y_i^{HC} = X_i + \Delta y_i^{HC} \tag{6.3.1}$$

$$y_i = \phi(X_i) + \Delta y_i \tag{6.3.2}$$

式中: $X_i = [X_i^{(1)} \quad X_i^{(2)}]^T$ 为在某笛卡儿坐标系内的运动载体位置坐标; $\Delta y_i^{HC} = [\Delta y_i^{(1)} \quad \Delta y_i^{(2)}]^T$ 为导航系统解算的当地位置误差; $\phi(X_i)$ 为向量变量函数,该式可描述所用物理场参数 $y_i$ 与位置坐标 $X_i$ 之间的关系; $\Delta y_i$ 为传感器测量误差。

一般情况下,可以利用函数 $\phi(X_i)$ 以误差为 $\Delta y_i^k$ 的精度解算出给定区域内任意点处物理场参数值 $\phi^k(X_i)$,即满足

$$\phi^k(X_i) = \phi(X_i) + \Delta y_i^k$$

通常,函数 $\phi^k(X_i)$ 还可以利用根据预先测量的结果得到的先验信息建立,并按照数字地图或 6.1 节中讨论的各类解析模型的形式给出。

将上式代入式(6.3.2),可得

$$y_i = \phi(X_i) + \Delta y_i = \phi^k(X_i) + \Delta y_i^\Sigma \tag{6.3.3}$$

式中: $\Delta y_i^\Sigma = \Delta y_i - \Delta y_i^k$ 为传感器测量误差 $\Delta y_i$ 和物理场分布图误差 $\Delta y_i^k$ 的总误差。

地球物理场导航问题的本质是,当 $i = 1, 2, \cdots$ 时,为了得到一组形如式(6.3.1)、式(6.3.3)所示的测量值,必须得到导航系统的误差估计值 $\Delta \hat{y}_i^{HC}$,并且尽可能地给出其精度特性,以便可以利用该误差估计值修正导航系统的输出信息。换句话说,必须利用与导航系统有关的外部测量值解决其导航系统信息修正问题[240]。图 6.3.1 给出根据地球物理场方法解决导航问题的框图。

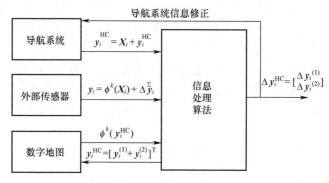

图 6.3.1 根据地球物理场解决导航问题的框图

注意,地球物理场导航问题的最主要特点是算法综合复杂、精度分析困难,具体表现如下。

(1) 函数 $\phi^k(X_i)$ 为非线性的,并且确定位置坐标 $y_i^{HC}$ 的不定式的先验部分可以是不总要求以必需的精度来利用通过忽略高阶小项的泰勒级数展开方法得到的 $\phi^k(X_i)$ 的线性化表达式。正如上述给出的情况,这个表达式可以根据预先测量的信息来建立或解析求得。为了解决该问题,一是必须建立该函数表达式,二是既要考虑传感器的误差,也要考虑地球物理场误差。

(2) 通常情况下,为了解决导航问题,必须有支承导航系统(即被校准的导航系统),根据物理场分布图解算的修正参数是以该支承导航系统输出参数为基础给出的。因此,在大多数情况下,书中研究的地球物理场导航方法仅能进一步修正导航系统输出参数,而在载体上未装备导航系统时,仅能在利用某些附加信息的条件下才能直接确定载体的位置坐标。

(3) 在利用单个标量物理场时,为了积累用于修正当地位置坐标的信息,必须要求载体在空间运动,这使得该方法具有时间长的特点,同时必须给出考虑导航系统误差 $\Delta y_i^{HC}$ 以及传感器和地球物理场分布图综合误差 $\Delta y_i^{\Sigma}$ 随时间变化特性的误差模型。

(4) 在所选区域内按照地球物理场方法进行导航的精度(即位置确定精度)主要与载体运动轨迹的长度、载体周围物理场的变化情况、物理场分布图误差、物理场传感器精度以及用于确定由导航系统解算出的载体当前位置信息的先验不定式的准确性有关。因此,为了提高对导航系统输出参数的修正效率,必须合理选择能保证以要求精度解决导航问题的运动轨迹。为此,必须研究确定这些轨迹的方法,并且能够根据上述列出的所有影响精度因素计算出期望的导航精度。

为了解决地球物理场导航问题而提出的算法发展进化的结果,就形成了在贝叶斯非线性滤波理论框架内的基本问题,按照作者们的观点,这些问题比较全面地考虑了地球物理场导航的基本问题,并建立了利用这些能解决非线性滤波问题算法库的前提条件。在整个线性滤波和非线性滤波算法发展领域内的重要进展,以及那些为解决具体应用问题而研究非线性滤波算法设计的文章均是本节分析问题的基础。可以说,地球物理场导航系统成了调试新型非线性滤波算法的桥头堡。

下面在贝叶斯非线性滤波理论框架内给出地球物理场导航的基本问题。为便于分析在地球物理导航问题不同发展阶段所提出算法的特点及改进前景,将按照各算法出现的年代次序进行讨论。不失一般性,分析将针对离散情况展开。为了更明确,假设可以利用维数分别为 $n^{HC}$ 和 $n^{\Sigma}$ 的向量序列 $\boldsymbol{x}_i^{HC}$ 和 $\boldsymbol{x}_i^{\Sigma}$ 构建的两个合成滤波器描述误差模型 $\Delta \boldsymbol{y}_i^{HC}$、$\Delta \boldsymbol{y}_i^{\Sigma[253]}$,有

$$\boldsymbol{x}_i^{HC} = \boldsymbol{\Phi}_i^{HC} \boldsymbol{x}_{i-1}^{HC} + \boldsymbol{\Gamma}_i^{HC} \boldsymbol{w}_i^{HC} \tag{6.3.4}$$

$$\boldsymbol{x}_i^{\Sigma} = \boldsymbol{\Phi}_i^{\Sigma} \boldsymbol{x}_{i-1}^{\Sigma} + \boldsymbol{\Gamma}_i^{\Sigma} \boldsymbol{w}_i^{\Sigma} \tag{6.3.5}$$

误差 $\Delta \boldsymbol{y}_i^{HC}$ 和 $\Delta \boldsymbol{y}_i^{\Sigma}$ 满足:

$$\Delta \boldsymbol{y}_i^{HC} = \boldsymbol{H}_i^{HC} \boldsymbol{x}_i^{HC}, \Delta \boldsymbol{y}_i^{\Sigma} = \boldsymbol{H}_i^{\Sigma} \boldsymbol{x}_i^{\Sigma} + \boldsymbol{v}_i^{\Sigma}$$

式中:$\boldsymbol{\Phi}_i^l$、$\boldsymbol{\Gamma}_i^l$、$\boldsymbol{H}_i^l$($l = HC、\Sigma$)分别为合成噪声信号已知的动态矩阵和观测矩阵;$\boldsymbol{w}_i^l$ 为协方差矩阵为 $\boldsymbol{Q}_i^l$、维数为 $p^l$ 的合成定中白噪声序列,$l = HC、\Sigma$;$\boldsymbol{v}_i^{\Sigma}$ 为协方差矩阵为 $\boldsymbol{R}_i^{\Sigma}$ 的物理场图和测量传感器总误差的定中白噪声序列。

为了简化,假设这些白噪声序列相互间独立无关,并且与初始条件无关。结合引入的符号,可将式(6.3.3)所示测量值写为

$$\boldsymbol{y}_i = \phi^k(\boldsymbol{y}_i^{HC} - \boldsymbol{H}_i^{HC} \boldsymbol{x}_i^{HC}) + \boldsymbol{H}_i^{\Sigma} \boldsymbol{x}_i^{\Sigma} + \boldsymbol{v}_i^{\Sigma} = s_i(\boldsymbol{H}_i^{HC} \boldsymbol{x}_i^{HC}) + \boldsymbol{H}_i^{\Sigma} \boldsymbol{x}_i^{\Sigma} + \boldsymbol{v}_i^{\Sigma}$$
(6.3.6)

其中:$s_i(\boldsymbol{H}_i^{HC} \boldsymbol{x}_i^{HC}) = \phi^k(\boldsymbol{y}_i^{HC} - \boldsymbol{H}_i^{HC} \boldsymbol{x}_i^{HC})$。

引入长度分别为 $n = n^{HC} + n^{\Sigma}$ 维和 $p = p^{HC} + p^{\Sigma}$ 维的合成向量 $\boldsymbol{x}_i$、$\boldsymbol{w}_i$:

$$\boldsymbol{x}_i = [(\boldsymbol{x}_i^{HC})^T \quad (\boldsymbol{x}_i^{\Sigma})^T]^T, \boldsymbol{w}_i = [(\boldsymbol{w}_i^{HC})^T \quad (\boldsymbol{w}_i^{\Sigma})^T]^T$$

同时引入函数 $\tilde{s}_i(\boldsymbol{x}_i^{HC}) = s_i(\boldsymbol{H}_i^{HC} \boldsymbol{x}_i^{HC})$、$\tilde{\tilde{s}}_i(\boldsymbol{x}_i) = \tilde{s}_i(\boldsymbol{x}_i^{HC}) + \boldsymbol{H}_i^{\Sigma} \boldsymbol{x}_i^{\Sigma}$,这样就可以写出状态向量 $\boldsymbol{x}_i$ 和测量向量 $\boldsymbol{y}_i$ 的方程为

$$\boldsymbol{x}_i = \boldsymbol{\Phi}_i \boldsymbol{x}_{i-1} + \boldsymbol{\Gamma}_i \boldsymbol{w}_i \tag{6.3.7}$$

$$\boldsymbol{y}_i = \tilde{\tilde{s}}_i(\boldsymbol{x}_i) + \boldsymbol{v}_i^{\Sigma} \tag{6.3.8}$$

式中:$\boldsymbol{\Phi}_i$、$\boldsymbol{\Gamma}_i$ 和 $\boldsymbol{w}_i$、$\boldsymbol{v}_i^{\Sigma}$ 要结合式(6.3.4)、式(6.3.5)来确定。

这样,即可将式(6.3.7)、式(6.3.8)写为

$$\begin{cases} \boldsymbol{x}_i^{HC} = \boldsymbol{\Phi}_i^{HC} \boldsymbol{x}_{i-1}^{HC} + \boldsymbol{\Gamma}_i^{HC} \boldsymbol{w}_i^{HC} \\ \boldsymbol{x}_i^{\Sigma} = \boldsymbol{\Phi}_i^{\Sigma} \boldsymbol{x}_{i-1}^{\Sigma} + \boldsymbol{\Gamma}_i^{\Sigma} \boldsymbol{w}_i^{\Sigma} \\ \boldsymbol{y}_i = \tilde{s}_i(\boldsymbol{x}_i^{HC}) + \boldsymbol{H}_i^{\Sigma} \boldsymbol{x}_i^{\Sigma} + \boldsymbol{v}_i^{\Sigma} \end{cases}$$

此外,如果给出概率分布密度函数 $f(\boldsymbol{w}_i^{HC})$、$f(\boldsymbol{w}_i^{\Sigma})$、$f(\boldsymbol{v}_i^{\Sigma})$、$f(\boldsymbol{x}_0)$,即可形成

一个非线性滤波问题。该问题的本质是,利用累积的当前时刻测量值 $Y_i = [y_1, \cdots, y_i]^T$ 确定在均方根意义内使下列绝对协方差矩阵形式的传统导航准则矩阵达到最小的最优估计值,即

$$G_i^{opt} = \iint \{(x_i - \hat{x}_i^{opt}(Y_i))(x_i - \hat{x}_i^{opt}(Y_i))^T\} f(x_i, Y_i) dx_i dY_i \quad (6.3.9)$$

式中:$f(x_i, Y_i)$ 为向量 $x_i$、$Y_i$ 的联合概率分布密度函数。

使矩阵最小可以理解为,对于协方差矩阵为 $\widetilde{G}_i$ 的任意估计值 $\widetilde{x}_i(Y_i)$ 而言,二次型不等式 $G_i^{opt} \leq \widetilde{G}_i$ 始终成立。

不难理解,上述估计值实际上是后验概率分布密度函数 $f(x_i/Y_i)$ 的数学期望,可以利用下式确定,即

$$\hat{x}_i^{opt}(Y_i) = E_{x_i/Y_i}\{x_i\} = \int x_i f(x_i/Y_i) dx_i \quad (6.3.10)$$

同时,在非线性滤波理论框架内不仅能够确定均方根意义内的最优估计 $x_i$,也可得到条件协方差矩阵形式的当前估计精度特性[243,278,300],即

$$P_i^{opt}(Y_i) = E_{x_i/Y_i}\{(x_i - \hat{x}_i^{opt}(Y_i))(x_i - \hat{x}_i^{opt}(Y_i))^T\} \quad (6.3.11)$$

在式(6.3.10)中,后验概率分布密度函数 $f(x_i/Y_i)$ 的递推表达式对于设计非线性滤波算法起着重要作用,适用于书中所研究的非线性滤波算法的递推表达式为

$$f(x_i/Y_i) = \frac{f(y_i/x_i) f(x_i/Y_{i-1})}{\int f(y_i/x_i) f(x_i/Y_{i-1}) dx_i} \quad (6.3.12)$$

式中:$f(y_i/x_i)$ 为结合式(6.3.8)得到的近似真实的函数;$f(x_i/Y_{i-1})$ 为预测密度函数,且满足

$$f(x_i/Y_{i-1}) = \int f(x_i/x_{i-1}) f(x_{i-1}/Y_{i-1}) dx_{i-1} \quad (6.3.13)$$

式中:$f(x_i/x_{i-1})$ 为过渡密度函数,可以利用式(6.3.7)求得。

在式(6.3.10)、式(6.3.11)中,积分被理解为在无限长的时间间隔内多重积分,符号 $E$ 则表示数学期望,其下标参数则表示其描述的概率分布密度函数。这样,解决问题的关键是计算式(6.3.10)、式(6.3.11)的多重积分。在确定估计值 $x_i$ 后,利用表达式 $\Delta y_i^{HC} = H_i^{HC} x_i^{HC}$,即可比较容易地确定未知估计值 $\Delta y_i^{HC}$ 及相应精度特性。

同样也不难理解,在闭环形式内仅可以在所描述的问题具有线性高斯特性的情况下予以解决,也就是指上述给出的概率密度函数为高斯函数,而式(6.3.8)是线性方程。在这种假设条件下,解决问题的关键是确定能解算两个初始时刻后验高斯概率密度函数的卡尔曼滤波器递推关系式。在所有其他情况下,在贝叶斯滤波方法框架内设计滤波算法是以利用能完全考虑所研究问题非线性特性的后验概

率密度函数一系列近似方法为基础。

合成向量 $\boldsymbol{x}_i = [(\boldsymbol{x}_i^{HC})^T \quad (\boldsymbol{x}_i^{\Sigma})^T]^T$ 的结构非常重要,在测量子向量 $\boldsymbol{x}_i^{HC}$ ($i = 1,2,\cdots$) 时可认为关于子向量 $\boldsymbol{x}_i^{\Sigma}$ 的问题是线性的。应注意,合成向量的概率分布密度可以表示为

$$f(\boldsymbol{x}_i/\boldsymbol{Y}_i) = f(\boldsymbol{x}_i^{HC}/\boldsymbol{Y}_i) f(\boldsymbol{x}_i^{\Sigma}/\boldsymbol{x}_i^{HC}, \boldsymbol{Y}_i)$$

当概率密度函数 $f(\boldsymbol{w}_i^{\Sigma})$、$f(\boldsymbol{v}_i^{\Sigma})$、$f(\boldsymbol{x}_0^{\Sigma})$ 具有高斯分布特性时,就可以设计确定最优估计和协方差矩阵的比较经济的算法。这是因为在测量子向量 $\boldsymbol{x}_i^{HC}$ ($i = 1, 2,\cdots$) 时,由式(6.3.8)得到的概率密度函数 $f(\boldsymbol{x}_i^{\Sigma}/\boldsymbol{x}_i^{HC}, \boldsymbol{Y}_i)$ 将具有高斯分布特性,其参数可以利用卡尔曼滤波器确定。

下面研究一个确定递推关系式的示例。

**例 6.1** 假设导航系统误差可以描述为高斯维纳序列,物理场测量值为标量,而物理场分布图和测量仪表的总误差是高斯维纳序列形式的缓慢变化分量与离散差为 $r_i^2$ 的白噪声序列形式的高频分量之和。换句话说,假设

$$\begin{cases} \boldsymbol{x}_i^{HC} = \boldsymbol{x}_{i-1}^{HC} + \boldsymbol{\Gamma}^{HC} \boldsymbol{w}_i^{HC} \\ \boldsymbol{x}_i^{\Sigma} = \boldsymbol{x}_{i-1}^{\Sigma} + q^{\Sigma} \boldsymbol{w}_i^{\Sigma} \\ \boldsymbol{y}_i = s_i(\boldsymbol{x}_i^{HC}) + \boldsymbol{x}_i^{\Sigma} + \boldsymbol{v}_i^{\Sigma} \end{cases} \quad (6.3.14)$$

式中: $\Delta \boldsymbol{y}_i^{HC} = \boldsymbol{x}_i^{HC} = [x_{i,1}^{HC} \quad x_{i,2}^{HC}]^T$,即满足 $\boldsymbol{H}_i^{HC} = \boldsymbol{I}_2$ ($\boldsymbol{I}_2$ 为 $2 \times 2$ 维单位矩阵);$s_i(\boldsymbol{x}_i^{HC}) \equiv \tilde{s}_i(\boldsymbol{H}_i^{HC} \boldsymbol{x}_i^{HC})$;$\boldsymbol{\Gamma}_i^{HC} = q_i^{HC} \boldsymbol{I}_2$,$\Delta \boldsymbol{y}_i^{\Sigma} = \boldsymbol{x}_i^{\Sigma} + \boldsymbol{v}_i^{\Sigma}$,$\boldsymbol{\Phi}_i^{HC} = \boldsymbol{I}_2$,$\boldsymbol{\Phi}_i^{\Sigma} = \boldsymbol{I}$;$\boldsymbol{w}_i^{HC}$、$\boldsymbol{w}_i^{\Sigma}$ 分别为具有单位离散差的二维和单维白噪声;$q^{HC}$、$q^{\Sigma}$ 为正标量值。

在将递推式(6.3.12)进行具体化的过程中,在满足上述假设的条件下,近似函数和过渡概率密度函数有下列形式,即

$$f(\boldsymbol{y}_i/\boldsymbol{x}_i) = N(\boldsymbol{y}_i; s_i(\boldsymbol{x}_i), r_i^2), \quad f(\boldsymbol{x}_i/\boldsymbol{x}_{i-1}) = N(\boldsymbol{x}_i; \boldsymbol{x}_{i-1}, \text{diag}\{q^{HC}, q^{HC}, q^{\Sigma}\})$$

式中: $\text{diag}\{q^{HC}, q^{HC}, q^{\Sigma}\}$ 为对角阵,其主对角线由括号中的元素构成。

注意,利用符号 $f(\boldsymbol{x}) = N(\boldsymbol{x}; \bar{\boldsymbol{x}}, \boldsymbol{P})$ 表示数学期望为 $\bar{\boldsymbol{x}}$、协方差矩阵为 $\boldsymbol{P}$ 的高斯向量,即

$$f(\boldsymbol{x}) = N(\boldsymbol{x}; \bar{\boldsymbol{x}}, \boldsymbol{P}) = \frac{1}{(2\pi)^{n/2} \sqrt{\det \boldsymbol{P}}} \exp\left(-\frac{1}{2}(\boldsymbol{x} - \bar{\boldsymbol{x}})^T \boldsymbol{P}^{-1}(\boldsymbol{x} - \bar{\boldsymbol{x}})\right)$$

式中: $n$ 为高斯向量维数。

如果导航系统的误差在利用地球物理场方法进行修正的过程中不变,而且也没有缓慢变化分量,即满足 $\boldsymbol{x}_i^{HC} = \boldsymbol{x}_{i-1}^{HC} = \boldsymbol{x}^{HC}$、$\boldsymbol{x}_i^{\Sigma} = 0$、$\boldsymbol{w}_i^{HC} = 0$,则后验概率密度函数表达式可进行明显简化。由于 $\boldsymbol{x}_i^{\Sigma} = 0$,则状态向量仅包含导航系统的误差,即满足 $\boldsymbol{x} = \boldsymbol{x}^{HC}$。下面给出对应于状态向量初值的概率分布密度先验函数。例如,假设该密度函数是离散差为 $\sigma^2$、分量相互独立的高斯过程,即满足

$$f(\boldsymbol{x}) = N\left(\begin{bmatrix} \boldsymbol{x}_1 \\ \boldsymbol{x}_2 \end{bmatrix}; \begin{bmatrix} 0 \\ 0 \end{bmatrix}, \begin{bmatrix} \sigma^2 & 0 \\ 0 & \sigma^2 \end{bmatrix}\right)$$

在这种情况下,可以用下列表达式描述后验概率密度函数,即

$$f(\boldsymbol{x}/\boldsymbol{Y}_i) = c\exp\left\{-\frac{1}{2}\left[\frac{x_1^2}{\sigma^2} + \frac{x_2^2}{\sigma^2} + \sum_{j=1}^{i} \frac{(\boldsymbol{y}_j - s_j(\boldsymbol{x}_1, \boldsymbol{x}_2))^2}{r_j^2}\right]\right\} \quad (6.3.15)$$

式中:$c$ 为标准常数。

在图 6.3.2 中以插图的方式给出了当载体从图中左下方向右上方运动时利用地形地貌场解决导航问题时后验概率密度等值线的动态特性[261]。假设状态向量仅包含导航系统(HC)的误差,也就是说,$\boldsymbol{x} = \boldsymbol{x}^{HC}$,而后验概率密度表达式如式(6.3.15)所示。在图 6.3.2 中给出了对应不同数量测量值的物理场(地形地貌场)等值线和式(6.3.15)所示后验概率密度等值线的实例。图中,加号"+"表示载体真实位置信息,而根据地球物理场修正后的导航系统参数得到的位置信息用星号"*"表示。在处理完顺序进行的测量值后,载体所在位置地理坐标确定误差椭圆(error ellipse)用黑实线表示。

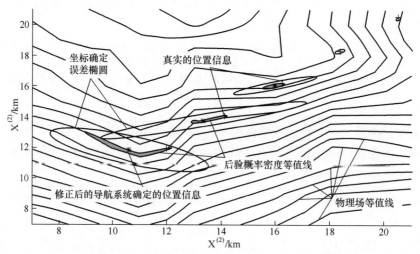

图 6.3.2 (见彩图)利用海底地球物理场导航时物理场等值线和后验概率密度等值线

图 6.3.3 给出了与图 6.3.2 所示等值线对应的后验概率密度图。由图可知,对应第一组测量数据的后验概率密度特性与物理场的等值线特性相对应,在给测量区域(段)内物理场等值线具有非线性特性,这使得所研究的地球物理场导航问题也具有非线性特性。

在式(6.3.10)、式(6.3.11)的积分时必须将 $f(\boldsymbol{x}_i/\boldsymbol{Y}_i)$ 函数具体化。为此,要在贝叶斯方法框架内采用不同的后验概率密度近似法。必须强调,除了完全合适的函数表达式 $f(\boldsymbol{x}_i/\boldsymbol{Y}_i)$ 外,选择的近似表达式还应该方便实现利用递推方法解决问题。

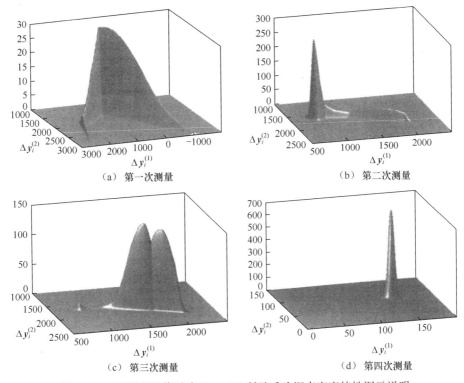

图 6.3.3 不同测量值时式(6.3.15)所示后验概率密度特性图示说明

正如文献[253]中所述,包括在解决地球物理场导航问题中所利用的不同的近似方法中,可以分成两类确定的关系式,即

$$f(\boldsymbol{x}_i/\boldsymbol{Y}_i) \approx \sum_{j=1}^{M} \omega_i^j N(\boldsymbol{x}_i;\hat{\boldsymbol{x}}_i^j,\boldsymbol{P}_i^j) \qquad (6.3.16)$$

$$f(\boldsymbol{x}_i/\boldsymbol{Y}_i) \approx \sum_{j=1}^{L} \mu_i^j \delta(\boldsymbol{x}_i - \boldsymbol{x}_i^j) \qquad (6.3.17)$$

式中:$\mu_i^j$、$\omega_i^j$ 为权值,可保证公式左侧密度函数满足标准化条件;$N(\boldsymbol{x}_i;\hat{\boldsymbol{x}}_i^j,\boldsymbol{P}_i^j)$ 为数学期望为 $\hat{\boldsymbol{x}}_i^j$、协方差矩阵为 $\boldsymbol{P}_i^j$ 的高斯密度函数,$(j=\overline{1.M})$;$\delta(\boldsymbol{x}_i-\boldsymbol{x}_i^j)$ 为对应网格不同节点 $\boldsymbol{x}_i^j$ ($j=\overline{1.L}$)的一组 $\delta$ 函数。

当 $M=1$ 时,式(6.3.16)的个别情况对应后验概率密度高斯逼近法,进而可产生卡尔曼滤波算法。当 $M>1$ 时式(6.3.16)概率密度近似法称为后验概率密度半高斯近似法,或者称为利用高斯求和的近似法[283]。

在选择式(6.3.17)中网格交点 $\boldsymbol{x}_i^j$ 时,由于这些交点具有决定特性,相应的算法称为点群滤波方法或者网格法。当利用这种或那种方法随机选择这些节点时可以得到蒙特卡洛方法的不同改进方法[243,252,261,300,316]。

下面继续讨论基于上述所用近似方法的滤波算法的特点。

### 6.3.2 利用高斯逼近实现的算法

最初提出在贝叶斯方法框架内将地球物理场导航问题作为非线性滤波问题进行研究的建议出现在 20 世纪 60—70 年代，这些建议与卡尔曼算法有关。因为在那个时期卡尔曼滤波方法得到迅猛发展，其中包括用于解决导航信息处理问题。这种方法不仅能够在递推方式下精确载体位置信息，同时也可以得到整个状态向量的估计，同样也会以其估计误差协方差矩阵的形式给出其精度特性，这在导航领域应用尤为重要。

下面分析当 $M=1$ 时由利用式(6.3.16)的概率密度近似法得到的算法。该式可以根据对描述物理场变化的函数 $s_i(\Delta y_i^{HC})$ 进行线性化来求得，即

$$s_i(\Delta y_i^{HC}) \approx s_i(0) + \left.\frac{\partial s_i(\Delta y_i^{HC})}{\partial (\Delta y_i^{HC})^T}\right|_{\Delta y_i^{HC}=0} \Delta y_i^{HC} \qquad (6.3.18)$$

式中：$s_i(0) = \phi^k(\boldsymbol{y}_i^{HC})$、$\left.\dfrac{\partial s_i(\Delta \boldsymbol{y}_i^{HC})}{\partial (\Delta \boldsymbol{y}_i^{HC})^T}\right|_{\Delta y_i^{HC}=0} = \left.\dfrac{\partial \phi^k(\boldsymbol{y}_i^{HC} - \Delta \boldsymbol{y}_i^{HC})}{\partial (\Delta \boldsymbol{y}_i^{HC})^T}\right|_{\Delta y_i^{HC}=0}$

同时，满足

$$\widetilde{\boldsymbol{y}}_i = \boldsymbol{y}_i - s_i(0) \approx \left.\frac{\partial s_i(\Delta \boldsymbol{y}_i^{HC})}{\partial (\Delta \boldsymbol{y}_i^{HC})^T}\right|_{\Delta y_i^{HC}=0} \Delta \boldsymbol{y}_i^{HC} + \Delta \boldsymbol{y}_i^{\Sigma} \qquad (6.3.19)$$

对式(6.3.18)所示非线性函数的近似可以保证在解决地球物理场导航问题时应用线性卡尔曼滤波算法。在俄文文献中，经常将在地球物理场导航问题中利用的这些算法称为无探索估计算法(或禁忌搜索估计算法)[18]。

在图 6.3.4 中针对——单维问题给出了两种情况下式(6.3.18)、式(6.3.19)线性化算法的应用图示说明。在第一种情况中，线性化点的选择方法如下：地球物理场分布剖面图线性化表达式应该能在载体真实位置范围内反映物理场的实际特性。在这种情况下，卡尔曼滤波算法能够得到载体位置的正确估计。在第二种情况中情况正好相反，若线性化点选择得不成功，则得到的线性化表达式不能在载体真实位置范围内反映物理场的实际特性，这就会产生明显的误差。

由图 6.3.4 给出的曲线可知，当线性化点与所估计坐标真值之间误差较大时，对物理场的线性化描述应用不充分会在函数 $s_i(\Delta \boldsymbol{y}_i^{HC})$ 具有非线性特性时限制应用这种算法的可能性。

为了提高式(6.3.18)所示近似方法的有效性，需要利用各类改进的卡尔曼滤波器，其中包括能够修正线性化点的迭代滤波算法[76,240,525]。为此，同一次测量值需结合在线性化点上每次迭代过程中的变化进行多次处理。图 6.3.5 给出了迭代算法图示说明，其中，图 6.3.5(a)给出了在标准线性化(线性描述 1)情况下，描

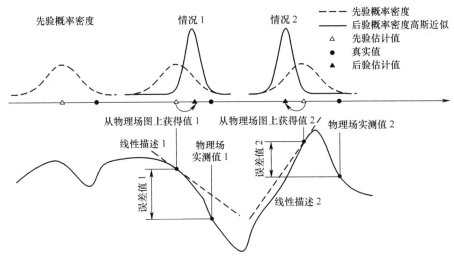

图 6.3.4 地球物理场线性化方法的图示说明

述所用物理场剖面特性的函数高斯近似曲线。图 6.3.5(b)给出了根据第一次迭代测量处理结果修正线性化点后的描述物理场剖面特性的函数高斯近似曲线。

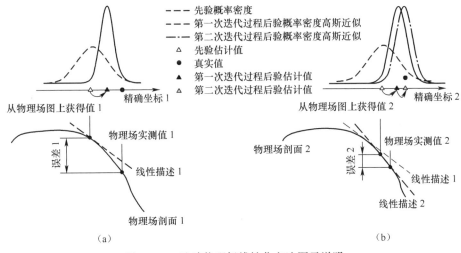

图 6.3.5 地球物理场线性化方法图示说明

由图 6.3.5 可见,修正线性化点后,在所研究情况下的这种算法可以保证比较精确地描述测量点周围的非线性函数。但应该指出,迭代算法的使用并不总是能产生积极的效果,当线性化点选择不成功时,滤波器可能会发散,也就是说,当测量点增加时,算法误差也会相应地增加。除了上述迭代算法外,还给出了利用统计线性化算法的滤波器[359]。这种线性化方法与基于式(6.3.18)、式(6.3.19)所示泰勒级数分解的线性化方法的主要区别是,在寻找描述物理场特性函数的线性表示过程中,并未利用其导数。为此,这里习惯采用最小二乘法,利用最小二乘法可以保证非线性函数与其线性化函数在先验不确定性区域内的差别最小,图 6.3.6 给出了这种线性化方法的基本思想。

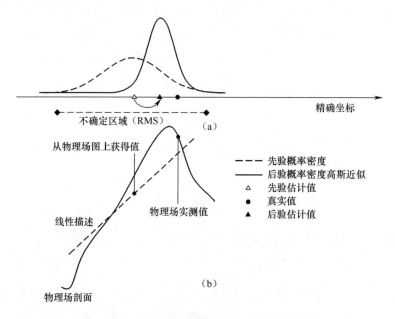

图 6.3.6　地球物理场线性化方法的图示说明

除了上面提到的地球物理场导航线性化解决方法外,还可以利用近年来提出的一系列新型卡尔曼滤波器,其中包括无迹卡尔曼滤波和一系列其他滤波[286,397,423,440,455,492,500]以及那些与基于统计线性化方法设计滤波器的思想比较接近的滤波算法。

**例 6.2**　如果在式(6.3.14)中的测量值有下列形式,则适用于例 6.1 的卡尔曼滤波算法很容易设计

$$y_i \approx y_i^{\text{KT}} = H_i x_i + \bar{y}_i + v_i^{\partial \text{on}} + v_i^{\Sigma}$$

式中:$H_i$ 为三维行矩阵;$\bar{y}_i$ 为已知值;$v_i^{\partial \text{on}}$ 为描述利用线性化后的表达式代替式(6.3.8)所示非线性测量值引起的方法误差的随机量。矩阵 $H_i$ 的形式、已知值 $\bar{y}_i$ 的大小、随机值 $v_i^{\partial \text{on}}$ 的统计特性与所用卡尔曼滤波算法的类型有关。例如,在利用广义卡尔曼滤波器过程中,利用上一步状态向量估计预测值作为线性化点(在本例中与上一步的估计 $\hat{x}_{i-1}^{\text{HC}}$ 一致),则

$$H_i = \left[ \left. \frac{\mathrm{d}s_i(x_i^{\text{HC}})}{\mathrm{d}x_{i,1}^{\text{HC}}} \right|_{x_i^{\text{HC}} = \hat{x}_{i-1}^{\text{HC}}} \quad \left. \frac{\mathrm{d}s_i(x_i^{\text{HC}})}{\mathrm{d}x_{i,2}^{\text{HC}}} \right|_{x_i^{\text{HC}} = \hat{x}_{i-1}^{\text{HC}}} \quad 1 \right]; v_i^{\partial \text{on}} = 0; \bar{y}_i = s_i(\hat{x}_{i-1}^{\text{HC}})$$

利用测量值为 $\tilde{\boldsymbol{y}}_i = \boldsymbol{y}_i - \bar{\boldsymbol{y}}_i = \boldsymbol{H}_i \boldsymbol{x}_i + \boldsymbol{v}_i^{\partial on} + \boldsymbol{v}_i^{\Sigma}$、模型与所研究实例对应的广义卡尔曼滤波器标准算法能够确定未知的协方差矩阵及其估计值。在文献[253,254]中比较详细地介绍了卡尔曼滤波器的改进方案及其在地球物理场导航中的应用。

### 6.3.3 利用半高斯逼近实现的算法

卡尔曼滤波算法实现简单,且不需要进行大量的计算。然而,卡尔曼滤波算法的主要不足是,它们都是基于后验密度的高斯近似实现的,这种近似并不能考虑到由于函数 $s_i(\Delta \boldsymbol{y}_i^{HC})$ 的非线性而引起的多极值特性。

为了克服在利用近似公式(6.3.16)框架内的这种不足,可以应用后验密度半高斯近似法(也称为高斯和近似法),该法以 $M>1$ 时式(6.3.16)所示表达式为基础[243,283]。引入到局部高斯密度近似公式(6.3.16)中的参数 $N(\boldsymbol{x}_i; \hat{\boldsymbol{x}}_i^j, \boldsymbol{P}_i^j)$,可以利用一组由 $M$ 个 $n = n^{HC} + n^{\Sigma}$ 维卡尔曼滤波器组成的滤波器集和相应的线性化点确定。由近似公式(6.3.16)可以得到未知估计值和协方差矩阵相当简单的关系式为

$$\begin{cases} \hat{\boldsymbol{x}}_i^{opt}(\boldsymbol{Y}_i) \approx \hat{\boldsymbol{x}}_i(\boldsymbol{Y}_i) = \sum_{j=1}^{L} \mu_i^j \hat{\boldsymbol{x}}_i^j \\ \boldsymbol{P}_i(\boldsymbol{Y}_i) = \sum_{j=1}^{L} \mu_i^j (\hat{\boldsymbol{x}}_i^j (\hat{\boldsymbol{x}}_i^j)^T + \boldsymbol{P}_i^j) - \hat{\boldsymbol{x}}_i(\boldsymbol{Y}_i) \hat{\boldsymbol{x}}_i^T(\boldsymbol{Y}_i) \end{cases} \quad (6.3.20)$$

事实证明,公式(6.3.16)是非常适合设计解决那些非线性问题仅由测量值非线性决定的地球物理导航的算法设计问题。在先验不确定性领域选择多个线性化点的情况下,可以得到式(6.3.16)的解释。图6.3.7给出了半高斯近似思想的原理示意图。

由图6.3.7可见,与普通线性化的区别是,此处利用了多个线性化点,每个线性化点均有各自如式(6.3.16)的后验概率密度高斯近似。这就是这种解决地球地理导航问题半高斯近似算法名称的由来[81]。在式(6.3.16)中局部(概率)密度的影响由其与似然函数有关的权值大小决定,而似然函数值首先由物理场测量值与解算值之间的误差决定。显然,在先验不确定领域存在多个线性化点时,其中一个线性化点选择成功,且与其对应的线性化描述将最大程度地反映测量点附近物理场实际状态特性的发生概率极高。在图6.3.7中给出了半高斯近似方法原理示意图,其中,第3个线性化点选择则是比较成功的。

由式(6.3.16)所给出的算法实现难度在于,在处理当前顺序测量值和如式(6.3.16)所示的似然函数时,在每一步上被加数的数量均会增加,因此,为了限制数量必须利用高斯概率密度周期性替换式(6.3.16)的总和。在文献[81,243]

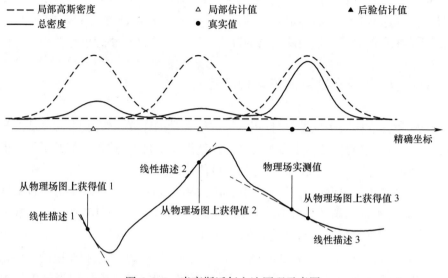

图 6.3.7　半高斯近似方法原理示意图

中详细地介绍了这种基于半高斯近似法设计的算法改进方案,其中包括基于该思想设计的脉冲滤波器。基于式(6.3.16)所示近似法设计的多种组合算法同样也得到了发展,如利用两种状态(抓取和跟踪)设计的算法。在存在较大不确定性情况的抓取阶段要利用多个滤波器,此时可以利用伪精确模型比较粗略地描述被估计参数向量的状态,这首先就可降低每个滤波器的维数。当不确定性明显降低后,算法转变为跟踪状态。在跟踪状态,可以利用一个能考虑被估计误差易变性的比较高维的滤波器,该滤波器以线性化测量表达式为基础。在抓取阶段的一系列情况下均要利用相关算法。还有一种利用测量值分类思想设计的改进组合算法。在这种情况下,先假设导航系统误差恒定,并利用非线性滤波算法根据有限的测量值计算出导航系统误差估计,然后将误差估计输入至能完全考虑其可变性的线性卡尔曼滤波器。

### 6.3.4　点群方法

当存在明显先验不确定的情况下,基于近似式(6.3.16)设计的滤波算法不是总能保证有效地解决问题。在许多情况下,各种滤波器均近似归结为一个滤波器,并且往往是相交于与坐标真值不对应的某点上。这正是推动以另一类近似公式(6.3.17)为基础的滤波算法发展的一个因素,其误差估计及协方差矩阵表达式为

$$\begin{cases} \hat{\boldsymbol{x}}_i^{\text{opt}}(\boldsymbol{Y}_i) \approx \hat{\boldsymbol{x}}_i(\boldsymbol{Y}_i) = \sum_{j=1}^{L} \mu_i^j \boldsymbol{x}_i^j \\ \boldsymbol{P}_i^{\text{opt}}(\boldsymbol{Y}_i) = \boldsymbol{P}_i(\boldsymbol{Y}_i) = \sum_{j=1}^{L} \mu_i^j \boldsymbol{x}_i^j (\boldsymbol{x}_i^j)^{\text{T}} - \hat{\boldsymbol{x}}_i(\boldsymbol{Y}_i) \hat{\boldsymbol{x}}_i^{\text{T}}(\boldsymbol{Y}_i) \end{cases} \tag{6.3.21}$$

式中：$\boldsymbol{x}_i^j$ 为向量 $\boldsymbol{x}_i$ 的数值网格节点，$j = \overline{1,L}$。

以式(6.3.17)设计的算法(式(6.3.21))称为点群滤波器(Point mass filter)[132]或网格方法[122]，其本质上属于解算式(6.3.10)、式(6.3.11)多重积分的矩形方法。

在最简单情况下，当式(6.3.17)中的合成向量 $\boldsymbol{x}_i = [(\boldsymbol{x}_i^{\text{HC}})^{\text{T}} \quad (\boldsymbol{x}_i^{\Sigma})^{\text{T}}]^{\text{T}} = \boldsymbol{x}$ 不变时，利用点群滤波方法时的权值 $\mu_i^j$ 可以根据下式确定，即

$$\mu_i^j = \frac{\widetilde{\mu}_i^j}{\sum_{j=1}^{L} \widetilde{\mu}_i^j}, \quad \widetilde{\mu}_i^j = f(\boldsymbol{y}_i / \boldsymbol{x}^j) \widetilde{\mu}_{i-1}^j, \quad \widetilde{\mu}_{i-1}^j = f(\boldsymbol{Y}_{i-1} / \boldsymbol{x}^j), \widetilde{\mu}_0^j = f(\boldsymbol{x}^j)$$

$$\tag{6.3.22}$$

式中：$f(\boldsymbol{y}_i / \boldsymbol{x}^j) = N(\boldsymbol{y}_i; s(\boldsymbol{x}^{\text{HC}j}) + \boldsymbol{H}_i^{\Sigma}(\boldsymbol{x}^{\Sigma})^j, \boldsymbol{R}^{\Sigma})$。

当 $\boldsymbol{x}_i$ 的子向量变化时，要利用下列表达式代替式(6.3.22)解算权值[243,316]，即

$$\widetilde{\mu}_i^j = f(\boldsymbol{y}_i / \boldsymbol{x}_i^j) \widetilde{\mu}_{i,i-1}^j, \widetilde{\mu}_{i,i-1}^j = \sum_{k=1}^{L} \mu_{i-1}^k g_i^{jk}, \quad g_i^{jk} = \frac{f(\boldsymbol{x}_i^j / \boldsymbol{x}_{i-1}^k)}{\sum_{k=1}^{L} f(\boldsymbol{x}_i^j / \boldsymbol{x}_{i-1}^k)}$$

可见，为了计算上述权值必须进行双重求和，而这会明显增加计算量。在设计上述讨论的这种算法时，将合成向量 $\boldsymbol{x}_i = [(x_i^{\text{HC}})^{\text{T}} \quad (x_i^{\Sigma})^{\text{T}}]^{\text{T}}$ 的概率密度表示为[157]

$$f(\boldsymbol{x}_i / \boldsymbol{Y}_i) = f(\boldsymbol{x}_i^{\text{HC}} / \boldsymbol{Y}_i) f(\boldsymbol{x}_i^{\Sigma} / \boldsymbol{x}_i^{\text{HC}}, \boldsymbol{Y}_i) \tag{6.3.23}$$

由模型式(6.3.7)可知，当概率密度函数 $f(w_i^{\Sigma})$、$f(v_i^{\Sigma})$、$f(x_0^{\Sigma})$ 具有高斯分布特性时，原则上可以基于 $n^{\Sigma}$ 维滤波器库设计确定最优估计和协方差矩阵更经济的迭代算法。这是因为当记录子向量为 $\boldsymbol{x}_i^{\text{HC}}$（$i = 1, 2, \cdots$）时，概率密度函数 $f(\boldsymbol{x}_i^{\Sigma} / \boldsymbol{x}^{\text{HC}j}, \boldsymbol{Y}_i)$ 是高斯函数，其参数可以利用卡尔曼滤波器确定。

下面举例进行说明当导航系统误差关于时间不变的情况，即 $\Delta \boldsymbol{y}_i^{\text{HC}} = \boldsymbol{x}_i^{\text{HC}} = \boldsymbol{x}_{i-1}^{\text{HC}} = \boldsymbol{x}^{\text{HC}}$。

**例 6.3** 对于子向量 $\boldsymbol{x}^{\text{HC}}$ 的近似公式(6.3.17)有下列形式，即

$$f(\boldsymbol{x}^{\text{HC}} / \boldsymbol{Y}_i) \approx \sum_{j=1}^{L} \mu_i^j \delta(\boldsymbol{x}^{\text{HC}} - \boldsymbol{x}_i^{\text{HC}j})$$

结合式(6.3.23),可以写出

$$f(\boldsymbol{x}_i/Y_i) \approx \sum_{j=1}^{L} \mu_i^j f(x_i^\Sigma/x^{HCj}, Y_i) \delta(x^{HC} - x^{HCj}) \quad (6.3.24)$$

应该注意到,当概率密度函数 $f(w_i^\Sigma)$、$f(v_i^\Sigma)$、$f(x_0^\Sigma)$ 具有高斯分布特性时,满足

$$f(\boldsymbol{x}_i^\Sigma/\boldsymbol{x}^{HCj}, Y_i) = N(\boldsymbol{x}_i^\Sigma, \hat{\boldsymbol{x}}_i^\Sigma(\boldsymbol{x}^{HCj}, Y_i), \boldsymbol{P}_i^\Sigma(\boldsymbol{x}^{HCj}))$$

当 $j = 1, 2, \cdots, L$ 时,同样也是参数为 $\hat{\boldsymbol{x}}_i^\Sigma(\boldsymbol{x}^{HCj}, Y_i)$、$\boldsymbol{P}_i^\Sigma(\boldsymbol{x}^{HCj})$ 的高斯分布这。这样,这些参数可以根据 $n^\Sigma$ 维测量值 $\widetilde{y}_i^i = y_i - s_i(x^{HCj}) = H_i^\Sigma x_i^\Sigma + v_i$,利用一组卡尔曼滤波器递推关系式库轻松确定。确定 $\hat{\boldsymbol{x}}_i^\Sigma(\boldsymbol{x}^{HCj}, Y_i)$、$\boldsymbol{P}_i^\Sigma(\boldsymbol{x}^{HCj})$ 以后,就可以得到权值的递推表达式。

在这种情况下,当子向量 $x_i^{HC}$ 没有噪声时,为了实现上述讨论的算法,需要建立形如下式的一维卡尔曼滤波器库,即

$$\hat{\boldsymbol{x}}_i^\Sigma(\boldsymbol{x}^{HCj}, Y_i) = \hat{\boldsymbol{x}}_{i-1}^\Sigma(\boldsymbol{x}^{HCj}, Y_{i-1}) + K_i(\widetilde{x}_i^i - \hat{x}_{i-1}^\Sigma(\boldsymbol{x}^{HCj}, Y_{i-1})), \hat{\boldsymbol{x}}_0^\Sigma = \overline{\boldsymbol{x}}_0^\Sigma$$

$$K_i = \frac{\boldsymbol{P}_i^\Sigma(\boldsymbol{x}^{HCj})}{r_i^2}, \boldsymbol{P}_i^\Sigma(\boldsymbol{x}^{HCj}) = \frac{r_i^2 \boldsymbol{P}_{i/i-1}^\Sigma(\boldsymbol{x}^{HCj})}{\boldsymbol{P}_{i/i-1}^\Sigma(\boldsymbol{x}^{HCj}) + r_i^2}$$

$$\boldsymbol{P}_{i/i-1}^\Sigma(\boldsymbol{x}^{HCj}) = \boldsymbol{P}_{i-1}^\Sigma(\boldsymbol{x}^{HCj}) + (q^\Sigma)^2, \boldsymbol{P}_0^\Sigma (\sigma_0^\Sigma)^2$$

式中: $\overline{x}_0^\Sigma$、$\sigma_0^\Sigma$ 为向量 $x^\Sigma$ 的先验数学期望和均方差。

此时,权值 $\widetilde{\mu}_i^j$ 表达式将满足下面递推等式,即

$$\widetilde{\mu}_i^j = \exp\left\{-\frac{1}{2}\frac{(y_i - s_i(x^{HCj}) - \hat{x}_{i-1}^\Sigma(x^{HCj}, Y_{i-1}))^2}{r_i^2 + \boldsymbol{P}_{i/i-1}^\Sigma(x^{HCj})}\right\}\widetilde{\mu}_{i-1}^j, \widetilde{\mu}_0^j = f(x^{HCj})$$

在文献[157]中给出的以式(6.3.24)为基础的方法称为分离法。这种解决地球物理导航问题的算法,最初是以 И. Н. Белоглазо 教授的文章中给出的统计方法理论为基础提出的,也被称为递推搜索算法。虽然这种算法仅定位在解决地球物理场导航问题方面,但是具有相当通用的特性。在用于解决地球物理场导航问题的最初一批英文文献中,有一篇文章介绍了类似算法,正好涉及导航系统误差恒定、物理场分布图和测量传感器的总误差是维纳随机序列和离散白噪声之和的形式。

### 6.3.5 序贯蒙特卡罗法

应该注意,在利用近似式(6.3.17)设计算法时,以蒙特卡罗方法(Monte Carlo method)为基础设计的算法与利用点群方法设计的算法同样得到广泛应用。这种方法以利用式(6.3.17)的概率密度近似表达式为基础,其中,$x_i^j$($j = \overline{1, L}$)为一组

相互独立的随机向量。当状态向量 $x_i = [(x_i^{HC})^T, (x_i^{\Sigma})^T]^T = x$ 不变时，在利用最简单的蒙特卡罗方法时，其权值由式(6.3.22)确定，而向量 $x^j$ 根据先验概率密度函数 $f(x)$ 通过仿真建立，而初始时刻的权值表达式为 $\widetilde{\mu}_0^j = 1/L$ [243,300]。当向量 $x_i$ 变化时，在利用最简单的蒙特卡罗方法时，其权值的表达式是不变的，而其区别是，样本 $x_i^j$ ($j=\overline{1,L}$) 的选择将在每一步根据密度函数 $f(x_i/x_{i-1}=x_{i-1}^j)$ 实现。

蒙特卡罗方法的优点之一是，在利用其设计近似式(6.3.17)的递归算法时比利用点群方法实现起来更方便。此处，递归程序可以理解为，在第 $i$ 步中如式(6.3.17)的概率密度近似值可以通过选择向量 $x_{i-1}^j$ 实现，而其权值则可结合上一步的数据计算求得。

在最近几十年以来，蒙特卡罗方法及其递归改进算法得到了迅速发展，其中包括序贯蒙特卡罗方法(Sequential Monte Carlo methods)或粒子滤波器(Particle filters)[339]。下面给出利用蒙特卡罗方法提高其应用有效性的部分实例，其中包括在地球物理导航中的应用。

首先，在设计形如式(6.3.17)的近似表达式时，选择一组所使用的样本 $x_i^j$ 非常重要。这些样本可以在后验概率密度值明显不为零的区域合理地建立。为了做到这一点，广泛应用正是以这种方式建立样本的重要性采样(Importance Sampling)方法[243,339]。重要性采样法是蒙特卡罗方法中的一个重要策略，该方法不改变统计量，只改变概率分布，可以用来降低方差。

在设计蒙特卡罗方法过程中，能确保在样本建立和权值解算过程中应用重要性采样和递推方法的这种算法在英文文献中被称为序贯重要采样法(Sequential Importance Sampling, SIS)。该方法是一种通过蒙特卡罗方法模拟实现递推贝叶斯滤波器的技术。它的核心思想是利用一系列随机样本的加权和表示所需的后验概率密度，得到状态的估计值。当样本点数增至无穷大，蒙特卡罗特性与后验概率密度的函数表示等价，序贯重要采样滤波器接近于最优贝叶斯估计[339]。

在序贯蒙特卡罗方法(Sequential Monte Carlo methods)实现过程中，随着时间的增加，当只有一个粒子的权值接近1、其余粒子的权值均为零时，即会产生算法退化问题。利用序贯重要性重采样(Sequential Importance Resampling Sampling, SIRS)或自举采样法(Bootstrap)可以克服上述算法的局部不足。重采样是指根据一类象元的信息内插出另一类象元信息的过程。常用的重采样方法有最邻近内插法(Nearest neighbor interpolation)、双线性内插法(Bilinear interpolation)和3次卷积法内插(Cubic convolution interpolation)。序贯重要性重采样的本质是，在集合 $x_i^j$ ($j=\overline{1,L}$) 上根据式(6.3.17)所示离散分布建立一组新的样本 $\widetilde{x}_i^j$ ($j=\overline{1,L}$)，并利用下述近似表达式代替表达式(6.3.17)，即

$$f(x_i/Y_i) \approx \frac{1}{L}\sum_{j=1}^{L} \delta(x_i - \widetilde{x}_i^j) \tag{6.3.25}$$

必须强调，样本值 $\tilde{x}_i^j$ 由前期建立的集合 $x_i^j$ ($j=\overline{1,L}$) 中选择，能够保证样本递归(递推)建立的可能性，进而可保证设计整个递推算法的可能性。

利用序贯重要性重采样方法解决 6.3.1 小节中研究的例 6.1 的图示说明如图 6.3.8 所示，其中，图 6.3.8(a) 为后验概率密度，图 6.3.8(b) 中灰色和黑色部分分别为引入重采样前后的采样值，图 6.3.8(c) 为引入重采样法前在采样背景下的后验概率密度等值线，图 6.3.8(d) 为引入重采样法后在采样背景下的后验概率密度等值线。由图可见，这种方法可将现有采样重新分配到那些后验概率密度明显不为零的区域，进而证明了其有效性。

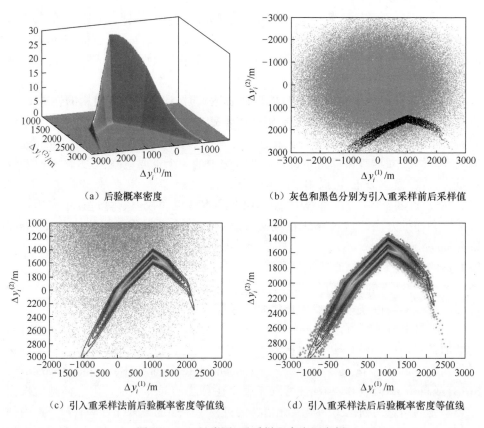

(a) 后验概率密度　　　　(b) 灰色和黑色分别为引入重采样前后采样值

(c) 引入重采样法前后验概率密度等值线　　(d) 引入重采样法后后验概率密度等值线

图 6.3.8　(见彩图)重采样程序应用实例

序贯蒙特卡罗方法的非常重要特点是，式(6.3.23)所示后验概率密度固有的优点不仅对于向量 $x_i^{\rm HC}$ 的伪确定模型(伪决定模型)充分适用，也适用于通用马尔可夫序列形式的模型。这在设计解决地球物理场导航算法时可以获得成功实现。

### 6.3.6 滤波算法精度分析

在对各种估计算法进行对比和精度分析时,通常利用式(6.3.9)所示的绝对协方差矩阵,可定量描述滤波算法的潜在估计精度。协方差矩阵可以通过统计试验的方法利用下式确定,即

$$G_i^{\text{opt}} \approx \widetilde{G}_i^a = \frac{1}{L}\sum_{j=1}^{L}(x_i^j - \widetilde{x}_i^j(Y_i^j))(x_i^j - \widetilde{x}_i^j(Y_i^j))^{\text{T}} \quad (6.3.26)$$

式中:$x_i^j$、$Y_i^j$ 为通过仿真方法利用式(6.3.7)、式(6.3.8)求得的第 $j$ 个被估计序列及其相应测量值,$j = \overline{1.L}$;$\widetilde{x}_i^j(Y_i^j)$ 为利用所研究的算法计算得到的估计值。

应注意,对于式(6.3.9)所示绝对协方差矩阵而言,式 $G_i^{\text{opt}} = \int P_i^{\text{opt}}(Y_i)f(Y_i)\mathrm{d}Y_i$ 始终成立。由此可见,在进行统计试验方法时,该矩阵同样可以利用下列表达式确定,即

$$G_i^{\text{opt}} \approx \widetilde{G}_i^b = \frac{1}{L}\sum_{j=1}^{L}\widetilde{P}_i^j(Y_i^j) \quad (6.3.27)$$

式中:$\widetilde{P}_i^j(Y_i^j)$ 为在所研究的算法中形成的估计误差 $x_i^j$ 协方差的解算矩阵。矩阵 $\widetilde{G}_i^a$ 和 $\widetilde{G}_i^b$ 相吻合证明了所得结果的一致性。

应该注意一个事实,上述方法需要进行大量计算,因此,在分析地球物理场导航精度时经常利用拉奥·克莱姆不等式(Rao-Cramer inequality)。众所周知,在以解决滤波问题所用模型为基础的条件下,利用拉奥·克莱姆不等式可以成功确定未知参数估计精度的理论下限[243,248,300]。此时,并不需要运行解算估计值本身的程序。应注意,研究人员均清楚拉奥·克莱姆不等式适用于在非贝叶斯方法框架内的非随机参数的估计问题。对于随机参数,必须利用改进拉奥·克莱姆不等式。对于模型式(6.3.7)、式(6.3.8)而言,拉奥·克莱姆不等式改进方案之一为

$$E_{x_i,Y_i}[(x_i - \widetilde{x}_i(Y_i))(x_i - \widetilde{x}_i(Y_i))^{\text{T}}] \geqslant J_i^{-1} \quad (6.3.28)$$

式中:$J_i$ 按下式确定,即

$$J_i = E_{x_i,Y_i}\left[\frac{\mathrm{d}\ln f(x_i,Y_i)}{\mathrm{d}x_i}\left(\frac{\mathrm{d}\ln f(x_i,Y_i)}{\mathrm{d}x_i}\right)^{\text{T}}\right] \quad (6.3.29)$$

矩阵 $J_i$ 的对角线元素决定被估计参数方差可能达到的最小值。在利用拉奥·克莱姆不等式时要注意,它只能找到一个理论上的界限,这并非一定通过使用最佳算法实现。同时,利用拉奥·克莱姆不等式可以轻松地区分那些不能得到期望导航精度的物理场区域,这在为了进行导航参数修正而选择载体运动轨迹时非常重要[243,246]。

**例 6.4** 下面举例说明例 6.1 中式(6.3.14)估计问题精度下限的解算方法。假设子向量 $x_i^{HC}$ 不变,即满足 $x_i^{HC} = x_{i-1}^{HC} = x = [x_1 \quad x_2]^T$,$x_i^{\Sigma} = 0$。测量误差的均方差(CKO 或 RMS)恒定,即满足 $r_i = r_{i-1} = r$,状态向量和噪声的先验概率密度函数均为高斯分布。此时,式(6.3.29)所示矩阵可由下式确定,即

$$J_i = P_i^{-1} + \frac{1}{r^2} \int \left[ \frac{dS_i^T(x)}{dx} \frac{dS_i(x)}{dx^T} \right] f(x) dx \qquad (6.3.30)$$

式中:$S_i(x) = [s_1(x) \cdots s_i(x)]^T$;$P_x$ 为状态向量协方差先验矩阵;$\frac{dS_i^T(x)}{dx}$ 为向量函数关于向量自变量的导数[251]。

在式(6.3.30)中引入的积分表达式 $\int \frac{\partial s_j(x)}{\partial x_l} \frac{\partial s_j(x)}{\partial x_m} f(x) dx (j = 1,2,\cdots;l,m = \overline{1,2})$,可以利用蒙特卡罗方法根据下式确定,即

$$\frac{1}{l} \sum_{k=1}^{L} \frac{\partial s_j(x)}{\partial x_l} \bigg|_{x=x^k} \frac{\partial s_j(x)}{\partial x_m} \bigg|_{x=x^k}$$

式中:$L$ 为样本数;$x^k \sim k(x)$,$k = \overline{1 \cdots L}$。具备上述参数后,即可通过对矩阵 $J_i$ 变换的方式确定精度下限。

不难发现,可以利用式(6.3.31)给出的比较方便地递推表达式代替式(6.3.30),即

$$J_i = J_{i-1} + \frac{1}{r^2} \int \left[ \frac{ds_i(x)}{dx} \frac{ds_i(x)}{dx^T} \right] f(x) dx \qquad (6.3.31)$$

式中:$J_0 = P_x^{-1}$。

根据式(6.3.30)可以得到一个利用各种地球物理场(磁场、重力场等)的期望精度近似估计表达式。忽略先验信息的影响,即式(6.3.30)中的第一个被加数,同时假设,仅估计向量 $x$ 的标量值,也就是说,仅精确一个坐标分量。引入一个地球物理场梯度的抽样均值为

$$\overline{h}_i = \sqrt{\frac{1}{i} \sum_{j=1}^{i} \int \left[ \frac{\partial s_j(x)}{\partial x} \right]^2 f(x) dx}$$

此时,在利用某个地球物理场解决导航问题时,可以利用下列近似表达式描述对应被估计坐标参数估计精度下限的均方差:

$$\sigma_i^{HPK} \approx \frac{r}{\overline{h}_i \sqrt{i}} \qquad (6.3.32)$$

由式(6.3.32)可知,期望的最小均方差值可由地球物理场测量值的均方差与梯度值之间的比值确定。

### 6.3.7 滤波算法比较

以插图的形式给出仿真结果,以便对比上文所讨论的根据地形地貌场信息修正导航系统输出参数的部分算法。在仿真时利用了平均深度为190m、沿正交两个方向的平均梯度分别为150m/km和100m/km的地形地貌场参数。物理场图以节点间距为$\Delta$的域值网格形式给出,且认为测量间距为$\Delta$。

假设在利用地球物理场修正导航参数过程中,惯性导航系统的误差是不变的,缓慢变化的分量也不存在,即满足$x_i^{HC} = x_{i-1}^{HC} = x^{HC}$、$x_i^{\Sigma} = 0$、$w_i^{HC} = 0$(深度)测量误差的均方差为物理场平均深度的2%。

进行对比的算法包括广义卡尔曼滤波器、迭代卡尔曼滤波器、中心卡尔曼滤波器、网格法和序贯蒙特卡罗法。为了分析这些算法的精度,需要根据式(6.3.26)、式(6.3.27)计算对应导航系统位置解算误差估计值的估计误差协方差矩阵实际值和解算值。为了计算上述参数(协方差矩阵实际值和解算值),统计试验(样本)的数量选择范围为$10^4 \sim 10^6$。导航系统位置解算误差均方差计算值是矩阵式(6.3.27)对角线元素的平方根,用符号$\widetilde{\sigma}^{\mu}_{(1)}$和$\widetilde{\sigma}^{\mu}_{(2)}$表示。而与矩阵式(6.3.26)对应的位置解算误差均方差实际值则用符号$\widetilde{\sigma}^{\mu}_{(1)}$和$\widetilde{\sigma}^{\mu}_{(2)}$和表示。其中,上标$\mu$决定算法,下标(1)和(2)分别对应相应的位置坐标分量。此外,利用拉奥·克莱姆不等式计算最小可能均方差值形式的精度下限值。

表6.3.1给出了仿真对比结果[261]。由表可知,在绘制物理场图的先验不确定性区域较小时,如$\sigma_0 = 0.1\Delta$,其中,$\Delta$为网格节点之间间距,利用上述所有算法确定位置坐标的均方差实际上相互吻合,并且均达到了利用拉奥·克莱姆不等式解算的最小可能(均方差)值。上述算法的精确性是一致的,因为在这种条件下,该问题实际上是线性的。

表 6.3.1 不同算法对应的计算精度和实际精度(RMS,$0.1\Delta$)

| $\sigma_0$与$\Delta$比值 | 均方差 | 所用算法 | | | | |
|---|---|---|---|---|---|---|
| | | 广义卡尔曼滤波器 | 迭代卡尔曼滤波器 | 中心卡尔曼滤波器 | 网格法或蒙特卡罗法 | 拉奥·克莱姆不等式 |
| 0.1$\Delta$ | $\sigma^{\mu}_{(1)}/\widetilde{\sigma}^{\mu}_{(1)}$ | 7/7 | 7/7 | 7/7 | 7/7 | 7 |
| | $\sigma^{\mu}_{(2)}/\widetilde{\sigma}^{\mu}_{(2)}$ | 6/6 | 6/6 | 6/6 | 6/6 | 6 |
| 0.3$\Delta$ | $\sigma^{\mu}_{(1)}/\widetilde{\sigma}^{\mu}_{(1)}$ | 8/8 | 8/8 | 8/8 | 8/8 | 7 |
| | $\sigma^{\mu}_{(2)}/\widetilde{\sigma}^{\mu}_{(2)}$ | 10/9 | 10/9 | 10/10 | 9/9 | 8 |
| 0.5$\Delta$ | $\sigma^{\mu}_{(1)}/\widetilde{\sigma}^{\mu}_{(1)}$ | 9/8 | 8/8 | 8/8 | 8/8 | 7 |
| | $\sigma^{\mu}_{(2)}/\widetilde{\sigma}^{\mu}_{(2)}$ | 14/10 | 12/11 | 12/11 | 12/11 | 7 |

(续)

| $\sigma_0$ 与 $\Delta$ 比值 | 均方差 | 所用算法 | | | | |
|---|---|---|---|---|---|---|
| | | 广义卡尔曼滤波器 | 迭代卡尔曼滤波器 | 中心卡尔曼滤波器 | 网格法或蒙特卡罗法 | 拉奥·克莱姆不等式 |
| 1$\Delta$ | $\sigma^{\mu}_{(1)}/\tilde{\sigma}^{\mu}_{(1)}$ | 20/8 | 16/8 | 14/10 | 9/9 | 6 |
| | $\sigma^{\mu}_{(2)}/\tilde{\sigma}^{\mu}_{(2)}$ | 33/12 | 25/12 | 19/18 | 13/13 | 10 |
| 1.4 | $\sigma^{\mu}_{(1)}/\tilde{\sigma}^{\mu}_{(1)}$ | 40/8 | 33/9 | 24/16 | 10/10 | 8 |
| | $\sigma^{\mu}_{(2)}/\tilde{\sigma}^{\mu}_{(2)}$ | 68/12 | 51/12 | 34/27 | 15/15 | 9 |

当先验不确定区域增大时，如 $\sigma_0 = 0.3\Delta \sim 0.5\Delta$，利用上述算法确定位置坐标的均方差值会有明显差异。位置估计精度差异产生的原因是沿某一坐标分量（如纬度）的运动区段的物理场（如磁场）倾角小于沿另一坐标分量的倾角。可以看出，在相同应用条件下，以线性化为基础的广义卡尔曼滤波器与中心卡尔曼滤波器不同，它不能得到与实际值对应的精度特性解算值。

当先验不确定区域进一步增大时，如 $\sigma_0 \geqslant \Delta$，则后验概率密度在其演变进化过程中具有多极值性质，如图6.3.3所示。在这种情况下，利用卡尔曼滤波算法确定位置误差的均方差与利用网格法或蒙特卡罗方法得到的位置确定误差均区别明显，并且此时在卡尔曼滤波算法中得到的精度特性解算值与其真实值也不一致。由此可见，利用卡尔曼滤波算法不是总能保证有效解决问题。而基于网格法和蒙特卡罗方法设计的算法在上述所有研究的情况下有效，并且其解算的精度特性与真实值一致。

在设计根据地球物理场解决导航问题的算法时，能够考虑到向量 $x_i$ 的易变性非常重要。如文献[261]中所述，忽略导航系统误差的易变性会直接导致算法发散，使精度特性的解算值与实际值之间存在明显差异。在图6.3.9中给出了在考虑和不考虑被估计向量易变性的情况下精度估计的对比结果，其中利用航迹推算系统作为导航系统，位置确定误差由一阶马尔可夫描述的速度解算误差积分确定。1曲线表示解算精度特性，2曲线表示实际精度特性。

图6.3.9（a）给出了在考虑易变性的情况下利用序贯蒙特卡罗方法沿某个位置分量（经度或纬度）的误差估计均方差的实际值与解算值曲线，而在图6.3.9（b）中给出了不考虑易变性时的误差估计均方差的实际值与解算值曲线。由曲线对比结果可知，在不考虑被估计向量易变性的情况下，误差估计均方差的解算值与实际值之差超过200%。

应该注意，在解决具有变化向量 $x_i$ 的问题时，由于在计算权值时需要进行双重求和使得利用网格法变得更加复杂，而利用蒙特卡罗方法则不需要进行类似操作。此外，利用网格法时用式（6.3.23）形式的概率密度表示法变得越来越复杂[251]。因此，在这种情况下利用序贯蒙特卡罗方法各种不同的改进方案是比较

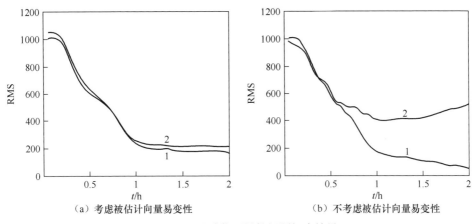

图 6.3.9 地球物理导航问题解决结果

可取的。

### 6.3.8 小结

本节在贝叶斯方法框架内将地球物理场导航问题作为非线性滤波问题进行了研究,充分考虑了其非线性和长航时的特点。介绍了相应问题的提出背景,并对基于后验概率密度不同类型近似表达式的滤波算法进行了综述。

证明了滤波算法的有效性直接取决于载体位置坐标的先验不确定性程度(等级),当位置坐标先验不确定性程度较高时,应用卡尔曼滤波算法会导致精度明显损失,进而导致解算精度变差。最后指出,基于序贯蒙特卡罗方法设计的算法是解决地球物理场导航问题最有效的方法。

## 6.4 地球异常重力场导航信息估计方法

在利用包括异常地球重力场等地球物理场解决运动载体导航问题时[3,18,75,253],正如上述章节中强调的那样,选择可用于对导航信息进行精确的物理场区域非常重要。此时,地球异常重力场每个空间区域均对应某些描述其导航信息量的典型特征。可以利用地球异常重力场导航信息量的估计值进行载体运动航线规划,提前将信息量不足以解决导航问题的区域段删除。在俄罗斯国内和其他国家公开发表的系列文献中,都研究了地球重力场和其他物理场导航信息量的估计问题[75,116,243,246,253,254,475,516]。

通常情况下,相应信息估计过程包括选择信息量特征、选择信息量准则以及选择合适的地球异常重力场解算模型等问题。正如 6.1 节所述,近几年又建立了一系列精度和空间分辨率更高的地球物理场全球模型。本节主要分析利用这些高精度模型估计地球异常重力场导航信息量的可行性。

### 6.4.1 地球异常重力场模型的选择

为了估计导航信息量,在选择地球异常重力场模型时应重点考虑以下影响因素,即地理位置、试验研究区域或航线的宽度、进行信息量估计区域平面的高度或深度、地球异常重力场被测参数组成、精度、离散度、测量信息进行平均的时间间隔等,同时还应考虑模型本身可接受的精度特性及其数字化实现的复杂性。

导航问题可以在地球上不同位置、不同海拔高度的一定距离(几千千米以内)区域(或航线)内进行解决。所测量的地球异常重力场参数可以包括重力扰动位的各种衍生量,如重力异常、垂线偏差分量、重力位二阶导数等。由于信息测量的精度不断提高,在估计导航信息量时利用基于各类大地测量信息综合处理建立的重力位球谐形式的地球物理场现代模型是合理的。这些模型全球通用,可以作为全球各区域内地球异常重力场导航性能的综合信息源。

特别指出,由于其他一系列地球物理场在地球上部分区域应用受限,与信息量较大的陆地上地球异常重力场、无线电扫描场、地形地貌场和光学场等相比,海洋内地球异常重力场的信息量更大[18]。

正如6.1节所述,近年来,随着各国空间大地测量技术的发展和全球重力测量技术的完善,建立了一系列精度及空间分辨率更高的新模型,包括EGM-2008($N$=2190)、EIGEN-6C($N$=1420)、EIGEN-6C2($N$=1949)、EIGEN-6C3($N$=1949)、EIGEN-6C4($N$=2190)、GECO-2014($N$=2190),其中,$N$为考虑到的重力位球谐模型的最高阶次。

实际应用经验表明,由美国地球空间探测管理中心建立的EGM-2008模型目前得到广泛的国际认可[463],这是因为该模型精度高,并且支持WGS-84大地参考坐标系。综合考虑,目前,EGM-2008模型可以作为估计地球异常重力场导航信息量而选择解算模型时的基本模型。

### 6.4.2 导航信息量的估计方法

对利用地球重力场和其他物理场进行导航问题的现状分析表明,目前还没有评估这些物理场导航信息量(也可理解为导航性能)的统一方法。在6.3节中指出,本质上可描述导航信息量的期望精度可以利用物理场测量误差相对其梯度值的比值来评价。同样也可以利用分别描述所研究参数($z$)垂向部分和水平部分特性的离散差$D_z$和相关半径$\rho_z$作为地球异常重力场参数的导航信息量指标。这些特征值将在后续各节中用到。注意到,在配置参数$D_z$和$\rho_z$的数值时,可以利用表

达式 $\sqrt{D_z}/\rho_z$ 近似估计其梯度值,这样可在一定程度上将信息量的上述特征参数联系起来。

信息量的特征参数值通过所研究参数 $z$ 的自相关函数 $C_{zz}(P,Q)$ 确定,其中,$P$、$Q$ 为所研究测量区域的采样点。利用地球异常重力场相关性分析的传统方法,参数 $z$ 的分布可以作为各态遍历的平稳分布和各向同性的随机场来分析。在上述简化的假设条件下,自相关函数可以表示为单变量函数 $C_{zz}(r)$ ,其中,$r$ 为采样点间距离。利用 $\rho_z$ 表示相关距离,则

$$C_{zz}(\rho_z) = \alpha D_z \tag{6.4.1}$$

式中:$\alpha$ 为权重系数($0<\alpha<1$)。对于常用的指数型自相关函数,通常取[159] $\alpha = 1/e \approx 0.37$。比较常见的方案是取 $\alpha = 1/2$。在一般情况下,权重系数 $\alpha$ 比较合适的取值范围是 0.3~0.5。

参数 $D_z$ 和 $\rho_z$ 的确定实际上是根据参数 $z$ 给定的模型值确定经验自相关函数 $C_{zz}(r)$($r \in [0, r_{max}]$),确定 $C_{zz}(0)$ 时的参数 $D_z$,并根据经验自相关函数大量的离散值确定式(6.4.1)的近似解。

在平面内解决经验自相关函数的建立问题比较方便。通过选择适当的平面笛卡儿坐标系$(x,y)$,可以实现到平面上的变换。此时,利用在平面笛卡儿坐标系等距格网线交点处给定的参数 $z$ 值作为初始值。

最简单的情况是,根据在与上述坐标系某轴平行的测线(或测线的一部分)上的经验自相关函数值来估计参数 $D_z$ 和 $\rho_z$ 的数值。为了更明确,假设测线与 $x$ 轴平行,此时,为了建立自相关函数,要利用对应于 $x_0$、$x_1$、$\cdots$、$x_{N-1}$ 共 $N$ 个交点上的参数 $z$ 的值 $z_1$、$z_2$、$\cdots$、$z_N$,其中,$x_k = k\Delta x$($k = 0、1、\cdots、N-1$)表示沿 $x$ 轴方向的格网间距。因此,该测线上的自相关函数值可以根据下式计算[207],即

$$C'_{zz}(x_k) = \frac{1}{N-k} \sum_{i=1}^{N-k} (z_i - \bar{z})(z_{i+k} - \bar{z}) \tag{6.4.2}$$

$$\bar{z} = \frac{1}{N} \sum_{i=1}^{N} z_i \tag{6.4.3}$$

式中:$\bar{z}$ 为在所研究的测线上参数 $z$ 原始值的样本均值;下标 $k$ 取值范围为 0~$n$,且 $n$ 表示 $N/2$ 的整数部分。

应该注意,利用式(6.4.2)、式(6.4.3)可以求得平行于 $x$ 轴的任意格网线上的测线自相关函数值。

将上述情况进一步扩展,即可通过下式求得沿 $x$ 轴方向的区域(面)自相关函数值,即

$$C'_{zz}(x_k) = \frac{1}{(N-k)M} \sum_{j=1}^{M} \sum_{i=1}^{N-k} (z_{i,j} - \bar{\bar{z}})(z_{i+k,j} - \bar{\bar{z}}) \tag{6.4.4}$$

$$\bar{\bar{z}} = \frac{1}{M} \sum_{j=1}^{m} \bar{z}_j \tag{6.4.5}$$

式中：$z_{1,j}$、$z_{2,j}$、$\cdots$、$z_{N,j}$ 为沿第 $j(j = 1,2,\cdots,M)$ 条格网线上参数 $z$ 的各点值；$\bar{z}_j$ 为由式(6.4.3)确定的参数 $z$ 沿第 $j(j=1,2,\cdots,M)$ 条格网线上各点值 $zi(i=1,2,\cdots,N)$ 的平均值；$M$ 为沿指定方向的格网线条数。

显然，式(6.4.2)、式(6.4.3)是式(6.4.4)、式(6.4.5)在 $M=1$ 时的特例。

得到的自相关函数值 $C'_{zz}(x_0)$、$C'_{zz}(x_1)$、$\cdots$、$C'_{zz}(x_n)$ 可用于进一步估计离散差 $D'_z = C'_{zz}(x_0)$ 和相关半径 $\rho'_z$，这里假设 $N$ 足够用于解决该问题，也就是满足 $C'_{zz}(x_n)) > \alpha D'_z$。

同样，沿平行于 $y$ 轴的格网线上的问题也可用类似方法予以解决。此时，自相关函数值可以按照类似公式求得，只需将上述公式中的 $x$ 用代替，$\Delta x$ 用 $\Delta y$ 代替，其中，$\Delta y$ 表示沿 $y$ 轴方向的格网间距，同时将相关符号替换为 $N \leftrightarrow M$、$i \leftrightarrow j$。得到自相关函数的计算值 $C''_{zz}(y_0)$、$C''_{zz}(y_1)$、$\cdots$、$C''_{zz}(y_m)$ 后，即可确定相应离散差 $D''_z = C''_{zz}(y_0)$ 和相关半径 $\rho''_z$，其中，$m$ 取为 $M/2$ 的整数部分。

显然，按照上述两种方案得到的离散差估计应一致(满足 $D'_z = D''_z$)，但与此相反，一般情况下 $\rho'_z$ 与 $\rho''_z$ 值不一定相同，试验计算结果证明了这一点。$\rho'_z$ 与 $\rho''_z$ 与的估计值之间差异可能与实际物理场的各向异性有关。

当 $\Delta x = \Delta y$ 时，可以按照下列公式通过对 $\rho'_z$ 和 $\rho''_z$ 值进行加权平均得到该区域内相关半径的综合估计 $\rho_z$，即

$$\rho_z = \frac{N\rho'_z + N\rho''_z}{M + N} \tag{6.4.6}$$

相关半径的综合估计值 $\rho_z$ 也可利用自相关函数的积分值求得。可以利用不同的方法获得自相关函数的积分值：一种方法是利用参数相等时 $C'_{zz}(x)$ 和 $C''_{zz}(y)$ 的加权平均值求得；另一种方法是利用广义组合式(6.4.2)至式(6.4.5)求得，还可以利用频谱方法求得。

在第一种方法中，同样假设 $\Delta x = \Delta y$、$x_k = y_k = r_k$，则可以利用下式求得自相关函数的平均值[207]，即

$$C_{zz}(r_k) = \frac{(N-k)MC'_{zz}(x_k) + (M-k)NC''_{zz}(y_k)}{(N-k)M + (M-k)N} \tag{6.4.7}$$

在第二种方法中，可利用下述表达式[73]作为广义组合公式，即

$$C_{zz}(r_k) \equiv \frac{1}{N_k} \sum_{i=1}^{N_k} z(P_{ik})z(Q_{ik}) - \frac{1}{N_k^2} \sum_{i=1}^{N_k} z(P_{ik}) \sum_{i=1}^{N_k} z(Q_{ik}) \tag{6.4.8}$$

式中：$P_{ik}$、$Q_{ik}$ 为第 $i$ 对间距为已知值 $r_k$(在允许的误差内)的数据点；$N_k$ 为数据点的对数。

在第二种方法中，可以根据下述表达式设计自相关函数积分值的解算算法[222]，即

$$C_{zz}(r_k) = \sum_{\substack{p=0 \\ (p+q>0)}}^{M-1} \sum_{q=0}^{N-1} Z_{pq} Z_{pq}^* J_0\left(r_k \sqrt{u_p^2 + v_q^2} \sqrt{u_p^2 + v_q^2}\right) \quad (6.4.9)$$

$$Z_{pq} = \frac{1}{\sqrt{MN}} \sum_{m=0}^{M-1} \sum_{n=0}^{N-1} z(x_m, y_n) \exp\left[\mathrm{i} 2\pi \left(\frac{np}{N} + \frac{mq}{M}\right)\right] \quad (6.4.10)$$

式中：$J_0$ 为零阶一类贝塞尔函数；$u_p$、$v_q$ 为圆周频率值，且满足 $u_p = 2\pi p N \Delta x$，$v_q = 2\pi q/M\Delta y$；$\{Z_{pq}\}_{M\times N}$ 为原始函数中心值的傅里叶系数，其中 $Z_{pq}^*$ 表示其复数共轭值；i 为虚数单位。

在相对较长距离的区域内，利用上述方法估计离散差和相关半径时不能给出足够详细的导航信息量。在这种情况下，将原区域段分成几个距离更小的区段，并分别估计每个小区段内的 $D_z$ 和 $\rho_z$，也就是说，无论是测线（线）估计还是区域（面）估计，均可采用离散差 $D_z$ 和相关半径 $\rho_z$ 的滑动估计滤波。为了提供更多细节，这些小区段之间可以重叠。

以 $D_z^*$ 和 $\rho_z^*$ 作为给定阈值，满足 $D_z \geq D_z^*$ 或 $\rho_z \leq \rho_z^*$ 的区域（段）为信息量丰富的区域。相应地，不满足该条件的区域视为不适合利用其进行自主导航的区域。离散差的阈值应该足够大，因为只有场值变化剧烈区域才具有丰富的信息量。

考虑了地球异常重力场相关参数（重力异常、垂线偏差、重力位二阶导数）可达到的测量精度特性，对 $D_z^*$ 的初步估计标明，可以利用下述方差作为阈值 $D_z^*$：重力异常方差 16mGal$^2$、垂线偏差方差 4($''$)$^2$ (arcsec$^2$)、重力位二阶导数方差 25E$^2$。

相关半径的阈值应该足够小，因为只有相对起伏较高的区域才具有丰富的信息量。考虑到地球异常重力场相关半径在几千米到几十千米范围内变化，同时还要关注导航精度的要求，故可以取 $\rho_z^*$ =10km 作为相关半径的阈值。

### 6.4.3 试验研究结果

在分析按照上述方法估计地球异常重力场导航信息量的试验研究结果时，利用了前面提到的 2190 阶的 EGM-2008 模型。选择鄂霍次克海南部试验区域进行了上述研究。该区域是一个相对边界点地理坐标（纬度 $B$、经度 $L$）中心线 100km 的条形区：起点为北纬 N45.5330°、东经 E143.500°，终点为北纬 N49.7170°、东经 E150.000°。

在试验研究区域内及其周边的地球异常重力场结构分布如图 6.4.1 所示，在由黑色（短）粗线围成的该试验区域内，重力场相对平稳的区域与重力明显异常区域交替出现。沿该区域平面内可用的导航信息量分布是不均匀的，也就是说，如果该区域西部地区垂直分量特征明显，则东部地区的水平特征比较明显。

为了得到导航信息量指标的定量估计，利用重力扰动向量水平分量（垂线偏

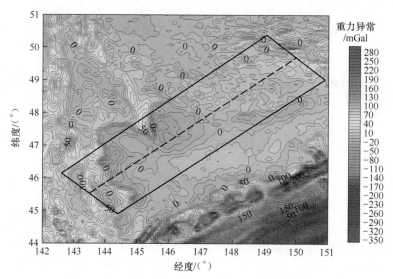

图 6.4.1 （见彩图）鄂霍次克海南部试验研究区域内重力异常平面分布

差在子午面上的分量 $\xi$ 和在卯酉圈上的分量 $\eta$），以及重力扰动向量水平梯度分量（即扰动位 $T$ 沿平面笛卡儿坐标系 $x$ 轴和 $y$ 轴的二阶导数 $T_{xx}$、$T_{yy}$）作为所研究的地球异常重力场参数。根据 EGM-2008 模型的数据可知，这些参数在整个区域内的统计特性如表 6.4.1 所列。

表 6.4.1 研究区域内地球重力场异常参数的统计特性

| 序号 | 参数 | 数值/mGal | | | |
| --- | --- | --- | --- | --- | --- |
| | | 最小值(min) | 最大值(max) | 平均值 | 均方差 |
| 1 | $\xi/('')$ | -9.3 | 13.7 | 1.5 | 3.0 |
| 2 | $\eta/('')$ | -7.6 | 20.8 | 1.1 | 4.0 |
| 3 | $T_{xx}/E$ | -52.3 | 53.9 | 0.3 | 8.9 |
| 4 | $T_{yy}/E$ | -91.5 | 55.5 | 0.5 | 11.9 |

在该区域内沿着与中轴线平行的测线剖面对地球异常重力场模型参数的导航信息量指标进行估计，测线间隔 10km（包括中心线），并与区域的宽（纬）度线相交。在间隔 100km 的每个横断面进行计算，采用"滑动方式"，步长取 20km。在计算地球异常重力场模型参数的初始值时，步长约为 2km。

导航信息参数的估计结果如图 6.4.2 和图 6.4.3 所示，图中给出了参数 $D_z$ 和 $\rho_z$ 在二维图中的分布情况。沿水平轴方向标记出决定当前离散差和相关半径的滑动测线间隔序号，给定的滑动间隔距离（20km）作为线性测量中的测量单位。沿垂直轴方向标记出相对区域中心线的截面偏移，给定的截面间间距（10km）作为线性测量中的测量单元。

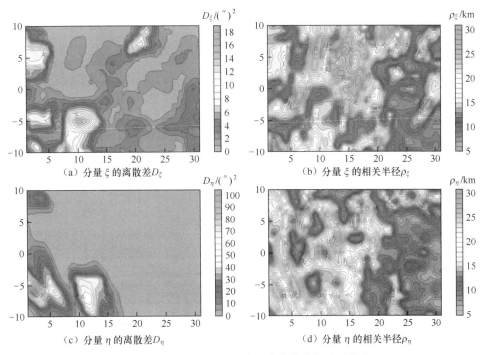

图 6.4.2 （见彩图）垂线偏差参数信息的平面分布

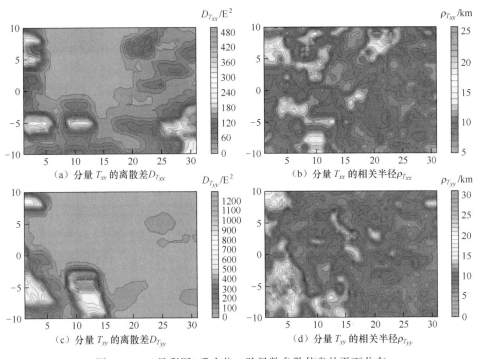

图 6.4.3 （见彩图）重力位二阶导数参数信息的平面分布

325

图中所有的偏移值均为固定值,数值从-10到10。每个参数值的分布以等值线和不同颜色底纹的形式在图中显示。

根据试验研究区域内重力异常数据可得到图6.4.2和图6.4.3所示对地球异常重力场分割特性的视觉估计,对曲线的分析也证明该结果,即该试验区西部的离散差较大,而相关半径的最小值主要集中在该区域的东部地区。

研究区域内导航信息量指标的综合特性如表6.4.2所列,该表给出了在前面给出的离散差、相关半径阈值 $D_z^*$、$\rho_z^*$ 的情况下,垂线偏差分量 $\xi$、$\eta$ 和重力位二阶导数 $T_{xx}$、$T_{yy}$ 的变化范围,以及信息段的百分比。对地球异常重力场各参数导航信息量指标综合特性的对比分析表明,该试验区内约有23%的区域对于重力异常而言是信息量丰富的,而对于水平重力梯度而言有65%的区域是信息量丰富的。

表6.4.2 研究区域内导航信息指标的典型特性

| 序号 | 参数 | 离散差 | | | 相关半径/km | | |
|---|---|---|---|---|---|---|---|
| | | 最小值(min) | 最大值(max) | 信息段/% | 最小值(min) | 最大值(max) | 信息段/% |
| 1 | $\xi/('')$ | 0.04 | 16.77 | 20 | 6 | 28 | 21 |
| 2 | $\eta('')$ | 0.03 | 103.21 | 26 | 6 | 30 | 27 |
| 3 | $T_{xx}/E$ | 2.31 | 473.89 | 70 | 6 | 26 | 66 |
| 4 | $T_{yy}/E$ | 2.11 | 1261.75 | 57 | 4 | 29 | 68 |

应该注意,一般情况下在解释地球异常重力场导航信息量指标时应考虑模型误差,其中包括重力位谐波系数的确定误差、无限阶球谐模型的有限化误差(截断误差)。此时,模型综合误差的离散差 $D_{z,m}$ 可以定义为反映谐波系数误差大小的离散差 $D_{z,c}$ 和截断误差的离散差 $D_{z,r}$ 之和。$D_{z,c}$ 值根据大地测量方法,利用现有的重力位谐波系数确定误差均方差数据进行估计。$D_{z,r}$ 值利用地球异常重力场指数变量的适当近似模型进行估计[186]。因此,可以得到重力异常和垂线偏差分量的估计如下:$D_{z,c}$ 对应的重力异常方差为 17.5mGal², 垂线偏差方差为 $0.8('')^2$,$D_{z,r}$ 对应的重力异常方差为 11.2mGal²、垂线偏差方差为 $2.5('')^2$。因此,可以得到 $D_{z,r}$ 的全球估计值如下:对应的重力异常方差为 28.7mGal²、垂线偏差分量的方差为 $3.3('')^2$。

为了进行对比,根据EGM-2008模型得到的全球范围内的重力异常和垂线偏差分量方差分别为 900mGal² 和 $50('')^2$。对 $D_{z,c}$、$D_{z,r}$、$D_{z,m}$ 进一步分析表明,这些参数的估计值在区域之间变化很明显。若分析模型误差对地球异常重力场参数相关间隔确定结果的影响,需要附加进行专项研究,已超出本书讨论范围。

此处必须强调,前面得到的参数估计值仅描述在海平面(大地水准面)上的地球异常重力场的导航信息量。在实际应用中,利用地球异常重力场进行导航时大多数均是航空载体或水下载体。相应地,地球异常重力场的导航信息量指标的估计值应变换到相应载体的飞行高度(第一种情况)或下潜深度(第二种情况)。上述两种情况的变换均可以基于同一个球面谐波形式的全球重力场模型利用扰动势标准谐波合成公式及其变形完成[293]。

与此同时还应注意,每个方案均有自己的特点。在进行上述变换时应该考虑到,在有一定高度情况下对地球异常重力场的平滑效应会弱化独立的导航基准,其结果是必须提高参数测量精度。对于第一种情况,变换本身就是一个正确性问题,通过用 $r+H$ 代替大地水准面(地球椭球体)的地心矢量半径 $r$ 加以解决,其中,$H$ 为解算点的地心高度。与之相反,对于第二种情况,这种变换是不正确的,其结果会使地球异常重力场的模型参数值误差变大。一般情况下,通过调整谐波合成算法可以消除第二种不正确变换的影响[185],同时还应考虑水下地形地貌的影响。

### 6.4.4 小结

本节给出的地球异常重力场导航信息量估计研究结果可以得出以下结论。

(1) 可以利用所测的地球异常重力场参数(重力异常、垂线偏差、重力位二阶导数)的离散差和相关半径作为导航信息量衡量指标。对地球异常重力场的当前研究水平,其中包括确定高精度全球重力势模型,使得可以对其导航信息量指标估计的分辨率达到几千米。

(2) 分别给出了沿单独的测线和平面区域内估计地球异常重力场导航信息量的公式,根据利用这些公式和2190阶的现代地球重力模型EGM-2008得到的试验数据可以看出,随着研究区域不同或所研究地球异常重力场参数不同,导航信息量指标(离散差和相关半径)的变化比较明显。

(3) 信息量丰富(高于标准值)区域与信息量匮乏(低于可接受水平)区域交替出现。因此,未来利用现代地球重力模型,并根据地球异常重力场不同参数的导航信息量对可利用地球异常重力场进行自主导航的全球海域进行分区是合理的。

# 附 录

## 附.1 基本概念

1. 重力

重力 g 可等效为万有引力和地球旋转离心力的合力,属于物体质量单位范畴[69]。也可按照现行标准,不推荐使用的概念称为重力加速度、自由落体加速度、比力。

2. 重力场

受地球重力作用的空间区域,其中每个点对应固定的重力值[69]。

3. 重力测量

重力测量是地球物理学的一部分,主要研究地球重力场的参数特性及分布[68]。重力场是势场。

4. 重力势(重力位)

在重力场中,单位质量质点所具有的能量称为此点的重力势,也称为重力位。重力势 $W$ 用函数表示 $W(P)$,其梯度等于重力值,其中,$P$ 为空间某点[69]。重力势的数值等于重力场内单位质量的质点从无穷远处移到此点时重力所做的功[109]。重力势的测量单位为 J/kg 且满足 $1J/kg = 1m^2/s^2$。在 ГОСТ 52572-2006 中补充了地球重力势这个概念,即地球重力实时势能[70]。

5. 重力势梯度

重力势梯度 grad[$W(R)$] 定义为以下向量,即

$$g(R) = \text{grad}[W(R)] = \nabla W(R) = \frac{\partial W}{\partial x}i + \frac{\partial W}{\partial y}j + \frac{\partial W}{\partial z}k$$

式中:$R$ 为空间点 $P$ 的矢量半径;$\frac{\partial W}{\partial x} = g_x$、$\frac{\partial W}{\partial y} = g_y$、$\frac{\partial W}{\partial z} = g_z$ 为重力势关于各坐标 $(x,y,z)$ 的偏导数,其数值等于重力向量在地理坐标系(与地球固连的笛卡儿坐标系,此处应理解为北东地地理坐标系,而不应该理解为地球坐标系)各轴上的投

影。通常情况下,坐标轴按照下列方式选择:轴 $z$ 与当地标准重力方向一致,$x$ 轴水平指北,$y$ 轴水平指东[91,196,213]。

**6. 重力向量梯度**

重力向量梯度 grad[$g(\boldsymbol{R})$] 通过二阶张量确定,其各元素是重力位(势)二阶偏导数[69],即

$$\boldsymbol{\Gamma}_g(\boldsymbol{R}) = \mathrm{grad}[\boldsymbol{g}(\boldsymbol{R})] = \nabla \boldsymbol{g}(\boldsymbol{R}) = \begin{bmatrix} \dfrac{\partial^2 W}{\partial x^2} & \dfrac{\partial^2 W}{\partial x \partial y} & \dfrac{\partial^2 W}{\partial x \partial z} \\ \dfrac{\partial^2 W}{\partial y \partial x} & \dfrac{\partial^2 W}{\partial y^2} & \dfrac{\partial^2 W}{\partial y \partial z} \\ \dfrac{\partial^2 W}{\partial z \partial x} & \dfrac{\partial^2 W}{\partial z \partial y} & \dfrac{\partial^2 W}{\partial z^2} \end{bmatrix} = \begin{bmatrix} \dfrac{\partial g_x}{\partial x} & \dfrac{\partial g_x}{\partial y} & \dfrac{\partial g_x}{\partial z} \\ \dfrac{\partial g_y}{\partial x} & \dfrac{\partial g_y}{\partial y} & \dfrac{\partial g_y}{\partial z} \\ \dfrac{\partial g_z}{\partial x} & \dfrac{\partial g_z}{\partial y} & \dfrac{\partial g_z}{\partial z} \end{bmatrix}$$

重力位 $W$ 二阶导数的张量是对称的,并且满足泊松方程 $W_{xx} + W_{yy} + W_{zz} = 2\Omega^2$,其中,$\Omega$ 为地球旋转角速度。重力位二阶导数张量包括6个未知分量,其中5个分量是相互独立的[196]:

$$\dfrac{\partial^2 W}{\partial x^2} = W_{xx}, \dfrac{\partial^2 W}{\partial y^2} = W_{yy}, \dfrac{\partial^2 W}{\partial z^2} = W_{zz}, \dfrac{\partial^2 W}{\partial x \partial y} = W_{xy}, \dfrac{\partial^2 W}{\partial x \partial z} = W_{xz}, \dfrac{\partial^2 W}{\partial y \partial z} = W_{yz}$$

由于重力向量与 $z$ 轴之间的夹角很小或等于零,则其导数 $\dfrac{\partial^2 W}{\partial z^2} = W_{zz}$ 表明,在垂直方向上重力向量模是变化的,因此,将其称为垂向重力梯度[196]。导数 $\dfrac{\partial^2 W}{\partial x \partial z} = W_{xz}$、$\dfrac{\partial^2 W}{\partial y \partial z} = W_{yz}$ 表示重力在水平面上的变化:$W_{xz}$ 为在子午圈平面上的变化,$W_{yz}$ 为卯酉圈平面(第一垂线平面)上的变化,将上述两个分量称为水平重力梯度[196]。沿水平各轴的重力梯度值可以确定水平重力梯度全值,表示为大小是 $\sqrt{W_{xz}^2 + W_{yz}^2}$,方向为重力在水平面上变化(增大或减小)最快的方向[196]。

重力位 $W$ 的二次导数张量的对角线分量的第一个元素 $W_{xx}$ 和第二个元素 $W_{yy}$ 决定等位面截面曲率。重力位二阶导数之差 $\Delta W$($\Delta W = W_{xx} - W_{yy}$)决定两个主标准截面曲率之差,也就是指等位面相对球面偏差,而混合导数 $W_{xy}$ 决定主标准截面相对所选轴系 $xy$ 的指向。等位面的标准截面中曲率半径最大值和最小值分别为 $\rho_{\max}$、$\rho_{\min}$ 的截面称为主标准平面[196]。

**7. 测量单位**

在物理单位制 CGS(cm、g、s 单位制,俄文为 СГС)中,力的量纲为:质量×长度×时间$^{-2}$=g·cm·s$^{-2}$=1 达因(符号 dyn,且 1dyn=1g·cm/s$^2$=$10^{-5}$N=$10^{-5}$kg·m/s$^2$)。也就是说,使质量 1g 的物体产生 1cm/s$^2$ 的加速度,所需的力为 1dyn,被作为力的单位。在地球动力学中,重力由作用在自由下落物体上的加速度($g$)确

定[196]。加速度的量纲为:长度×时间$^{-2}$。为纪念第一个测定重力加速度的意大利物理学家伽利略,在重力测量中把 CGS 单位制(cm、g、s)中重力加速度称为"伽(Gal)",即 1Gal=1cm/s$^2$。

如果被吸引物体的质量为 1g,则以单位 dyn 表示的重力在数据值上等于以单位 Gal 表示的重力值。千分之一伽称为 1 毫伽,即 1Gal=10$^3$mGal。在国际单位制 SI(俄文为 СИ)中,重力的单位为牛顿,符号为 N(或俄文 H)。使质量为 1kg 的物体沿作用力方向产生 1m/s$^2$ 的加速度,所需的力为 1N,且 1N=10$^5$dyn。

重力的导数(重力位二阶导数或重力梯度是重力场强度 $g$ 在空间单位距离上的变化)的量纲为:时间$^{-2}$,在国际单位制 SI 物理单位制 CGS 中均取为 s$^{-2}$。将该值的 10$^{-9}$ 作为重力导数或重力位二阶导数的单位,称为厄缶,用符号 E 表示,1E=10$^{-9}$/s$^2$。该名称是以著名的匈牙利地球物理学家厄否(Eotvos)命名的,他为重力测量的发展做出了巨大贡献。

8. 水平面

在任何点上重力位均相等的平面[67,69]。

9. 大地水准面(大地水准体)

大地水准面是指由地球重力位水平面构成的地球形状,在完全静止和平衡状态下与世界海洋海平面重合,并延伸到大陆内部的水准面[67]。

10. 准大地水准面(准大地水准体)

根据天文重力水准测量结果计算得到、接近大地水准面的辅助表面表示的地球形状[203]。

11. 地球重力场的作用线(或引力线)

空间上各点切线方向与各自相应点重力向量方向一致的曲线[67]。

作用线的切线是铅垂线,它是一条与该点处重力向量方向一致的直线[67,69]。根据定义,铅垂线垂直于等位面(或等势面),因此,铅垂线是等位面的法线,如附图 1 所示。

如果铅垂线无限向上延伸至与天球相交于观测者头顶正上方的点,称为天顶。

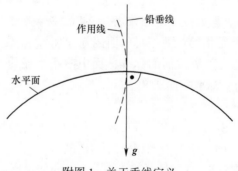

附图 1 关于垂线定义

研究地球形状的主要问题之一是确定最接近地球真实形状的椭球体。

12. 通用地球椭球体(旋转椭球体)

通用地球椭球体即为旋转椭球体,最能代表地球的形状和尺寸,其质心与地球质心一致,其短半轴与地球旋转轴一致[67,69,70]。它是一个规则的数学表面,是对地球形体的二级逼近,用于测量计算的基准面,在测量和制图中普遍应用。

旋转椭球体有3个主要的几何参数,其中两个共同决定其形状。

(1) 旋转椭球体长半轴 $a$,也称为赤道半径。

(2) 旋转椭球体短半轴 $b$,也称为极轴半径。

(3) 旋转椭球体扁率 $\alpha = \dfrac{a-b}{a}$。

13. 参考椭球体

用于处理大地测量值和建立大地测量坐标系时使用的地球椭球体即为参考椭球体[67,196]。通过确定大地测量基准日期进行定向,换句话说,任何一个被选作基准测点的大地测量坐标相对某给定值是均等的,因此其质心与地球质心不一致[67,70]。对于地球表面的同区域,硬性规定使用不同参数的参考椭圆体。参考椭球体参数是根据为此专门进行的大地测量结果选定的,以便对于给定区域而言,旋转椭球体表面相对地球体水准面的均方差极小。在这种情况下,地球上该区段以外的方差可能特别大,如附图2所示。

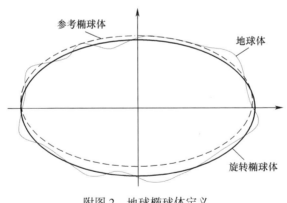

附图2　地球椭球体定义

如果参考椭球体法线向上延伸至与天球相交于观测者头顶正上方的点称为大地测量天顶[67],如附图4中天球上的点 $Z_\Gamma$。

14. 正常重力

正常重力是与地球理论模型相对应的重力值[67,69]。理论模型应该是结构上不太复杂的解析表面方程,但此时必须考虑地球表面形状与球面的偏差。最接近实际引力场的地球重力场理论模型称为正常重力场[67,69],而用于替代地球实际形状的理想物理球体,通常是指旋转椭球体,被称为正常地球[196]。

15. 水准椭球体(正常椭球体)

密度均匀而光滑的理想椭球体,球面上各点重力位或重力值可由地球的引力参数、地球长半径、扁度、自转角速度等计算得出,称为正常重力值[69]。用来计算水平面正常重力的严格解析表达式称为索米利亚纳公式(Somigliana),形式为

$$\gamma = \frac{a\gamma_e\cos^2 B + b\gamma_p\sin^2 B}{\sqrt{a^2\cos^2 B + b^2\sin^2 B}}$$

式中:$\gamma_e$、$\gamma_p$ 分别为赤道和极点处的正常重力值;$a$、$b$ 为水准椭球体的长半轴和短半轴;$B$ 为大地纬度。

实际上,在大地测量和地球物理问题中利用了近似的正常重力公式,而且公式中引入的各系数值由国际大地测量和地球物理学联合会(IUGG)大会批准该使用。为了计算正常重力,存在一组计算 $\gamma$ 的索米利亚纳公式,可以按照附表 1 分类。

附表 1　正常重力公式分类

| 序号 | 公式名称 | 公式内容 |
| --- | --- | --- |
| 1 | 赫尔默特公式 | $\gamma = 978030(1 + 0.005302\sin^2 B - 0.000007\sin^2 2B) - 14$ |
| 2 | WGS84 参考椭球体公式 | $\gamma = 978032.68\dfrac{1 + 0.001931855139\sin^2 B}{\sqrt{1 - 0.006694380\sin^2 B}}$ |
| 3 | 卡西尼公式 | $\gamma = 978049(1 + 0.0052884\sin^2 B - 0.0000059\sin^2 2B)$ |
| 4 | GRS67 公式 | $\gamma = 978031.846(1 + 0.0053024\sin^2 B - 0.0000058\sin^2 2B)$ |

构建正常重力场可以从地球重力场中分离出其主要部分,并且分析的不是重力场的完整元素,而是实际重力场与正常重力场之间的较小偏差值。在这种情况下,确定重力位 $W$ 的问题归结为确定偏差 $T = W - U$,其中,$U$ 为水准椭球体重力位,也称为正常地球位[67,196]。将偏差 $T$ 称为扰动重力位或异常重力位[67,196,272],描述重力场的异常[196],表示实际重力值与正产重力值之差。

16. 重力异常

某点处地球重力实际测量值 $g$ 与其正常值 $\gamma$ 之间的差值 $\Delta g = g - \gamma$ 称为重力异常[67,68,109,196,272]。

下面相对上述定义给出一个小的修正,这是因为不同作者对重力异常的概念理解有不同的想法。这种多异性的理解主要是由于对重力测量值的理解不准确。通常情况下,重力测量值可以理解为在测量误差为零的情况下扰动位 $T$ 沿某曲面法线 $S$ 的导数,该曲面可以是旋转椭球体、正常重力水平面或水准体。由于地球上各曲面法线之间的夹角不超过 $90''$,这些导数在数值上是一致的。

在研究可以测量扰动重力位梯度 $\mathrm{grad}(T)$ 的重力矢量测量问题时,不仅需要描述 $\dfrac{\partial T}{\partial s}$ 的垂向分量,还需要一个能明确矢量值的术语。在本书中利用了"重力扰

动向量"(BCT)这个术语对应 grad($T$),此时,重力异常 $\Delta g = \dfrac{\partial T}{\partial s}$ 是其垂向分量,详见文献[91]。

17. 垂线偏差

垂线偏差是指地球椭球体表面上某点的铅垂线与其法线之间的夹角[67,69]。应该注意,参考文献[67]将 *отклонение отвесной линии* 作为垂线偏差的基本术语,而不推荐使用 *уклонение отвесной линии* 或 *уклонение отвеса*。但是,实际上在地球物理学和重力测量学中仍旧根深蒂固地利用 *уклонение отвесной линии* 作为垂线偏差的术语[109,196,203,272],在本书中也沿用该术语。

在几何定义和物理定义中,垂线偏差是有区别的。在几何定义中,垂线偏差是指地球椭球体上某点处铅垂线与表面法线之间的夹角。在物理定义中,垂线偏差是指实际重力向量方向与正常重力向量方向之间夹角[109,196,203,272]。

在地球椭球体上各点的垂线偏差全值 $u$ 包括两个分量,即在子午圈平面上的分量 $\xi$ 和在卯酉圈平面上的分量 $\eta$。当分量 $\xi$ 和 $\eta$ 已知时,垂线偏差的全值按照下述公式计算,即

$$u = \sqrt{\xi^2 + \eta^2}$$

绝对垂线偏差是指地球表面点 $O$ 处的旋转椭球体表面法线 $OO_1$ 和该点处重力 $g$ 的垂线之间的夹角,如附图3所示。绝对垂线偏差主要与地球体的质量分布特点有关,特别是地壳中质量分布[109,257]。

相对垂线偏差是指地球表面点 $O$ 处的参考椭球体表面法线 $OO_2$ 和该点处重力 $g$ 的垂线之间的夹角,如附图3所示。相对垂线偏差不仅与地球体的质量分布特点有关,还与所选参考椭球体的几何参数误差有关。因此,通常情况下相对垂线偏差数值要大于绝对垂线偏差[109,257]。

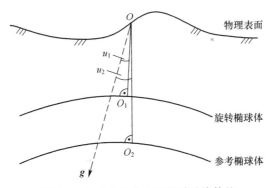

附图3 绝对垂线偏差和相对垂线偏差

重力测量偏差是指正常重力 $\gamma$ 方向和实际重力 $g$ 方向(铅垂线)之间的夹角[109,196,203,272],如附图4中的角度 $u_{\Gamma P}$。在英文文献中,对应专业术语为莫洛登

斯基偏差(Molodensky deflection)[386,503]。该值主要由地球重力场与标准重力场之间的偏差决定,并且可以用作描述地球形状的参数进行研究。

天文大地测量偏差是指铅垂线相对所选地球椭球体的法线 $n$ 之间的夹角[109,196,203,272],如附图4中的角度 $u_{AT}$。在英文文献中,对应专业术语为赫尔默特偏差(Hermert deflection)[386,503]。

每点重力指向沿水平面的法线定向。正常重力的作用线是平面曲线,均位于在大地测量子午线平面上。实际重力的作用线通常情况下是空间曲线,重力向量沿着作用力切线方向定向。由于正常重力场作用力的曲率,使得所用椭球体的法线 $n$ 和正常重力 $\gamma$ 的指向之间夹角等于正常纬度 $B_n$ 与大地测量纬度 $B$ 之间的差值 $\Delta B$,即

$$\Delta B = B_n - B = 0.171'' \cdot H \cdot \sin^2 B$$

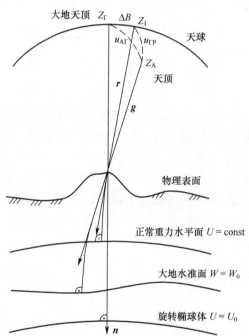

附图4　天文大地测量垂线偏差和重力测量垂线偏差

由于正常重力作用线只有在经线圈平面内存在弯曲,故该修正仅对垂线偏差在经线圈平面上的修正分量有效[196]。因此,天文大地测量垂线偏差 $\xi_{AT}$、$\eta_{AT}$ 与重力测量垂线偏差 $\xi_{TP}$、$\eta_{TP}$、之间的关系为[109,196,203,272]

$$\begin{cases} \xi_{AT} = \xi_{TP} + \Delta B Б \\ \eta_{AT} = \eta_{TP} = \eta \end{cases}$$

同样也可以利用引入的 $\xi_{AT}$、$\xi_{TP}$、$\eta$ 建立大地测量坐标 $B$、$L$ 和天文坐标 $\varphi$、$\lambda$ 之间的关系为

$$\begin{cases} \xi_{A\Gamma} = \varphi - B \\ \xi_{\Gamma P} = \varphi - B - \Delta B \\ \eta = (\lambda - L)\cos\varphi \end{cases}$$

如前所述,扰动重力位决定了重力异常和垂线偏差分量。在参考文件《1990年代地球参数(ПЗ-90.11)》中明确规定重力异常 $\Delta g$、准大地水准面高度 $\zeta$、垂线偏差分量 $\xi$ 和 $\eta$ 作为描述异常重力场的参数。

在文件 ПЗ-90.11 中给出了一组球谐函数形式的扰动位表达式[204],即

$$T(\rho,\varphi,\lambda) = \frac{fM_\oplus}{\rho}\sum_{n=2}^{N}\left(\frac{a}{\rho}\right)^n \sum_{m=0}^{n}(\Delta\overline{C}_{nm}\cos m\lambda + \overline{S}_{nm}\sin m\lambda)\overline{P}_{nm}(\sin\varphi)$$

式中:$a$ 为参考椭球体长半轴;$(\rho,\varphi,\lambda)$ 为某点的球面地心坐标(矢径、纬度、经度);$fM_\oplus$ 为万有引力常数与地球质量乘积;$N$ 为最大阶次;$\overline{C}_{nm}$、$\overline{S}_{nm}$ 为按照球面函数给出的地球异常重力位 $n$ 阶 $m$ 次完全标准化分解系数;除了区域偶次幂谐波 $n=2、4、6、8$ 以外,$\Delta\overline{C}_{nm} = \overline{C}_{nm}$,而当 $n=2、4、6、8$ 时,$\Delta\overline{C}_{n0} = \overline{C}_{n0} - \overline{C}_{n0}^0$;$\overline{P}_{nm}$ 为 $n$ 阶 $m$ 次的完全标准化勒让德多项式。

根据模型参考文件 ПЗ-90.11,地球扰动位变换的相应计算公式有下列形式[204]。

(1) 对于重力异常:

$$\Delta g(\rho,\varphi,\lambda) = \frac{fM_\oplus}{\rho^2}\sum_{n=2}^{N}(n-1)\left(\frac{a}{\rho}\right)^n \sum_{m=0}^{n}(\Delta\overline{C}_{nm}\cos m\lambda + \overline{S}_{nm}\sin m\lambda)\overline{P}_{nm}(\sin\varphi)$$

(2) 对于准大地水准面高度:

$$\zeta(\rho,\varphi,\lambda) = \frac{fM_\oplus}{\rho\gamma}\sum_{n=2}^{N}\left(\frac{a}{\rho}\right)^n \sum_{m=0}^{n}(\Delta\overline{C}_{nm}\cos m\lambda + \overline{S}_{nm}\sin m\lambda)\overline{P}_{nm}(\sin\varphi)$$

(3) 对于垂线偏差分量:

$$\xi(\rho,\varphi,\lambda) = -\rho'\frac{fM_\oplus}{\gamma\rho^2}\sum_{n=2}^{N}(n-1)\left(\frac{a}{\rho}\right)^n \sum_{m=0}^{n}(\Delta\overline{C}_{nm}\cos m\lambda + \overline{S}_{nm}\sin m\lambda)\overline{P}_{nm}(\sin\varphi)$$

$$\eta(\rho,\varphi,\lambda) = -\rho'\frac{fM_\oplus}{\gamma\rho^2\cos\varphi}\sum_{n=2}^{N}(n-1)\left(\frac{a}{\rho}\right)^n m\sum_{m=0}^{n}(\Delta\overline{C}_{nm}\cos m\lambda + \overline{S}_{nm}\sin m\lambda)\overline{P}_{nm}(\sin\varphi)$$

根据 ПЗ-90.11 文件,本书中利用重力异常 $\Delta g$、准大地水准面高度 $\zeta$、垂线偏差在子午圈平面分量 $\xi$ 和卯酉圈平面分量 $\eta$ 作为地球重力场参数。

## 附2 高度系

在建立高度系时,选择高度为零的起始点和相对基准面是必要的。下面简述

在国家标准和教学手册中给出的确定高度的基本数据。

大地测量高度(椭球高度)$H$是指地球物理表面上某点到旋转椭球体表面上沿椭球体法线方向的线段长度,如附图5所示[67,70,196,386,503]。

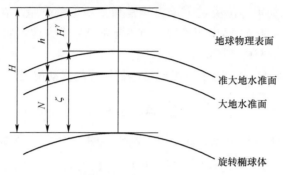

附图5　高度系的定义

标准高度(绝对高度)$h$是大地水准面上方某点到大地水准面的高度[67,70,196,386,503],如附图5所示,也称为绝对高度或海拔高度。

大地水准面高度(大地水准面起伏)$N$是指大地水准面距离旋转椭球体表面沿椭球体法线上的线段长度[67,70,196,386,503],如附图5所示。

正常高度$H^\gamma$是指地球物理表面某点到大地水准面之间、沿旋转椭球体法线上相应线段长度,数值上等于某点上的地球势与地球正常重力平均值的比值[67,70,196,386,503],如附图5所示。

准大地水准面高度(高度异常)$\zeta$是指准大地水准面距离旋转椭球体表面沿球体法线上的线段长度[67,70,196,386,503],如附图5所示。

大地测量高度$H$与所选旋转椭球体的位置和参数有关,因此,将大地测量高度分成两部分。其中,一部分表示地球物理表面相对水平面(包括大地水准面或准大地水准面)的高度,也称为等高线高度;另一部分比较光滑,表示旋转椭球体相对水平面(包括大地水准面或准大地水准面)的距离[196]。这样,根据水平面的选择存在不同的大地高度系,比如:

(1)由标准高度$h$和大地水准面高度$N$确定,即满足$H=h+N$。

(2)由正常高度$H^\gamma$和准大地水准面高度$\zeta$确定,即满足$H=H^\gamma+\zeta$。

## 附3　坐标系

在给定和确定位置时,引入并利用下述坐标系。

1. 天文子午面

经过所在地铅垂线(即大地水准面法线),且平行地球旋转轴的平面[67]。

2. 天文纬度

所在地的铅垂线与垂直地球旋转轴的平面(如地球赤道平面)所成的角度[67]。

3. 天文经度

所在地的天文子午面(过铅垂线且与地球旋转轴组成的平面)与格林尼治天文子午面之间的两面角[67]。

4. 天文坐标 $\varphi$、$\lambda$、$h$

空间上所在地的铅垂线与垂直地球旋转轴的平面(如地球赤道平面)所成的角度称为天文纬度 $\varphi$。天文子午面(过铅垂线且与地球旋转轴组成的平面)与格林尼治天文子午面之间的两面角称为天文经度 $\lambda$[67],如附图6(a)所示,天文高度图中未给出。

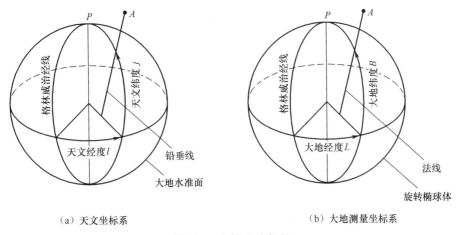

(a) 天文坐标系　　　　　　　　(b) 大地测量坐标系

附图6　坐标系的定义

5. 大地测量子午面

经过所在地旋转椭球体法线,且平行旋转椭球体短轴的平面[67],也称为大地子午面。

6. 大地测量纬度

所在地的旋转椭球体的法线与地球赤道平面所成的角度[67],也称为大地纬度。

7. 大地测量经度

所在地的大地子午面与格林尼治大地子午面之间的两面角[67],也称为大地经度。

8. 大地测量坐标 $B$、$L$、$H$

空间上所在地的旋转椭球体法线相对地球赤道平面所成的角度称为大地纬度 $B$。所在地的大地子午面与格林尼治大地子午面之间的两面角[67],也称为大地经

度 $L^{[67]}$,如附图 6b)所示,大地高度 $H$ 图中未给出。

9. 地理坐标

在不考虑垂线偏差时的天文坐标和大地坐标的广义概念[67]。在大地测量中使用普通全球地球坐标系、区域参考坐标系及天球坐标系。俄罗斯国家大地测量坐标系统属于区域参考坐标系[204]。

10. 全球地球坐标系[204]

全球地球坐标系是始于地心的空间正交坐标系,也称为地球地心坐标系。根据国际地球自转与参考服务系统(IERS)的建议,$Z$ 轴指向假定的地球极点,$X$ 轴指向赤道平面和由 IERS 和国际时间局(BIF)共同确立的本初子午线的交点,$Y$ 轴满足右手定则构成空间直角坐标系。地球坐标系随地球一起旋转,如附图 7 所示。

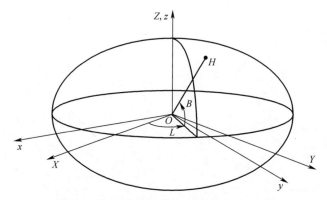

附图 7  全地球坐标系和天球坐标系的定义

在地球地心坐标系中,空间上某点的位置由坐标系 $X$、$Y$、$Z$ 确定。在大地测量应用中使用大地测量坐标。大地测量坐标与空间直角坐标之间的数学关系由参考文件《1990 年代地球参数(ПЗ-90.11)》中给出的关系式确定。ПЗ-90.11 中给出的地心坐标系相对地球质心的建立误差的均方根误差约为 0.05m,而坐标系定向误差的均方根约为 0.001″,测点间相互位置的均方根误差约为 0.005~0.01m。坐标系比例尺的确定精度符合对光速、重力测量常数以及激光测量精度的现代认知水平,均方差约为 0.001~0.005m。

11. 天球坐标系

天球惯性坐标系[204]与某个恒星固连。天球地心坐标系与地球地心坐标系原点一致,如附图 7 所示,其中,$z$ 轴指向北天极,$x$ 轴在赤道平面上指向春分点,$y$ 轴满足右手定则构成空间笛卡儿坐标系。考虑到天极和春分点在空间中的位置不会随着时间推移而保持不变,目前,应用标准纪元 2000.0. 记录惯性坐标系。天球地心坐标系和地球地心坐标系之间的数学关系由参考文件《1990 年代地球参数(ПЗ-90.11)》中给出的关系式确定。

12. 大地参考测量坐标系

与地球坐标系中一样,在大地参考测量坐标系中的示数基准表面也是旋转椭球体[204]。其中主要区别是,这两个坐标系的起点位置不同,并且各轴的定向也不一致。为了将参考大地坐标换算为直角坐标同样也利用在地球坐标系中利用的关系式。

根据 2012 年 12 月 28 日颁布的俄罗斯联邦政府第 1463 号决议通过了利用大地测量坐标系 ГСК-2011 作为统一的国家坐标系,用于大地测量和制图。ГСК-2011 坐标系是地球地心坐标系的又一次实际应用。

# 作者简介

1. **Пешехонов Владимир Григорьевич**(1.2 节)

俄罗斯中央科学电器研究所(《Концерн《**ЦНИИ《Электроприбор**》)所长、总经理,圣彼得堡国立光机大学(УИТМО)信息与导航系统教研室主任,技术科学博士、教授、俄罗斯科学院院士。国际导航与运动控制协会主席。研究领域为高精度自主导航技术,其中包括导航与大地测量组合技术等。列宁奖金获得者、俄罗斯科技领域国家奖金获得者,因参与研制及推广海空两用重力仪而获得俄罗斯联邦科技领域政府奖金。发表论文300多篇。

2. **Степанов Олег Андреевич**(整书绪论、第1~6章的引言、2.3节、6.3节及附录)

俄罗斯中央科学电器研究所(《Концерн《ЦНИИ《Электроприбор》)科教中心主任,圣彼得堡国立光机大学(УИТМО)信息与导航系统教研室副主任,技术科学博士、教授,国际导航与运动控制协会副主席。研究领域为组合导航与定位系统、线性和非线性滤波理论和方法、及其在导航信息和地球物理场信息处理中的应用。发表论文200多篇,其中专著3部。

3. **Августов Лев Иванович**(6.4节)

俄罗斯拉明斯克仪表设计局(**РПКБ–АО《Раменское приборостроительное конструкторское бюро》**)航空驾驶设备副总设计师,技术科学副博士,莫斯科鲍曼国立技术大学(МГТУ им. Н. Э. Баумана)"姿态控制、稳定与导航系统及仪表"系副教授。研究领域为根据自然地球物理场实现的全球自主导航。发表文章28篇,获得俄罗斯国内发明及专利13项。

4. **Блажнов Борис Александрович**(3.3节)

俄罗斯中央科学电器研究所(РФ АО《Концерн《ЦНИИ《Электроприбор》)首席研究员,技术科学副博士,Н. Н. Остряков奖金获得者,研究领域为惯性-卫星组合导航与定向系统、惯性测量组件及其敏感元件、重力测量技术等。发表文章70多篇,获得俄罗斯国内发明及专利20项。

5. **Болотин Юрий Владимировчи**(2.2节、2.4节、2.5节、5.2节)

莫斯科罗曼诺索夫国立大学(МГУ им. М. В. Ломоносова)应用力学系副主任,教授,物理数学科学博士,国际导航与运动控制协会成员,研究领域为最优控制与估计、惯性导航、惯性重力测量等,发表文章100多篇。

6. **Вершовский Антон Константинович**(5.4节)

俄罗斯约飞物理技术研究(ФТИ им. А. Ф. Иоффе)首席研究员,物理数学科学博士。研究领域为量子光学和光学放射光谱学,特别是量子磁测井和基于光学检测磁共振效应的陀螺仪、量子频率标准、原子激光减速及冷却方法等。发表论文

70多篇,其中包括2部专著。

**7. Витушкин Леонид Федорович**(1.1节)

全俄门捷列夫计量科学研究院(ФГУП《ВНИИМ им. Д. И. Менделеева》)重力测量和前言课题研究室主任,技术科学博士,国际大地测量协会"重力测量和重力测量网"子公司董事长。研究领域为重力测量,特别是绝对重力测量、频率稳定激光器、激光干涉测量、纳米计量等。发表论文及专利100多篇。

**8. Вязьмин Вадим Сергеевич**(2.5节、5.2节)

莫斯科罗曼诺索夫国立大学(МГУ им. М. В. Ломоносова)导航与控制实验室研究人员,物理数学科学副博士,研究领域为航空重力测量与估计、地球物理场导航等,发表论文10余篇。

**9. Гайворонский Станислав Викторович**(3.2节)

中央科学电器研究所(《Концерн《ЦНИИ《Электроприбор》)某部门负责人,技术科学副博士,研究领域为用于天文大地测量的精密光电系统和潜望设备,发表论文20余篇。

**10. Голован Андрей Андреевич**(2.2节、4.3节、5.2节)

莫斯科罗曼诺索夫国立大学(МГУ им. М. В. Ломоносова)导航与控制实验室主任,莫斯科罗曼诺索夫国立大学名誉研究员,物理数学科学博士,国际导航与运动控制协会成员。研究领域为组合导航系统、估计理论和方法及其在导航信息、地球物理信息处理中的应用等,发表论文20余篇,其中包括4部专著。

**11. Евстифеев Михаил Илларионович**(3.1节、5.3节)

中央科学电器研究所(《Концерн《ЦНИИ《Электроприбор》)分部负责人,圣彼得堡国立光机大学(УИТМО)信息与导航系统教研室教授,技术科学博士,国际导航与运动控制协会成员。研究领域包括导航仪表敏感元件、微机械仪表、弹性力学系统理论等,发表论文150余篇。

**12. Емельянцев Геннадий Иванович**(3.3节)

中央科学电器研究所(《Концерн《ЦНИИ《Электроприбор》)首席研究员,圣彼得堡国立光机大学(УИТМО)信息与导航系统教研室教授,技术科学博士,俄罗斯杰出科学家,海军上校退役,国际导航与运动控制协会成员。Н. Н. Остряков奖金获得者。研究领域为惯性导航系统、惯性-卫星组合导航与定向系统等,发表文章100余篇、专著3部、发明专利17项。

**13. Железняк Леонид Кириллович**(6.2节)

联邦政府预算拨款的科研机构——俄罗斯科学院施密特地球物理研究所(ИФЗ РАН)首席研究员,技术科学博士。研究领域为动基座下重力测量技术,包括硬件设备、软件方法及计量等。因参与研制及推广海空两用重力仪而获得俄罗斯联邦科技领域政府奖金,发表论文150多篇,其中包括1部专著。

**14. Конешов Вячеслав Николаевич**(3.1节、4.1节、6.1节、6.2节、6.4节)

俄罗斯科学院施密特地球物理研究所（ИФЗ РАН）科研副所长,该所重力惯性研究处主任,该所重力测量实验室主任,技术科学博士,俄罗斯自然科学院通信院士,国际导航与运动控制协会成员。研究领域重力惯性测量技术、航空重力测量技术等。因参与研制及推广海空两用重力仪而获得俄罗斯联邦科技领域政府奖金,发表论文230多篇,其中包括2部专著、2部教科书。

15. **Краснов Антон Алексеевич**（1.2节、2.1节、4.2节）

中央科学电器研究所（《Концерн 《ЦНИИ 《Электроприбор》》）某部门负责人,研究领域为重力测量技术、陀螺仪表设计等,发表论文40余篇、专利1项。

16. **Михайлов Николай Викторович**（5.1节）

圣彼得堡国立光机大学（УИТМО）教务副校长,技术科学博士,国际导航与运动控制协会成员。研究领域为卫星导航系统、信息一次、二次处理方法和理论,及其在导航和地球物理场信息处理中的应用。发表论文100余篇,其中包括两部专著。

17. **Михайлов Павел Сергегвич**（6.2节）

俄罗斯科学院施密特地球物理研究所（ИФЗ РАН）科研人员。研究领域为重力测量技术,包括测量方法、信息处理方法及测量结果分析。发表论文10篇。

18. **Моторин Андрей Владимирович**（2.3节）

俄罗斯中央科学电器研究所（《Концерн 《ЦНИИ 《Электроприбор》》）研究生,也是圣彼得堡国立光机大学（УИТМО）信息与导航系统教研室研究生。研究领域为导航和地球物理信息线性和非线性处理方法与理论、组合导航系统等。发表论文24篇。

19. **Непоклонов Виктор Борисович**（6.1节、6.4节）

莫斯科国立测绘大学代理科研副所长,俄罗斯科学院施密特地球物理研究所（ИФЗ РАН）首席研究员,技术科学博士。研究领域为地球重力场的数学仿真、大地测量与导航信息处理方法与理论等。发表论文70多篇,其中包括4部著作。

20. **Носов Алексей Сергеевич**（2.3节、6.3节）

俄罗斯中央科学电器研究所（《Концерн 《ЦНИИ 《Электроприбор》》）研究生,圣彼得堡国立光机大学（УИТМО）信息与导航系统教研室工程师。研究领域为组合导航系统、线性和非线性滤波方法、地球物理场导航系统、重力测量及其在导航问题中的应用。发表论文10篇。

21. **Парусников Николай Алексеевич**（2.2节）

莫斯科罗曼诺索夫国立大学（МГУ им. М. В. Ломоносова）名誉教授,物理数学科学博士,国际导航与运动控制协会成员。研究领域为组合导航系统、估计理论和方法及其在导航和地球物理场信息处理问题中的应用。因参与研制及推广海空两用重力仪而获得俄罗斯联邦科技领域政府奖金,发表论文130多篇,其中包括4部专著。

### 22. Погорелов Виталий Викторович(4.1节)

俄罗斯科学院施密特地球物理研究所(ИФЗ РАН)学术秘书,物理数学科学副博士,研究领域包括航空重力测量、重力异常与地壳应力状态之间的关系、卫星导航系统应用技术等。发表论文40多篇。

### 23. Смоллер Юрий Лазаревич(1.3节、4.3节)

俄罗斯莫斯科重力测量技术公司(ЗАО НТП《Гравимерические технологии》)首席研究员,"海豚"中央科学研究院(ЦНИИ《Дельфин》)首席研究员,数学物理科学副博士,国际导航与运动控制协会成员,俄罗斯联邦国家奖金获得者。研究领域为重力测量技术。发表论文23多篇,获得俄罗斯国内发明及专利12项(已授权)。

### 24. Соколов Александр Вячеславович(1.2节、2.1节、4.2节)

俄罗斯中央科学电器研究所(《Концерн《ЦНИИ《Электроприбор》)副所长,技术科学副博士,国际导航与运动控制协会成员,俄罗斯联邦国家奖金获得者。研究领域为重力测量、大地测量及惯性导航。发表论文60多篇,获得俄罗斯国内发明及专利10(已授权)。

### 25. Соловьёв Владимир Николаевич(4.1节、6.1节、6.2节)

俄罗斯科学院施密特地球物理研究所(ИФЗ РАН)高级研究员,研究领域为重力确定方法、动基座下重力测量信息处理方法。成功开发海洋和航空重力测量信息处理软件工具包。发表论文20多篇。

### 26. Степанов Алексей Петрович(3.3节)

俄罗斯中央科学电器研究所(《Концерн《**ЦНИИ《Электроприбор**》)高级研究员,圣彼得堡国立光机大学(УИТМО)信息与导航系统教研室副教授,技术科学副博士。研究领域为组合导航与定位系统,包括误差分析、标定及试验方法等。发表论文30多篇,其中专著1部。

### 27. Торопов Антон Борисович(6.3节)

俄罗斯中央科学电器研究所(《Концерн《ЦНИИ《Электроприбор》)高级研究员,圣彼得堡国立光机大学(УИТМО)信息与导航系统教研室首席工程师,技术科学副博士。研究领域为导航设备软件设计、线性和非线性滤波理论及方法,及其在导航信息和地球物理场信息处理中的应用。发表论文40多篇。

### 28. Цодокова Вероника Владимировна(3.2节)

俄罗斯中央科学电器研究所(《Концерн《ЦНИИ《Электроприбор》)科研人员,研究生。研究领域为用于天文大地测量的精密光电系统。发表论文20多篇。

### 29. Челпанов Игорь Борисовчи(3.1节)

俄罗斯中央科学电器研究所(《Концерн《ЦНИИ《Электроприбор》)科教中心首席研究员,圣彼得堡国立光机大学(УИТМО)信息与导航系统教研室教授,技术科学博士,俄罗斯联邦杰出科学家,国际导航与运动控制协会成员。研究领域为导航设备与系统中信息变换、系统及仪表试验、无线电技术等。发表论文 400 多篇,其中专著 3 部、教科书 3 部。

30. **Элинсон Леон Соломонович**(1.2 节)

Элинсон Леон Соломонович(1.2 节),俄罗斯中央科学电器研究所(《Концерн《ЦНИИ《Электроприбор》》)老前辈(老将),技术科学副博士,因参与研制及推广海空两用重力仪而获得俄罗斯联邦科技领域政府奖金。发表论 80 多篇,其中专著 1 部、俄联邦发明专利 53 项。

31. **Юрист Самуил Шаевич**(1.3 节、2.4 节、4.3 节)

俄罗斯莫斯科重力测量技术公司(ЗАО НТП《Гравимерические технологии》)首席研究员,"海豚"中央科学研究院(ЦНИИ《Дельфин》)首席研究员,技术科学副博士,国际导航与运动控制协会成员,俄罗斯联邦国家奖金获得者。研究领域为重力测量技术。发表论文 27 多篇、俄联邦发明专利 20 项;

32. **Яшникова Ольга Михайловна**(3.1 节、5.1 节、附录)

俄罗斯中央科学电器研究所(《Концерн《ЦНИИ《Электроприбор》》)科研人员。研究领域为组合导航系统、大地测量和重力测量系统。发表论文 30 多篇。

## 参 考 文 献

［1］ **Абакумов В. М.** Особенности измерения угловых координат звезд прецизионными оптикоэлектронн-ыми системами//Опт. Журн. 1996. №7.

［2］ **Аванесов Г. А., Бессонов. Р. В., Куркина АН., Людомирский М. Б., КаютинИ. С., Ямщиков Н. Е.** Автономные бесплатформенные астроинерциальные навигационные системы：принципы построения，режимы работы и опыт эксплуатация//Гироскопия и навигация. 2013. №3.

［3］ **Августво Л. И., Бабиченко А. В., Орехов М. И., Сухоруков С. Я., ШкредВ. К.** Навигация летательных аппаратов в околоземном пространстве. М. ：Научтехлитиздат，2015. 592 с.

［4］ **Августво Л. И., Сорока А. И.** Бортовой гарвиметриометр. Опыт разработки и результаты стендовых испытаний //Мехатроника，автоматизация ，управление. 2009. №3. С. 51-56.

［5］ **Акимов П. А., Деревянкин А. В**，Матасов А. И. Гарантирующий подход и L1-аппроксимация в задачах оценивания параметров БИНС при стендовых испытаниях. М. ：Издательство МГУ，2012. 296 с.

［6］ **Александров Е. Б.** Квантовые биения резонансной люминесценции при возбуждении модулированным светом. //Опт. и спектр. 1963. Т. 14. №3. С. 436-438.

［7］ **Андреев А. Л.** Автоматизированные телевизионные системынаблюдения. Часть2. Арифметикологиче-ские основы и алгоритмы. Учебное повобие для курсового и липломного проектирования. СПб：СПбГУИТМО，2005.

［8］ **Андреев В. Д.** Теория инерциальной навигации（автономные системы）. М. ：Наука，1966.

［9］ **Андреев В. Д.** Теория инерциальной навигации（корректируемые системы）. М. ：Наука，1967.

［10］ **Анучин О. Н.** Инерциальные методы определения параметров гравитационного поля Земли на море：дидокт. техн. наук. 05. 11. 03 / О. Н. Анучин. -СПб. ，1992. -425 с.

［11］ **Анучин О. Н. , Емельянцев Г. И.** Интегрированные системы ориентации и навигации для морских подвижных объектов（2-е изд. ，допол. ）. СПб：ЦНИИ《Электроприбор》，2003. 390 с.

［12］ **Анучин О. Н.，Каракашев В. А., Емельянцев Г. И.** Влияние геодезических неопределенностей на погрешности инерциальных систем. //Судостроение за рубежом. 1982. №5(185).

［13］ **Ариаутов Г. П., Калиш Е. Н., Смирнов М. Г., Стусь Ю. Ф, Тарасюк В. Г.** Баллистический гравиметр. Авторское свидетельство СССР SU 1563432，G 01 V 7/14，1 августа 1988 г.

［14］ **Астрономический ежегодник на 2009 год.** СПб. ：Наука，2008.

［15］ **Баклицкий В. К.** Корреляционно-экстремальные методы навигации и наведения. Тверь：ТО《Книжный клуб》，2009. 360 с.

［16］ **БалыкиВ. И. , Летохов В. С, Миноги В. Г.** Охлаждение атомов давлением лазерного излучения // УФН. 1985. Т. 147. С. 117-156.

［17］ **Белоглазов И. Н. , Ермило А. С. Карпенко Г. И.** Рекуррентно-поисковое оценивание и синтез алгорит-мов корреляционно-экстремальных навигационных систем//Автоматика и Телемеханика. 1979. №7.

[18] **Белоглазов И. Н. , Джанджгава Г. И. Чигин Г. П.** Основы навигации по геофизическим полям. М. : Наука, 1985. 328 с.

[19] **Белоглазов И. Н. , Казарин С. Н.** Совместное оптимальное оценивание, идентификация и проверка гипотез в дискретных динамических системах//Теория и системы управления. 1998. №4.

[20] **Белоглазов И. Н. , Казарин С. Н. , Косьянчук В. В.** Обработка информации в иконических системах навигации наведения и дистанционного зондирования местности. -М. : Физматлит. -2012. -368 с.

[21] **Белоус Ю. , Пешехонов В. , Ревкин Б.** Картографическое обеспечение плавания в высоких широтах // Control Engineering Россия. 2014. №3 (51). С 34-36.

[22] **Бердышев В. И. , Костоусов В. Б.** Экстремальные задачи и модели навигации по геофизическим полям. Екатеринбург: УрО РАН, 2007. 270с.

[23] **Березин В. Б. , Березин В. В. , Соколов А. В. , Цыцулин А. К.** Адаптивное считывание изображения в астрономической системе на матричном ПЗС//Известия высших учебных заведений. Радиоэлектро-ника. 2004. №4.

[24] **Беркович С. Б. , Котов Н. И. , Садеков Р. Н. , Шолохов А. В. , Цышнатий В. А.** Использование информации визуальных систем и цифровых карт дорог для повышения точности позиционирования наземных подвижных объектов//XXIII Санкт-Петербургская Международная конференция по интег-рированным навигационным системам сборник материалов. 2016. С. 430-437.

[25] **Блажнов Б. А. , Кошаев Д. А. , Петров П. Ю.** Приведение показаний угломерной двухантенной спутниковой аппаратуры к связанной с инерциальным модулем системе координат//Материалы XX I Сантк-Петербургской международной конференции по интерированным навигационным системам. СПб. , 2014. С. 65-69.

[26] **Блажнов Б. А. , Несенюк Л. П. , Пешехонов В. Г. , Соколов А. В. , Элинсон Л. С. , Железняк Л. К.** Интегрированный мобильный гравиметрический комплекс. Результаты разработки и испытани // Применение гравиинерциальных технологий в геофизике. СПб. , 2002. С. 33-44.

[27] **Блажко С. Н.** Курс практической астрономии. М. : Наука, 1979.

[28] **Березин В. Б. , Березин В. В. , Цыцулин А. К. , Соколов А. В.** Адаптивное считывание изображения в астрономической системе на матричном приборе с зарядовой связью// Известия высших учебных заведений России. Радиоэлектроника. 2004. Т. 4, с. 36-45.

[29] **Бержицкий В. Н. , Ильин В. Н. , Смоллер Ю. Л. , Юрист С. Ш.** Аналогово-цифровой преобразователь. Патент РФ №2168269 от 23. 12. 1999.

[30] **Бержицкий В. Н. , Ильин В. Н. , Смоллер Ю. Л. , Черепанов В. А. , Юрист С. Ш.** Трехосный гиростабилизатор. Патент РФ №2157966 от 17. 01. 2000.

[31] **Бикеев М. М. , Смирнова Л. А. , Соколов А. В.** Особенности выполнения геофизических исследований с использования морского гравиметрического комплекса//Навигация и управление движением. Материалы докладов VIII конференции молодых ученых. СПб,

2007, с. 162-167.

[32] **Блажнов Б. А., Несенюк Л. П., Элинсон Л. С.** Исключение эффекта сглаживания гравитационного поля при обработке показаний затушенного аэроморского гравиметра// Материалы Международной конференции 《Морская и аэрогравимерия-94》. СПб, 1994.

[33] **Блажнов Б. А., Несенюк Л. П., Пешехонов В. Г., Соколов А. В., Элинсон Л. С., Железняк Л. К.** Интегрированный мобильный гравиметрический комплекс. Результаты разработки и испытани // Ма-териалы IX Санкт-Петербургской международной конференции по гироскопической технике. 2002, с. 110-119.

[34] Болотин, Голован, 2013 а-**Болотин Ю. В., Голован А. А.** О методах инерциальной гравиметрии//Вестник Московского университета. Серия 1: Математика. Механика. 2013. №5. С. 59-67.

[35] Болотин, Голован, 2013 б-**Болотин Ю. В., Голован А. А.** О способе уточнения аномального гравитационного поля полярных шапок Земли //Физика Земли. 2013. №7, с. 81-83.

[36] **Болотин Ю. В., Голован А. А., Кручини П. А. и др.** Задача авиационной гравиметрии. некоторые результаты испытаний//Вестник Московского университета. Серия1: Математика. Механика. 1999. №2. С. 36-36.

[37] **Болотин Ю. В., Голован А. А., Парусников Н. А.** Уравнения аэрогравиметрии. Алгоритмы и результаыт испытаний. М.: Изд-во механико-математисеского факультета МГУ, 2002. 120 с.

[38] **Болотин Ю. В.,** Вязьмин В. С. Методы 12 и минимаксного оценивания в задаче определения аномалии силы тяжести по данным аэрогравиметрии с использованием сферического вейвлетразложения // Гироскопия и навигация. 2015. №3. С. 82-94.

[39] **Большаков Д. В.** Разработка и исследование методов определения уклонений отвесной линии в Миро-вом океане по гравиметрическим данным. Автореф. дис... канд. техн. наук. 05. 24. 01. М., 1997. 23 с.

[40] **Большаков Д. В., Гайдаев П. А.** Теория математической обработки геодезических измерений. М.: 《Недра》, 1977. 367 с.

[41] **Борейко А. А., Воронцов А. В., Кушнерик А. А., Щербатюк А. Ф.** Алгоритмы обработки видеоизобра-жений для решения некоторых задач управления и навигации автономных необитаемых подводных аппаратов // Подводные исследования и робототехника. 2010. №1. С. 29-39.

[42] **Бриллинджер Д.** Временные ряды. Обработка данных и теория //М.:Мир:, 1980. 536 с.

[43] **Бронштейн и др., 2000**-Кварцевый гравиметр: пат. №2171481 РФ: МПК G01V7/02/ Бронштейн И. Г., Лившин И. Л., Элинсон Л. С., Герасимова Н. Л., Соколов А. В; заявл. 03. 02. 2000; опубл. 27. 07. 2001.

[44] **Брумберг В. А., Глебова Н. И., Лукашова М. В., Малков А. А., Питьева Е. В., Румянцева Л. И., Свешников М. Л., Фурсенко М. А.** Расширенное объеснение к 《Астрономическому ежегоднику》 // Труды ИПА РАН. Вып. 10.. СПб.:ИПА РАН, 2004.

[45] **Вавилова Н. Б., Голован А. А., Парусников Н. А., Трубников С. А.** Математические

модели и алгоритмы обработки измерений спутниковой навигационной системы GPS. Стандартный режим. М. : Издательство МГУ, 2009. 96 с.

[46] **Васильев В. А. и др.** Судовой астрогеодезический комплекс для определения уклонений отвесной линии // Судостроительная промышленность. Сер. Навигация и гироскопия. 1991. Вып. 2. С. 51-56.

[47] **Васильев В. А. Зиненко В. М. , Коган Л. Б. , Пешехонов В. Г. , Савик В. Ф. , Романенко С. К.** Всеширотная автоматическая астролябия//Кинематика и физика небесных тел. 1991. Т. 7. №3.

[48] **Васин М. Г. , Попков Д. И.** Современные задачи бортовой гравитационной градиентометрии // Грави-метрия и геодезия. М. : Научный мир, 2010. С. 570-584.

[49] **Веремеенко К. К. , Желтов С. Ю. , Ким Н. В. , Себряков Г. Г. , Красильщиков М. Н.** Современные информационые технологии в задачах навигации и наведения беспилотных маневренных летательных аппаратов / Под ред. М. Н. Красильщикова Г. Г. Серебрякова. М. : Физматлит, 2009. 556 с.

[50] **Витушки Л. Ф.** Абсолютные баллистические гравиметры // Гироскопия и навигация. 2015. №3. С. 3-12.

[51] **Витушки Л. Ф. , Орлов О. А.** Абсолютные баллистические гравиметры. Патент на изобретение № 2475786 с приоритетом от 06 мая 2011 г.

[52] **Витушки Л. Ф. , Орлов О. А. , Джермак А. , Д´Агостино Дж.** Лазерные интерферометры перемещений с субнанометровым разрешением в абсолютных баллистических гравиметрах//Измерительная техника. 2012. №3 с. 3-8.

[53] **Витушки Л. Ф. , Орлов О. А.** Абсолютные баллистические гравиметры. АБГ-ВНИИМ-1 разработки ВНИИМ им. Д. И. Менделеева // Гироскопия и навигация. 2014. №2. с. 95-100.

[54] **Вальфсон Г. Б.** Пути решения проблемы создания бортового гравитационного вариометра: дис... докт. техн. наук. 05. 11. 03. СПб. , 1997. 265 с.

[55] **Вальфсон Г. Б.** Состояние и перспективы развития гравитационной градиентометрии // Применение гравиинерциальных технологий в геофизике. СПб. : ГНЦ РФ ЦНИИ 《Электроприбор》, 2002. С. 90-105.

[56] **Вальфсон Г. Б. , Евстифеев М. И. , Розенцвейн В. Г. , Семенова М. И. , Никольский Ю. И. , Рокотян Е. В. , Безруков С. Ф.** Новое поколение гравитационных вариометров для геофизических исследований // Геофизическая аппаратура. 1999. №102. С. 90-105.

[57] **Вязьмин В. С. , Голован А. А. , Папуша И. А. , Попеленский М. Ю.** Информативность измерений векторного магнитометра и глобальных моделей магнитного поля земли для коррекции БИНС летального аппарата//XXIII Санкт-Петербургская Международная конференция по интегрированным навигационным системам. СПб. : АО 《Концерн ЦНИИ《Электроприбор》, 2016.

[58] **Гайворонский Е. В. , Русин С. В. , Цодокова В. В.** Идентификация звезд при определении астрономиче-ских координат автоматизированным зенитным телескопом//Научно-

технический вестник информационных технологий механики и оптики. 2015. Том 15. №1.

[59] **Гайнанов А. Г.** Гравиметрические определения на дизель-электроходе 《Обь》 в первом антарктическом рейсе/Морские гравиметрические исследования. Сборник статей под редакцией проф. В. В. Федынского. М. : Изд-во Московского Университета, 1961. С. 23-26.

[60] **Геодезия и гравиметрия/Б.** В. Бровар и др. ; Под ред. Б. В. Бровара. М. : Научный мир, 2010. 572 с.

[61] **Голован А. А. , Вавилова Н. Б.** Определение ускорения объекта при помощи первичных измерений спутниковой навигационной систем//Вестник Московского университета. Серия 1: Математика. Механика. 2003. №5. С. 5-13.

[62] **Голован А. А. , Вавилова Н. Б.** Спутниковая навигация. Задачи обработки первичных измерений спутниковых навигационной системы для геофизических приложений. Фундаментальная и прикладная математика//Фундаментальная и прикладная математика. 2015. Т. 11. №7. С. 181-196.

[63] **Голован А. А. , Парусников Н. А.** Математисеские основы навигационных систем. Часть I. Математические модели инерциальной навигации. 3-е издание, испр. и. доп. М. : Макс Пресс. 2011. 136 с.

[64] **Голован А. А. , Парусников Н. А.** Математисеские основы навигационных систем. Часть II. Приложения методов оптимального оценивания к задачам навигации. 2-е издание, испр. и. доп. М. : Макс Пресс. 2012. 172 с.

[65] **Гонсалес Р.** , Вудс Р. , Эддинс С. Цифровая обработка изображений в среде MATLAB. М. : Техносфера, 2006.

[66] **ГОСТ 18. 101-76.** Количественные методы оптимизации параметров объектов стандартизации. Теоретические методы. Основание положения по составлению математических моделей. М. : Изд-во стандартов, 1980.

[67] **ГОСТ 22268-76** Геодезия. Термины и определения.

[68] **ГОСТ 24284-80** Гравиразведка и магниторазведка Термины и определения.

[69] **ГОСТ 52334-2005** Гравиразведка. Термины и определения.

[70] **ГОСТ 52572-2006** Географические информационные системы. Координатная основа. Общие требования.

[71] **Делинджер П.** Морская гравиметрия. М. : Недра, 1982. 312 с.

[72] **Демьяненков В. В. , Краснов А. А. , Соколов А. В. , Элинсон Л. С.** Программа приема и обработка гравиметрических и навигационных данных в реальном времени. Свидетельство о государственной регистрации программы для ЭВМ №2014617747.

[73] **Демьянов В. В. , Савальева Е. А.** Геостатистика: теория и практика. М. : Наука, 2010. 327 с.

[74] **Джанджгава Г. И. , Августо Л. И.** Проблемы навигации по пространственным полям. Результаты исследований//Материалы VI российской научно-технической конференции 《Современное состояние и проблемы навигации и океанографии》 НО-2007. СПб. 2007. С. 43-49.

[75] **Джанджгава Г. И., Герасимов Г. И., Августво Л. И.** Навигация и наведение по пространственным геофизическим полям // Известия ЮФУ. Технические науки. 2013. №3(140).

[76] **Дмитриев С. П.** Высокоточная морская навигация. СПб: Судостроение, 1991. 224 с.

[77] **Дмитриев С. П.** Инерциальные методы в инженерной геодезии. СПб.: ГНЦ РФ ЦНИИ «Электропри-бор», 1997. С. 208.

[78] **Дмитриев С. П., Степанов О. А.** Неинвариантные алгоритмы обработки информации инерциальных навигационных систем // Гироскопия и навигация. 2000. №1(28).

[79] **Дмитриев С. П., Степанов О. А.** Многоальтернативная фильтрация в задачах обработки навигационной информации //Радиотехника. 2004. №7.

[80] **Дмитриев С. П., Степанов О. А., Кошаев Д. А.** Исследование способов комплексирования данных при простроении инерциально-спутниковых систем// Гироскопия и навигация. 1999. №3(26).

[81] **Дмитриев С. П., Шимелевич Л. И.** Обобщенный фильтр Калмана с многократной линеаризацией и его применение в задаче навигации по геофизическим полям// Автоматика и телемеханика. 1979. №4. С. 50-55.

[82] **Дробышев Н. В. и др.** Рекуррентный алгоритм определения уклонений отвесной линии по данным гравиметрической съемки, основанный на стохастическом подходе// Гироскопия и навигация. 2006. №2. С. 75-84.

[83] **Дробышев Н. В., Железняк Л. К., Клевцов В. В., Конешов В. Н., Соловьев В. Н.** Погрешность спутниковых определений силы тяжести на море//Физика Земли. №5. 2005. С. 92-96.

[84] **Дробышев Н. В., Конешов В. Н., Клевцов В. В., Соловьев В. Н., Лаврентьева Е. Ю.** Создание самолета-лаборатории и методики работ для выполнения аэрогравиметрической съемки в арктических условиях//Сейсмические приборы. 2008. Т 44. №3. С. 5-19.

[85] **Дробышев Н. В., Конешов В. Н., Клевцов В. В., Соловьев В. Н.** Создание самолета-лаборатории и методики выполнения аэрогравиметрической съемки в арктических условиях// Вестник Пермского университета. Серия «Геология». 2011. №3. С. 37-50.

[86] **Дробышев Н. В., Конешов В. Н., Погорелов В. В., Рожков Ю. Е., Соловьев В. Н.** Особенности проведения высокоточной аэрогравиметрической съемки в приполВ ярных районах//Физика Земли. 2009. №8. С. 36-41.

[87] **Дудевич Н. А., Краснов А. А., Соколов А. В., Элинсон Л. С.** Программа для ЭВМ AIRGRAV. Свидете-льство о государственной регистрации программы для ЭВМ №2007610458.

[88] **Дудевич Н. А., Краснов А. А., Соколов А. В., Элинсон Л. С.** Программа приема и обработки граviме-трических данных в режиме калибровки гравиметра. Свидетельство о государственной регистрации программы для ЭВМ №2014617784.

[89] **Евстифеев М. И.** Состояние разработок бортовых гравитационных градиентометров // Гироскопия и навигация. 2016. Том24. №3. С. 96-114.

[90] **Евстифеев М. И. , Краснов А. А. , Соколов А. В. , Старосельцева И. М. , Элинсон Л. С. , Железняк Л. К. , Конешов В. Н.** Гравиметрический датчик нового поколения//Измерительная техника. 2014. №9.

[91] **Елагин А. В.** Теория фигуры Земли. Учеб. пособие. Новосибирск: СГГА, 2012. 174. с.

[92] **Ельяшевич М. А.** Атомная и молекулярная спектроскопия: Общие вопросы спектроскопия. М. , 2012. 240 с.

[93] **Емельянцев Г. И. , Блажнов Б. А. , Степанов А. П.** Особенности использования фазовых измерений в задаче ориентации интегрированной инерциально-спутниковой системы. Результаты ходовых испыта-ний // Гироскопия и навигация. 2011. №3 (74). С. 3-11.

[94] **Емельянцев Г. И. , Блажнов Б. А. , Степанов А. П.** О возможности определения УОЛ в высоких широ-тах с использованием прецизионного инерциального модуля и двухантенной спутниковой аппаратуры// Гироскопия и навигация. 2015. №3. С. 72-81.

[95] **Емельянцев Г. И. , Степанов А. П.** Интегрированные инерциально-спутниковые системы ориентация и навигации. СПб. : ЦНИИ 《Электроприбор》, 2016. 394 с.

[96] **Железняк Л. К.** Площадная съемка в океане гравиметрами различных типов//Физика Земли. 1992. №3. С. 50-55.

[97] **Железняк Л. К.** Уравнивание крупномасштабных геофизических съемок//Физика Земли. 2002. №3. С. 45-47.

[98] **Железняк Л. К. и др.** Опытно-производственная гравиметрическая съемка на Черном море. // Гравиинерциальные исследования. М: ИФЗ АН СССР, 1983, с. 35-42.

[99] **Железняк Л. К. , Конешов В. Н.** Изучение гравитационного поля Мирового океана // Вестик РАН. 2007. Том 77. №5. С. 408-419.

[100] **Железняк Л. К. , Конешов В. Н.** Крупномасштабная морская гравиметрическая съемка // Физика Земли. 1992. №11. С. 64-68.

[101] **Железняк Л. К. , Конешов В. Н.** Оценка погрешностей данных спутниковой альтиметрии по сравне-нию с гравиметрическими материалами //Физика Земли. 1995. №1. С. 76-81.

[102] **Железняк Л. К. , Конешов В. Н. ,** Краснов А. А. , Соколов А. В. , Элинсон Л. С. Результаты испытаний гравиметра 《Чекан》 на Ленинградском гравиметрическом полигоне// Физика Земли. 2015. №2. С. 165-170.

[103] **Железняк Л. К. , Краснов А. А. , Соколов А. В.** Влияние инерционных ускорений на точность гравиметра 《Чекан-АМ》. Физика Земли. 2010. №7.

[104] **Железняк Л. К. , Попов Е. И.** Принципы построения и оптимальная схема современного морского гравиметра. //Физико-техническая гравиметрия. М. , Наука, 1982, с. 43-60.

[105] **Железняк Л. К. , Попов Е. И.** Упругая система типа УСГ. Приборы и методы обработки гравиинерциальных измерений. М: ИФЗ АН СССР, 1984, с. 54-66.

[106] **Железняк Л. К. , Попов Е. И. и др.** Опыт провеления площадных съемок морскими гравиметрами. М: Наука, 1976. 102 с.

[107] **Железняк Л. К., Элинсон Л. С.** Особенности эталонирования гравиметра с двумя упругими системами крутильного типа методом наклона//Физико-техническая гравиметрия. М., Наука, 1982.

[108] **Жонглович И. Д.** Гравиметрические пункты в Арктике, определеные на л/п 《Садко》 и 《Г. Седов》 в 1935-1940 гг./Труды дрейфующей экспедиции Главсевморпути на ледокольном пароходе 《Г. Седов》, 1937-1940 гг. М.-Л.: Изд-во Главсевморпути, 1950.

[109] **Закатов П. С.** Курс высшей геодезии. М.: 《Недра》, 1976.

[110] **Замахов Е. Ю., Краснов А. А., Соколов А. В., Элинсон Л. С.** Программа камеральной обработки гравиметрических данных. Свидетельство о государственной регистрации программа для ЭВМ №2013660223.

[111] **Ильин В. Н., Волнянский В. Н., Смоллер Ю. Л., Юрист С. Ш.** Гирогоризонт. Патент РФ №2062987 от 09.07.1993.

[112] **Ильин В. Н., Волнянский В. Н., Никитин В. П., Смоллер Ю. Л., Юрист С. Ш.** Гравиметр для измерения силы тяжести с движущихся носителей. Патент РФ №2056643 от 09.07.1993.

[113] **Казанин Г. С., Иванов Г. И., Казанин А. С., Васильев А. С., Макаров Е. С.** Экспедиция 《Арктика-2014》: комплексные геофизические исследования в районе Северного полюса // Научно-технический сборник 《Вести газовой науки》. 2015. №2. С. 92-97.

[114] **Казанин Г. С., Заяц И. В., Иванов Г. И., Макаров Е. С., Васильев А. С.** Геофизические исследования в районе Северного полюса // Океанология. 2016. Т. 56. №2. С. 333-335.

[115] **Калинников И. И., Матюнин В. П.** Оперативный прогноз землетрясений в телесейсмической зоне-реальность // ДАН. 1992. Т. 232. №6. С. 1068-1071.

[116] **Калиновский А. А., Ковалев В. А., Дмитрук А. А. и др.** Поиск информативных участков на космических снимках для уточнения координат беспилотных летательных аппаратов//Материалы 8-й Всероссийской мультикофнференции: в 3 т. Ростов-на Дону: Издательство Южного федерального университета, 2015.

[117] **Канушин В. Ф., Ганагина И. Г.** Современные проблемы физической геодезии. Учебное пособие. Новосибирск: СГГА, 2011.

[118] **Карпик А. П. и др.** Исследование спектральных характеристик глобальных моделей гравитационного поля Земли, полученных по космическим миссиям CHAMP, GRACE и GOCE//Гироскопия и навигация. 2014. №4. С. 34-44.

[119] **Каршаков Е. В.** Аэромагнитная градиентометрия и ее применение в навигации// Проблемы управления. 2016. №2.

[120] **Каула У.** Спутниковая геодезия. Теоретические основы. М., Мир. 1970. 172 с.

[121] **Киселев А. А.** Теоретические основания фотографической астрометрии. М.: Наука, 1989.

[122] **Ключева С. Ф., Завьялов В. В.** Синтез алгоритмов батиметрических систем навигации. Владивосток: Мор. гос. ун-т, 2013. 132 с.

[123] **Ключева С. Ф.** Применение алгоритмов кластеризации в задачах навигации по глубинам морского дна//Евразийское научное объединение. 2016. Т. 1. №4(16).

[124] **Ковалевский Ж.** Современная астрометрия. Фрязино: 《Век2》,2004.

[125] **Коврижных П. Н. , Саурыков Ж. Ж. , Шагиров Б. Б. , Пайдин М. О.** Опыт проведения аэрогравиметрической съемки в горных условиях Казахстана. Доклад на симпозиуме Междунордной ассоциации по геодезии( IAG) 《Наземная, морская и аэрогравиметрия: измерения на неподвижных и подвижных основаниях》. СПб. ,2016.

[126] Коврижных и др. ,2013а-**Коврижных П. Н. , Шагиров Б. Б. , Жунусов И. Е. , Саурыков Ж. Ж.** Гравиметрические съемки транзитной зоны казахстанского сектора Каспийского моря. Доклад на симпозиуме Международной ассоциации по геодезии (IAG) 《Наземная, морская и аэрогравимет-рия: измерения на неподвижных и подвижных основаниях》. СПб. ,2013.

[127] Коврижных и др. , 2013б-**Коврижных П. Н. , Шагиров Б. Б. , Юрист С. Ш. , Болотин Ю. В. , Саурыков Ж. , Карсенов Т. и др.** Морские съемки на Каспии гравиметрами GT-2M ,Чекан-АМ и LR: сравнение точности//Геология и охрана недр. 2013. №4. С. 58-62.

[128] **Коврижных П. Н. , Шагиров Б. Б.** Морские гравиметрические съемки акватории казахстанского сектора Каспийского моря. Доклад на симпозиуме Международной ассоциации по геодезии( IAG) 《Наземная, морская и аэрогравиметрия: измерения на неподвижных и подвижных основаниях》. СПб. ,2013.

[129] Конешов и др. ,2016а-**Конешов В. Н. и др.** Изученность гравитационного поля Арктики-состояние и перспективы // Физика Земли. 2016. №3. С. 113-123.

[130] Конешов и др. , 2016б-**Конешов В. Н. , Евстифеев М. И. , Челпанов И. Б. , Яшникова О. М.** Методы определения уклонений отвесной линии на подвижном основании // Гироскопия и навигация. 2016. Т. 24. №3. С. 75-95.

[131] **Конешов и др. ,2016в-Конешов В. Н. , Клевцов В. В. , Соловьев В. В.** Совершенствование аэрогравиметрического комплекса GT-2A для выполнения аэрогравиметрических съемок в Арктике // Физика Земли. 2016. №3. С. 123-130.

[132] Конешов и др. , 2016г-**Конешов В. Н. , Непоклонов В. Б. , Августов Л. И.** Оценка навигационной информативности аномального гравитационного поля Земли // Гироскопия и навигация. 2016. №2(93).

[133] **Конешов В. Н. и др.** Апробация новой методики расчета уклонения отвесной линии на основе S-и R-аппроксимаций в Атлантике//Физика Земли. 2015. №1. С. 128-138.

[134] Конешов и др. ,2014а-**Конешов В. Н. , Непоклонов В. Б. , Сермягин Р. А. , Лидовская Е. А.** Об оценке точности глобальных моделей гравитационного поля //Физика Земли. 2014. №1. С. 129.

[135] Конешов и др. , 2014б-**Конешов В. Н. , Непоклонов В. Б. , Соловьев В. Н.** Сравнение глобальных моделей аномалий гравитационного поля Земли с аэрогравиметрическими измерениями при трансконтинентальном перелете //Гироскопия и навигация. 2014. №2(85). С. 86-94.

[136] Конешов и др. ,2013а-**Конешов В. Н. , Болотин Ю. В. , Голован А. А. , Смоллер Ю. Л. , Юрист С. Ш. и др.** Использование аэрогравиметра GT-2A в полярных областях //

Симпозиум Международной ассоциации по геодезии (IAG) : Наземная, морская и аэрогравиметрия: измерения на неподвижных и подвижных основаниях. СПб. : АО 《Концерн《ЦНИИ《Электроприбор》, 2013.

[137] Конешов и др., 2013б-**Конешов В. Н., Непоклонов В. Б., Сермягин Р. А., Лидовская Е. А.** Современные глобальные модели гравитационного поля Земли и их погрешности// Гироскопия и навигация. 2013. №1. С. 107-118.

[138] Конешов и др., 2012а-**Конешов В. Н., Непоклонов В. Б., Столяров И. А.** Об использовании современных моделей геопотенциала для исследования уклонений отвесных линий в Арктике // Гироскопия и навигация. 2012. №2. С. 44-55.

[139] Конешов и др., 2012б-**Конешов В. Н., Непоклонов В. Б., Столяров И. А.** К вопросу исследования аномального гравитационного поля в Арктике по данным современных моделей геопотенциала// Физика Земли. 2012. №7-8. с. 35-41.

[140] **Конешов В. Н., Конешов И. В., Клевцов В. В., Макушин А. В., Смоллер Ю. Л., Юрист С. Ш., Коновалов С. Ф., Полынков А. В., Сео Дж. Б. и др.** Опыт разработки малошумящего акселерометра // Гироскопия и навигация. 2000. №3(30). С. 68-77.

[141] **Контарович Р. С.** АО 《ГНИИ《Аэрогеофизика》-45 лет на службе отечественной геологии //Разведка и охрана недр. 2015. №12. С. 3-6.

[142] **Контарович Р. С., Бабаянц П. С.** Аэрогеофизика-эффективный инструмент решения геологопоиско-вых задач //Разведка и охрана недр. 2011. №7. С. 3-10.

[143] **Корчак В., Тужиков Е., Бочаров Л.** Американская программа 《Критические военные технологии》. Характеристика и анализ содержания//Электроника. Наука. Технология. Бизнес. 2013. №5. С. 134-148.

[144] **Краснов А. А.** Результаты стендовых и натурных испытаний гиростабилизатора аэрогравиметра// Навигация и управление движением. Материалы IX конференции молодых ученых. СПб, 2007. С. 26-33.

[145] Краснов и др., 2014а-**Краснов А. А., Соколов А. В., Элинсон Л. С.** Результаты эксплуатации гравиметра 《Чекан-АМ》 // Гироскопия и навигация. 2014. №1. С. 98-104.

[146] Краснов и др., 2014б-**Краснов А. А., Соколов А. В., Элинсон Л. С.** Новый аэроморский гравиметр серии 《Чекан》 // Гироскопия и навигация. 2014. №1. С. 26-34.

[147] Краснов и др., 2014в-**Краснов А. А., Соколов А. В., Ржевский Н. Н.** Опыт выполнения гравиметри-ческих измерений с борта дирижабля//Сейсмические приборы. 2014. Т. 50. №4. С. 36-42.

[148] Краснов и др., 2014г-**Краснов А. А. и др.** Гравиметрический датчик нового поколения// Измеритель-ная техника. 2014. №9. С. 12-15.

[149] Краснов, Соколв, 2009а-**Краснов А. А., Соколов А. В.** Изучение гравитационного поля труднодоступ-ных районов Земли с использованием мобильного гравиметр 《Чекан-АМ》//Труды Института прикладной астрономии РАН. 2009. №20. С. 353-357.

[150] Краснов, Соколв, 2009б-**Краснов А. А., Соколов А. В.** Разработка и внедрение методики обработки аэрогравиметрических измерений//Материалы докладов X конференции

молодых ученых 《Навигация и управление движением》. 2009.

[151] **Краснов А. А., Соколов А. В.** Методика и программное обеспечение камеральной обработки аэро-гравиметрических измерений. Труды Института прикладной астрономии РАН. 2013. №27.

[152] **Краснов А. А., Соколов А. В.** Современный комплекс программно-математического обеспечения мобильного гравиметра 《Чекан-АМ》. Гироскопия и навигация. 2015. №2 (89).

[153] **Краснов А. А., Одинцов А. А., Семенов И. В.** Система гироскопической стабилизации гравиметра // Гироскопия и навигация. 2009. №4. с. 54 -69.

[154] **Краснов А. А., Соколов А. В., Коновалов А. Б.** Измерения ускорения силы тяжести с борта воздушных носителей различных типов//Измерительная техника. 2016. №6. С. 36-42.

[155] **Красовский А. А.** Пути создания бортовых ротационных гравитационных градиентометров //Оборонная техника. 1983. №6. С. 52-57.

[156] **Куликов К. А.** Курс сферической астрономии. М. : Наука, 1969.

[157] **Лайниотис Д. Г.** Разделение-единый метод построения адаптивных систем//Труды института инженеров по электротехнике и радиоэлектронике. 1976. Т. 64. №. 1. Оценивание. С. 8-27. II. Управление. С. 74-94.

[158] **Лебедев С. А.** Спутниковая альтиметрия в науках о Земле//Современные проблемы дистанционного зондирования Земли из космоса. 2013. Т. 10. №3. С. 33-49.

[159] **Левицкая З. Н.** Статистические модели аномальных характеристик гравитационного поля Земли// Гравиметрические исследования на море. М. ,1988. С. 26-47.

[160] **Литинский В. А.** Опыт применения гравиметрических наблюдений на ледоколе// Морские гравиметрические исследования. Сборник статей под редакцией проф. В. В. Федынского. М. :Изд-во Московского Университета, 1972. С. 127-142.

[161] **Логозинский В. Н. ,Соломатин В. А.** Волоконно-оптические гироскопы для промышленного применения. // Гироскопия и навигация. 1996. №4. С. 27-31.

[162] **Лопарев А. В. , Степанов О. А. , Челпанов И. Б.** Частотно-временной подход к решению задач обработки навигационной информации // Автоматика и телемеханика. 2014. №6.

[163] **Лопарев А. В. , Степанов О. А. , Челпанов И. Б.** Использование чатотного подхода при синтезе нестационарных алгоритмов обработки навигационной информация // Гироскопия и навигация. 2011. №3(74). С. 115-132.

[164] **Лопарев А. В. , Степанов О. А. , Яшникова О. М.** Об использования метода спрямленных логарифмических характеристик в задачах сглаживания // Научно-технический вестик информационных технологий, механики и оптики. 2012. №5(81). С. 151-152.

[165] **Лопарев А. В. ,Яшникова О. М.** Метод спрямленных логарифмических характеристик в задачах сглаживания//Материалы XIV конференции молодых ученых 《Навигация и управление движением》. -СПб. :ГНЦ РФ ЦНИИ 《Электроприбор》,2012. С. 257-263.

[166] **Малеев П. П. , Капустин И. В.** Средства навигации стратегических подводных лодок

зарубежных стран//Материалы VI российской научно-технической конференции ⟨⟨Современное состояние и проблемы навигации и океанографии⟩⟩ НО-2007. СПб. ∶ ГНИНГИ, 2007. С. 132-139.

[167] **Манцветов А. А., Соколов А. В., Умников Д. В., Цыцулин А. К.** Измерение координат специально формируемых оптических сигналов //Вопросы радиоэлектроники. Серия∶ Техника телевидения. 2006. №2.

[168] **Маслов И. А.** Динамическая гравиметрия. М. ∶Наука, 1983. 152 с.

[169] **Матвеев В. А., Подчезерцев В. П., Фатеев В. В.** Гироскопические стабилизаторы на динамически настраиваемых гироскопах. М. ∶МГТУ им. Н. Э. Баумана, 2005. С. 103.

[170] **Медведев П. П. и др.** Спутниковая альтиметрия//Гравиметрия и геодезия. М. ∶ Научный мир, 2010. С. 404-422.

[171] **Медич, Дж.** Статистические оптимальные линейные оценки и управление. Пер. с англ. М. ∶Энергия, 1973. 440 с.

[172] **Миногин В. Г.** Физика лазеров. М. ∶МФТУ, 2010. 336 с.

[173] **Михайлов Н. В.** Автономная навигация космических аппаратов при помощи спутниковых радионавигационных систем. СПб. ∶Политехника. 2014. 362 с.

[174] **Михайлов Н. В., Васильев М. В., Михайлов В. Ф.** Автономная навигация космических кораблей с использованием GPS//Гироскопия и Навигация. 2008. №1.

[175] **Могилевский В. Е., Каплун Д. В., Контарович О. Р., Павлов С. А.** Аэрогравиметрические работы ЗАО ⟨⟨ГНИИ ⟨⟨Аэрогеофизика⟩⟩. Доклад на симпозиуме Международной ассоциации по геодезии (IAG) ⟨⟨Наземная, морская и аэрогравиметрия∶ измерения на неподвижных и подвижных основаниях⟩⟩. СПб., 2010.

[176] **Могилевский В. Е., Контарович О. Р.** Аэрогравиметрия-иновационная технология в геофизике //Разведка и охрана недр. 2011. №7. С. 10-18.

[177] **Могилевский В. Е., Контарович О. Р.** Аэрогравиметрические исследования в Арктике// Нефть. Газ. Новации. №2. 2015. 36-40.

[178] Могилевский и др., 2015а-**Могилевский В. Е., Павлов С. А., Контарович О. Р., Бровкин Г. И.** Особе-нность аэрогеофизических съемок в высоких широтах//Разведка и охрана недр. 2015. №12. С. 6-10.

[179] Могилевский и др., 2015б-**Могилевский В. Е., Бровкин Г. И., Контарович О. Р.** Достижения, особенности и проблемы аэрогравимерии//Разведка и охрана недр. 2015б. №12. С. 16-25.

[180] **Молоденский М. С., Еремеев В. Ф., Юркина М. И.** Методы изучения внешнего гравитационного поля и фигуры Земли. М., 1960.

[181] **Моргунова Е. А., Сапрыкин Ю. Ф., Успенская Н. Д.** Компьютерная технология составления гравиметрических карт методом конверсии высот геоида в значения силы тяжести по акваториям морей и океанов//Рос. геофиз. журн. 2004. №35/36.

[182] **Мориц Г.** Современнка физическая геодезия. М. ∶Недра, 1983. 392 с.

[183] **Моторин А. В., Цодокова В. В.** Расчет характеристики точности в задаче оценивания

параметров преобразования координат звезд//Известия Тульского государственного университета. Тула: Издате-льство ТулГУ, 2016. С, 129-141.

[184] **Мудров В. И., Кушко В. Л.** Метод наименьших модулей. М.: Знание, 1971.

[185] **Нейман Ю. М.** Вариационный метод физической геодезии. М.: Недра, 1979. 200 с.

[186] **Непоклонов В. Б.** Компьютерные модели аномального гравитационного поля Земли // Изв. вузов. Геодезия и аэрофотосъемка. 1998. №6. С. 104-106.

[187] **Непоклонов В. Б.** Об использовании новых моделей гравитационного поля Земли в автоматизированных технологиях изысканий и проектирования //автоматизированные технологии изысканий и проектирования. 2009. №2, 3.

[188] **Непоклонов В. Б.** Методика определения составляющих уклонений отвесных линий и высот квазигеоида по гравиметрическим данным // Гравимерия и геодезия (отв. ред. Б. В. Бровара). М.: Науч-ный мир, 2010. С. 455-464.

[189] **Непоклонов В. Б., Абакушина М. В.** Современное состояние цифровых моделей геоида в континентальных районах//Геодезия, картография, кадастр, ГИС-проблемы и перспективы развития: Тезисы докладов Междунар. науч. -практ. конф. 9-10 июня 2016 г. Новополоцк: ПГУ, 2016. С. 3.

[190] **Непоклонов В. Б., Зуева А. Н., Плешаков Д. И.** Вопросы разработки и применения систем компью-терного моделирования для глобальных исследований гравитационного поля Земли // Известия Вузов. Геодезия и аэрофотосъемка. 2007. №2. С. 79-97.

[191] **Несенюк Л. П., Старосельцев Л. П., Бровко Л. Н.** Определение уклонений отвесных линий с помощью инерциальных навигационных систем//Вопросы кораблестроения. Серия 《Навигация и гироскопия》. 1980. №46. С. 16-22. Из книги: Памяти профессора Л. П. Несенюка. Избранные труды и воспоминания. СПб: 2010. С. 63-68.

[192] **Несенюк Л. П., Элинсон Л. С.** Опыт проведения детальной гравиметрической съемки // Гироскопия и навигация. 1995. №4. С. 60-68.

[193] **Несенюк Л. П., Ходорковский Я. И.** Синтез структуры и параметров измерителя глубины погруже-ния, вертикальной скорости и вертикального ускорения подводной лодки//Памяти профессора Л. П. Несенюка. Избранные труды и воспоминания. -СПб.: ГНЦ РФ ОАО 《Концерн《ЦНИИ《Электро-прибор》, 2010. С. 42-50.

[194] **Нуждин Б. С.** Аномалия силы тяжести //Энциклопедия РВСН-Министерство обороны РФ [Электронный ресурс\]. URL: http://stat/encyclopedia. mail. ru

[195] **Нэш Р. А., Джордан С. К.** Статистическая геодезия//ТИИЭР, 1978. Т. 66. №5, С. 5-26.

[196] **Огородоа Л. В.** Высшая геодезия. Часть III. Теоретическая геодезия: Учебник для вузов. М.: Геодезка-ртиздат, 2006. 384 с.

[197] **Основы спутниковой геодезии** / под ред. А. А. Изотова. М.: 《Недра》, 1974. 320 с.

[198] **Основные проекты** спутниковой гравиметрии, 2009 [Электронный ресурс]. URL: http://osmangrarity. far. ru/ osnovproekt. htm

[199] **Павлов Б. В., Волковицкий А. К., Каршаков Е. В.** Низкочастотная электромагнитная система отно-сительной навигации и ориентации //Гироскопия и навигация. 2010. №4

(68).

[200] **Паламарчук В. К., Поселов В. А., Глинская Н. В., Кирсанов С. Н., Макаров В. М., Прялухина Л. А., Субботин К. П., Мищенко О. Н., Локшина В. А., Демина И. М., Шарков Д. В., Калинин В. А.** Аэрогео-физическая съемка в зоне сочленения хребта Ломоносова с шельфами морей Лаптевых и Восточно-Сибирского (《Арктика-2007》)//Экспедиционные исследования ВНИИОкеангеология в 2007 году. СПб.: ВНИИОкеангеология, 2008. С. 21-30.

[201] **Памяти профессора Л. П. Несенюка.** Избранные труды и воспоминания. СПб.: ГНЦ РФ ОАО 《Кон-церн 《ЦНИИ《Электро-прибор》, 2010.

[202] **Пантелеев В. Л.** Основы морской гравиметрии. М.: Недра, 1983. 256 с.

[203] **Пантелеев В. Л.** Терория фигуры Земли. М.: МГУ. 2000.

[204] **Параметры Земли 1990 года** (ПЗ-90. 11). Справочный документ. М., 2014.

[205] **Патюрель И., Онтас И., Лефевр Э., Наполитано Ф.** Бесплатформенная инерциальная навигационная система на основе ВОГ с уходом одна морская миля в месяц: мечта уже достижима? //Гироскопия и навигация. 2013. №3. С. 3-13.

[206] **Пеллинен Л. П.** Вычисление сглаженных аномалий силы тяжести по альтиметрическим и гравиметрическим данным // Сборник научных трудов ЦНИИГАиК. Физическая геодезия. М.: ЦНИИГАиК, 1992. С. 3-39.

[207] **Пеллинен Л. П., Нейман Ю. М.** Физическая геодезия//Геодезия и аэрофотосъемка. Итоги науки и техники ВИНИТИ. 1980. Т. 18. 132 с.

[208] **Пешехонов В. Г.** Гироскопы начала XXI века // Гироскопия и навигация. 2003. № 4. С. 5-18.

[209] **Пешехонов В. Г.** Задача подводной навигации //Морской сборник. 2006. № 10. С. 22-24.

[210] **Пешехонов В. Г.** Современное состояние и перспективы развития гироскопических систем // Гироскопия и навигация. -2011. -№1. -С. 3-16.

[211] **Пешехонов В. Г. и др.** Судовые средства измерения параметров гравитационного поля Земли. Л.: ЦНИИ 《Румб》, 1989. 90 с.

[212] **Пешехонов, В. Г., Вольфсон Г. Б.** Решение проблемы создания гравитационного вариометра для работы на подвижном основании //ДАН. -1996. -т. 351, №6. -С. 766-768.

[213] **Пешехонов В. Г., Несенюк Л. П., Старосельцев Л. П., Элинсон Л. С.** Судовые средства измерения параметров гравитационного поля Земли: Обзор. Л.: ЦНИИ 《Румб》, 1989. 90 с.

[214] **Пешехонов В. Г., Соколов А. В., Элинсон Л. С., Краснов А. А.** Результаты разработки и испытаний нового аэроморского гравиметра // XXII Санкт-Петербургская международная конференция по интегрированным навигационным системам. -2015. -С. 173-179.

[215] **Попов Е. И.** Кварцевый гравиметр для морских наблюдений//Тр. ИФЗ АН СССР. 1959. №8. С. 32-41.

[216] **Ревнивых С. Г.** Тенденции развития глобальных навигационных спутниковых систем//

Гироскопия и навигация. 2012. №3. С. 3-17.

[217] **РМГ 29-2013.** Государственная система обеспечения единства измерений. Метрология. Основные термины и определения.

[218] **Российские арктические геотраверсы**/Науч. ред. Поселов В. А., Аветисов Г. П., Каминский В. Д. СПб. : ФГУП «ВНИИОкеангеология им. И. С. Грамберга», 2011. С. 21-25. (Труды НИИГА ВНИИО-кеангеология, т. 220).

[219] **Руководство по астрономическим определениям**: Геодезические, картографические инструкции, нормы и правила. М. : Недра, 1984.

[220] **Селезнев В. П.** Навигационные устройства. М. : «Оборонгиз», 1967. 616 с.

[221] **Семенов И. В.** Система управления гиростабилизированной платформой мобильного вертикального градиентометра. Дис... канд. техн. наук. 05. 13. 01. СПб. ,2012. 178 с.

[222] **Серкеров С. А.** Корреляционные методы анализа в гравиразведке и магниторазведке. М. : Недра, 1986.

[223] **Смоллер Ю, Л. , Юрист С. Ш. , Федорова И. П. , Болотин Ю. В. , Голован А. А. , Конешов В. Н. , Хевисон В. , Рихтер Т. , Гринбаум Дж. Янг Д. , Бланкеншип Д.** Использование аэрогравиметра GT-2A в поляр-ных областях. Доклад на симпозиуме Международной ассоциации по геодезии(IGA) «Наземная, морская и аэрогравиметрия: измерения на неподвижных и подвижных основаниях». СПб. ,2013.

[224] **Смоллер Ю, Л. , Юрист С. Ш. , Голован А. А. , Якушик Л. Ю. , Хевисон В.** Использование квазикоор-динат в программном обеспечении многоантенных СНС-приемников и аэрогравиметре GT-2A для съемок в полярных районах. Доклад на симпозиуме Международной ассоциации по геодезии (IGA) «Наземная, морская и аэрогравиметрия: измерения на неподвижных и подвижных основаниях». СПб. ,2016.

[225] **Смоллер Ю, Л.** Механика, управление и алгоритмы обработки в инерциально-гравиметрическом аэрокомплексе. Дисс. на соиск. уч. степени канд. физ. -мат. наук. М-осква, 2002.

[226] Смоллер и др. ,2015а-**Смоллер Ю, Л. , Юрист С. Ш. , Голован А. А. , Якушик Л. Ю.** Алгоритмические аспекты применения СНС-приемников в аэрогравиметре GT-2A для съемок в полярных районах// Гироскопия и навигация. 2015. №3. С. 61-71.

[227] Смоллер и др. ,2015б-**Смоллер Ю, Л. , Юрист С. Ш. , Голован А. А. , Якушик Л. Ю.** О применении многоантенной СНС в аэрогравиметре GT-2A для съемок в полярных районах. Доклад на XXII Санкт-Петербургской международной конференции по интегрированным навигационным системам. СПб. ,2015.

[228] **Соколов А. В.** Мобильный гравиметр //Приборы и техника эксперимента. 2003. Т. 46. №1. С. 165-166.

[229] **Соколов А. В.** Оценивание положения оптического сигнала известной формы. В сборнике: Навига-ция и управление движением VI конференции молодых ученых под редакцией В. Г. Пешехонова. 2004. С. 248-254.

[230] Соколов и др. , 2008-Устройство измерения силы тяжести: пат. №2377611РФ: МПК

G01V7/00/ **А. В. Соколов, И. М. Старосельцева, Л. С. Элинсон**; заявл. 22. 04. 2008; опубл. 27. 12. 2009.

[231] **Соколов А. В., Краснов А. А., Конешов В. Н., Глазко В. В.** Первая высокоточная морская гравимет-рическая съемка в районе Северного полюса Земли//Физика Земли. 2016. №2. С. 1-5. С. 109-113.

[232] **Соколов А. В., Краснов А. А., Элинсон Л. С., Васильев В. А., Железняк Л. К.** Калибровка гравиметра 《Чекан-АМ》 методом наклона//Гироскопия и навигация. 2015. №3 (90). С. 41-51.

[233] **Соколов А. В., Усов С. В., Элинсон Л. С.** Опыт проведения гравиметрической съемки в условиях выполнения морских сейсмических работ//Гироскопия и навигация. 2000. №1. С. 39-50.

[234] **Соколов Ю. Л.** Интерференция 2P1/2-состояния атома водорода//ЖЭТФ. 1972. Т. 63. С. 461.

[235] **Сорока А.** И. О разработках бортовых измерителей вторых производных гравитационного потенциала//Гравиметрия и геодезия. М. : Научный мир, 2010. С. 300-310.

[236] **Старосельцева, Л. П.** Анализ требований к системе гироскопической стабилизации гравитационного градиентометра//Гироскопия и навигация. 1995. №3. С. 30-33.

[237] **Старосельцева, Л. П. , Яшникова О. М.** Оценка погрешностей определения параметров сильно аномального гравитационного поля Земли//Научно-технический вестник информационных технологий, механики и оптики. 2016. Т. 16. №3. С. 533-540.

[238] **Степанов О. А.** Интегрированные инерциально-спутниковые системы навигации //Гироскопия и навигация. 2002. № (36).

[239] **Степанов О. А.** Линейный оптимальный алгоритм в нелинейных задачах обработки навигационной информации //Гироскопия и навигация. 2006. № 4.

[240] **Степанов О. А.** Основы теории оценивания с приложениями к задачам обработки навигационной информации. Часть 1. Введение в теорию оценивания. СПб. : ГНЦ РФ ЦНИИ 《Элек-троприбор》, 2010. -509 с.

[241] **Степанов О. А.** Основы теории оценивания с приложениями к задачам обработки навигационной информации. Часть 2. Введение в теорию фильтрации. СПб. : ГНЦ РФ ЦНИИ 《Элек-троприбор》, 2012. 417 с.

[242] **Степанов О. А.** Отличия и взаимосвязь методов навигации с использованием геофизических полей, плана помещений и отпечатка пальца // XXIII Санкт-Петербургская международная конференция по интегрированным навигационным системам. Материалы круглого стола 《Интегрированные навигационные системы при отсутствии или серьезном ухудшении приема спутниковой информации》. 2016.

[243] **Степанов О. А.** Применение теории нелинейной фильтрации при решении задач обработки навигационной информации. СПб: ГНЦ РФ ЦНИИ 《Электроприбор》, 1998. 370 с.

[244] Степанов и др. , 2014 а -**Степанов О. А. , Лопарев А. В. , Челпанов И. Б.** Частотно-временной подход к решению задач обработки навигационной информации //Автом-

атика и телемеханика. 2014. №6. С. 132-153.

[245] Степанов и др., 2014 б - **Степанов О. А., Соколов А. И., Долнакова А. С.** Анализ потенциальной точности оценивания параметров случайных процессов в задачах обработки навигационной информации // Материалы XII Всероссийского совещания по проблемам управления. М: ИПУ им. В. А. Трапезникова РАН, 2014. С. 3324-3337.

[246] Степанов и др., 2014 в - **Степанов О. А., Соколов А. В., Торопов А. Б. и др.** Выбор информативных траекторий в задаче корреляционно-экстремальной навигации с учетом погрешностей карты и измерителей // Материалы XXIX конференции памяти выдающегося конструктора гироскопических приборов Н. Н. Острякова. СПб: ОАО «Концерн «ЦНИИ «Электроприбор», 2014.

[247] **Степанов О. А., Блажнов Б. А., Кошаев Д. А.** Исследование эффективности использования спутнико-вых измерений при определении ускорения силы тяжести на летательном аппарате. // Гироскопия и навигация. 2002. № 3(38).

[248] **Степанов О. А., Васильев В. А.** Предельно достижимая точность оценивания по Рао-Крамеру в задачах нелинейной фильтрации при наличии порождающих шумов и ошибок измерения, зависящих от оцениваемых параметров // Автоматика и телемеханика. 2016. №1. С. 104-133.

[249] **Степанов О. А., Кошаев Д. А.** Универсальные MATLAB-программы анализа потенциальной точности и чувствительности алгоритмов линейной нестационарной фильтрации // Гироскопия и навигация, № 2(45), 2004. С. 81-93.

[250] **Степанов О. А., Кошаев Д. А., Моторин А. В.** Идентификация параметров модели аномалии в задаче авиационной гравиметрии методами нелинейной фильтрации // Гироскопия и навигация, № 3(90), 2015.

[251] **Степанов О. А., Торопов А. Б.** Сопоставление метода сеток и методов Монте-Карло в задаче корреляционно-экстремальной навигации // XVII Санкт-Петербургская международная конференция по интегрированным навигационным системам. 2010.

[252] **Степанов О. А., Торопов А. Б.** Применение последовательных методов Монте-Карло с использованием процедур аналитического интегрирования при обработке навигационной информации // XII Всероссийское совещание по проблемам управления ВСПУ-2014 Институт проблем управления им. В. А. Трапезниква РАН. 2014.

[253] Степанов, Торопов, 2015 а - **Степанов О. А., Торопов А. Б.** Методы нелинейной фильтрации в задаче навигации по геофизических полям. Часть 1. Обзор алгоритмов // Гироскопия и навигация. -2015. №3(90).

[254] Степанов, Торопов, 2015 б - **Степанов О. А., Торопов А. Б.** Методы нелинейной фильтрации в задаче навигации по геофизических полям. Часть 2. Современные тенденции развития. // Гироскопия и навигация. -2015. №4(91).

[255] **Строев П. А., Пантелеев В. Л. Левицкая З. Н., Чеснокова Т. С.** Подводные экспедиции ГАИШ (из истори науки) М.: КДУ. 2007. 240 с.

[256] **Сугаипов Л. С.** О планируемых проектах спутниковой гравиметрии / Изв. вузов «Геод-

езия и аэрофотосъемка». 2015. №6. С. 3-8.

[257] **Телеганов Н. А., Елаги А. В.** Высшая геодезия и основы координатно-верменных систем: Учебное пособие. Новосибирск: СГГА, 2004. 238 с.

[258] **Тимочкин С. А.** Методические погрешности построения астрономической вертикали в инерциальной навигационной системе, демпфируемой от измерителя скорости относительно Земли // Материалы XV конференции молодых ученых «Навигация и управление движением». СПб: ГНЦ РФ «ЦНИИ «Электроприбор», 2013. С. 38-45.

[259] **Тихонов А.** Н., Арсенин В. Я. Методы решения некорректных задач. М. : Наука, 1979. 283 с.

[260] **Торге В.** Гравиметрия. Пер. с англ. / Под ред. А. П. Юзефович. М. : Мир, 1999.

[261] **Торопов А. Б.** Алгоритмы фильтрации в задачах коррекции показаний морской навигационной системы с использованием нелинйных измерений. Дисс. на соиск. уч. степени канд. техн. наук. СПб: ГНЦ РФ ОАО «Концерн«ЦНИИ «Электроприбор», 2013. 147 с.

[262] **Троицкий В.** В. Определение уклонения отвесной линии в море по околозенитным звездам. Автореф. дис... канд. техн. наук. 05. 11. 03. СПб. ,1994. 19 с.

[263] **Уралов С.** С. Курс геодезической астрономии. М. : «Недра», 1980.

[264] **Форсберг Р., Олесен А., Эйнарссон И.** Проведение аэрогравиметрических измерений гравиметрами «ЛаКоста-Ромберг» и«Чекан-АМ» с целью определения геоида //Гироскопия и навигация. 2015. №3. С. 19-29.

[265] Цветков, 2005а-**Цветков А. С.** Руководство по практической работе с каталогом Hipparcos: Учебно-методическое пособие. СПб. ,2005.

[266] Цветков, 2005б-**Цветков А. С.** Руководство по практической работе с каталогом Tycho-2: Учебно-методическое пособие. СПб. ,2005.

[267] **Цодокова В. В. и др.** Определение астрономических координат автоматизированным зенитным телескопов // Материалы XVI конференции молодых ученых «Навигация и управление движением». СПб: ГНЦ РФ «ЦНИИ «Электроприбор», 2014. С. 269-276.

[268] **Челпанов И. Б., Лопарев А. В., Степанов О. А.** Использование частотного подхода при синтезе нестационарных алгоритмов обработки навигационнйо информации//Гироскопия и навигация. 2011. №3 (74).

[269] **Челпанов И. Б., Несенюк Л. П., Брагинский М. В.** Расчет характеристик навигационных приборов. Л. : Судостроение, 1978. 264 с.

[270] **Чернодаров В.** А. Комплексная обработка информации в геоинерциальных системах// XXIII Санкт-Петербургская международная конференция по интегрированным навигационным системам. Материалы круглого стола «Интегрированные навигационные системы при отсутствии или серьезном ухудшении приема спутниковой информа-ции». 2016.

[271] **Чеснокова Т. С., Грушинский Н. П. Гравиметрические определения в Гренландском море**, проведенные в 1956 г. на дизель-электроходе «Обь» // Морские гравиметрические исследования. Сборник статей под редакцией проф. В. В. Федынского. М. : Изд-во Московского Университета. 1961. С. 37-40.

[272] **Шимбирев Б. П.** Теория фигуры Земли. М. :《Недра》,1975. 432 с.

[273] **Экспедиционные исследования ВНИИОкеангеологии** в Арктике,Антарктике и Мировом океане в 2005 г. Ежегодный обзор. СПб. :《ВНИИОкеангеология им. И. С. Грамберга》. 2006. С. 16-19. ( МПР РФ,РАН,ВНИИОкеангеология).

[274] **Щербинин В. В.** Построение инвариантных корреляционно-экстремальных систем навигации и наведения летательных аппаратов. М. :МГТУ им. Н. Э. Баумана,2011. 220 с.

[275] **Юманов В. С.** Алгоритм преобразования квазигеографических координат,предусматривающий возможность работы в различных эллипсоидах. Доклад на XV конференции молодых специалистов. СПб:ГНЦ РФ《ЦНИИ《Электроприбор》,2013.

[276] **Якушенков Ю. Г. ,Соломатин В. А.** Сравнение некоторых способов определения координат изображений, осуществляемых с помощью многоэлементных приемников излучения//Известия ВУЗов. Приборостроение. 1986. №9. С. 62-69.

[277] **Ярлыков М. С.** Марковская теория оценивания в радиотехнике. М. :Радиотехника,2004.

[278] **Ярлыков М. С. ,Аникин А. Л. ,Башаев А. В. и др.** Марковская теория оценивания в радиттехнике. М. :Радиотехника,2004. 504 с.

[279] **Adler S. ,Schmitt S. ,Wolter K. ,Kyas M. F.** A survey of experimental evaluation in indor locatlization research// IEEE International conference on Indoor Positioning and Indor Navigation(IPIN). Banff,Alberta,Canada,2015. P. 1-10.

[280] **Afzal M. H.** Use of Earth's Magnetic Field for Pedestrian Navigation :Dissertation / M . H. Afzal. -Canada:University of Calgary 2011. -P. 247.

[281] **Airborne Gravity 2016**(W10),Adelaide,Australia,August 2016. URL:http://www. conference. aseg. org. au/PDF/W10. pdf

[282] **Albertella A. ,Migliaccio F. ,Sansó F.** GOCE:The Earth Gravity Field by Space Gradiometry// Celestial Mechanics and Dynamical Astronomy,May 2002,Volume 83,Issue 1-4,pp 1-15.

[283] **Alspach D. L.** Recursive Bayessian estimation using Gaussian sum approximation/D. L. Alspach H. W. Sorenson / Automatica . -1971. -Vol. 7 No 4.

[284] **Angelis M.** de et al. Precision gravimetry with atomic sensors//Sci. Technol. 2009. Vol. 20 022001.

[285] **Annecchione, M.** A. ,**Moody, M. V. ,Carroll, K. A. ,Dickson, D. B. ,and Main, B. W**. , Benefits of a High Performance Airborne Gravity Gradiometer for Resource Exploration, Proceedings of Exploration 07:Fifth Decennial International Conference on Mineral Exploration,2007,pp. 889-893.

[286] **Anonsen K. B. ,Hallingstad O**. Sigma point Kalman filter for underwater terrain-based navigation,Control Applications in Marine Systems. 2007. Vol. 7. Part 1.

[287] **Anstie J. ,Aravanis T. ,Johnston P. ,Mann A. ,Longman M. ,Sergeant A. ,Smith R. , Van Kann F. ,Walker G. ,Wells G. ,Winterflood J.** Preparation for flight testing the VK1 gravity gradiometer//Airborne Gravity 2010-Abstracts from the ASEG-PESA Airborne Gravity 2010 Workshop. Australia,2010. P. 5-12.

[288] **Arabelos D. N. ,Tscherning C. C.** A comparison of recent Earth gravitational models with emphasis on their contribution in refining the gravity and geoid at continental or regional

scale//J. Geod. 2010. Vol. 84. P. 643-660.

[289] **Arias E. F.**, Zhiheng Jiang, Robertsson L., Vitushkin L. et al. CCM. G-K1 Final report, 2012// Metrologia. 2012. Vol. 49. Tech. Suppl. ,07011. 10p.

[290] **ARKeX.** eFTG Instrument. Next Generation Gravity Gradiometer. URL: http: // arkex. com/ technology/ eftg-instrument/.

[291] **Arnautov G. P. , Gik L. D. , Kalish E. N. , Koroonkevich V. P. , Nestereikhin Yu. E. , Stus Yu. F.** Absolute laser gravimeter//Applied Optics. 1974. №2. P. 310-313.

[292] **Atakov A. I. , Lokshin B. S. , Prudnikov A. N. , Shkatov M. Yu.** Results of Integrated Geophysical Survery at the Ushakovsko-Novosemel'skaya Prospective Area in the Kara Sea// IAG Symposium on Terrestrial Gravimetry: Static and Mobile Measurements. Proceedings. Saint-Petersbug, 2010. P. 33-35.

[293] **Barthelmes F.** Definition of functional of the geopotential and their calculation from spherical harmonic models. Helmholtz-Zentrum Potsdam-DeutschesGeoForschungsZentrum-Scientific Technical Report STR09/02. 2009. 32p.

[294] **Barthelmes F.**, Petrovic S., Pflug H. First Experiences with the GFZ New Mobile Gravimeter Chekan-AM//Proceedings of IAG International Symposium on Terretrial Gravimetry: Static and Mobile Measurements. Saint-Petersburg, Russain, 2013.

[295] **Baumann H. , Klingele E. E. , Marson I.** Absolute airborne gravimetry: a feasibility study// Geophysical prospectiong. March2012. 15p.

[296] **Beaufils Q. , Tackmann G. , Wang X. , Pelle B. , Pelisson S. , Wolf P. , Dos Santos F. P.** Laser controlled tunneling in a vertical optical lattice//Phys. Rev. Lett. 2011. Vol. 106. 213002.

[297] **Becker D. , Becker M. , Leinen A. , Zhao Y.** Estimability in strapdown airborne gravimetry// Proc. of IAG Symposia. Springer Verlag. 2015. P. 1-5.

[298] **Bell, R. E.**, Gravity Gradiometry. A formerly classified technique used to navigate ballistic-missile submarines now helps geologists search for resources hidden underground, Scientific American, June 1998, pp. 74-79.

[299] **Bender P.** Comparing different approaches for GRACE Follow-On data Analysis//GRACE Science Team Meeting. August 2015. Austin, USA.

[300] **Bergman N.** Recursive Bayesian estimation. Navigaiton and Tracking Applications. Sweden Linkoping: Linkoping University, 1999. 204 p.

[301] **Bloch F.** Uber die Quantenmechanik der Electronen in Kristallgittern//Z. Phys. 1928. Vol. 52. S. 555-600.

[302] **Berzhitsky V. N. , Bolotin Yu. V. , Golovan A. A. , IIjin V. N. , Parusnikov N. A. , Smoller Yu. L. , Yurist S. Sh.** GT-1A inertial gravimeter system. Results of flight tests. Moscow: Center of Applied Research Publishing House, Faculty of mechanics and mathematics, MSU, 2002. 40p.

[303] **Boedecker G.** World gravity standards-present status and futuchallenges//Metrologia. 2002. Vol. 39. №5, p. 429-433.

[304] **Bolotin Yu. V. , Doroshin D. R.** Adaptive filtering in airborne gravimetry with hidden markov chains//Proc. 18$^{th}$ IFAC World Congress. Millan, 2011. p. 9996-10001.

[305] **Bolotin Yu. V. , Golovan A. A.** Methods of inertial gravimetry. Moscow University Mechanics Bulletin. 2013. Vol. 68. №5. P. 117-125.

[306] **Bolotin Yu. V. , Popelensky M. Yu.** Accuracy analysis of airborne gravity when gtavimeter parameters are identified in flight//Journal of Mathematical Sciences. 2007. Vol. 146. №3.

[307] **Bolotin Yu. V. , Vyazmin V. S.** Gravity anomaly vector determination along flight trajectory and in terms of spherical wavelet coefficients using airborne gravimetry data//Proc. of the 4th IAG Symposium on Terrestrial Gravimetry: Static and Mobile Measurements. St. Petersburg: Concern CSRI Elektropribor, 2016. P. 83-86.

[308] **Bolotin Yu. V. , Yurist S. Sh.** Suboptimal smoothing filter for the marine gravimeter GT-2M// Gyroscopy and Navigation. 2011. №2.

[309] **Borde Ch. J.** Atomic clocks and inertial sensors//Metrologia. 2002. Vol. 39. №35. P. 435-463.

[310] **Borde Ch. J.** Atomic interferometry with internal state labelling //Phys. Lett. A. 1989. Vol. 140. P. 10.

[311] **Boreyko A. , Moun S. , Scherbatyuk A.** Precise UUV positioning based on images processing for Symposium. 2008. P. 14-20.

[312] **Bouman J.** Relation between geoidal undulation, deflection of the vertical and vertical gravity gradient revisited//Journal Geodesy. 2012. №86 . P. 287-304.

[313] **Brown, D. , Mauser, L. , Young, B. , Kasevich, M. , Rice, H. F. , and Benischek, V. ,** Atom Interferometric Gravity Gradiometer System, Proceedings of 2012 IEEE/ION Position, Location and Navigation Symposium, PLANS-2012, pp. 30-37.

[314] **Brown R. G. , Hwang P. Y. C.** Introduction to random signals and applied Kalman filtering with MatLab exercises and solutions. Third edition . John Wiley&Sony, New York, 1977.

[315] **Bucy R. S.** New Results in Linerar Filtering and Prediction Theory, Transactions of the ASME//Jouranl of Basic Engineering. 1961. Vol. 83.

[316] **Bucy R. S. ,** Senne K. D.   Digital synthesis of non-linear filters // Automatica. 1971. № 7(3).

[317] **Brozena J. M. , Salman R.** Arctic airborne gravity measurement program//Segawa et al. Gravity, Geoid and Marine Geodesy. IAG series 117. Springer Verlag, 1996. P. 131-139.

[318] **Canuteson E. L. , Zumberge M. A.** Fiber-optic extrinsic Fabry-Perot vibration isolated interferometer for use in absolute gravity meters//Applied Optics. 1996. Vol. 35. №19, p. 3500-3505.

[319] **Carnal O. , Mlyner J.** Young's double slit experiment with atoms: A simple atom interferometer. // Phes. Rev. Lett. 1991. Vol. 66. P. 2689.

[320] **Carraz O. et al.** Measuring the Earth's Gravity Field with Cold Atom Interferometers //5th International GOCE User Workshop. November 2014. Paris, France.

[321] **Carraz O. , Siemes C. , Massotti L. , Haagmans R. , Silvestrin P.** A Spaceborne Gravity Gradiometer Concept Based on Cold Atom Interferometers for Measuring Earth's Gravity Field//Microgravity Sci. Technol. 2014. P. 139-145.

[322] **Carreno S. , Wilson P. A. , Ridao P. , Petillo Y .** A survey on terrain based navigation for AUVs. //In OCEANS 2010 MTS/IEEE. -2010.

[323] **Carroll, K. A., Hatch, D., and Main, B.,** Performance of the Gedex High-Definition Airborne Gravity Gradiometer, Airborne Gravity 2010 -Abstracts from the ASEG-PESA Airborne Gravity 2010 Workshop: Australia, 2010, pp. 37-43.

[324] **Cesare S. et al.** From GOCE to the Next Generation Gravity Mission //5$^{th}$ International GOCE User Workshop. November 2014. Paris, France.

[325] **Ceylan A.** Determination of the deflection of vertical components via GPS and leveling measurement: A case study of a GPS test network in Konya, Turkey//Scientific Research and Essay. 2009. Vol. 4(12). P. 1438-1444.

[326] **CHAMP Home Page-**Helmholtz Centre Potsdam -GFZ German Research Centre for Geosciences, 2016 [ Электронный ресурс ]. URL http://www.gfz-potsdam.de/en/section/earths-magnetic-field/infrastructure/champ/

[327] **Chan, H. A. and Paik, H. J.,** Superconducting Gravity Gradiometer for Sensitive Gravity Measurements. I. Theory, Phys. Rev. D, 1987, pp. 3551-3571.

[328] **Cheng M., Ries J. C., Chambers D. P.** Evaluations of the EGM-2008 gravity model//BGI Newton's Bulletin. 2009. №4, p. 18-23.

[329] **Chiow S. -W., Kovachy T.; Chien H. -C., Kasevich M. A.** 102 hover-bark large area atom interferometers//First break. April 2011. Vol. 107. P. 130403.

[330] **Christensen, A. N., Dransfield, M. H., and Van Galder, C.,** Noise and Repeatability of Airborne Gravity Gradiometry, First break, April 2015, vol. 33, pp. 55-63.

[331] **Cook A. H.** The absolute determination of the acceleration due to gravity//Metrologia. 1965. Vol. 1. №3. P. 84-114.

[332] **Crossley D., Vitushkin L. F., Wilmes H.** Global reference system for determination of the Earch gravity field: from Potsdam system to the Global Geodynamics Project and further to the international system of fundamental absolute gravity stations//Труды Института Прикладной Астронимии РАН. 2013. Вып. 27. С. 333-338.

[333] **DeGregoria, A.,** Gravity Gradiometry and Map Matching: And Aid to Aircraft Inertial Navigation Systems, MS Degree Thesis, Air Force Institute of Technology, 2010, p. 130.

[334] **DiFrancesco D.** Advances and Challenges in the Development and Deployment of Gravity Gradiometer Systems // EGM 2007 International Workshop Innovation in EM, Grav and Mag Methods: anew Perspective for Exploration, Capri, Italy, April 15 -18, 2007.

[335] **DiFrancesco, D.,** Gravity Gradiometry Developments at Lockheed Martin, EGS -AGU -EUG Joint Assembly, Abstracts from the meeting held in Nice, France, April 2003, Abstract #1069.

[336] **DiFrancesco D. et al.** Gravity Gradiometry -Today and Tomorrow / D. DiFrancesco [ et al. ]// 11$^{th}$ SAGA Biennial Technical Meeting and Exhibition Swaziland, September 2009, pp. 80-83.

[337] **DiFrancesco, D., Balmino, G., Johannessen, J., Visser, P., and Woodworth, P.,** Gravity Gradiometry-Today and Tomorrow, 11$^{th}$SAGA Biennial Technical Meeting and Exhibition Swaziland, September 2009, pp. 80-83.

[338] **Dongkai D., Xingshu W., Dejun Z., Zongsheng H.** An Improved Method for Dynamic Measurement of Deflections of the Vertical Based on the Maintenance of Attitude Reference//

Sensors. 2014. Vol. 14. P. 16322-16342.

[339] **Doucet A. ,de Freitas N. ,and Gordon N.** Sequential Monte Carlo Methods in Practice. New York: Springer-Verlag, 2001. 581 p.

[340] **Dransfield, M. ,** Advances in Airborne Gravity Gradiometry at Fugro Airborne Surveys, Proceedings of EGM 2010 International Workshop. Adding new value to Electromagnetic, Gravity and Magnetic Methods for Exploration, Capri, Italy, April 11-14, 2010.

[341] **Dransfield, M. ,** Airborne Gravity Gradiometry in the Search for Mineral Deposits, Proceedings of Exploration 07: Fifth Decennial International Conference on Mineral Exploration, 2007, pp. 341-354.

[342] **Dransfield, M. and Christensen, A. N. ,** Performance of Airborne Gravity Gradiometers, The Leading Edge, August 2013, pp. 908-922.

[343] **Dransfield, M. , Le Roux, T. , and Burrows, D. ,** Airborne Gravimetry and Gravity Gradiometry at Fugro Airborne Surveys, Airborne Gravity 2010-Abstracts from the ASEG-PESA Airborne Gravity 2010 Workshop: Australia, 2010, pp. 49-57.

[344] **DrinkWater M. R. , Haagmans R. , Muzi D. , Popescu A. , Floberghagen R. , Kern M. , Fehringer M.** The GOCE gravity mission: ESA's first core Earth explorer //Proceedings of the 3$^{rd}$ International GOCE User Workshop. 6-8 November. 2006. Frascati, Italy, 2007. P. 1-18.

[345] **e LISA,** the first gravitational wave observatory in space// e LISA consortium. Retrived 12 November2013.

[346] **Earth Gravitational Model 2008** [Электронный ресурс]. URL: http://earth-info.nga.mil/GandG/wgs84/gravitymod/egm2008/index.html

[347] **Featherstone W. E. , Lichti D. D.** Fitting gravimetric geoid models to vertical deflections//Journal Geodesy. 2009. 83:583-589. DOI 10.1007/s00190-008-0263-4.

[348] **Flechtner F.** et al. What can be expected from GRACE-FO Laser Ranging Interferometer for Earth science applications? //GRACE Science Team Meeting. August 2015. Austin, USA.

[349] **Flokstra, J. ; Cupurus, R. ; Wiegerink, R. J. , and Essen van, M. C. ,** A MEMS based Gravity Gradiometer for Future Planetary Missions, Cryogenics, 2009, vol. 49, p. 665-668.

[350] **Forsberg R. , Kenyon S.** Gravity and Geoid in the Arctic region -the northern gap now filled. 2005. (http://earth-info.nga.mil/GandG/wgs84/agp/readme_new.html)

[351] **Forsberg R. , Olesen A. , Einarsson I.** Airborne Gravimetry for Geoid Determination with Lacoste Romberg and Chekan-AM Gravimeters//Proceedings of IAG International Symposium on Terrestrial Gravimetry: Static and Mobile Measurements. Saint-Petersburg, Russian, 2013.

[352] **Forsberg R. , Olesen A. , Yildiz H. , Tscherning C. C.** Polar Gravity Fields from GOCE and airborne Gravity//Proc. of 4$^{th}$ International GOCE User Workshop. 2011. ESA SP-696.

[353] **Forste Ch. et al.** The GFZ/GRGS satellite and combined Gravity Field Modesl EIGEN-GL04SI and EIGEN-GL04C//Journal of Geodesy. 2008. Vol. 82. P. 331-346.

[354] **Francis O. , Baumann H. , Volarik T. et al.** The European comparison of absolute gravimeters 2011(ECAG-2011) in Walferdange, Luxembourg: results and recommendations//Metrologia. 2014. Vol. 50. №3. p. 257-268.

[355] **Francis O. , Baumann H. , Ullrich Ch. et al.** CCM. G-K2 key comparison. Final Report // Metrologia. 2015. Vol. 52. Technical Supplement,07009.

[356] **Freeden, W. , Michel, V.** Multiscale Potential Theory (With Applications to Geoscience). Birkhauser Verlag. 2004.

[357] **Freeden, W. , Michel, V. , and Nutz, H.** , Satellite-to-satellite tracking and satellite gravity gradiometry, Journal of Engineering Mathematics, 2002, №43, pp. 19-56.

[358] **Gayvoronsky S. , Rusin E. , Tsodokova V.** A comparative analysis of methods for determinating star image coordinates in the photodetector plane//Automation & Control: Proceeding of the International Conference of Young Scientists. November 2013. Spb: St. Petersburg State Polytechnical University, 2013. P. 54-58.

[359] **Gelb A.** Applied optimal estimation. Cambridge: M. I. T. Press. 1974. 384 p.

[360] **Gerber, M. A.** Gravity Gradiometry: Something New in Inertial Navigation // Astronautics and Aeronautics. 1978. Vol. 16. p. 18-26.

[361] **Germak A. , Desogus S. , Origlia C.** Interferometer for the IMGC rise-and-fall absolute gravimeter//Metrologia. 2002. Vol. 39. №5. P. 471-475.

[362] **Gerstbach G. , Pichler H.** A samll CCD zenith camera (ZC-GI)-developed for rapid geoid monitoring in difficult projects. Publ. Astron. Obs. Belgrade. 2003. №75. P. 221-228.

[363] **Gillot P.** , Francis O. , Landragin A. , Pereira Dos Santos F. , Merlet S. Stability comparison of two gtavimeters-optical versus atomic interfermeters//Metrologia. 2014. Vol. 51. №5. P. L15-L17.

[364] **GOCE Home Page**-Observing the Earth. Our_Activities/ESA, 2015 [Электронный ресурс]. URL http://www.esa.int/Our_Activities/Observing_the_Earth/GOCE.

[365] **Golden, H. , McRae, W. , and Veryaskin, A.** , Description of and Results from a Novel Borehole Gravity Gradiometer, ASEG Extended Abstracts 2007. P. 1-3.

[366] **GRACE Home Page**-Gravity Recovery and Climate Experiment, 2016 [Электронный ресурс]. URL http://www.csr.utexas.edu/grace/

[367] **GRACE Mission NASA**-Gravity Recovery and Climate Experiment, 2014 [Электронный ресурс]. URL http://www.nasa.gov/mission_papes/Grace/

[368] **Grewal M. S. , Andrews A. P. , Bartone C. G.** Global Navigation Satellite Systems, Inertial Navigation, and Intergration. Wiley, 2013. 602 p.

[369] **Griggs, C. E. , Paik, H. J. , Moody, M. V. , Han, S. -C. , Rowlands, D. D. , Lemoine, F. G. , Shirron, P. J. , Gustavson T.** Cold Atom Gyros//IEEE Sensors 2013 Tutorial. AOSense, Inc. 11. 3. 2013.

[370] **Gruber Th.** Validation concepts for gravity field models from satellite missions. In: Lacoste H (ed.)// Proceedings of the and international GOCE user workshop "GOCE, The Geoid and Oceanography". ESA SP-569, 2004. P. 845-860.

[371] **Gruber Th. , Viesser P. N. A. M. , Ackermann Ch. , Hosse M.** Validation of GOCE gravity field models by means of orbit residuals and geoid comparisions//Journal of Geodesy. 2011. Vol. 85.

[372] **Gustafsson F.** Particle filter theory and practice with positioning applications//IEEE Aerospace and Electronic Systems Magazine. Vol. 25. No. 7. 2010. P. 53-82.

[373] **Gustafsson F., Gunnarsson F., Bergman N., Forssell U., Jansson J., Karilsson R., and Nordlund P.-J.** Particle filters for positioning, navigation and tracking//IEEE Trans. on Signal Processing. 2002. Vol. 50. No. 2. P. 425-437.

[374] **Guo Jinyun, Liu Xin, Chen Yongning, Wang Jianbo, Li Chengming.** Local normal height connection across sea with ship-borne gravimetry and GNSS techniques//Marine Geophysics. 2014. 35:141-148. DOI 10.1007/s1 1001-014-9216-x.

[375] **Gyroscopes and IMUs** for Defense, Aerospace & Industrial // Yole Development Report. - 2012. -317 p.

[376] **Halicioglu K., Deniz R., Ozener H.** Digital zenith camera system for Astro-Geodetic applications in Turkey// Journal of Geodesy and Geoinformation. 2012. Vol. 1. Iss. 2. P. 115-120.

[377] **Hein G.** Progress in airborne gravimetry:solved, open and critical problems//Proc. IAG Symposium on airborne gravity field determination. Calgary. August 1995.

[378] **Hirt Ch.** Prediction of vertical deflections from high-degree spherical harmonic synthesis and residual terrain model data // Journal Geodesy. -2010. -№ 84. -pp. 179 -190.

[379] **Hirt Ch. et al.** Modern Determination of Vertical Deflections using Digital Zenith Cameras / C. Hirt [etal.] // Journal Surveying Engineering. -Feb 2010. -Vol. 136, issue 1. -pp. 1-12.

[380] **Hirt Ch., Burki B.** The Digital Zenith Camera-A New High-Precision and Economic Astrogeodetic Observation System for Real-Time Measurement of Deflection of the Vertical// Proceed. 3$^{rd}$ Meeting International Gravity and Geoid Commission of the International Association of Geodesy. Thessaloniki, 2002. P. 161-166.

[381] **Hirt Ch., Burki B.** Status of Geodetic Astronomy at the Beginning of the 21$^{st}$ Century [Электронный ресурс]. http://www.ife.unihannover.de/mitarbeiter/seeber/seeber_65/pdf_65/hirt8.pdf;http://www.cdsare.u-strasbg.fr/v12-bin/cat

[382] **Hirt Ch., Seeber G.** Accuracy analysis of vertical deflection data observed with the Hannover Digital Zenith Camera System TZK2-D//Journal Geodesy. 2008. 82:347-356.

[383] **Iafolla V.**, Nozzoli S., Fiorenza E. One axis gravity gradiometer for the measurement of Newton's gravitational constant G//Physics Letters. 2003. №A318. P. 223-233.

[384] **International Centre for** Global Earth Models (ICGEM) [Электронный ресурс]. URL: http://icgem.gfz-potsdam.de.

[385] **Jekeli Ch.** Airborne Gradiometry Error Analysis, in Surveys in Geophysics, 2006, pp. 257-275.

[386] **Jekeli Ch.** An analysis of vertical deflections derived from high-degree spherical harmonic models //Journal of Geodesy. -1999. -№73. -pp. 10-22.

[387] **Jekeli Ch.** Accuracy Requirements in Position and Attitude for Airborne Vector Gravimetry andn Gradiometry, Gyroscopy and Navigation, 2011, vol. 2, no. 3, pp. 164-169.

[388] **Jekeli Ch.** Geometric Reference Systems in Geodesy. Ohio State University, 2012.

[389] **Jekeli Ch.** 100 Years of Gravity Gradiometry, Lecture presented in Geological Science 781, Gravimetry, 27 November 2007.

[390] **Jekeli Ch.** Potential Theory and Static Gravity Field of the Earth//Treatise on geophysics. Elsevier. 2009. Vol. 3. P. 11-42.

[391] **Jekeli Ch.** The determination of gravitational potential differences from satellite-to-satellite tracking// Celestial Mechanics and Dynamical Astronomy 75. 2(1999).

[392] **Jekeli Ch. , Kwon J.** Results of airborne vector(3D) gravimetry //Geophysical research letters. 1999. Vol. 26. №23. P. 85-101. P. 3533-3536.

[393] **Jekeli Ch. , Yanh H. J. , Kwon J. H.** Evaluatioan of EGM08-globally and locally in South Korea//Newton's Bull. 2009. №4. P38-49.

[394] **Jiang Z. ,Palinkas V. ,Arias F. E. ,Liara J. ,et al.** Comparison of Absolute Gravimeters 2009: The First Key Comparison (CCM. GKI)in the field of absolute gravimetry//Metrologia. 2012. Vol. 49. №6. P. 666-684.

[395] **Johannessen J. A. , Balmino G. , Le Provost C. , Rummel R. , Sabadini R. , Sunkel H. , Tscherning C. C. , Visser P. , Woodworth P. , Hughes C. , Legrand P. , Sneeuw N. , Perosanz E. , Aguirre-Martinez M. , Rebhan H. , Drinkwater M.** The European Gravity Field and Steady-State Ocean Circulation Explorer Satellite Mission Its Impact on Geophysics// Surveys in Geophysics. July,2003. 24(4). P. 339-386.

[396] **Jordan S. K.** Self-consistent Statistical Models for Gravity Anomaly and Undulation of the Geoid // J. Geophys. Res. 1972. Vol. 77. №20.

[397] **Juiler S. J. and Uhlmann J. K.** Unscented filtering and nonlinear estimation //Proc. IEEE. 2004. Vol. 92 (3). P. 401-422.

[398] **Kailath T.** Linear estimation. Prentice-Hall. 2000. 855 p.

[399] **Kalman R. E.** A New Approach to Linear Filtering and Prediction Problems./R. E. Kalman// Trans. ASME J. Basic Eng. -1960-82 (Series D) . -P. 34-45.

[400] **Karlsson R. and Gustafsson F.** Bayesian Surface and underwater Navigation/ R. Karlsson F. Gustafsson// IEEE Transactions on Signal Processing. -2006. -Vol 54. -P. 4204-4213.

[401] **Kasevich,M. ,Chu S.** Atomic interferometry using stimulated Raman transitions //Phys. Rev. Lett. 1991. Vol. 67. №2. P. 181 -184.

[402] **Kasevich, M. , Donnelly, C. , and Overstreet, C. ,** Prospects for Improved Accuracy in the Determination of G using Atom Interferometry, Depts. of Physics, Applied Physics and EE Stanford University,2014.

[403] **Kawamura S. et al.** The Japanese space gravitational wave antenna-DECIGO//Journal of physics:Conference series. Volume 122. Conference1. 2008.

[404] **Keith D. W. ,Ekstrom C. R. ,Turchette Q. A. ,Pritchard D.** An interferometer for atoms// Phys. Rev. Lett. 1991. Vol. 66. P. 2693-2696.

[405] **Kern M. ,Schwarz K. P. ,Sneeuw N.** A study on the combination of satellite, air borne, and terrestrial gravity data//Geodesy. 2003. V. 77.

[406] **Kim J. , Tapley B. D.** Error Analysis of a Low -Low Satellite-to-Satellite Tracking Mission / J. Kim, B. D. Tapley //Journal of Guidance, Control and Dynamics. -2002. -Vol. 25. -№ 6. - pp. 1100-1106.

[407] **Kirkendall,B. ,Li,Y. ,and Oldenburg,D. ,** Imaging Cargo Containers Using Gravity Gradiometry, IEEE Transactions on Geoscience and Remote Sensing, 2007, vol. 45, No. 6,

pp. 1786-1797.

[408] **Koshaev D. A. , Stepanov O. A.** Analysis of filtering and smoothing techniques as applied to aerogravimetry// Gyroscopy and Navigation. 2010. Vol. 1, № 1.

[409] **Krasnov A. A. , Nesenyuk L. P. , Sokolov A. V. , Stelkens-Kobsch T. H. , Heyen R.** Test Results of the Airborne Gravimeter. Proceedings of IAG International Symposium on Terrestrial Gravimetry：Static and Mobile Measurements. St. Petersburg, Russain, 2007. P. 73-78.

[410] **Krasnov A. A. , Sokolov A. V. , Elinson L. S.** A new air-sea gravimeter of the Chekan series // Gyroscopy and Navigation. 2014. № 3.

[411] **Krasnov A. A. , Sokolov A. V. , Usov S. V.** The Results of Regional Airborne Gravimetric Surveys with a Chekan-AM Gravimeter in the Arctic//Proceedings of IAG International Symposium on Terrestrial Gravimetry：Static and Mobile Measurements. Saint-Petersburg, Russia, 2010. P. 27-32.

[412] **Krasnov A. A. , Sokolov A. V. , Usov S. V.** Modern Equipment and Methods for Gravity Investigation in Hard-to-Reach Regions // Gyroscopy and Navigation. 2011. V. 2. № 3. P. 178-183.

[413] **Kudrys J.** Automatic Determination of the Deflections of the Vertical -first Scientific Results // Acta Geodyn. Geomater. -2009. -Vol. 6, No. 3 (155). -pp. 233-238.

[414] **Kwon J. H. , Jekeli C.** A new approach for airborne vector gravimetry using GPS/INS// J. Geod. 2001. Vol. 74. P. 690-700.

[415] **Lainiotis D. G. ,** Partitioning：A unifying framework for adaptive systems. I：Estimation. II：Control//IEEE Trans. 1976. Vol. 64. № 8. I. Estimation. P. 1126-1140. II：Control. P. 1182-1198.

[416] **LaCoste, L.** Gravity measurements in an airplane using state-of-the-art navigation and altimetry / L. LaCoste [et al. ] // Geophysics. -1982. -№ 47. -pp. 832 -838.

[417] **Lee, J. , Kwon, J. H. , and Yu, M. ,** Performance Evaluation and Requirements Assessment for Gravity Gradient Referenced Navigation, Sensors, 2015, vol. 15, pp. 16833-16847.

[418] **Lefebvre T. , Bruyninckx, H. , de Schutter J.** Nonlinear Kalman Filtering for Force-Controlled Robot Tasks. Berlin：Springer, 2005. 265 p.

[419] **Lenef A. , Hammond T. , Smith E. , Chapman M. , Rubenstein R. , Pritchard D.** Rotation sensing with an atom interferometer//Phys. Rev. Lett. 1997. Vol. 78. P. 760.

[420] **Lenoir B. , Levy A. , Foulon B. , Christophe B. , Lamine B. , Reynaud S.** Electrostatic accelerometer with bias rejection for Gravitation and Solar System physics//Advances in Space Recearch. 2011. Vol. 48. Issue 7. P. 1248-1257.

[421] **Li Hui, Fu Guang-yu, Li Zheng-xin.** Plumb line deflection varied with time obtained by repeated gravimetry //Acta Seismologica Sinica. 2001. Vol. 14. No. 1. P. 66-71.

[422] **Li X.** Tunable Superconducting Gravity Gradiometer for Mars Climate. Atmosphere and Gravity Field Investigation//Proceeding of 46$^{th}$ Lunar and Planetaty Science Conference. 2015. 1735. pdf.

[423] **Li X. R. and Jilkov V. P. ,** A survey of maneuvering target tracking：Approximation techniques for nonlinear filtering //Proc. SPIE Conference on Signal and Data Processing of Small Targets, 2004. P. 537-550.

[424] **Li X. , Jekeli C.** Ground-vehicle INS/GPS vector gravimetry //Geophysics. -2008. -vol. 73,

No. 2. -P. I1 -I10.

[425] **Liu H. , Pike W. T. , Dou G.** Design, fabrication and characterzation of a micro-machined gravity gradiometer suspension //Proceedings of IEEE SENSORS 2014/Valencia. 2-5 Nov. 2014. P. 1611-1614.

[426] **Lockheed Martin Corporation**: a global security and aerospace company. 2010. URL: http://www.lockheedmartin.com/us/mst/features/2010/100714-using-gravity-to-detect-underground-threats-.html

[427] **Lowrey III. J. and Shellenbarger J. S.** Passive Navigation using Inertial Navigational Sensors and Maps. /III. J LowreyJ. C. Shellenbarger //Naval Engineerins Journal. 1997. P. 245-249.

[428] **Lumley J. M. , White J. P. , Barnes G. , Huang D. , Paik H. J.** A superconducting gravity gradiometer tool for exploration // Proceedings of the Society of Exploration Geophesics Meeting. San Antonio. September 2001.

[429] **Lygin V. A.** Gravity Surveys in the Arctic Transitional Zones//Proceedings of IAG International Symposium on Terrestrial Gravimetry: Static and Mobile Measurements. Saint-Petersburg. Russia, 2013. P. 63-65.

[430] **Lygin V. A.** Gravity Surveys in Transition Zones with the Use of Hovercraft//IAG Symposium on Terrestrial Gravimetry: Static and Mobile Measurements. Proceedings. St. Petersburg, 2010. P. 47-49.

[431] **Mahadeswaraswamy, C. ,** Atom Interferometric Gravity Gradiometer: Disturbance Compensation and Mobile Gradiometry, PhD Dissertation, Stanford University, 2009. 133 p.

[432] **Mangold V.** (Litef). Rate bias INS augmented by GPS: to what extent in vector gravimetry possible//Proc. High Precision Navigation. Stuttgart, Germane, 1995. P. 169-179.

[433] **Massotti L. , Haagmans R. , Siemes Ch. , Silvestrin P.** ESA's Studies of Next Generation Gravity Mission Concepts for Monitoring Mass Transport in the Earth System//5$^{th}$ International GOCE User Workshop. November 2014. Paris, France.

[434] **Matthews, R. ,** Mobile Gravity Gradiometry, PhD Dissertation, University of Western Australia, 2002. 429 p.

[435] **McBarnet A.** Gravity Gradiometry has graduated! OE Digital Edition. -2013. URL: http://www.oedigital.com/geoscience/item/3201-gravity-gradiometry-has-graduated.

[436] **McGuirk, J. M. ,** High Precision Absolute Gravity Gradiometry with Atom Interferometry, PhD Dissertation, Stanford University, 2001. 183 p.

[437] **Meduna D. K.** Terrain relative navigation for sensor-limited systems with application to underwater vehicles: Dissertation. USA: Stanford University, 2011. 183 p.

[438] **Menoret V. , Vermeulen P. , Landragin A. , Bouyer P. , Desruelle B.** Quantitative Analysis of a Transportable Matter-Wave Gravimeter //4$^{th}$ IAG Symposium on Terrestrial Gravimetry: Static and Mobile Measurements. Saint Petersburg, CSRI Elektropribor, 12-15 April 2016.

[439] **Merlet S. , Gouet J. Le, Bodart Q. , Clairon A. , Landragin A. , Pereira Dos Santos F. , Rouchon P.** Operating an atom interferometer beyond its linear range//Metrologia. 2009. Vol. 46. №1, p. 87-94.

[440] **Metzger J., Wisotzky K., Wendel J., Trömmer G. F.** Sigma-point filter for terrain referenced navigation//Proc. of AIAA Guidance, Navigation and Control Conference. San Francisco, CA. August 2005.

[441] **Mims, J., Selman, D., Dickinson, J., Murphy, C., Mataragio, J., and Jorgensen, G.,** Comparison Study between Airborne and Ship-borne Full Tensor Gravity Gradiometry (FTG) Data, SEG Houston 2009 International Exposition and Annual Meeting, 2009. P. 942-946.

[442] **Moody M., Paik H., Canavan E.** Three-axis superconducting gravity gradiometer for sensitive gravity experiments //Rev. Sci. Instrum. 73, 3957(2002). URL:http://dx.doi.org/10.1063/1.1511798

[443] **Moritz H.** Covariance functions in least-squares collocation. Report No. 240. Department of Geoderic Science. The Ohio State University, 1976.

[444] **Motorin A. V. and Stepanov O. A.** Designing an Error Model for Navigation Sensors using Bayesian Approach//Proc. 2015 IEEE International Conference on Multisensor Fusion and Integration. P. 54-58.

[445] **Mumaw G.** Marine 3D Full Tensor Gravity Gradiometry. The first five years // Hydro International, September 2004. - pp. 38-41.

[446] **Murbock M. et al.** Next Generation Satellite Gravimetry Misson Study//$5^{th}$ International GOCE User Workshop. November 2014, Paris, France.

[447] **Murphy C.** The Air-FTG$^{TM}$ airborne gravity gradiometer system//ASEG-PESA Airborne Gravity 2004 Workshop. P. 7-14.

[448] **Nabighian, M. N., Ander, M. E.,. Grauch, V. J. S, Hansen, R. O., LaFehr, T. R., Li, Y., Pearson, W. C., Peirce, J. W., Phillips, J. D., and Ruder, M. E.,** 75th Anniversary. Historical development of the gravity method in exploration, Geophysics, 2005, vol. 70, No. 6, pp. 63ND-89ND.

[449] **Nassar S.** Improving the Inertial Navigation System(INS) Error Model for INS and INS/DGPS Applications//UCGE Reports Number 20183. 2003. 178 p.

[450] **Neill, F.,** Potentials of Wellbore Gravity Gradiometry, Neftegazovye Tekhnologii, 2010. no. 6, pp. 20-24.

[451] **Nerem, R., Jekeli, C., and Kaula, W.,** Gravity Field Determination and Characteristics: Retrospective and Prospective, Geophysical Research, 1995, vol. 100, №B8, pp. 15,053-15,074.

[452] **Niebauer T. M., Hollander W. J., Faller J. E.** Absolute gravity inline measuring apparatus incorporating improved V operating features. USA Patent №5351122, date of patent Sep. 27, 1994.

[453] **Niebauer T. M., Sasagawa G. S., Faller J. E., Hilt R. Klopping F.** A new generation of absolute gravimeters //Metrologia. 1995. Vol. 32. №3, p. 159-180.

[454] **Novatel**[Электронный ресурс]. URL:http://www.novatel.com

[455] **Norgaard M., Poulsen N. K., and Ravn O.** New developments in state estimation for nonlinear systems//Automatica. 2000. 36(11). P. 1627-1638.

[456] **Nygren I.** Terrain Navigation for Vehicles: Dissertation -Sweden: Stockholm Royal Institute of

Technology. 2005. 270 p.

[457] **Oblak D. , Petrov P. G. , Garrido Alzar C. L. , Tittel W. , Vershovski A. K. , Mikkelsen J. K. , Sorensen J. L. , Polzik E. S.** Quantum-noise-limited interferometric measurement of atomic noise:Towards spin squeezing on the Cs clock transition//Phys. Rev. A. 2005. Vol. 71. 043807.

[458] **Observation of gravitational waves** from a binary black hole merger//Physical Review letters,2016. 116(6).

[459] **Orlov O. A. , Vitushkin L. F.** A compact green laser for absolute ballistic gravimeter//Proc. of IAG Symposium "Terrestrial gravimetry. Static and mobile measurements-TGSMM-2010". St. Petersburg, Russian,22-25 June 2010.

[460] **Paik,H. ,** Tests of general relativity in Earth orbit using a superconducting gravity gradiometer, Advances in Space Research,1989,№9,pp. 41-50.

[461] **Pavlis N. K.** The Global Gravitational Model EGM2008:Overview of its Development and Evaluation// 10th International IGeS Geoid School The Determination and Use of the Geoid, St. Petersburg,Russia,28 June -2 July,2010.

[462] **Pavlis N. K. , Holmes S. A. , Kenyon S. C. , Factor J. K.** An Earth Gravitational Model to Degree 2160:EGM2008/EGU General Assembly 2008. Vienna,Austria,April 13-18,2008.

[463] **Pavlis N. K. , Holmes S. A. ,Kenyon S. C. , Factor J. K.** The development and evaluation of the Earth Gravitational Model 2008(EGM2008)//Journal of geophysical research. 2012. Vol. 117.

[464] **Pellinen L. P.** Estimation and application of degree variances of gravity//Studia Geophysica et Geodaetica. 1970. Vol. 14. Issue 2. P. 168-173.

[465] Peshekhonov et al. , 2016a-**Peshekhonov V. G. , Sokolov A. V. , Stepanov O. A. , Krasnov A. A. ,Stus' Yu. F. ,Nazarov E. O. ,Kalish E. N. ,Nosov D. A. ,Sizikov I. S.** Concept of an Integrated Gravimetric System to Determinate the Absolute Gravity Value aboard Vehicles// Proceedings of 4th IAG Symposium on Terrestrial Gravimetry:Static and Mobile Measurements (TG-SMM2016). Saint-Petersburg,2016. P. 61-67.

[466] Peshekhonov et al. , 2016b-**Peshekhonov V. G. , Sokolov A. V. , Krasnov A. A. , Atakov A. I. ,Pavloy S. P.** Joint Analysis of High-Accuracy Marine and Airborne Gravity Surveys with Chekan-AM Gravimeters in the Arctic Basin. Proceedings of IAG International Symposium on Terrestrial Gravimetry:Static and Mobile Measurements. Saint-Petersburg,Russia,2016. P. 26-32.

[467] **Peshekhonov V. G. ,Vasiljev V. A. ,Zinenko V. M.** Measuring Vertical Deflection in Ocean Combining GPS, INS and Star Trackers/V. G. Peshekhonov, V. A. Vasiljev, V. M. Zinenko// Proc. of the 3rd International Workshop "High Precision Navigation", Stuttgart, Germany, 1995. P. 180-185.

[468] **Peters A. ,Chung K. Y. ,Chu S.** High-precision gravity measurements using atom interferometry//Metrologia. 2001. Vol. 38. P. 25-61.

[469] **Phillips W. D.** Laser cooling and trapping of neutral atoms//Rev. Mod. Phys. 1998. Vol. 70. №3. P. 721.

[470] **Poli N., Wang F.-Y., Tarallo M. G., Alberti A., Prevedelli M., Tinox G. M.** Precision measurement of gravity with cold atoms in an optical lattice and comparison with a classical gravimeter//Phys. Rev. Lett. 2011. Vol. 107. P. 038501.

[471] **Pyle T. E., Ledbetter M., Coakley B., and Chayes D.** Arctic Ocean Science//Sea Technology. 1997. Vol. 38. №10. P. 10-15.

[472] **Rapp R.** Gravity anomalies and sea surface heights derived from a combined GEOS-3/SEASAT altimeter data set//J. Geophys. Res. 1986. Vol. 94. P. 4867-4876.

[473] **Rauch H. E., Tung F., Striebel C. T.** Maximum likelihood estimates of linear dynamic systems//The American Institute of Aeronautics and Astronautics Journal. 1965. №3(8).

[474] **Rezo M., Markovinovic D., Sljivaric M.** Influence of the Earth's topographic masses on vertical deflection//Tehnicki vjesnik 21. 4(2014). P. 697-705.

[475] **Richeson, J. A.,** Gravity Gradiometer Aided Inertial Navigation within NON-GNSS Environments // PhD Dissertation. University of Maryland. 2008. 438 p.

[476] **Richter T. G., Greenbaum J. S., Young D. A., Blankenship D. D., Hewison W. Q., Tuckett H.** University of Texas Airborne Gravimetry in Antarctica, 2008 to 2013//Proceedings of IAG International Symposium on Terrestrial Gravimetry: Static and Mobile Measurments. Saint-Petersburg, Russia, 2013.

[477] **Riehle F., Kisters T. Witte A., Helmcke J., and Borde C. J.** Optical Ramsey spectroscopy in a rotating frame-Sagnac effect in a matter-wave interfermeter//Phys. Rev. Lett. 1991. Vol. 67. №2. P. 177-180.

[478] **Rummel, R., Balmino, G., Johannessen, J., Visser, P., and Woodworth, P.,** Dedicated gravity field missions-principles and aims//Journal of Geodynamics. 2002, №33. P. 3-20.

[479] **Rummel R. et al.** GOCE gravitational gradiometry // Journal of Geodesy. November 2011. Vol. 85. Issue 11. P 777-790.

[480] **Rummel R., Stummer C. Yi. W.** GOCE gravitational gradiometry // Journal of Geodesy. November 2011. Volume 85. Issue 11. P 777-790.

[481] **Salychev O., Voronov V., Lukianov V.** Inertial Navigation Systems in Geodetic Application: L. I. G. S. experience//Proceeding of International Conference: 《Integrated Navigation Systems》. 1999.

[482] **Sandwell D. T.** Bathymetry from Space: White paper in support of a high-resolution, ocean altimeter mission //Intl. Geophysics. Vol. 69. 2001.

[483] **Schmidt M., Fengler M., Mayer-Gurr T., Eicker A., Kusche J., Sanchez L., Han S.-C.** Regional gravity modeling in terms of spherical base functions//J. Geod. 2007. №81.

[484] **Schuldt T. et al.** Design of a dual species atom interferometer for space//Experimental Astronomy. 2015, Vol. 39. №2. P. 167-206.

[485] **Schwarz K. P.** Geoid profiles from an integration of GPS satellite and inertial data//Bolletion di geodesial scienze affini. 1987. №2. P. 117-131.

[486] **Schwarz K. P., Colombo O., Hein G., Knickmeyer E. T.** Requirements for Airborne Vector Gravimetry//Proc. of IAG Symposia. Springer Verlag. 1992. Vol. 110. P. 273-283.

[487] **Schwarz K. P. , Li Y. C. , Wei M.** The spectral window for airborne gravity and geoid Determination//Proc. Kinematic Systems in Geodesy. Geomatics and Navigation. Bannf, Canada, 1994. P. 445-456.

[488] **Schwarz K. P. , Sideris M. G. , Forsberg R.** The use of FFT techniques in physical geodesy// Geophys. J. Int. 1990. №100. P. 485-514.

[489] **Seeber Gunter.** Satellite geodesy: foundations methods and applications // Gunter Seeber. 2$^{nd}$ completely rev. and extended ed // Walter de Gruyter. -Berlin, New York 2003. -610 p.

[490] **Shaokun Cai, Kaidong Zhang, Meiping Wu.** Imporving airborne strap down vector gravimetry using stabilized horizontal components//Journal of Applied Geophysics. 2013. Vol. 98. P. 79-89.

[491] **Shockley J. A.** Ground Vehicle Navigation Using Magnetic Field Variation : PhD thesis Air Force Institute of Technology Ohio 2012 P. 186 p.

[492] **Simon D.** Optimal State Estimation: Kalman H $\infty$ and Nonlinear Approaches (Hoboken NJ: John Wiley)/IEEE Press. 2006. 550 p.

[493] **Smith D. A. , et al.** Confirming regional 1 cm differential geoid accuracyfrom airborne gravimetry: the Geoid Slope Validation Survey of 2011//Journal Geodesy. 2013. 87: 885-907.

[494] **Smoller Yu. L. , Yurist S. Sh. , Bolotin Yu. V. , Golovan A. A. , Kozlov A. V. , Bogdanov O. N.** Result of tests of the strap down gravimeter GT-X on the yacht//19$^{th}$ Saint Petersburg International Conference on Intergrated Navigation Systems. St. Petersburg: Concern CSRI Elektropribor, 2012. P. 185-187.

[495] **Sokolov A. V. , Stepanov O. A. , Krasnov A. A. , Motorin A. V. , Koshaev D. A.** Comparison of Stationary and Nonstationary Adaptive Filtering And Smoothing Algorithms For Gravity Anomaly Estimation On Board The Aircraft//Proc. of 4$^{th}$ IAG Symposium on Terrestrial Gravimetry: Static and Mobile Measurements, TG-SMM 2016.

[496] **Sprlak M. , Novak P.** Integral transformations of deflections of the vertical onto satellite-to satellite tracking and gradiometric data// Journal Geodesy. 2014. №88. P. 643-657.

[497] **Schultz O. T. , Winokur J. A.** Shipboard or aircraft gravity vector determination by means of a threechannel inertial navigator // Journal of Geophysical Research. -1969. -vol. 74, Issue 20. - pp. 4882-4896.

[498] **Stepanov O. A.** Optimal and sub-optimal filtering in integrated navigation systems//Aerospace Navigation Systems Alexander Nebylov, Joseph Watson (Editors). Wiley, 2016. P. 392.

[499] **Stepanov O. A. , Koshaev D. A. , Motorin A. V. , Sokolov A. V. , Krasnov A. A.** Comparison of Stationary and Nonstationary Adaptive Filtering and Smoothing Algorithms for Gravity Anomaly Estimation on Board the Aircraft // Proceedings of 4$^{th}$ IAG Symposium on Terrestrial Gravimetry: Static and Mobile Measurements (TG-SMM 2016). Saint-Petersburg. 2016. P. 53-60.

[500] **Stepanov O. A. , Toropov A. B. and Amosov O. S.** Comparison of Kalman-type algorithms in nonlinear navigation problems for autonomous vehicles//6-th IFAC Symposium on Intelligent Autono-mous Vehicles. 2007.

[501] **Teixeira F.** Terrain-Aided Navigation and Geophysical Navigation of Autonomous Underwater

Vehicles: PhD thesis Instituto Superior Tcnico Universidade Tcnica de Lisboa. 2007. 177 p.

[502] **Tian L., Guo J., Han Y., Lu X., Liu W., Wang Z., Wang B., Yin Z., Wang H.** Digital zenith telescope prototype of China. Science China Press, 2014.

[503] **Torge W.** Geodesy, 3rd edn. // de Gruyter, Berlin, 2001.

[504] **Toropov A. B., Motorin A. V., Stepanov O. A., Vasiliev V. A.** Identification of total errors of digital maps and sensors of geophysical fields//Proc. of 4$^{th}$ IAG Symposium on Terrestrial Gravimetry: Static and Mobile Measurements, TG-SMM 2016. P. 213-216.

[505] **Touboul, P., Foulon, B., Christophe, B., and Marque, J. P.**, CHAMP, GRACE, GOCE Instruments and Beyond, Geodesy for Planet Earth, International Association of Geodesy Symposia 136. 2012. P. 215-221.

[506] **Trageser, M.**, Floated Gravity Gradiometer, Proceedings of IEEE Transactions on Aerospace and Electronic Systems. 1984. Vol. 20. №4.

[507] **Tryggvason, B., Main, B., and French, B.**, A High Resolution Airborne Gravimeter and Airborne Gravity Gradiometer, Proceedings of Airborne Gravity 2004 Workshop. 2004. P. 41-47.

[508] **Tse C. M., Baki lz H.** Deflection of the Vertical Components from GPS and Precise Leveling Measurements in Hong Kong //Journal of Surveying Engineering. August, 2006. P. 97-100.

[509] **Vaman D.** A GPS inspired Terrain Referenced Navigaion algorithm. Dissertation at Delft University of Technology. 2014, 196 p.

[510] **Van Leeuwen, E.**, Three Years of Practical Use of Airborne Gravity Gradiometer, Geophysical Research Abstracts. 2003. Vol. 5. P. 22.

[511] **Veryaskin, A.** String Gravity Gradiometer: Noise, Error Analysis and Applications // Geophysical Research Abstract. 2003. Vol. 5. 01650.

[512] **Vitouchkine A. L., Faller J. E.** Measurement results with a small cam driven absolute gravimeter //Metrologia. 2002. Vol. 39. №2. P. 465-469.

[513] **Vitushkin L. F.** Measurement standards in gravimetry //Gyroscopy and Navigation. 2011. Vol. 2. №3, P. 184-191.

[514] **Vol'fson, G. B., Evstifeev, M. I., Kazantseva, O. S., Kalinnikov, I. I., Manukin, A. B., Matyunin, V. P., and Shcherbak, A. G.** Gradiometric Seismoreceiver with a Magnetic Suspension in the Problems of Operative Earthquake Forecasting // Seismic Instruments. 2010. Vol. 46, No. 3. P. 265-274.

[515] **Volgyesi L.** Deflections of the vertical and geoid heights from gravity gradients//Acta Geod. Geoph. Hung. 2005. Vol. 40(2). P. 147-157.

[516] **Wang F., Wen X., Sheng D.** Observability Analysis and Simulation of Passive Gravity Navigation System// Journal of Computers. 2013. Vol. 8. №1.

[517] **Watts A. B.** Horai K., Ribe N. M. On the Determination of the Deflection of the Vertical by Satellite Altimetry //Marine Geodesy. 1984. Vol. 8. Number 1-4. P. 85-127.

[518] **Wei M., Ferguson S., Schwarz K. P.** Accuracy of GPS-derived acceleration from moving platform tests//Proceedings of IAG Symposium. 1991. V. 110. P. 235-249.

[519] **Welker, T. C., Pachter, M., Huffman, R. E.** Gravity Gradiometer Integrated Inertial Navigat-

ion//Proceedings of 2013 European Control Conference (ECC). Zürich, Switzerland. July 17-19. 2013. P. 846-851.

[520] **Wieman C. E. , Pritchard D. E. , Wineland D. J.** Atom cooling , trapping, and quantum manipulation //Rev. Mod. Phys. 1999. V. 71. №2. Gentenary.

[521] **Wiener N.** Extrapolation, Interpolation and Smoothing of Stationary Time Series, with Engineering Application. John Wiley, New York, 1949.

[522] **Wu, X.** , Gravity Gradient Survey with a Mobile Atom Interferometer, PhD Dissertation, Stanford University, 2009.

[523] **Wziontek H. , Wilmes H. , Bonvalot S.** AGrav-An International Database for Absolute Gravity Measurements//IAG 2009 General Assembly. Buenos Aires, Argentina, Aug 31-Sept 4, 2009. Paper submitted to IAG proceedings series.

[524] **Yale M. M. , Sandwell D. T.** Stacked Global Satellite Gravity Profiles // Geophysics. 1999. V. 64. №6. P. 1748-1755.

[525] **Yazwinski A.** A. Stochastic processes and filtering theory. New York, Academic Press, 1970. 376 p.

[526] **Yu, N. , Kohel, J. M. , Ramerez-Serrano, J. , Kellogg, J. R. , Lim, L. , and Maleki, L.** , Progress Towards a Space-borne Quantum Gravity Gradiometer, Jet Propulsion Laboratory, California Institute of Technology, 2005. URL: https://esto.nasa.gov/2012test/conferences/estc2005/papers/b1p5.1.pdf

[527] **Yu, N. , Thompson, R. J. , Kellogg, J. R. , Aveline, D. C. , Maleki, L. , and Kohel, J. M.** , A Transportable Gravity Gradiometer Based on Atom Interferometry, NASA Tech Briefs, NASA's Jet Propulsion Laboratory, Pasadena, California, May 2010, pp. 6-7.

[528] **Zahzam N. , Bonnin A. , Theron F. , Cadoret M. , Bidel Y. , Bresson A.** New advances in the field of Cold Atom Interferometers for Onboard Gravimetry//4$^{th}$ IAG Symposium on Terrestrial Gravimetry: Static and Mobile Measurement. Saint-Petersburg, CSRI Elektropribor. 12-15 April 2016.

[529] **Zhong**-Kun Hu et al. Demonstration of an ultrahigh-sensitivity atom-interferometry absolute gravimeter//Phys. Rev. A. 2013. Vol. 88. 043610.

[530] **Zhou B. , Pelle A. , Hilico F. , Dos Santos P.** Atomic multiwave interferometer in an optical lattice//Phys. Rev. A88. 2013. 013604.

[531] **Zhou Min-Kang et al.** Micro-Gal level gravity measurements with cold atom intergerometry// Chin. Phys. B. 2015. Vol. 24. №5. 050401.

[532] **Zlotnikov D.** Superior detective Work: The Promise of Airborne Gravity Gradiometry. Earth Explorer, Energy Report. June 2011. P. 5-7.

# 内 容 简 介

本书研究了测量地球重力场参数的主要设备及现代方法。叙述了重力测量的专用设备，重点介绍了俄罗斯研制的 Chekan 系列重力仪、GT 系列重力仪。

本书详细叙述了在动基座条件下重力异常测量信息处理方法。提出了最优滤波问题、平滑问题及其解决方法。给出能够获得实现最优算法所必需的被估计重力异常模型、所用测量仪表误差模型的结构、参数辨识问题及解决方法。给出一种以非线性滤波为基础解决参数辨识问题的算法，可使估计过程和算法自身均具有自适应特性。

本书重点研究了垂线偏差的各种确定及计算方法，叙述了这些方法的特点，并定性给出对比分析。叙述了地球上难达到区域的重力场研究特点，研究了用于全纬度应用的软件及硬件改进方法，并给出在难达到区域重力场测量的研究结果。介绍并分析了研究地球重力场比较有前景的方法，其中包括同时确定重力异常和当地垂线偏差的方法。讨论了利用卫星研究重力场的方法，分析了研究重力场比较有发展前景的方法现状，如重力梯度测量、冷原子重力仪等。对比分析了几种地球物理场现代模型，并讨论这些模型在各种实际问题中的应用，其中包括地球物理场导航问题。

本书适合研究地球重力场参数测量问题的工程师和科研人员阅读，同样也适合相关专业的研究生学习，还可供导航系统研制及应用领域的专家参考。

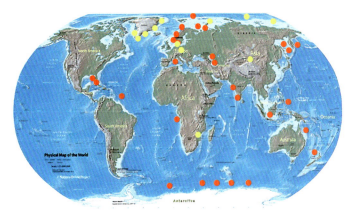

图 1.2.2 （见彩图）利用 Chekan-AM 移动式重力仪进行测量的区域分布
（红圈表示海洋重力测量；黄圈表示航空重力测量）

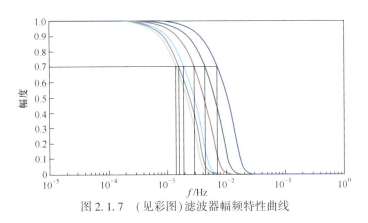

图 2.1.7 （见彩图）滤波器幅频特性曲线

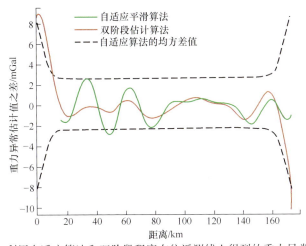

图 2.3.8 利用自适应算法和双阶段程序在往返测线上得到的重力异常估计之差

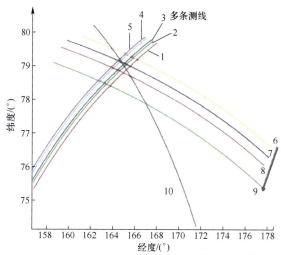

图 2.3.9 在北冰洋地区进行重力测量的测线分布

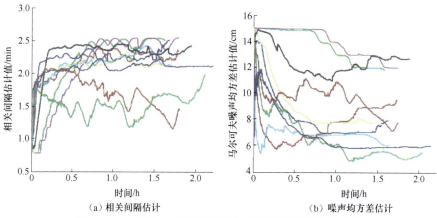

(a) 相关间隔估计

(b) 噪声均方差估计

图 2.3.10 根据 10 条测线估计误差的相关间隔和均方差

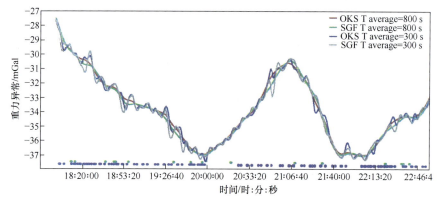

图 2.4.6 （见彩图）在 800s、300s 平均时利用最优平滑滤波器、次优平滑重力测量滤波器得到的重力异常估计曲线

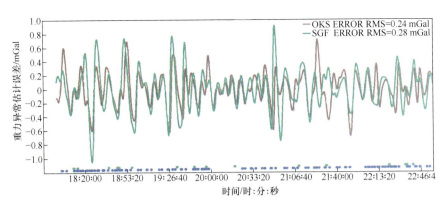

图 2.4.7 在 300s 平均时利用最优平滑滤波器、
次优平滑重力测量滤波器得到的重力异常估计误差曲线
(利用 800s 平均时的估计值作为标准值)

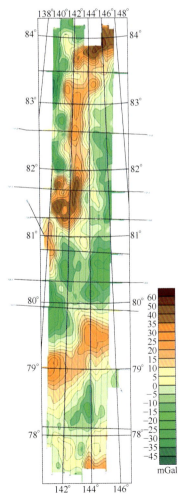

图 4.1.1 根据 Chekan-AM 重力仪数据建立的地球重力场异常模型

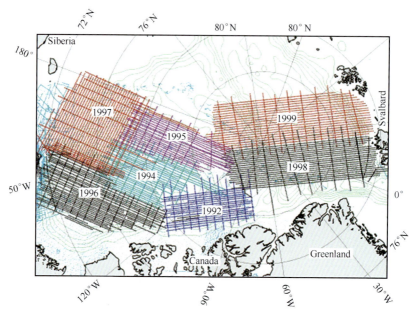

图 4.1.2 NRL 实验室航空重力测量示意图

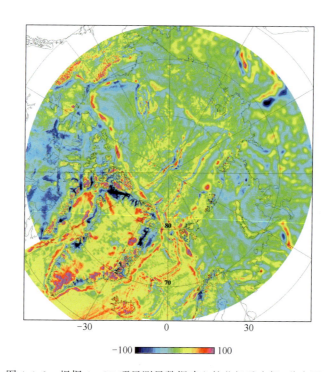

图 4.1.3 根据 ArcGP 项目测量数据建立的北极重力场(分布图)

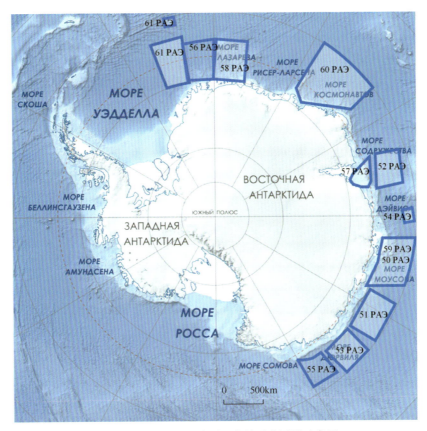

图 4.2.1 南极洲大陆周边海域重力测量示意图

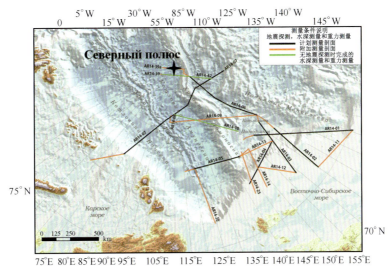

图 4.2.3 在北极盆地区域的重力测量剖面图

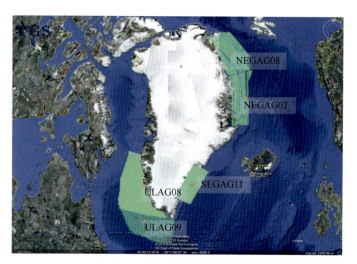

图 4.2.6　在格陵兰岛周边区域测量分布

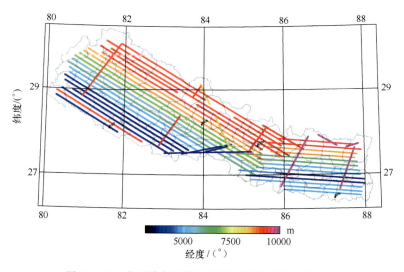

图 4.2.10　在尼泊尔进行航空重力测量时的飞行高度

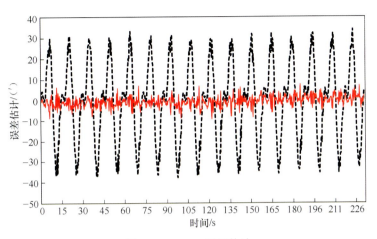

图 4.3.2 ДУ$_z$ 误差估计

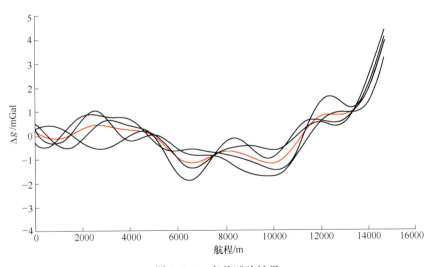

图 4.3.5 车载试验结果

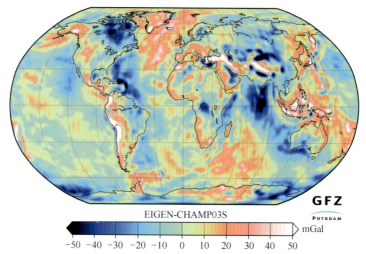

图 5.1.5　根据 EIGEN-CHAMP03S 模型得到的重力异常图(来源 GFZ 网站)

图 5.1.8　根据 GOCE 计划数据确定的大地水准面高度模型(来源 ESA 网站)

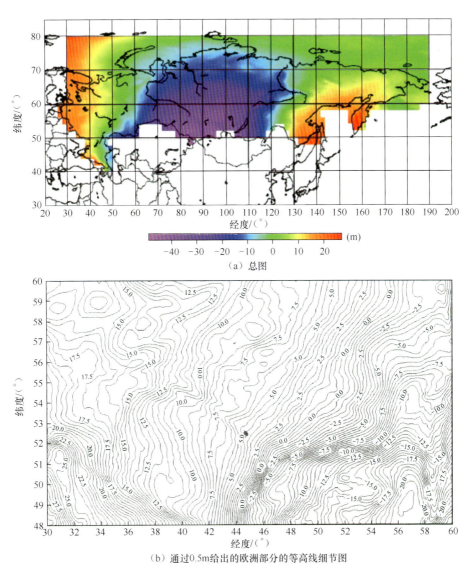

(a) 总图

(b) 通过0.5m给出的欧洲部分的等高线细节图

图 6.1.2　根据 PГГ-2000 模型数据确定的俄罗斯大地水准面高度

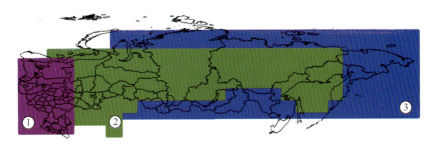

图 6.1.3　俄罗斯国土最新大地水准面高度数字模型的分布

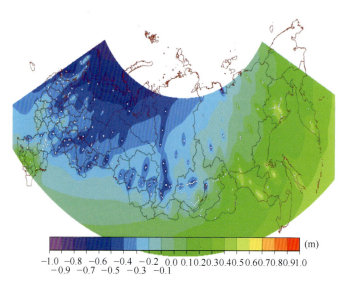

图 6.1.4 由 ЦНИИГАиК 建立的水准面数字模型和大地水准面水平高度差的分布

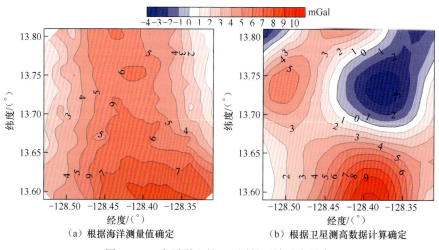

(a) 根据海洋测量值确定　　(b) 根据卫星测高数据计算确定

图 6.2.5 太平洋上的 П3 测量区域重力异常

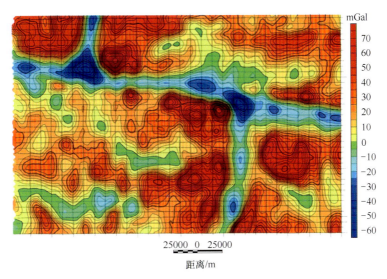

图 6.2.7　大西洋中脊和凯恩变形断层交汇处重力异常分布

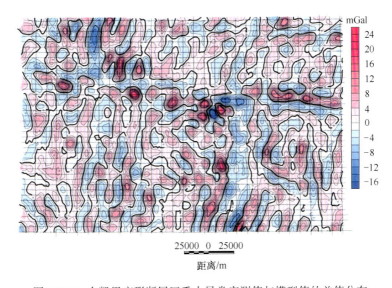

图 6.2.8　在凯恩变形断层区重力异常实测值与模型值的差值分布

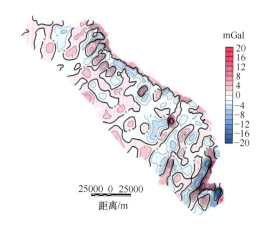

图 6.2.10　在测量区域 Π1 内重力异常测量值与模型值之差曲线

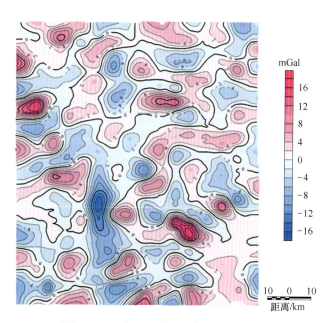

图 6.2.12　在 Π2 测量区域内重力异常图

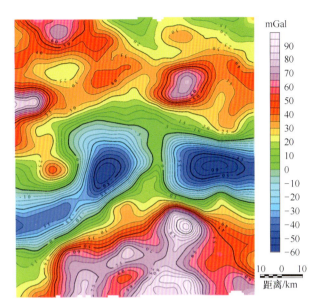

图 6.2.13　在 Π2 测量区域内重力异常测量值与模型值之差分布

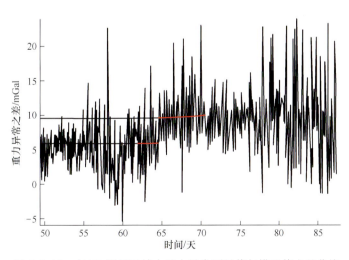

图 6.2.14　在 Π3 测量区域内重力异常测量值与模型值之差曲线

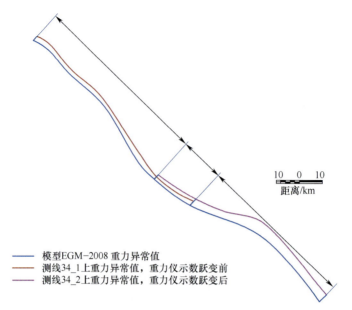

图 6.2.15 根据剖面上测量值和 EGM2008 模型得到的重力异常曲线

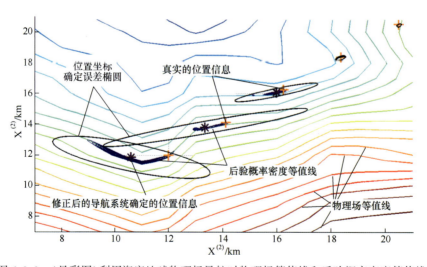

图 6.3.2 （见彩图）利用海底地球物理场导航时物理场等值线和后验概率密度等值线

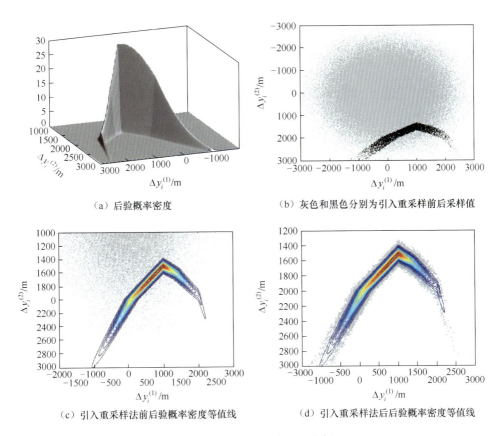

(a) 后验概率密度　　(b) 灰色和黑色分别为引入重采样前后采样值

(c) 引入重采样法前后验概率密度等值线　　(d) 引入重采样法后后验概率密度等值线

图 6.3.8　重采样程序应用实例

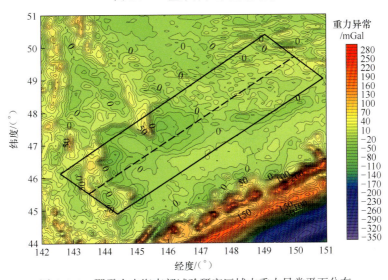

图 6.4.1　鄂霍次克海南部试验研究区域内重力异常平面分布

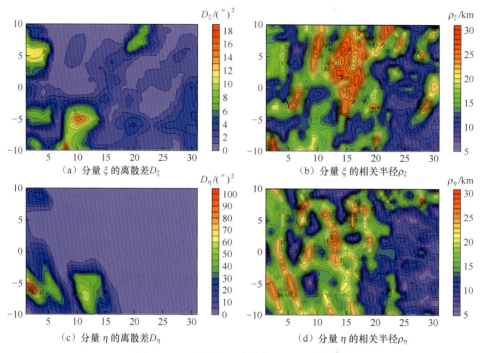

图 6.4.2 垂线偏差参数信息的平面分布

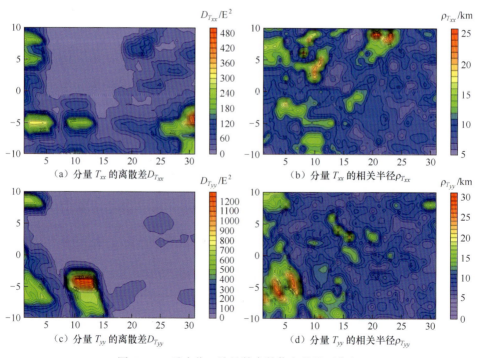

图 6.4.3 重力位二阶导数参数信息的平面分布